■ 高等学校网络空间安全专业规划教材

网络安全实验教程
——基于华为eNSP

沈鑫剡 俞海英 许继恒 李兴德 邵发明 编著

U0214168

清华大学出版社
北京

内 容 简 介

  网络安全是一门实验性很强的课程，大量理论知识需要通过实验验证，也只有通过实验，才能更深刻地了解各种网络安全技术的应用过程。本书是与《网络安全》教材配套的实验教程，以华为 eNSP 软件为实验平台，针对教材内容，设计了大量帮助读者理解、掌握教材内容的实验，这些实验同时也为读者运用华为安全设备解决各种网络安全问题提供了方法和思路。

  本实验教程适合作为网络安全课程的实验指南，也可作为用华为安全设备解决各种网络安全问题的工程技术人员的参考书。

图书在版编目（CIP）数据

网络安全实验教程：基于华为 eNSP/沈鑫剡等编著. —北京：清华大学出版社，2020.9（2023.12重印）
高等学校网络空间安全专业规划教材
ISBN 978-7-302-55917-7

Ⅰ.①网… Ⅱ.①沈… Ⅲ.①网络安全－高等学校－教材 Ⅳ.①TN915.08

中国版本图书馆 CIP 数据核字（2020）第 115534 号

责任编辑：袁勤勇
封面设计：傅瑞学
责任校对：胡伟民
责任印制：宋 林

出版发行：清华大学出版社
    网   址：https://www.tup.com.cn,https://www.wqxuetang.com
    地   址：北京清华大学学研大厦 A 座   邮   编：100084
    社 总 机：010-83470000   邮   购：010-62786544
    投稿与读者服务：010-62776969, c-service@tup.tsinghua.edu.cn
    质量反馈：010-62772015, zhiliang@tup.tsinghua.edu.cn
    课件下载：https://www.tup.com.cn,010-83470236
印 装 者：三河市铭诚印务有限公司
经   销：全国新华书店
开   本：185mm×260mm   印   张：28.25   字   数：705 千字
版   次：2020 年 9 月第 1 版   印   次：2023 年 12 月第 5 次印刷
定   价：69.00 元

产品编号：084423-01

前言

　　网络安全是一门实验性很强的课程，大量理论知识需要通过实验验证，也只有通过实验，才能更深刻地了解各种网络安全技术的应用过程。本书是与《网络安全》教材配套的实验教程，以华为 eNSP 软件为实验平台，针对教材内容设计了大量帮助读者理解、掌握教材内容的实验。这些实验由两部分组成，一部分是教材中的案例和实例的具体实现，用于验证教材内容，帮助学生更好地理解、掌握教材内容；另一部分是实际问题的解决方案，给出了用华为安全设备解决各种实际网络安全问题的方法和步骤。

　　华为 eNSP 软件的人机界面非常接近实际华为安全设备的配置过程，除了连接线缆等物理动作外，学生通过华为 eNSP 软件完成实验的过程与通过实际华为安全设备完成实验的过程几乎没有差别。通过华为 eNSP 软件，学生可以完成用于解决复杂网络环境下安全问题的实验。更为难得的是，华为 eNSP 软件通过与 Wireshark 相结合，能够捕获经过主机、交换机、路由器和防火墙各个接口的报文，显示各个阶段应用层消息、传输层报文、IP 分组、封装 IP 分组的链路层帧的结构、内容和首部中每一个字段的值，使得学生可以直观了解 IP 分组的端到端传输过程，以及 IP 分组端到端传输过程中交换机、路由器等网络设备具有的各种安全功能对 IP 分组的作用过程。

　　《网络安全》教材和本实验教程相得益彰，教材为学生提供了网络安全理论、协议和技术，本实验教程提供了在华为 eNSP 软件实验平台上运用教材提供的网络安全理论、协议和技术解决各种实际网络安全问题的方法和步骤。学生用教材提供的网络安全理论、协议和技术指导实验，反过来又通过实验来加深理解网络安全理论、协议和技术，课堂教学和实验形成良性互动，真正实现使学生掌握网络的安全基本概念、理论和技术，具有运用华为安全设备解决各种实际网络安全问题能力的教学目标。

　　本实验教程适合作为网络安全课程的实验指南，也可作为用华为安全设备解决各种实际网络安全问题的工程技术人员的参考书。

　　限于作者的水平，书中错误和不足之处在所难免，殷切希望使用本实验教程的老师和学生批评指正，也殷切希望读者能够就本实验教程的内容和叙述方式提出宝贵建议和意见，以便进一步完善本实验教程内容。作者 E-mail 地址为 shenxinshan@163.com。

作　者

2019 年 9 月

目录

第 1 章　实验基础　　/1

1.1　华为 eNSP 使用说明 ……………………………………………………… 1
　　1.1.1　功能介绍 …………………………………………………………… 1
　　1.1.2　用户界面 …………………………………………………………… 2
　　1.1.3　设备模块安装过程 ……………………………………………… 12
　　1.1.4　设备 CLI ………………………………………………………… 13
1.2　CLI 命令视图 ……………………………………………………………… 14
　　1.2.1　用户视图 …………………………………………………………… 14
　　1.2.2　系统视图 …………………………………………………………… 15
　　1.2.3　CLI 帮助工具 …………………………………………………… 16
　　1.2.4　取消命令过程 ……………………………………………………… 17
　　1.2.5　保存拓扑结构 ……………………………………………………… 18
1.3　报文捕获过程 ……………………………………………………………… 19
　　1.3.1　启动 Wireshark ………………………………………………… 19
　　1.3.2　配置显示过滤器 ………………………………………………… 20
1.4　网络设备配置方式 ………………………………………………………… 22
　　1.4.1　控制台端口配置方式 …………………………………………… 22
　　1.4.2　Telnet 配置方式 ………………………………………………… 23

第 2 章　网络攻击实验　　/27

2.1　集线器和嗅探攻击实验 …………………………………………………… 27
　　2.1.1　实验内容 …………………………………………………………… 27
　　2.1.2　实验目的 …………………………………………………………… 27
　　2.1.3　实验原理 …………………………………………………………… 28
　　2.1.4　关键命令说明 ……………………………………………………… 28
　　2.1.5　实验步骤 …………………………………………………………… 29
　　2.1.6　命令行接口配置过程 …………………………………………… 33
2.2　MAC 地址欺骗攻击实验 ………………………………………………… 34
　　2.2.1　实验内容 …………………………………………………………… 34
　　2.2.2　实验目的 …………………………………………………………… 34

2.2.3　实验原理 ……………………………………………………………… 35

2.2.4　实验步骤 ……………………………………………………………… 36

2.2.5　命令行接口配置过程 ………………………………………………… 42

2.3　ARP 欺骗攻击实验 …………………………………………………………… 43

2.3.1　实验内容 ……………………………………………………………… 43

2.3.2　实验目的 ……………………………………………………………… 43

2.3.3　实验原理 ……………………………………………………………… 43

2.3.4　实验步骤 ……………………………………………………………… 45

2.3.5　命令行接口配置过程 ………………………………………………… 51

2.4　RIP 路由项欺骗攻击实验 …………………………………………………… 51

2.4.1　实验内容 ……………………………………………………………… 51

2.4.2　实验目的 ……………………………………………………………… 52

2.4.3　实验原理 ……………………………………………………………… 52

2.4.4　关键命令说明 ………………………………………………………… 52

2.4.5　实验步骤 ……………………………………………………………… 53

2.4.6　命令行接口配置过程 ………………………………………………… 58

2.5　DHCP 欺骗攻击实验 ………………………………………………………… 59

2.5.1　实验内容 ……………………………………………………………… 59

2.5.2　实验目的 ……………………………………………………………… 60

2.5.3　实验原理 ……………………………………………………………… 61

2.5.4　关键命令说明 ………………………………………………………… 61

2.5.5　实验步骤 ……………………………………………………………… 62

2.5.6　命令行接口配置过程 ………………………………………………… 71

第 3 章　Internet 接入实验　　/74

3.1　终端接入 Internet 实验 ……………………………………………………… 74

3.1.1　实验内容 ……………………………………………………………… 74

3.1.2　实验目的 ……………………………………………………………… 74

3.1.3　实验原理 ……………………………………………………………… 75

3.1.4　关键命令说明 ………………………………………………………… 75

3.1.5　实验步骤 ……………………………………………………………… 77

3.1.6　命令行接口配置过程 ………………………………………………… 82

3.2　内部以太网接入 Internet 实验 ……………………………………………… 85

3.2.1　实验内容 ……………………………………………………………… 85

3.2.2　实验目的 ……………………………………………………………… 85

3.2.3　实验原理 ……………………………………………………………… 86

3.2.4　关键命令说明 ………………………………………………………… 86

3.2.5　实验步骤 ……………………………………………………………… 88

3.2.6 命令行接口配置过程 ……………………………………………… 93

第 4 章 以太网安全实验 /95

4.1 MAC 表溢出攻击防御实验 ……………………………………… 95

    4.1.1 实验内容 ……………………………………………………… 95

    4.1.2 实验目的 ……………………………………………………… 96

    4.1.3 实验原理 ……………………………………………………… 96

    4.1.4 关键命令说明 ………………………………………………… 96

    4.1.5 实验步骤 ……………………………………………………… 97

    4.1.6 命令行接口配置过程 ………………………………………… 99

4.2 安全端口与 MAC 地址欺骗攻击防御实验 …………………………… 100

    4.2.1 实验内容 ……………………………………………………… 100

    4.2.2 实验目的 ……………………………………………………… 100

    4.2.3 实验原理 ……………………………………………………… 100

    4.2.4 关键命令说明 ………………………………………………… 101

    4.2.5 实验步骤 ……………………………………………………… 101

    4.2.6 命令行接口配置过程 ………………………………………… 108

4.3 DHCP 侦听与 DHCP 欺骗攻击防御实验 …………………………… 108

    4.3.1 实验内容 ……………………………………………………… 108

    4.3.2 实验目的 ……………………………………………………… 109

    4.3.3 实验原理 ……………………………………………………… 109

    4.3.4 关键命令说明 ………………………………………………… 110

    4.3.5 实验步骤 ……………………………………………………… 110

    4.3.6 命令行接口配置过程 ………………………………………… 113

4.4 源 IP 地址欺骗攻击防御实验 ……………………………………… 113

    4.4.1 实验内容 ……………………………………………………… 113

    4.4.2 实验目的 ……………………………………………………… 114

    4.4.3 实验原理 ……………………………………………………… 114

    4.4.4 关键命令说明 ………………………………………………… 115

    4.4.5 实验步骤 ……………………………………………………… 116

    4.4.6 命令行接口配置过程 ………………………………………… 120

4.5 ARP 欺骗攻击防御实验 …………………………………………… 123

    4.5.1 实验内容 ……………………………………………………… 123

    4.5.2 实验目的 ……………………………………………………… 123

    4.5.3 实验原理 ……………………………………………………… 123

    4.5.4 关键命令说明 ………………………………………………… 124

    4.5.5 实验步骤 ……………………………………………………… 124

    4.5.6 命令行接口配置过程 ………………………………………… 129

4.6 生成树欺骗攻击防御实验 ·· 131
    4.6.1 实验内容 ·· 131
    4.6.2 实验目的 ·· 132
    4.6.3 实验原理 ·· 132
    4.6.4 关键命令说明 ··· 133
    4.6.5 实验步骤 ·· 133
    4.6.6 命令行接口配置过程 ··· 137

第 5 章　无线局域网安全实验　　/139

5.1 WEP 配置实验 ··· 139
    5.1.1 实验内容 ·· 139
    5.1.2 实验目的 ·· 139
    5.1.3 实验原理 ·· 140
    5.1.4 关键命令说明 ··· 140
    5.1.5 实验步骤 ·· 144
    5.1.6 命令行接口配置过程 ··· 150

5.2 WPA2-PSK 配置实验 ·· 154
    5.2.1 实验内容 ·· 154
    5.2.2 实验目的 ·· 154
    5.2.3 实验原理 ·· 154
    5.2.4 关键命令说明 ··· 154
    5.2.5 实验步骤 ·· 154
    5.2.6 命令行接口配置过程 ··· 158

第 6 章　互联网安全实验　　/159

6.1 RIP 路由项欺骗攻击防御实验 ··· 159
    6.1.1 实验内容 ·· 159
    6.1.2 实验目的 ·· 160
    6.1.3 实验原理 ·· 160
    6.1.4 关键命令说明 ··· 161
    6.1.5 实验步骤 ·· 161
    6.1.6 命令行接口配置过程 ··· 164

6.2 OSPF 路由项欺骗攻击防御实验 ·· 165
    6.2.1 实验内容 ·· 165
    6.2.2 实验目的 ·· 165
    6.2.3 实验原理 ·· 166
    6.2.4 关键命令说明 ··· 166
    6.2.5 实验步骤 ·· 167

　　　　6.2.6　命令行接口配置过程 …………………………………………… 172

　　6.3　单播逆向路径转发实验 ………………………………………………… 174

　　　　6.3.1　实验内容 ……………………………………………………… 174

　　　　6.3.2　实验目的 ……………………………………………………… 175

　　　　6.3.3　实验原理 ……………………………………………………… 175

　　　　6.3.4　关键命令说明 ………………………………………………… 175

　　　　6.3.5　实验步骤 ……………………………………………………… 175

　　　　6.3.6　命令行接口配置过程 …………………………………………… 179

　　6.4　路由项过滤实验 ………………………………………………………… 180

　　　　6.4.1　实验内容 ……………………………………………………… 180

　　　　6.4.2　实验目的 ……………………………………………………… 181

　　　　6.4.3　实验原理 ……………………………………………………… 181

　　　　6.4.4　关键命令说明 ………………………………………………… 182

　　　　6.4.5　实验步骤 ……………………………………………………… 183

　　　　6.4.6　命令行接口配置过程 …………………………………………… 189

　　6.5　流量管制实验 …………………………………………………………… 191

　　　　6.5.1　实验内容 ……………………………………………………… 191

　　　　6.5.2　实验目的 ……………………………………………………… 192

　　　　6.5.3　实验原理 ……………………………………………………… 192

　　　　6.5.4　关键命令说明 ………………………………………………… 193

　　　　6.5.5　实验步骤 ……………………………………………………… 194

　　　　6.5.6　命令行接口配置过程 …………………………………………… 202

　　6.6　PAT 实验 ………………………………………………………………… 204

　　　　6.6.1　实验内容 ……………………………………………………… 204

　　　　6.6.2　实验目的 ……………………………………………………… 204

　　　　6.6.3　实验原理 ……………………………………………………… 205

　　　　6.6.4　关键命令说明 ………………………………………………… 206

　　　　6.6.5　实验步骤 ……………………………………………………… 207

　　　　6.6.6　命令行接口配置过程 …………………………………………… 213

　　6.7　NAT 实验 ………………………………………………………………… 215

　　　　6.7.1　实验内容 ……………………………………………………… 215

　　　　6.7.2　实验目的 ……………………………………………………… 215

　　　　6.7.3　实验原理 ……………………………………………………… 215

　　　　6.7.4　关键命令说明 ………………………………………………… 216

　　　　6.7.5　实验步骤 ……………………………………………………… 217

　　　　6.7.6　命令行接口配置过程 …………………………………………… 223

　　6.8　VRRP 实验 ……………………………………………………………… 224

　　　　6.8.1　实验内容 ……………………………………………………… 224

6.8.2　实验目的 ……………………………………………………… 225

6.8.3　实验原理 ……………………………………………………… 225

6.8.4　关键命令说明 ………………………………………………… 226

6.8.5　实验步骤 ……………………………………………………… 227

6.8.6　命令行接口配置过程 ………………………………………… 234

第 7 章　虚拟专用网络实验　　/236

7.1　点对点 IP 隧道实验 …………………………………………………… 236

7.1.1　实验内容 ……………………………………………………… 236

7.1.2　实验目的 ……………………………………………………… 236

7.1.3　实验原理 ……………………………………………………… 237

7.1.4　关键命令说明 ………………………………………………… 239

7.1.5　实验步骤 ……………………………………………………… 239

7.1.6　命令行接口配置过程 ………………………………………… 246

7.2　IPSec VPN 手工方式实验 ……………………………………………… 249

7.2.1　实验内容 ……………………………………………………… 249

7.2.2　实验目的 ……………………………………………………… 250

7.2.3　实验原理 ……………………………………………………… 251

7.2.4　关键命令说明 ………………………………………………… 251

7.2.5　实验步骤 ……………………………………………………… 253

7.2.6　命令行接口配置过程 ………………………………………… 261

7.3　IPSec VPN IKE 自动协商方式实验 …………………………………… 266

7.3.1　实验内容 ……………………………………………………… 266

7.3.2　实验目的 ……………………………………………………… 268

7.3.3　实验原理 ……………………………………………………… 268

7.3.4　关键命令说明 ………………………………………………… 268

7.3.5　实验步骤 ……………………………………………………… 270

7.3.6　命令行接口配置过程 ………………………………………… 279

7.4　L2TP VPN 实验 ………………………………………………………… 284

7.4.1　实验内容 ……………………………………………………… 284

7.4.2　实验目的 ……………………………………………………… 285

7.4.3　实验原理 ……………………………………………………… 285

7.4.4　关键命令说明 ………………………………………………… 286

7.4.5　实验步骤 ……………………………………………………… 288

7.4.6　命令行接口配置过程 ………………………………………… 294

第 8 章　防火墙实验　　/298

8.1　无状态分组过滤器实验 ………………………………………………… 298

8.1.1 实验内容 ……………………………………………… 298

8.1.2 实验目的 ……………………………………………… 298

8.1.3 实验原理 ……………………………………………… 298

8.1.4 关键命令说明 ………………………………………… 299

8.1.5 实验步骤 ……………………………………………… 300

8.1.6 命令行接口配置过程 ………………………………… 310

8.2 有状态分组过滤器实验 ………………………………………… 312

8.2.1 实验内容 ……………………………………………… 312

8.2.2 实验目的 ……………………………………………… 313

8.2.3 实验原理 ……………………………………………… 313

8.2.4 关键命令说明 ………………………………………… 314

8.2.5 实验步骤 ……………………………………………… 315

8.2.6 命令行接口配置过程 ………………………………… 322

8.3 USG6000V安全策略实验 ……………………………………… 324

8.3.1 实验内容 ……………………………………………… 324

8.3.2 实验目的 ……………………………………………… 324

8.3.3 实验原理 ……………………………………………… 325

8.3.4 关键命令说明 ………………………………………… 326

8.3.5 实验步骤 ……………………………………………… 327

8.3.6 命令行接口配置过程 ………………………………… 335

第9章 入侵检测系统实验 /337

9.1 IPS应用环境实验 ……………………………………………… 337

9.1.1 实验内容 ……………………………………………… 337

9.1.2 实验目的 ……………………………………………… 338

9.1.3 实验原理 ……………………………………………… 338

9.1.4 关键命令说明 ………………………………………… 338

9.1.5 实验步骤 ……………………………………………… 339

9.1.6 命令行接口配置过程 ………………………………… 351

9.2 IPS实验 ………………………………………………………… 353

9.2.1 实验内容 ……………………………………………… 353

9.2.2 实验目的 ……………………………………………… 354

9.2.3 实验原理 ……………………………………………… 354

9.2.4 关键命令说明 ………………………………………… 354

9.2.5 实验步骤 ……………………………………………… 355

9.2.6 命令行接口配置过程 ………………………………… 357

第 10 章　网络设备配置实验　　/359

10.1　网络设备控制台端口配置实验 ·· 359
　10.1.1　实验内容 ·· 359
　10.1.2　实验目的 ·· 359
　10.1.3　实验原理 ·· 359
　10.1.4　实验步骤 ·· 359
10.2　远程配置网络设备实验 ·· 361
　10.2.1　实验内容 ·· 361
　10.2.2　实验目的 ·· 361
　10.2.3　实验原理 ·· 362
　10.2.4　关键命令说明 ·· 362
　10.2.5　实验步骤 ·· 364
　10.2.6　命令行接口配置过程 ·· 370
10.3　控制远程配置网络设备过程实验 ·· 372
　10.3.1　实验内容 ·· 372
　10.3.2　实验目的 ·· 373
　10.3.3　实验原理 ·· 373
　10.3.4　关键命令说明 ·· 373
　10.3.5　实验步骤 ·· 374
　10.3.6　命令行接口配置过程 ·· 377

第 11 章　计算机安全实验　　/379

11.1　网络监控命令测试环境实验 ·· 379
　11.1.1　实验内容 ·· 379
　11.1.2　实验目的 ·· 379
　11.1.3　实验原理 ·· 380
　11.1.4　实验步骤 ·· 380
　11.1.5　命令行接口配置过程 ·· 387
11.2　网络监控命令测试实验 ·· 389
　11.2.1　实验内容 ·· 389
　11.2.2　实验目的 ·· 389
　11.2.3　arp 命令测试实验 ·· 389
　11.2.4　ping 命令测试实验 ··· 391
　11.2.5　tracert 命令测试实验 ·· 394
　11.2.6　ipconfig 命令测试实验 ··· 397

第 12 章　网络安全综合应用实验　　/400

12.1　PAT 应用实验 ·· 400

12.1.1　系统需求 ·· 400

12.1.2　分配的信息 ·· 400

12.1.3　网络设计 ·· 400

12.1.4　华为 eNSP 实现过程 ··· 402

12.2　VPN 应用实验 ··· 417

12.2.1　系统需求 ·· 417

12.2.2　分配的信息 ·· 417

12.2.3　网络设计 ·· 418

12.2.4　华为 eNSP 实现过程 ··· 419

参考文献　　/436

第1章

实 验 基 础

国内外大型网络设备公司纷纷发布软件实验平台,Cisco 公司发布了 Packet Tracer,华为公司发布了 eNSP(enterprise Network Simulation Platform)。华为 eNSP 是一个非常理想的软件实验平台,可以完成各种规模的校园网和企业网的设计、配置和调试过程,验证华为交换机、路由器和网络安全设备的安全功能。与 Wireshark 结合,可以基于具体网络环境分析各种协议运行过程中网络设备之间交换的报文类型和报文格式。除了不能实际物理接触,华为 eNSP 提供了和实际实验环境几乎一样的仿真环境。

1.1 华为 eNSP 使用说明

1.1.1 功能介绍

华为 eNSP 是华为公司为网络初学者提供的一个学习软件,初学者通过华为 eNSP可以利用华为公司的网络设备设计、配置和调试各种类型和规模的网络,利用华为交换机、路由器和网络安全设备的安全功能解决实际网络应用中面临的安全问题。华为eNSP 与 Wireshark 结合,可以在任何网络设备接口捕获经过该接口输入输出的报文。作为辅助教学工具和软件实验平台,华为 eNSP 可以在课程教学过程中完成以下功能。

1. 完成网络设计、配置和调试过程

根据网络设计要求选择华为公司的网络设备,如路由器、交换机等,用合适的传输媒体将这些网络设备互连在一起,进入设备命令行接口(Command-Line Interface,CLI)界面对网络设备逐一进行配置,通过启动分组端到端传输过程检验网络中任意两个终端之间的连通性。如果发现问题,通过检查网络拓扑结构、互连网络设备的传输媒体、设备配置信息、设备建立的控制信息(如交换机转发表、路由器路由表)等确定问题的起因,并加以解决。

2. 解决复杂网络环境下的安全问题

华为 eNSP 支持的华为网络设备(如交换机、路由器等)本身具有安全功能,运用这些网络设备本身具有的安全功能可以解决复杂网络环境下的各种安全问题。同时,华为eNSP 还支持华为防火墙等网络安全设备,可以利用网络安全设备的安全功能,解决实际网络应用中面临的安全问题。

3. 模拟协议操作过程

网络中分组端到端传输过程是各种协议、各种网络技术相互作用的结果,因此,只有了解网络环境下各种协议的工作流程、各种网络技术的工作机制及它们之间的相互作用过程,才能掌握完整、系统的网络知识。对于初学者,掌握网络设备之间各种协议实现过程中相互传输的报文类型、报文格式、报文处理流程对理解网络工作原理至关重要。华为eNSP 与 Wireshark 结合,给出了网络设备之间各种协议实现过程中每一个步骤涉及的报文类型和报文格式,可以让初学者观察、分析协议执行过程中的每一个细节。

4. 验证教材内容

《网络安全》教材的主要特色是在讲述每一种安全协议或安全技术前,先构建一个运用该安全协议或安全技术解决实际网络安全问题的网络环境,并在该网络环境下详细讨论安全协议或安全技术的工作机制,而且,所提供的网络环境和人们实际应用中所遇到的实际网络十分相似,较好地解决了教学内容和实际应用的衔接问题。因此,可以在教学过程中,用华为 eNSP 完成教材中每一个网络环境的设计、配置和调试过程,并与 Wireshark结合,基于具体网络环境分析各种协议运行过程中网络设备之间交换的报文类型和报文格式,以此验证教材内容,并通过验证过程,更进一步加深学生对教材内容的理解,真正做到弄懂弄透。

1.1.2 用户界面

启动华为 eNSP 后,出现如图 1.1 所示的初始界面。单击"新建拓扑"按钮,弹出如图 1.2 所示的用户界面。用户界面分为主菜单、工具栏、网络设备区、工作区、设备接口区等。

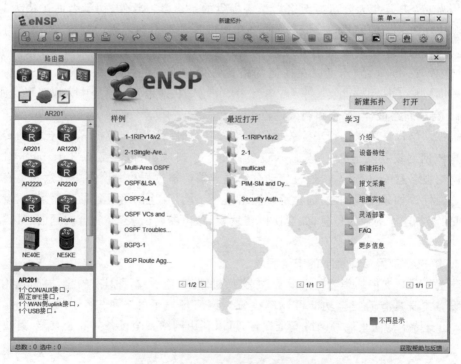

图 1.1 华为 eNSP 启动后的初始界面

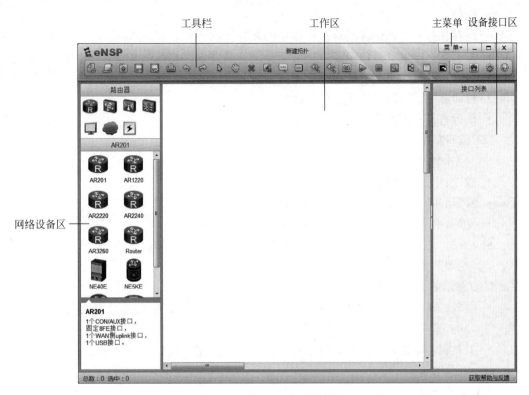

图 1.2　华为 eNSP 用户界面

1. 主菜单

主菜单如图 1.3 所示,给出该软件提供的 6 个菜单,分别是文件、编辑、视图、工具、考试和帮助。

（1）文件菜单

文件菜单如图 1.4 所示。

图 1.3　主菜单　　　　　　　图 1.4　文件菜单

- 新建拓扑:用于新建一个网络拓扑结构。
- 新建试卷工程:用于新建一份考试用的试卷。
- 打开拓扑:用于打开保存的一份拓扑文件,拓扑文件后缀是 topo。
- 打开示例:用于打开华为 eNSP 自带的作为示例的拓扑文件,如图 1.1 中所示的样例。

- 保存拓扑：用于保存当前工作区中的拓扑结构。
- 另存为：用于将当前工作区中的拓扑结构另存为其他拓扑文件。
- 向导：给出如图 1.1 所示的初始界面。
- 打印：用于打印工作区中的拓扑结构。
- 最近打开：列出最近打开过的后缀为 topo 的拓扑文件。

（2）编辑菜单

编辑菜单如图 1.5 所示。

- 撤销：用于撤销最近完成的操作。
- 恢复：用于恢复最近撤销的操作。
- 复制：用于复制工作区中拓扑结构的任意部分。
- 粘贴：在工作区中粘贴最近复制的工作区中拓扑结构的任意部分。

（3）视图菜单

视图菜单如图 1.6 所示。

- 缩放：放大、缩小工作区中的拓扑结构，也可将工作区中的拓扑结构复位到初始大小。
- 工具栏：勾选右工具栏，显示设备接口区；勾选左工具栏，显示网络设备区。

（4）工具菜单

工具菜单如图 1.7 所示。

图 1.5　编辑菜单　　　　　图 1.6　视图菜单　　　　　图 1.7　工具菜单

- 调色板：调色板操作界面如图 1.8 所示，用于设置图形的边框类型、边框粗细和填充色。

图 1.8　调色板操作界面

- 启动设备:启动选择的设备。只有完成设备启动过程后,才能对该设备进行配置。
- 停止设备:停止选择的设备。
- 数据抓包:启动采集数据报文过程。
- 选项:选项配置界面如图 1.9 所示,用于对华为 eNSP 的各种选项进行配置。

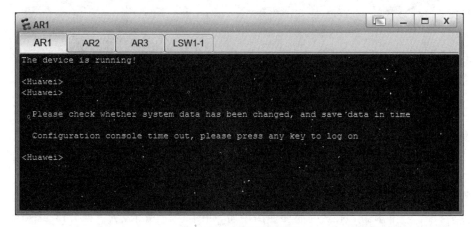

图 1.9　选项配置界面

- 合并/展开 CLI:合并 CLI 可以将多个网络设备的 CLI 窗口合并为一个 CLI 窗口。如图 1.10 所示就是合并四个网络设备的 CLI 窗口后生成的合并 CLI 窗口。展开 CLI 可以分别为每一个网络设备生成一个 CLI 窗口,如图 1.11 所示。

图 1.10　合并 CLI 窗口

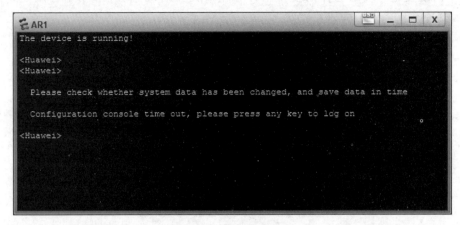

图 1.11　展开 CLI 窗口

- 注册设备：用于注册 AR、AC、AP 等设备。
- 添加/删除设备：用于增加一个产品型号，或者删除一个产品型号。增加或删除
  产品型号界面如图 1.12 所示。

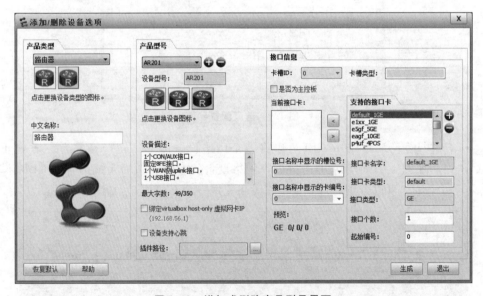

图 1.12　增加或删除产品型号界面

（5）考试菜单
考试菜单用于对学生生成的试卷进行阅卷。
（6）帮助菜单
帮助菜单如图 1.13 所示。

- 目录：给出华为 eNSP 的简要使用手册，如图 1.14 所示，所
  有初学者务必仔细阅读目录中的内容。

图 1.13　帮助菜单

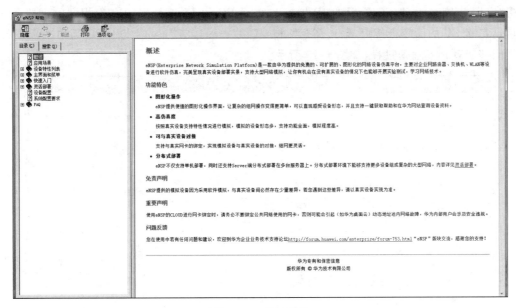

图 1.14　帮助目录

2．工具栏

工具栏给出华为 eNSP 常用命令,这些命令通常包含在各个菜单中。

3．网络设备区

网络设备区如图 1.2 所示,从上到下分为三部分。

第一部分是设备类型选择框,用于选择网络设备的类型,设备类型选择框中给出的网络设备类型有路由器、交换机、无线局域网设备、防火墙、终端、其他设备、设备连线等。

第二部分是设备选择框。一旦在设备类型选择框中选定设备类型,设备选择框中就会列出华为 eNSP 支持的属于该类型的所有设备型号。如果在设备类型选择框中选中路由器,设备选择框中则列出华为 eNSP 支持的各种型号的路由器。

第三部分是设备描述框,一旦在设备选择框中选中某种型号的网络设备,设备描述框中将列出该设备的基本配置。

下面对网络设备区中列出的以下几种类型的网络设备做特别说明。

（1）云设备

云设备是一种可以将任意类型设备连接在一起,实现通信过程的虚拟装置。它最大的用处是可以将实际的 PC 接入仿真环境中。假定需要将一台实际 PC 接入工作区中的拓扑结构(仿真环境),与仿真环境中的 PC 实现相互通信过程。设备类型选择框中选中"其他设备",设备选择框中选中"云设备(Cloud)",将其拖放到工作区中,双击该云设备,弹出如图 1.15 所示的云设备配置界面。绑定信息选择"无线网络连接-IP 地址 192.168.1.100",这是一台实际计算机的无线网络接口。将该无线网络接口添加到云设备的端口列表中,再添加一个用于连接仿真 PC 的以太网端口,建立这两个端口之间的双向通道,如图 1.16 所示。将一个仿真 PC(PC1)连接到工作区中的云设备上,如图 1.17 所示。为仿真 PC 配置如图 1.18 所示的 IP 地址、子网掩码和默认网关地址,完成配置过程后,单击"应用"按钮。仿真 PC 配置的 IP 地址与实际 PC 的 IP 地址必须有着相同的网络号。启动实际 PC 的命令行接口,输入命令"ping 192.168.1.37",发现实际 PC 与仿真 PC 之间能够实现相互通信过程,如图 1.19 所示。

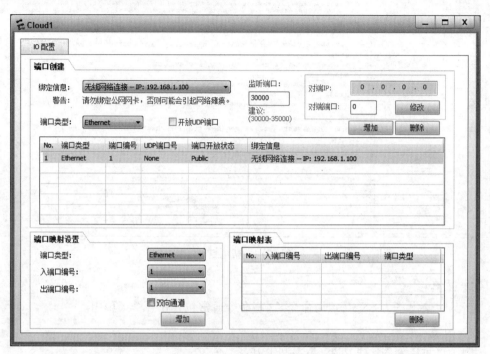

图 1.15　云设备配置界面

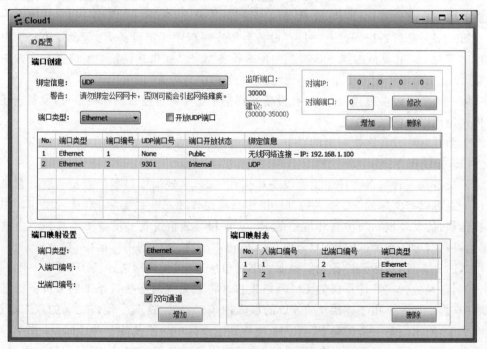

图 1.16　建立实际 PC 与仿真 PC 之间的双向通道

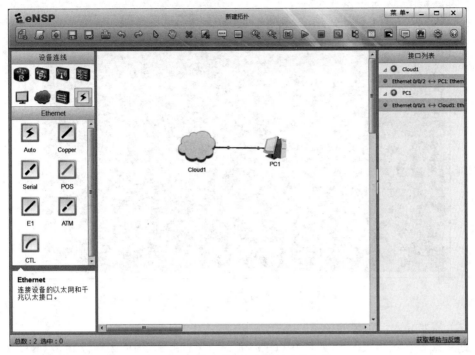

图 1.17　将仿真 PC 连接到云设备上

图 1.18　仿真 PC 配置的 IP 地址、子网掩码和默认网关地址

图 1.19　实际 PC 与仿真 PC 之间的通信过程

(2) 需要导入设备包的设备

防火墙设备类型、CE 系列设备(CE6800 和 CE12800)、NE 系列路由器(NE40E 和 NE5KE 等)和 CX 系列路由器等需要单独导入设备包。一旦启动这些设备,自动弹出导入设备包界面,防火墙设备类型导入设备包过程如图 1.20 所示,NE40E 路由器导入设备包过程如图 1.21 所示。设备包通过解压下载的对应压缩文件获得,华为官网上与 eNSP 相关的用于下载的压缩文件列表如图 1.22 所示。防火墙导入的设备包对应压缩文件 USG6000V.ZIP,CE 系列设备导入的设备包对应压缩文件 CE.ZIP,NE40E 路由器导入的设备包对应压缩文件 NE40E.ZIP,NE5KE 路由器导入的设备包对应压缩文件 NE5000E.ZIP,NE9KE 路由器导入的设备包对应压缩文件 NE9000.ZIP,CX 系列路由器导入的设备包对应压缩文件 CX.ZIP。

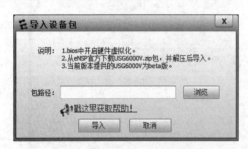

图 1.20　防火墙导入设备包界面

图 1.21　NE 系列设备导入设备包界面

4. 工作区

(1) 放置和连接设备

工作区用于设计网络拓扑结构、配置网络设备、检测端到端连通性等。如果需要构建

版本及补丁软件 文件过大时，请点击软件名称进入下载页面下载

软件名称	文件大小	发布时间	下载次数	下载
CE.zip	564.58MB	2019-03-08	28926	
CX.zip	405.65MB	2019-03-08	19134	
NE40E.zip	405.69MB	2019-03-08	20893	
NE5000E.zip	405.19MB	2019-03-08	18386	
NE9000.zip	405.48MB	2019-03-08	17741	
USG6000V.zip	344.93MB	2019-03-08	26100	
eNSP V100R003C00SPC100 Setup.zip	542.52MB	2019-03-08	75731	

下载

图 1.22 下载的压缩文件列表

一个网络拓扑结构，单击工具栏中“新建拓扑”按钮，弹出如图 1.2 所示的空白工作区。首先完成工作区设备放置过程，在设备类型选择框中选中设备类型，如路由器。在设备选择框中选中设备型号，如 AR1220。将光标移到工作区，光标变为选中的设备型号，单击鼠标左键，完成一次该型号设备的放置过程，如果需要放置多个该型号设备，单击鼠标左键多次。如果放置其他型号的设备，可以重新在设备类型选择框中选中新的设备类型，在设备选择框中选中新的设备型号。如果不再放置设备，可以单击工具栏中的“恢复鼠标”按钮。

完成设备放置后，在设备类型选择框中选中设备连线，在设备选择框中选中正确的连接线类型。对于以太网，可以选择的连接线类型有 Auto 和 Copper。Auto 自动按照编号顺序选择连接线两端的端口，因此，一旦在设备选择框中选中 Auto，将光标移到工作区后，光标变为连接线接头形状，在需要连接的两端设备上分别单击鼠标左键，完成一次连接过程。Copper 人工选择连接线两端的端口，因此，一旦在设备选择框中选中 Copper，在需要连接的两端设备上分别单击鼠标左键，弹出该设备的接口列表，在接口列表中选择需要连接的接口。在需要连接的两端设备上分别选择接口后，完成一次连接过程。如图 1.23 所示是完成设备放置和连接后的工作区界面。

(2) 启动设备

通过单击工具栏中的“恢复鼠标”按钮恢复鼠标，恢复鼠标后，通过在工作区中拖动鼠标选择需要启动的设备范围，单击工具栏中的“开启设备”按钮，开始选中设备的启动过程，直到所有连接线两端端口状态全部变绿，启动过程才真正完成。只有在完成启动过程后，才可以开始设备的配置过程。

5. 设备接口区

设备接口区用于显示拓扑结构中的设备和每一根连接线两端的设备接口。连接线两端的接口状态有三种：一种是红色，表明该接口处于关闭状态；一种是绿色，表明该接口已经成功启动；还有一种是蓝色，表明该接口正在捕获报文。图 1.23 所示的设备接口区和图 1.23 所示的工作区中的拓扑结构是一一对应的。

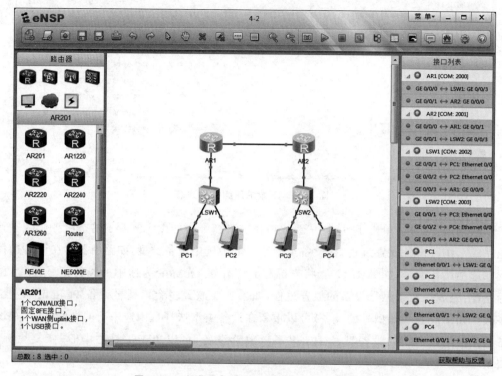

图 1.23　完成设备放置和连接后的工作区界面

1.1.3　设备模块安装过程

所有网络设备有着默认配置,如果默认配置无法满足应用要求,可以为该网络设备安装模块。为网络设备安装模块的过程如下,将某个网络设备放置到工作区,用鼠标选中该网络设备,单击右键,弹出如图 1.24 所示的菜单,选择"设置"选项,弹出如图 1.25 所示的安装模块界面。如果没有关闭电源,则需要先关闭电源。选中需要安装的模块,如串行接口模块(2SA),将其拖放到上面的插槽,完成模块安装过程后的界面如图 1.26 所示。

图 1.24　单击右键后弹出的菜单

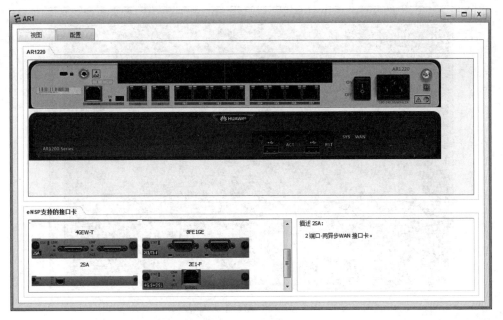

图 1.25　安装模块界面

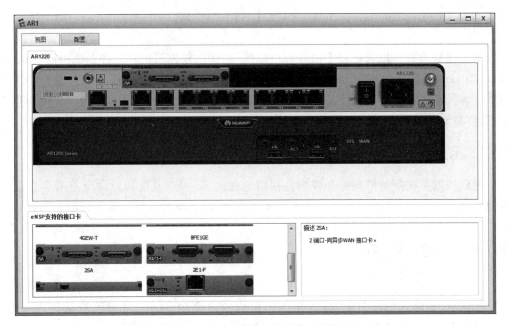

图 1.26　完成模块安装过程后的界面

1.1.4　设备 CLI

工作区中的网络设备在完成启动过程后,可以通过双击该网络设备,进入该网络设备的命令行接口(CLI),如图 1.27 所示。

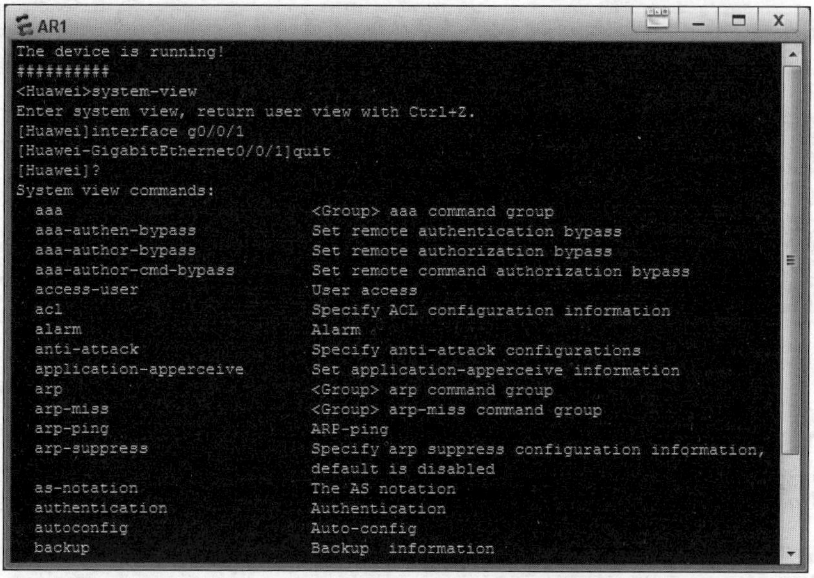

图 1.27　命令行接口(CLI)

1.2　CLI 命令视图

华为网络设备可以看作是专用计算机系统,同样由硬件系统和软件系统组成,命令行接口(CLI)界面是其中一种用户界面。在命令行接口界面下,用户通过输入命令实现对网络设备的配置和管理。为了安全,命令行接口界面提供多种不同的视图,不同的视图下,用户具有不同的配置和管理网络设备的权限。

1.2.1　用户视图

用户视图是权限最低的命令视图。在用户视图下,用户只能通过命令查看和修改一些网络设备的状态,修改一些网络设备的控制信息,没有配置网络设备的权限。用户登录网络设备后,立即进入用户视图,如图 1.28 所示是用户视图下可以输入的部分命令列表。用户视图下的命令提示符如下。

```
<Huawei>
```

Huawei 是默认的设备名,系统视图下可以通过命令 sysname 修改默认的设备名。如在系统视图下(系统视图下的命令提示符为[Huawei])输入命令 sysname routerabc后,用户视图的命令提示符变为如下。

```
<routerabc>
```

在用户视图命令提示符下,用户可以输入图 1.28 列出的命令,命令格式和参数在以后完成具体网络实验时讨论。

```
AR1                                                        □ _ □ X
<Huawei>?
User view commands:
  arp-ping                  ARP-ping
  autosave                  <Group> autosave command group
  backup                    Backup  information
  cd                        Change current directory
  clear                     <Group> clear command group
  clock                     Specify the system clock
  cls                       Clear screen
  compare                   Compare configuration file
  copy                      Copy from one file to another
  debugging                 <Group> debugging command group
  delete                    Delete a file
  dialer                    Dialer
  dir                       List files on a filesystem
  display                   Display information
  factory-configuration     Factory configuration
  fixdisk                   Try to restory disk
  format                    Format file system
  free                      Release a user terminal interface
  ftp                       Establish an FTP connection
  Help                      Description of the interactive help system
  hwtacacs-user             HWTACACS user
  license                   <Group> license command group
  lldp                      Link Layer Discovery Protocol
---- More ----
```

图 1.28　用户视图命令提示符和部分命令列表

1.2.2　系统视图

通过在用户视图命令提示符下输入命令 system-view，进入系统视图。如图 1.29 所示是系统视图下可以输入的部分命令列表。系统视图下的命令提示符如下。

［Huawei］

```
AR1
<Huawei>system-view
Enter system view, return user view with Ctrl+Z.
[Huawei]sysname routerabc
[routerabc]?
System view commands:
  aaa                       <Group> aaa command group
  aaa-authen-bypass         Set remote authentication bypass
  aaa-author-bypass         Set remote authorization bypass
  aaa-author-cmd-bypass     Set remote command authorization bypass
  access-user               User access
  acl                       Specify ACL configuration information
  alarm                     Alarm
  anti-attack               Specify anti-attack configurations
  application-apperceive    Set application-apperceive information
  arp                       <Group> arp command group
  arp-miss                  <Group> arp-miss command group
  arp-ping                  ARP-ping
  arp-suppress              Specify arp suppress configuration information,
                            default is disabled
  as-notation               The AS notation
  authentication            Authentication
  autoconfig                Auto-config
  backup                    Backup  information
  bfd                       Specify BFD(Bidirectional Forwarding Detection)
                            configuration information
  bgp                       Border Gateway Protocol(BGP)
```

图 1.29　系统视图命令提示符和部分命令列表

同样,Huawei 是默认的设备名。系统视图下,用户可以查看、修改网络设备的状态和控制信息,如交换机媒体接入控制(Medium Access Control,MAC)表(MAC Table,也称交换机转发表)等,完成对整个网络设备有效的配置。如果需要完成对网络设备部分功能块的配置,如路由器某个接口的配置,需要从系统视图进入这些功能块的视图模式。从系统视图进入路由器接口 GigabitEthernet0/0/0 的接口视图需要输入的命令及路由器接口视图下的命令提示符如下。

```
[Huawei]interface GigabitEthernet0/0/0
[Huawei-GigabitEthernet0/0/0]
```

1.2.3　CLI 帮助工具

1. 查找工具

如果忘记某个命令,或是命令中的某个参数,可以通过输入"?"完成查找过程。在某种视图命令提示符下,通过输入"?",界面将显示该视图下允许输入的命令列表。如图 1.29所示,在系统视图命令提示符下输入"?",界面将显示系统视图下允许输入的命令列表,如果单页显示不完的话,分页显示。

在某个命令中需要输入某个参数的位置输入"?",界面将列出该参数的所有选项。命令 interface 用于进入接口视图,如果不知道如何输入选择接口的参数,在需要输入选择接口的参数的位置输入"?",界面将列出该参数的所有选项,如图 1.30 所示。

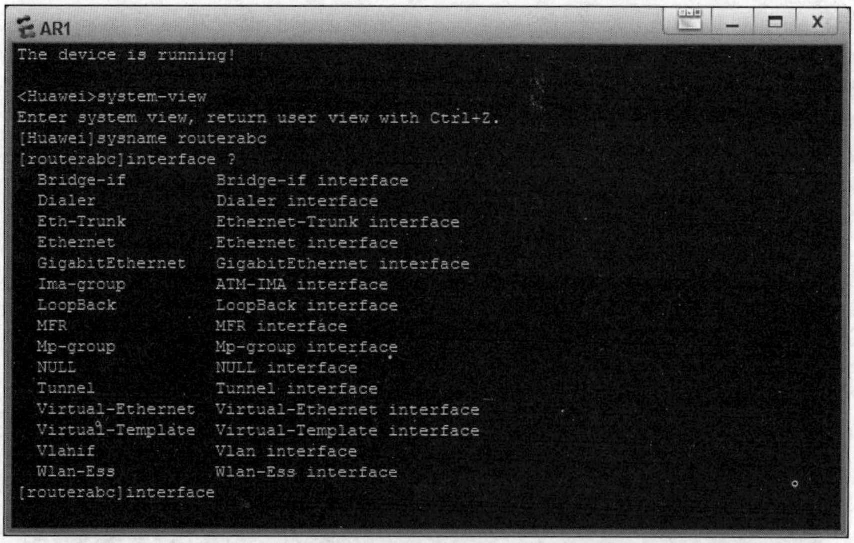

图 1.30　列出接口参数的所有选项

2. 命令和参数允许输入部分字符

无论是命令还是参数,CLI 都不要求输入完整的单词,只需要输入单词中的部分字符,只要这一部分字符能够在命令列表中或是参数的所有选项中唯一确定某个命令或参数选项。如在路由器系统视图下进入接口 GigabitEthernet0/0/0 对应的接口视图的完整命令如下。

> [routerabc]interface GigabitEthernet0/0/0
> [routerabc-GigabitEthernet0/0/0]

但无论是命令 interface，还是选择接口类型的参数 GigabitEthernet，都不需要输入完整的单词，而只需要输入单词中的部分字符，如下所示。

> [routerabc]int g0/0/0
> [routerabc-GigabitEthernet0/0/0]

由于系统视图下的命令列表中没有两个以上前三个字符是 int 的命令，因此，输入 int 已经能够唯一确定命令 interface。同样，接口类型的所有选项中没有两项以上是以字符 g 开头的，因此，输入 g 已经能够唯一确定 GigabitEthernet 选项。

3. 历史命令缓存

通过【↑】键可以查找以前使用的命令，通过【←】和【→】键可以将光标移动到命令中需要修改的位置。如果某个命令需要输入多次，每次输入时，只有个别参数可能不同，无须每一次全部重新输入命令及参数，可以通过【↑】键显示上一次输入的命令，通过【←】键移动光标到需要修改的位置，对命令中需要修改的部分进行修改即可。

4. Tab 键功能

输入不完整的关键词后，按下 Tab 键，系统自动补全关键词的余下部分。如图 1.31 所示，输入部分关键词 dis 后，按下 Tab 键，系统自动补全关键词余下部分，给出完整关键词 display。紧接着 display 输入 ip rou 后，按下 Tab 键，系统自动补全关键词余下部分 routing-table。以此完成完整命令 display ip routing-table 的输入过程。

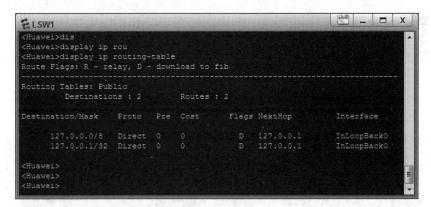

图 1.31　Tab 键的功能

1.2.4　取消命令过程

在命令行接口界面下，如果输入的命令有错，需要取消该命令，在原命令相同的命令提示符下，输入命令：undo 需要取消的命令。

如以下是创建编号为 3 的 VLAN 的命令。

```
[Huawei]vlan 3
[Huawei-vlan3]
```

则以下是删除已经创建的编号为 3 的 VLAN 的命令。

```
[Huawei]undo vlan 3
```

如以下是用于关闭路由器接口 GigabitEthernet0/0/0 的命令序列。

```
[routerabc]interface GigabitEthernet0/0/0
[routerabc-GigabitEthernet0/0/0]shutdown
```

则以下是用于开启路由器接口 GigabitEthernet0/0/0 的命令序列。

```
[routerabc]interface GigabitEthernet0/0/0
[routerabc-GigabitEthernet0/0/0]undo shutdown
```

如以下是用于为路由器接口 GigabitEthernet0/0/0 配置 IP 地址 192.1.1.254 和子网掩码 255.255.255.0 的命令序列。

```
[routerabc]interface GigabitEthernet0/0/0
[routerabc-GigabitEthernet0/0/0]ip address 192.1.1.254 24
```

则以下是取消为路由器接口 GigabitEthernet0/0/0 配置的 IP 地址和子网掩码的命令序列。

```
[routerabc]interface GigabitEthernet0/0/0
[routerabc-GigabitEthernet0/0/0]undo ip address 192.1.1.254 24
```

1.2.5　保存拓扑结构

华为 eNSP 完成设备放置、连接、配置和调试过程后,在保存拓扑结构之前,需要先保存每一个设备的当前配置信息,交换机保存配置信息界面如图 1.32 所示,路由器保存配置信息界面如图 1.33 所示。在用户视图下通过输入命令 save 开始保存配置信息过程,根据提示输入配置文件名,配置文件后缀是 cfg。

```
<Huawei>save
The current configuration will be written to the device.
Are you sure to continue?[Y/N]y
Info: Please input the file name ( *.cfg, *.zip ) [vrpcfg.zip]:a.cfg
Now saving the current configuration to the slot 0.
Save the configuration successfully.
<Huawei>
<Huawei>
<Huawei>
<Huawei>
<Huawei>
<Huawei>
<Huawei>
<Huawei>
```

图 1.32　交换机保存配置信息界面

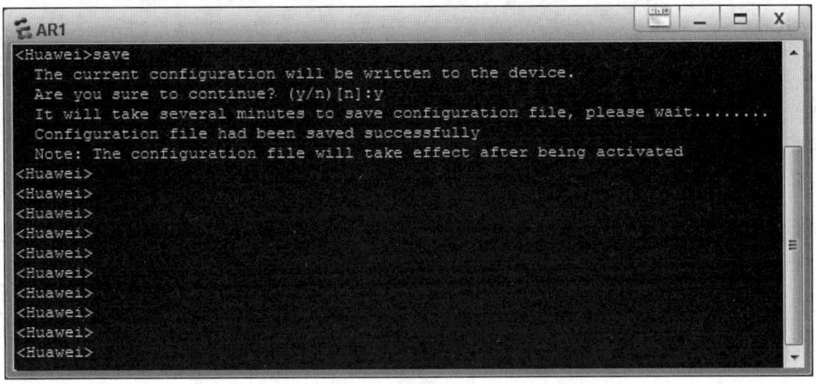

图 1.33 路由器保存配置信息界面

1.3 报文捕获过程

华为 eNSP 与 Wireshark 结合,可以捕获网络设备运行过程中交换的各种类型的报文,显示报文中各个字段的值。

1.3.1 启动 Wireshark

如果已经在工作区完成设备放置和连接过程,且已经完成设备启动过程,可以通过单击工具栏中"数据抓包"按钮启动数据抓包过程。针对如图 1.23 所示的工作区中的拓扑结构,启动数据抓包过程后,弹出如图 1.34 所示的选择设备和接口的界面。在选择设备框中选定需要抓包的设备,在选择接口框中选定需要抓包的接口,单击"开始抓包"按钮,启动 Wireshark。由 Wireshark 完成指定接口的报文捕获过程,可以同时在多个接口上启动 Wireshark。

图 1.34 抓包过程中选择设备和接口的界面

1.3.2　配置显示过滤器

默认状态下,Wireshark 显示输入输出指定接口的全部报文。但在网络调试过程中,或者在观察某个协议运行过程中设备之间交换的报文类型和报文格式时,需要有选择地显示捕获的报文。显示过滤器用于设定显示报文的条件。

可以直接在显示过滤器(filter)框中输入用于设定显示报文条件的条件表达式,如图 1.35 所示。条件表达式可以由逻辑操作符连接的关系表达式组成。常见的关系操作符如表 1.1 所示。常见的逻辑操作符如表 1.2 所示。用来作为条件的常见的关系表达式如表 1.3 所示。假定只显示符合以下条件的 IP 分组。

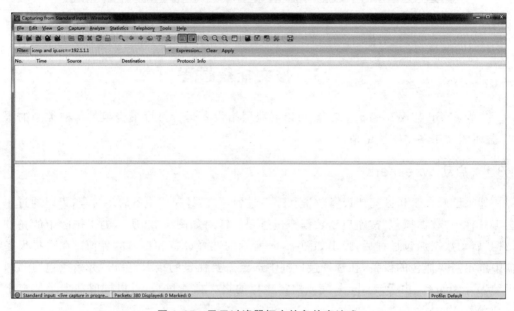

图 1.35　显示过滤器框中的条件表达式

表 1.1　常见关系操作符

与 C 语言相似的关系操作符	简写	说　明	举　　　例
==	eq	等于	eth. addr==12:34:56:78:90:1a ip. src eq 192.1.1.254
!=	ne	不等于	ip. src!=192.1.1.254 ip. src ne 192.1.1.254
>	gt	大于	tcp. port>1024 tcp. port gt 1024
<	lt	小于	tcp. port<1024 tcp. port lt 1024
>=	ge	大于等于	tcp. port>=1024 tcp. port ge 1024
<=	le	小于等于	tcp. port<=1024 tcp. port le 1024

表 1.2　常见逻辑操作符

与 C 语言相似的 逻辑操作符	简写	说明	举　例
&&	and	逻辑与	eth. addr＝＝12:34:56:78:90:1a and ip. src eq 192.1.1.254 eth. addr＝＝12:34:56:78:90:1a && ip. src eq 192.1.1.254 MAC 帧的源或目的 MAC 地址等于 12:34:56:78:90:1a,且 MAC 帧封装的 IP 分组的源 IP 地址等于 192.1.1.254
||	or	逻辑或	eth. addr＝＝12:34:56:78:90:1a or ip. src eq 192.1.1.254 eth. addr＝＝12:34:56:78:90:1a || ip. src eq 192.1.1.254 MAC 帧的源或目的 MAC 地址等于 12:34:56:78:90:1a,或 者 MAC 帧封装的 IP 分组的源 IP 地址等于 192.1.1.254
!	not	逻辑非	!eth. addr＝＝12:34:56:78:90:1a 或者源 MAC 地址不等于 12:34:56:78:90:1a,或者目的 MAC 地址不等于 12:34:56:78:90:1a

表 1.3　常见关系表达式

关系表达式	说　明
eth. addr＝＝＜MAC 地址＞	源或目的 MAC 地址等于指定 MAC 地址的 MAC 帧。 MAC 地址格式为 xx:xx:xx:xx:xx:xx,其中 x 为十六 进制数
eth. src＝＝＜MAC 地址＞	源 MAC 地址等于指定 MAC 地址的 MAC 帧
eth. dst＝＝＜MAC 地址＞	目的 MAC 地址等于指定 MAC 地址的 MAC 帧
eth. type＝＝＜格式为 0xnnnn 的协议类型 字段值＞	协议类型字段值等于指定 4 位十六进制数的 MAC 帧
ip. addr＝＝＜IP 地址＞	源或目的 IP 地址等于指定 IP 地址的 IP 分组
ip. src＝＝＜IP 地址＞	源 IP 地址等于指定 IP 地址的 IP 分组
ip. dst＝＝＜IP 地址＞	目的 IP 地址等于指定 IP 地址的 IP 分组
ip. ttl＝＝＜值＞	ttl 字段值等于指定值的 IP 分组
ip. version＝＝＜4/6＞	版本字段值等于 4 或 6 的 IP 分组
tcp. port＝＝＜值＞	源或目的端口号等于指定值的 TCP 报文
tcp. srcport＝＝＜值＞	源端口号等于指定值的 TCP 报文
tcp. dstport＝＝＜值＞	目的端口号等于指定值的 TCP 报文
udp. port＝＝＜值＞	源或目的端口号等于指定值的 UDP 报文
udp. srcport＝＝＜值＞	源端口号等于指定值的 UDP 报文
udp. dstport＝＝＜值＞	目的端口号等于指定值的 UDP 报文

* 源 IP 地址等于 192.1.1.1;
* 封装在该 IP 分组中的报文是 TCP 报文,且目的端口号等于 80。

可以通过在显示过滤器(filter)框中输入以下条件表达式,实现只显示符合上述条件的 IP 分组的目的。

```
ip.src eq 192.1.1.1 && tcp.dstport==80
```

在显示过滤器(filter)框中输入条件表达式时,如果输入部分属性名称,显示过滤器框下自动列出包含该部分属性名称的全部属性名称,如输入部分属性名称"ip.",显示过滤器框下自动弹出如图 1.36 所示的包含"ip."的全部属性名称的列表。

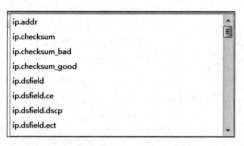

图 1.36　属性名称列表

1.4　网络设备配置方式

华为 eNSP 通过双击某个网络设备启动该设备的 CLI 界面,但实际网络设备的配置过程肯定与此不同。目前存在多种配置实际网络设备的方式,主要有控制台端口配置方式、Telnet 配置方式、Web 界面配置方式、SNMP 配置方式和配置文件加载方式等。对于路由器和交换机,华为 eNSP 主要支持控制台端口配置方式、Telnet 配置方式和配置文件加载方式等。

1.4.1　控制台端口配置方式

1. 工作原理

交换机和路由器出厂时,只有默认配置,如果需要对刚购买的交换机和路由器进行配置,最直接的配置方式是采用如图 1.37 所示的控制台端口配置方式,用串行口连接线互连 PC 的 RS-232 串行口和网络设备的 Console(控制台)端口,启动 PC 的超级终端程序,完成超级终端程序参数配置过程,按回车键进入网络设备的命令行接口界面。

(a) 交换机配置方式　　　　　　　　　　　　(b) 路由器配置方式

图 1.37　控制台端口配置方式

一般情况下,通过控制台端口配置方式完成网络设备的基本配置,如交换机管理地址和默认网关地址,路由器各个接口的 IP 地址、静态路由项或路由协议等。其目的是建立终端与网络设备之间的传输通路,只有在建立终端与网络设备之间的传输通路后,才能通过其他配置方式对网络设备进行配置。

2. 华为 eNSP 实现过程

如图 1.38 所示是华为 eNSP 通过控制台端口配置方式完成交换机和路由器初始配置的界面。在工作区中放置终端和网络设备,选择 CTL 连接线(连接线类型是互连串行口和控制台端口的串行口连接线)互连终端与网络设备。通过双击终端(PC1 或 PC2)启动终端的配置界面,单击"串口"选项卡,弹出如图 1.39 所示的终端 PC1 超级终端程序参数配置界面,单击"连接"按钮,进入网络设备命令行接口界面。如图 1.40 所示的是交换机命令行接口界面。

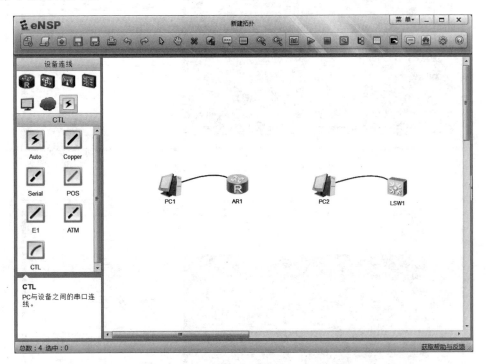

图 1.38　放置和连接设备后的工作区界面

1.4.2　Telnet 配置方式

1. 工作原理

图 1.41 中的终端通过 Telnet 配置方式对网络设备实施远程配置的前提是,交换机和路由器必须完成如图 1.41 所示的基本配置,如路由器 R 需要完成如图 1.41 所示的接口 IP 地址和子网掩码配置,交换机 S1 和 S2 需要完成如图 1.41 所示的管理地址和默认网关地址配置,终端需要完成如图 1.41 所示的 IP 地址和默认网关地址配置,只有完成上述配置后,终端与网络设备之间才能建立 Telnet 报文传输通路,终端才能通过 Telnet 远程登录网络设备。

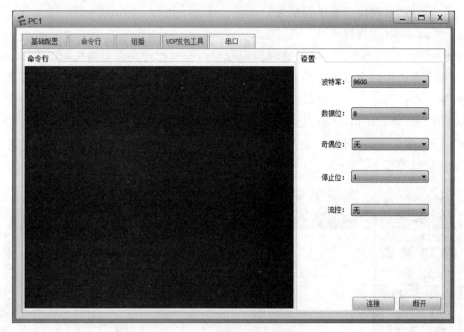

图 1.39　超级终端程序参数配置界面

图 1.40　通过超级终端程序进入的交换机命令行接口界面

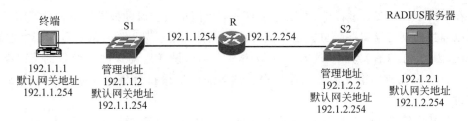

图 1.41 Telnet 配置方式

Telnet 配置方式与控制台端口配置方式的最大不同在于,Telnet 配置方式必须在已经建立终端与网络设备之间的 Telnet 报文传输通路的前提下进行,而且单个终端可以通过 Telnet 配置方式对一组已经建立与终端之间的 Telnet 报文传输通路的网络设备实施远程配置。控制台端口配置方式只能对单个通过串行口连接线连接的网络设备实施配置。

2. 华为 eNSP 实现过程

如图 1.42 所示是华为 eNSP 实现用 Telnet 配置方式配置网络设备的工作区界面。首先需要在工作区中放置和连接网络设备,对网络设备完成基本配置。由于华为 eNSP 中的终端并没有 Telnet 实用程序,因此,需要通过启动路由器中的 Telnet 实用程序实现对交换机的远程配置过程。为了建立终端 PC、各个网络设备之间的 Telnet 报文传输通路,需要对路由器 AR1 的接口配置 IP 地址和子网掩码,对终端 PC 配置 IP 地址、子网掩码和默认网关地址等。对实际网络设备的基本配置一般通过控制台端口配置方式完成,因此,控制台端口配置方式在网络设备的配置过程中是不可或缺的。

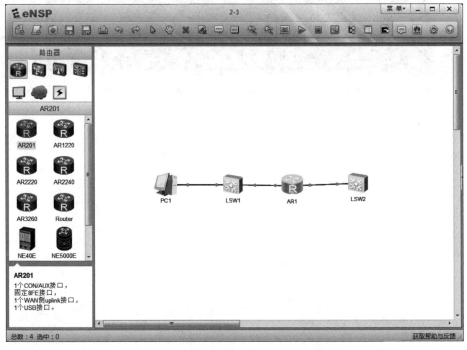

图 1.42 放置和连接设备后的工作区界面

在华为 eNSP 实现过程中,可以通过双击某个网络设备启动该网络设备的 CLI 界面,也可以通过控制台端口配置方式逐个配置网络设备。由于课程学习的重点在于掌握原理和方法,因此,在以后实验中,通常通过双击某个网络设备启动该网络设备的 CLI 界面,通过 CLI 界面完成网络设备的配置过程。具体操作步骤和命令输入过程在以后章节中详细讨论。

　　一旦建立终端 PC、各个网络设备之间的 Telnet 报文传输通路,通过双击路由器 AR1 进入如图 1.43 所示的 CLI 界面,在命令提示符下,通过启动 Telnet 实用程序建立与交换机 LSW1 之间的 Telnet 会话,通过 Telnet 配置方式开始对交换机 LSW1 的配置过程。如图 1.43 所示是路由器 AR1 通过 Telnet 远程登录交换机 LSW1 后出现的交换机命令行接口界面。

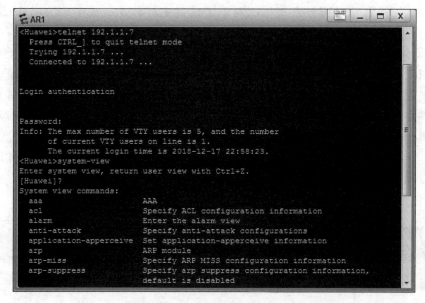

图 1.43　路由器 AR1 远程配置交换机 LSW1 的界面

第2章

网络攻击实验

知己知彼,百战不殆,了解网络攻击原理和过程是为了能够更好地抵御网络攻击。同时,通过了解网络攻击过程,可以更深刻地理解网络协议工作机制和当前网络技术存在的一些缺陷。

2.1 集线器和嗅探攻击实验

2.1.1 实验内容

正常网络结构如图 2.1(a)所示,终端 A 和终端 B 连接在交换机上,交换机和路由器相连,终端 A 和终端 B 可以通过交换机向路由器发送 MAC 帧。如果黑客需要嗅探终端 A 和终端 B 发送给路由器的 MAC 帧,可以在路由器和交换机之间插入一个集线器,并在集线器上连接一个黑客终端,如图 2.1(b)所示,这种情况下,黑客终端可以嗅探所有终端 A 和终端 B 与路由器之间传输的 MAC 帧。

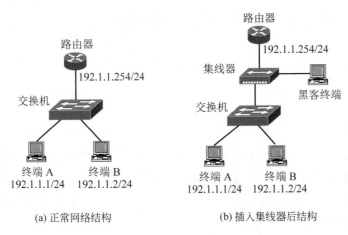

(a) 正常网络结构　　　　　　(b) 插入集线器后结构

图 2.1　利用集线器实施嗅探攻击过程

2.1.2 实验目的

(1) 验证利用集线器实施嗅探攻击的过程。
(2) 验证嗅探攻击不会影响正常的 MAC 帧传输过程。
(3) 验证嗅探攻击对于源和目的终端是透明的。

2.1.3   实验原理

集线器是广播设备,从某个端口接收到 MAC 帧后,从除接收该 MAC 帧的端口以外的所有其他端口输出该 MAC 帧。因此,当集线器从连接交换机的端口接收到 MAC 帧后,将从连接路由器和黑客终端的端口输出该 MAC 帧,该 MAC 帧同时到达路由器和黑客终端,如图 2.2(a)所示的嗅探终端 A 发送给路由器的 MAC 帧的过程。同样,当集线器从连接路由器的端口接收到 MAC 帧后,将从连接交换机和黑客终端的端口输出该MAC 帧,该 MAC 帧同时到达交换机和黑客终端,如图 2.2(b)所示的嗅探路由器发送给终端 B 的 MAC 帧的过程。

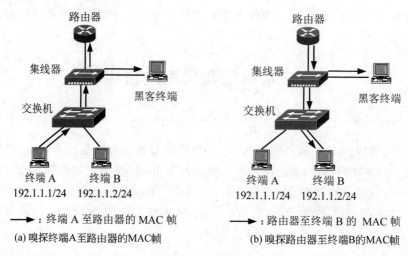

(a) 嗅探终端A至路由器的MAC帧   (b) 嗅探路由器至终端B的MAC帧

图 2.2   嗅探原理

2.1.4   关键命令说明

1. 关闭信息中心功能

```
[Huawei]undo info-center enable
```

info-center enable 是系统视图下使用的命令,该命令的作用是启动信息中心功能,一旦启动信息中心功能,系统就会向日志主机、控制台等输出系统信息。undo info-center enable 命令的作用是关闭信息中心功能。一旦关闭信息中心功能,系统停止向日志主机、控制台等输出系统信息。

2. 配置接口 IP 地址和子网掩码

以下命令序列用于为路由器接口 GigabitEthernet0/0/0 分配 IP 地址 192.1.1.254和子网掩码 255.255.255.0。

```
[Huawei]interface GigabitEthernet0/0/0
[Huawei-GigabitEthernet0/0/0]ip address 192.1.1.254 255.255.255.0
[Huawei-GigabitEthernet0/0/0]quit
```

interface GigabitEthernet0/0/0 是系统视图下使用的命令,该命令的作用是进入接口 GigabitEthernet0/0/0 的接口视图。GigabitEthernet0/0/0 中包含两部分信息:一是接口类型 GigabitEthernet,表明该接口是千兆以太网接口;二是接口编号 0/0/0,接口编号用于区分相同类型的多个接口。

ip address 192.1.1.254255.255.255.0 是接口视图下使用的命令,该命令的作用是为指定接口(这里是接口 GigabitEthernet0/0/0)分配 IP 地址 192.1.1.254 和子网掩码 255.255.255.0,255.255.255.0 是点分十进制表示的 32 位子网掩码。

2.1.5 实验步骤

(1) 启动 eNSP,按照如图 2.1(a)所示的网络拓扑结构放置和连接设备,完成设备放置和连接后的 eNSP 界面如图 2.3 所示。启动所有设备。

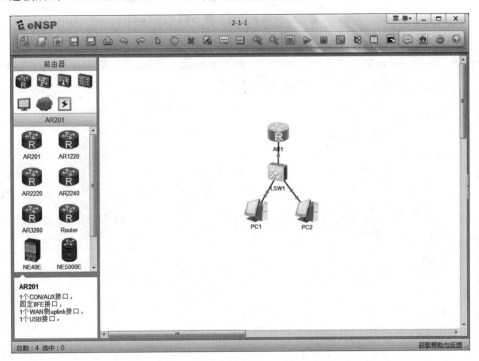

图 2.3 完成设备放置和连接后的 eNSP 界面

(2) 在命令行接口下,为路由器 AR1 连接交换机 LSW1 的接口配置 IP 地址 192.1.1.254 和子网掩码 255.255.255.0。通过命令显示的路由器 AR1 的接口状态如图 2.4 所示。

(3) 分别为 PC1 和 PC2 配置 IP 地址、子网掩码和默认网关地址。通过双击 PC1 或 PC2,弹出 PC1 或 PC2 配置 IP 地址、子网掩码和默认网关地址的界面,PC1 配置的网络信息如图 2.5 所示。完成网络信息配置后,单击"应用"按钮。

(4) 为了查看 AR1 连接交换机 LSW1 的接口接收到的报文,单击工具栏"数据抓包"按钮,弹出如图 2.6 所示的采集数据报文界面,首先在选择设备栏中选中设备 AR1,然后

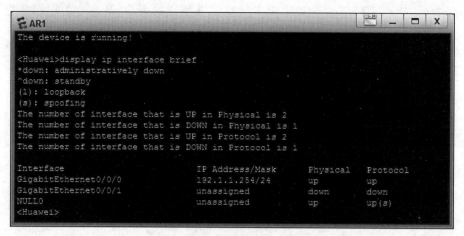

图 2.4　通过命令显示的路由器 AR1 的接口状态

图 2.5　PC1 配置的网络信息

在选择接口栏中选中接口 GE0/0/0,单击"开始抓包"按钮,启动 Wireshark,弹出如图 2.7
所示的 Wireshark 界面,在显示过滤框中输入显示的报文类型 ICMP,表示只显示
Internet 控制报文协议(Internet Control Message Protocol,ICMP)报文。然后通过在
PC1 命令行接口下执行如图 2.8 所示的 ping 操作,启动 PC1 与路由器 AR1 连接交换机
LSW1 的接口之间的 ICMP ECHO 请求和响应报文传输过程。路由器 AR1 连接交换机
LSW1 的接口捕获的报文序列如图 2.7 所示,涵盖了执行如图 2.8 所示的 ping 操作所产
生的全部 ICMP ECHO 请求和响应报文。

图 2.6　采集数据报文界面

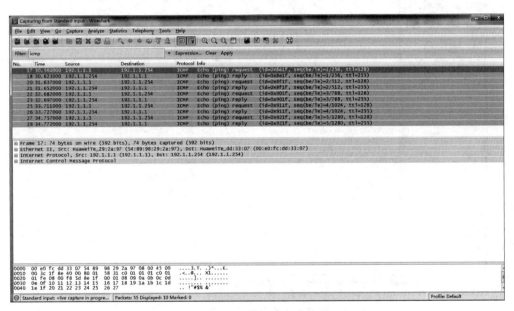

图 2.7　Wireshark 界面及捕获的报文序列

（5）在路由器 AR1 和交换机 LSW1 之间插入集线器 HUB1，将黑客终端 hack 连接到集线器 HUB1 上，完成 HUB1 连接过程后的 eNSP 界面如图 2.9 所示。

（6）为了验证黑客终端 hack 能够嗅探到 PC1 和路由器 AR1 之间交换的报文，针对如图 2.10 所示的采集数据报文界面，在选择设备栏中选中设备 hack，在选择接口栏中选中 hack 连接集线器 HUB1 的接口 Ethernet0/0/1，单击"开始抓包"按钮启动黑客终端

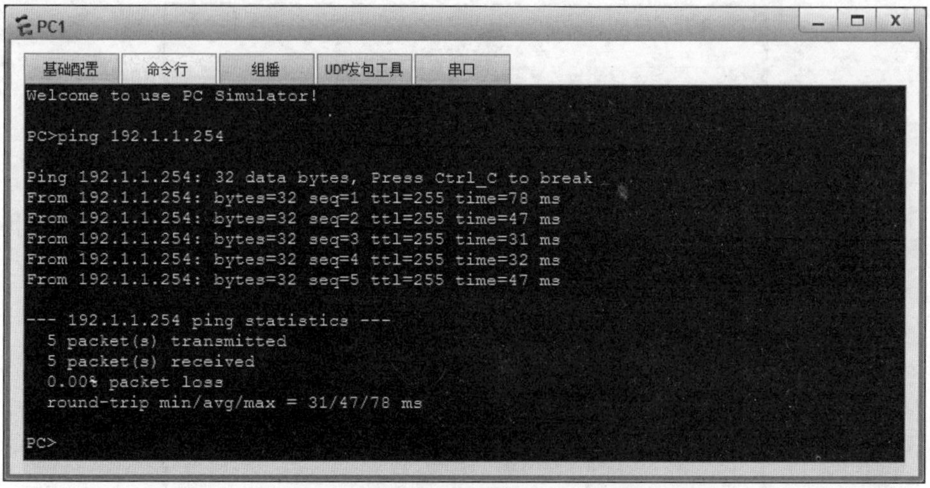

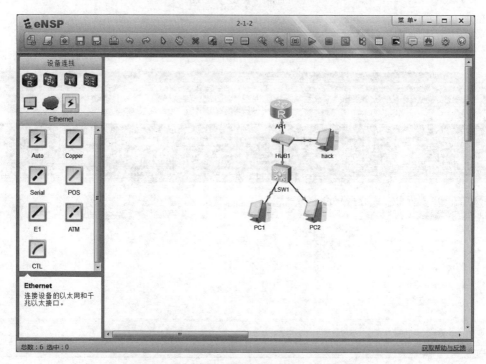

图 2.8　在 PC1 命令行接口下执行 ping 操作的界面

图 2.9　完成集线器连接过程后的 eNSP 界面

hack 连接集线器 HUB1 的接口捕获报文功能。再次通过在 PC1 命令行接口下执行如图 2.8 所示的 ping 操作,启动 PC1 与路由器 AR1 连接交换机 LSW1 的接口之间的 ICMP ECHO 请求和响应报文传输过程。黑客终端 hack 连接集线器 HUB1 的接口捕获的报文序列如图 2.11 所示,与如图 2.7 所示的路由器 AR1 连接交换机 LSW1 的接口捕获的报文序列相同。

图 2.10 连接集线器和黑客终端后的采集数据报文界面

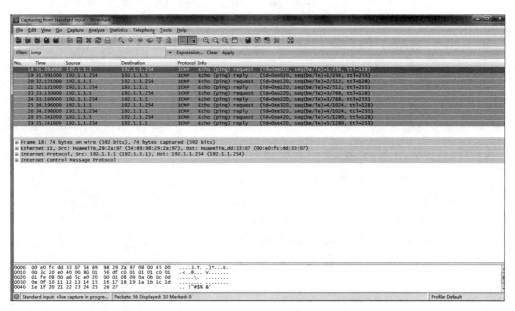

图 2.11 黑客终端 hack 连接集线器 HUB1 的接口捕获的报文序列

2.1.6 命令行接口配置过程

1. 路由器 AR1 命令行接口配置过程

```
<Huawei>system-view
[Huawei]undo info-center enable
```

```
[Huawei]interface GigabitEthernet0/0/0
[Huawei-GigabitEthernet0/0/0]ip address 192.1.1.254 255.255.255.0
[Huawei-GigabitEthernet0/0/0]quit
```

2. 命令列表

路由器命令行接口配置过程中使用的命令及功能和参数说明如表 2.1 所示。

表 2.1 命令列表

命 令 格 式	功能和参数说明
system-view	从用户视图进入系统视图
info-center enable	启动信息中心功能
interface {ethernet | gigabitethernet} *interface-number*	进入指定接口的接口视图,关键词 ethernet 或 gigabitethernet 是接口类型,参数 *interface-number* 是接口编号
ip address *ip-address* {*mask* | *mask-length*}	配置指定接口的 IP 地址和子网掩码,参数 *ip-address* 是 IP 地址,参数 *mask* 是子网掩码,参数 *mask-length* 是网络前缀长度,子网掩码和网络前缀长度二者选一
display ip interface brief	简要显示路由器接口状态和接口配置的 IP 地址和子网掩码
quit	从当前视图退回到较低级别视图,如果当前视图是用户视图,则退出系统

注：本教材命令列表中加粗的单词是关键词,斜体的单词是参数,关键词是固定的,参数是需要设置的。

2.2 MAC 地址欺骗攻击实验

2.2.1 实验内容

以太网结构如图 2.12 所示,交换机建立完整转发表后,终端 B 发送给终端 A 的 MAC 帧只到达终端 A。如果终端 C 将自己的 MAC 地址改为终端 A 的 MAC 地址 MAC A,且向终端 B 发送一帧 MAC 帧。这种情况下,如果终端 B 再向终端 A 发送 MAC 帧,终端 B 发送给终端 A 的 MAC 帧不是到达终端 A,而是到达终端 C。

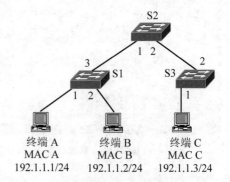

图 2.12 以太网结构

2.2.2 实验目的

(1) 验证交换机建立转发表(MAC 表)过程。

(2) 验证交换机转发 MAC 帧机制。

(3) 验证 MAC 地址欺骗攻击原理。

(4) 掌握 MAC 地址欺骗攻击过程。

2.2.3 实验原理

正常传输过程如图 2.13(a) 所示,当交换机 S1、S2 和 S3 建立完整转发表后,转发项将通往终端 A 的交换路径作为通往 MAC 地址为 MAC A 的终端的交换路径,因此,终端 B 发送的目的 MAC 地址为 MAC A 的 MAC 帧沿着通往终端 A 的交换路径到达终端 A。

如果终端 C 将自己的 MAC 地址改为 MAC A,且向终端 B 发送源 MAC 地址为 MAC A 的 MAC 帧,交换机 S1、S2 和 S3 的转发表改为如图 2.13(b) 所示,转发项将通往终端 C 的交换路径作为通往 MAC 地址为 MAC A 的终端的交换路径,因此,终端 B 发送的目的 MAC 地址为 MAC A 的 MAC 帧沿着通往终端 C 的交换路径到达终端 C。

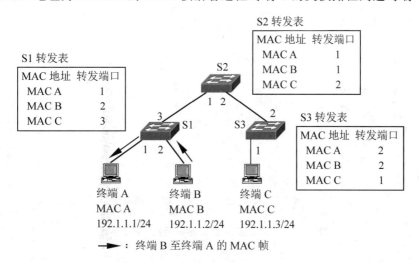

(a) 正常传输过程

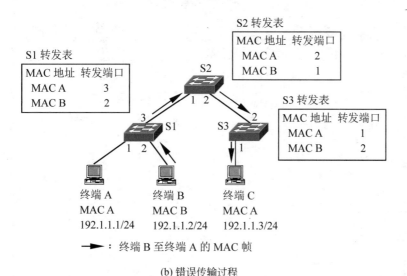

(b) 错误传输过程

图 2.13   MAC 地址欺骗攻击原理

2.2.4　实验步骤

（1）启动 eNSP，按照如图 2.12 所示的网络拓扑结构放置和连接设备，完成设备放置和连接后的 eNSP 界面如图 2.14 所示。启动所有设备。

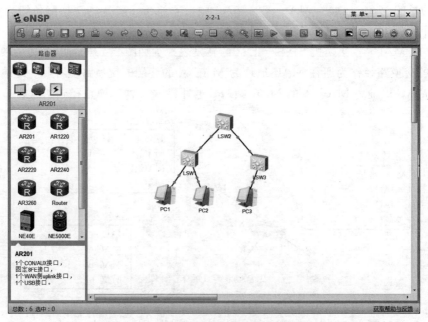

图 2.14　完成设备放置和连接后的 eNSP 界面

（2）PC1 的基础配置界面如图 2.15 所示，PC3 的基础配置界面如图 2.16 所示，基础配置界面中给出 PC 的 MAC 地址以及为 PC 配置的 IP 地址和子网掩码。

图 2.15　PC1 的基础配置界面

图 2.16　PC3 的基础配置界面

（3）为了在三个交换机中建立完整的 MAC 表，必须保证三个交换机都能接收到 PC1、PC2 和 PC3 发送的 MAC 帧。为此，启动 PC1 与 PC2 和 PC3 之间的通信过程，以及 PC2 与 PC3 之间的通信过程。PC1 执行 ping 操作的界面如图 2.17 所示，PC2 执行 ping 操作的界面如图 2.18 所示。

图 2.17　PC1 执行 ping 操作的界面

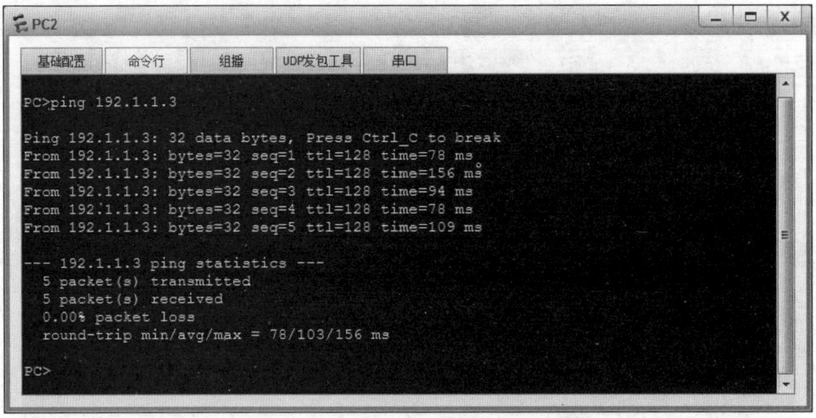

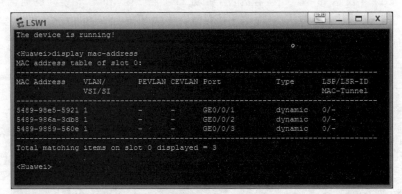

图 2.18   PC2 执行 ping 操作的界面

（4）查看三个交换机建立的完整 MAC 表，交换机 LSW1、LSW2 和 LSW3 的 MAC 表分别如图 2.19～图 2.21 所示。三个交换机的 MAC 表中 PC1 的 MAC 地址对应的转发项所给出的交换路径是通往 PC1 的交换路径。LSW1 的 MAC 表中 PC1 的 MAC 地址对应的转发项的输出端口是连接 PC1 的端口 GE0/0/1，LSW2 的 MAC 表中 PC1 的 MAC 地址对应的转发项的输出端口是连接 LSW1 的端口 GE0/0/1，LSW3 的 MAC 表中 PC1 的 MAC 地址对应的转发项的输出端口是连接 LSW2 的端口 GE0/0/2。

图 2.19   交换机 LSW1 的 MAC 表

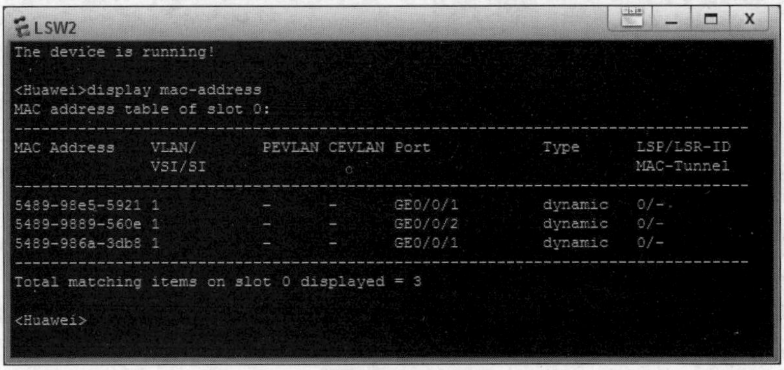

图 2.20   交换机 LSW2 的 MAC 表

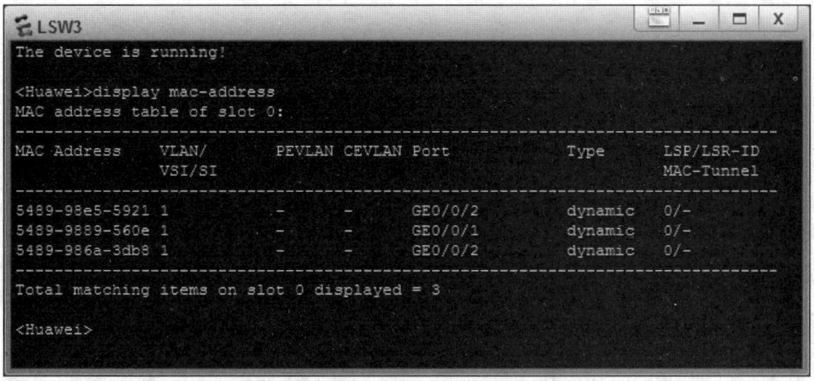

图 2.21　交换机 LSW3 的 MAC 表

（5）将 PC3 的 MAC 地址改为 PC1 的 MAC 地址，单击"应用"按钮，使得 PC3 启用该 MAC 地址。修改 MAC 地址后的 PC3 基础配置界面如图 2.22 所示。

图 2.22　修改 MAC 地址后的 PC3 基础配置界面

（6）为了使得三个交换机的 MAC 表中 PC1 的 MAC 地址对应的转发项所给出的交换路径是通往 PC3 的交换路径，必须使得三个交换机都接收到 PC3 发送的以 PC1 的 MAC 地址为源 MAC 地址的 MAC 帧。PC3 启动与 PC2 之间的通信过程，PC3 执行 ping 操作的界面如图 2.23 所示。

（7）再次查看三个交换机建立的完整 MAC 表，交换机 LSW1、LSW2 和 LSW3 的 MAC 表分别如图 2.24～图 2.26 所示。三个交换机的 MAC 表中 PC1 的 MAC 地址对应的转发项所给出的交换路径是通往 PC3 的交换路径。LSW1 的 MAC 表中 PC1 的 MAC 地址对应的转发项的输出端口是连接 LSW2 的端口 GE0/0/3，LSW2 的 MAC 表中 PC1

```
PC3                                                              _  □  X
基础配置   命令行   组播   UDP发包工具   串口
Welcome to use PC Simulator!

PC>ping 192.1.1.2

Ping 192.1.1.2: 32 data bytes, Press Ctrl_C to break
From 192.1.1.2: bytes=32 seq=1 ttl=128 time=94 ms
From 192.1.1.2: bytes=32 seq=2 ttl=128 time=94 ms
From 192.1.1.2: bytes=32 seq=3 ttl=128 time=78 ms
From 192.1.1.2: bytes=32 seq=4 ttl=128 time=94 ms
From 192.1.1.2: bytes=32 seq=5 ttl=128 time=125 ms

--- 192.1.1.2 ping statistics ---
 5 packet(s) transmitted
 5 packet(s) received
 0.00% packet loss
 round-trip min/avg/max = 78/97/125 ms

PC>
```

图 2.23   PC3 执行 ping 操作的界面

```
LSW1                                                            _  □  X
<Huawei>display mac-address
MAC address table of slot 0:
-----------------------------------------------------------------------
MAC Address       VLAN/      PEVLAN CEVLAN Port          Type     LSP/LSR-ID
                  VSI/SI                                          MAC-Tunnel
-----------------------------------------------------------------------
5489-98e5-5921 1            -      -      GE0/0/3        dynamic  0/-
5489-986a-3db8 1            -      -      GE0/0/2        dynamic  0/-
5489-9889-560e 1            -      -      GE0/0/3        dynamic  0/-
-----------------------------------------------------------------------
Total matching items on slot 0 displayed = 3

<Huawei>
<Huawei>
<Huawei>
```

图 2.24   交换机 LSW1 的 MAC 表

```
LSW2                                                            _  □  X
<Huawei>display mac-address
MAC address table of slot 0:
-----------------------------------------------------------------------
MAC Address       VLAN/      PEVLAN CEVLAN Port          Type     LSP/LSR-ID
                  VSI/SI                                          MAC-Tunnel
-----------------------------------------------------------------------
5489-98e5-5921 1            -      -      GE0/0/2        dynamic  0/-
5489-9889-560e 1            -      -      GE0/0/2        dynamic  0/-
5489-986a-3db8 1            -      -      GE0/0/1        dynamic  0/-
-----------------------------------------------------------------------
Total matching items on slot 0 displayed = 3

<Huawei>
<Huawei>
<Huawei>
```

图 2.25   交换机 LSW2 的 MAC 表

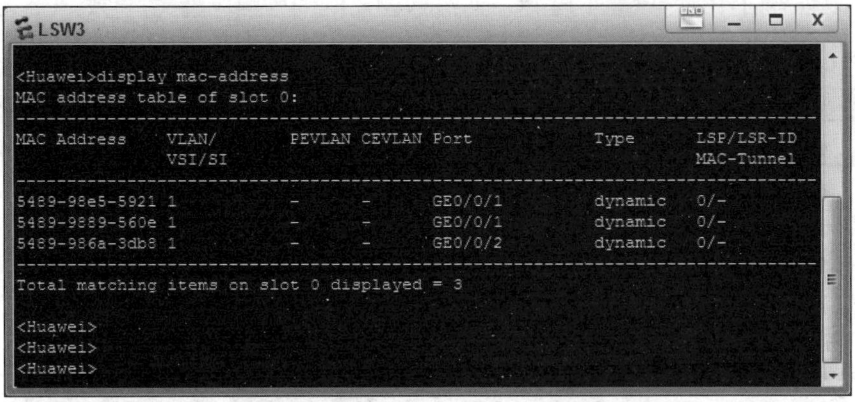

图 2.26　交换机 LSW3 的 MAC 表

的 MAC 地址对应的转发项的输出端口是连接 LSW3 的端口 GE0/0/2,LSW3 的 MAC 表中 PC1 的 MAC 地址对应的转发项的输出端口是连接 PC3 的端口 GE0/0/1。

（8）为了观察各个交换机将发送给 PC1 的 MAC 帧错误地转发给 PC3 的过程,启动交换机 LSW3 连接 PC3 的端口 GE0/0/1 捕获报文的功能。选中 LSW3 连接 PC3 端口 GE0/0/1 的采集数据报文界面如图 2.27 所示。单击"开始抓包"按钮启动该端口的捕获报文过程。

图 2.27　选中 LSW3 连接 PC3 端口 GE0/0/1 的采集数据报文界面

（9）启动 PC2 与 PC1 之间的通信过程,PC2 发送给 PC1 的 ICMP ECHO 请求报文被三个交换机错误地转发给 PC3。PC2 执行 ping 操作的界面如图 2.28 所示,LSW3 连接 PC3 端口 GE0/0/1 捕获的报文序列如图 2.29 所示。封装 PC2 发送给 PC1 的 ICMP ECHO 请求报文的 IP 分组被错误地传输给 PC3,由于 PC3 的 IP 地址与这些 IP 分组的

目的 IP 地址不同,因此,PC3 不向 PC2 回送 ICMP ECHO 响应报文,导致 PC2 无法 ping
通 PC1。

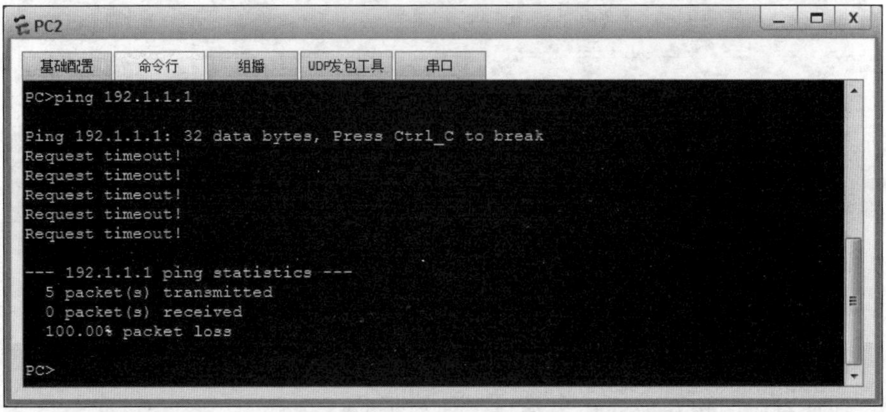

图 2.28　PC2 执行 ping 操作的界面

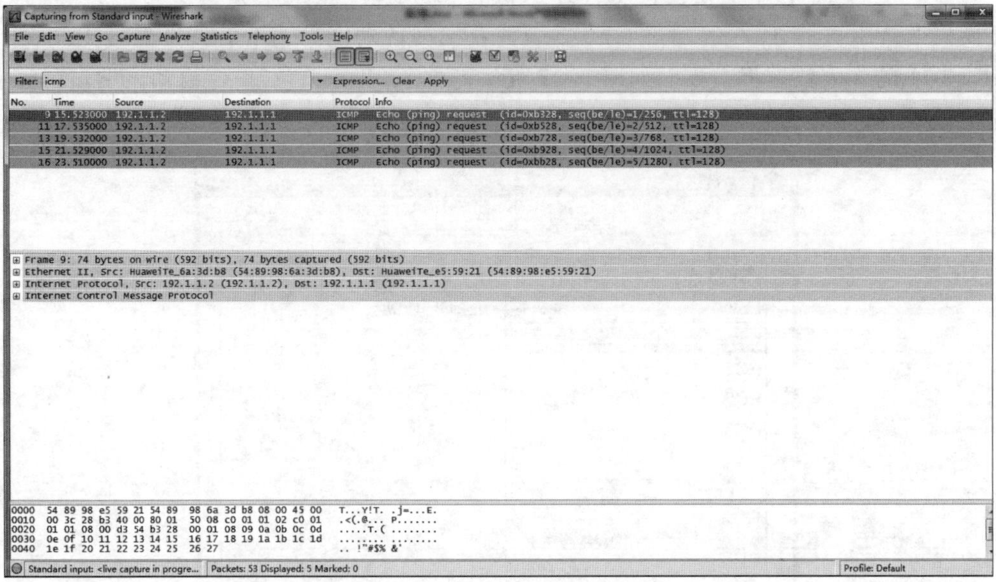

图 2.29　LSW3 连接 PC3 端口 GE0/0/1 捕获的报文序列

2.2.5　命令行接口配置过程

1. 交换机 LSW1 命令行接口配置过程

```
<Huawei>system-view
[Huawei]undo info-center enable
```

交换机 LSW2 和 LSW3 命令行接口配置过程与 LSW1 命令行接口配置过程相似,这
里不再赘述。

2. 命令列表

交换机命令行接口配置过程中使用的命令及功能和参数说明如表 2.2 所示。

表 2.2　命令列表

命　令　格　式	功能和参数说明
display mac-address	显示交换机 MAC 表中的转发项

2.3　ARP 欺骗攻击实验

2.3.1　实验内容

网络结构如图 2.30 所示,当终端 A、终端 B 和终端 C 都完成与路由器 R 之间的通信过程后,路由器 R 的地址解析协议(Address Resolution Protocol,ARP)缓冲区中存在三项用于建立这三个终端的 IP 地址与这三个终端的 MAC 地址之间关联的 ARP 表项。为了实施 ARP 欺骗攻击,终端 C 向路由器 R 发送一个将终端 C 的 MAC 地址与终端 A 的 IP 地址关联的 ARP 请求报文,导致路由器 R 的 ARP 缓冲区中存在将终端 C 的 MAC 地址与终端 A 的 IP 地址关联的 ARP 表项。这种情况下,当终端 D 向终端 A 发送 IP 分组时,路由器 R 将该IP 分组封装成以终端 C 的 MAC 地址为目的 MAC 地址的 MAC 帧,导致该 MAC 帧被错误地传输给终端 C。

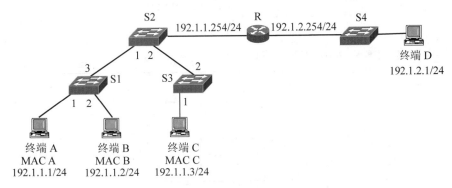

图 2.30　网络结构

2.3.2　实验目的

(1) 掌握地址解析过程。

(2) 了解 ARP 报文结构。

(3) 掌握 ARP 欺骗攻击实施过程。

2.3.3　实验原理

ARP 欺骗攻击实施过程如图 2.31 所示,终端 C 为了截获路由器 R 发送给终端 A 的 IP 分组,向路由器 R 发送一个 ARP 请求报文,该 ARP 请求报文中将终端 A 的 IP 地址

192.1.1.1 与终端 C 的 MAC 地址 MAC C 绑定在一起,路由器 R 接收到该 ARP 请求报文后,在 ARP 缓冲区中建立一项将终端 A 的 IP 地址 192.1.1.1 与终端 C 的 MAC 地址 MAC C 绑定在一起的 ARP 表项,整个过程如图 2.31(b)所示。

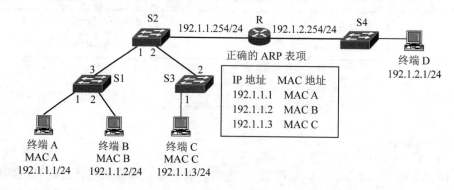

(a) 建立正确的ARP表项

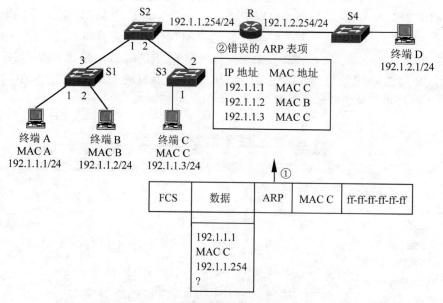

(b) 建立错误的ARP表项

图 2.31　ARP 欺骗攻击实施过程

　　路由器 R 建立如图 2.31(b)所示的错误的 ARP 表项后,当路由器 R 接收到终端 D 发送的以终端 D 的 IP 地址 192.1.2.1 为源 IP 地址、以终端 A 的 IP 地址 192.1.1.1 为目的 IP 地址的 IP 分组时,将该 IP 分组封装成以 ARP 缓冲区中与终端 A 的 IP 地址 192.1.1.1 绑定的 MAC 地址 MAC C 为目的 MAC 地址的 MAC 帧,该 MAC 帧被交换机 S2 和 S3 错误地转发给终端 C。

2.3.4　实验步骤

（1）启动 eNSP，按照如图 2.30 所示的网络拓扑结构放置和连接设备，完成设备放置和连接后的 eNSP 界面如图 2.32 所示。启动所有设备。

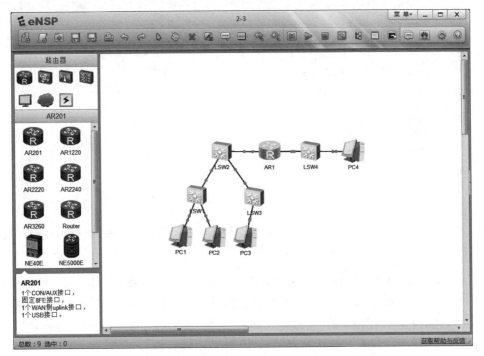

图 2.32　完成设备放置和连接后的 eNSP 界面

（2）完成路由器 AR1 接口的 IP 地址和子网掩码配置过程，路由器 AR1 的接口状态如图 2.33 所示。

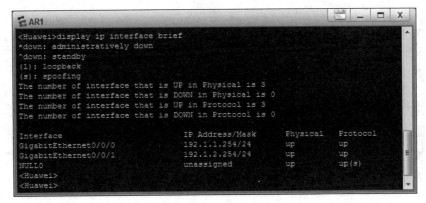

图 2.33　路由器 AR1 的接口状态

（3）完成各个 PC IP 地址、子网掩码和默认网关地址配置过程，PC1 配置的网络信息及 MAC 地址如图 2.34 所示。

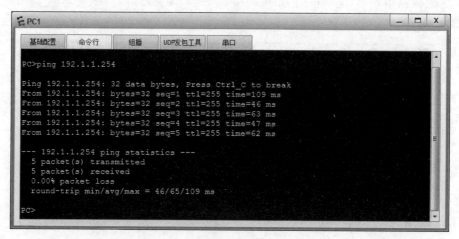

图 2.34 PC1 配置的网络信息及 MAC 地址

（4）为了在路由器 AR1 的 ARP 缓冲区中建立 PC1、PC2 和 PC3 对应的 ARP 表项，需要 PC1、PC2 和 PC3 向路由器 AR1 发送 ARP 请求报文，在 PC1、PC2 和 PC3 ARP 缓冲区空的情况下，通过对默认网关地址 192.1.1.254 进行的 ping 操作启动对默认网关地址的 ARP 地址解析过程。PC1 执行 ping 操作的界面如图 2.35 所示。在 PC1、PC2 和 PC3 完成对默认网关地址的 ping 操作后，路由器 AR1 ARP 缓冲区中的 ARP 表项如图 2.36 所示，PC1 的 IP 地址 192.1.1.1 与 PC1 的 MAC 地址 5489-98E5-5921 绑定在一起。

```
PC>ping 192.1.1.254

Ping 192.1.1.254: 32 data bytes, Press Ctrl_C to break
From 192.1.1.254: bytes=32 seq=1 ttl=255 time=109 ms
From 192.1.1.254: bytes=32 seq=2 ttl=255 time=46 ms
From 192.1.1.254: bytes=32 seq=3 ttl=255 time=63 ms
From 192.1.1.254: bytes=32 seq=4 ttl=255 time=47 ms
From 192.1.1.254: bytes=32 seq=5 ttl=255 time=62 ms

--- 192.1.1.254 ping statistics ---
  5 packet(s) transmitted
  5 packet(s) received
  0.00% packet loss
  round-trip min/avg/max = 46/65/109 ms

PC>
```

图 2.35 PC1 执行 ping 操作的界面

（5）PC4 与 PC1 之间可以完成正常通信过程。PC4 执行 ping 操作的界面如图 2.37 所示。

图 2.36　路由器 AR1 ARP 缓冲区中的 ARP 表项

图 2.37　PC4 执行 ping 操作的界面

（6）为了能够在路由器 AR1 的 ARP 缓冲区中建立将 PC1 的 IP 地址与 PC3 的 MAC 地址绑定在一起的 ARP 表项。将 PC3 的 IP 地址修改为 PC1 的 IP 地址，清除 PC3 的 ARP 缓冲区，完成 PC3 与路由器 AR1 之间的通信过程。在完成 PC3 与路由器 AR1 之间的通信过程中，PC3 需要解析默认网关地址对应的 MAC 地址，为此 PC3 向路由器 AR1 发送将修改后的 IP 地址（即 PC1 的 IP 地址）与 MAC 地址绑定的 ARP 请求报文。PC3 修改后的 IP 地址和 MAC 地址如图 2.38 所示，将 PC3 的 IP 地址修改为 PC1 的 IP 地址后，PC3 完成的操作如图 2.39 所示。为了观察 PC3 发送给路由器 AR1 的 ARP 请求报文，启动交换机 LSW3 连接 PC3 的端口的报文捕获功能。用于选择设备和接口的采集数据报文界面如图 2.40 所示，PC3 执行如图 2.39 所示的 ping 操作时，交换机 LSW3 连接 PC3 的端口捕获的报文序列如图 2.41 所示，ARP 请求报文中将 PC1 的 IP 地址 192.1.1.1 与 PC3 的 MAC 地址 5489-9889-560E 绑定在一起。

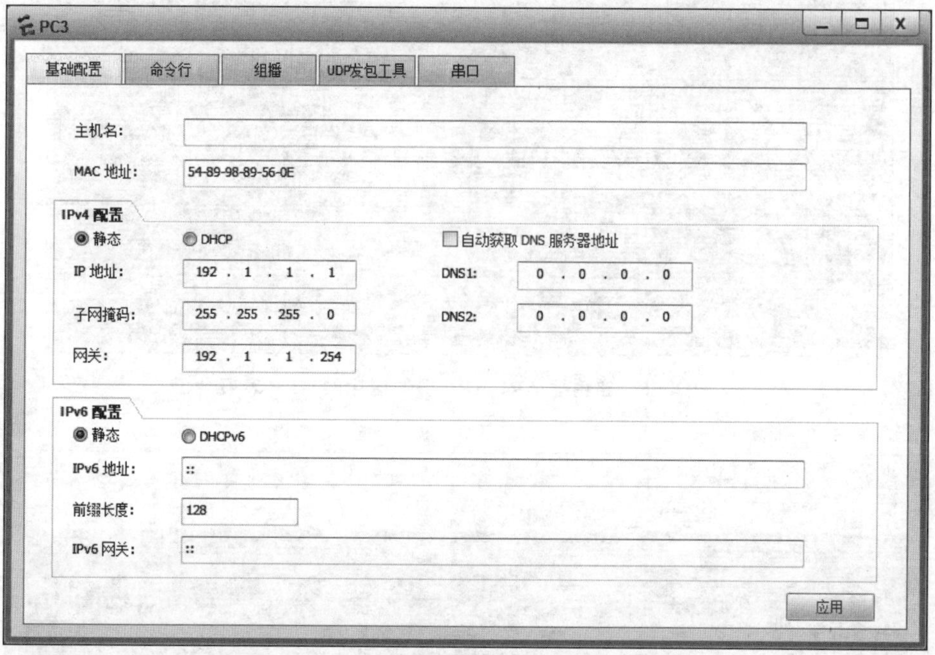

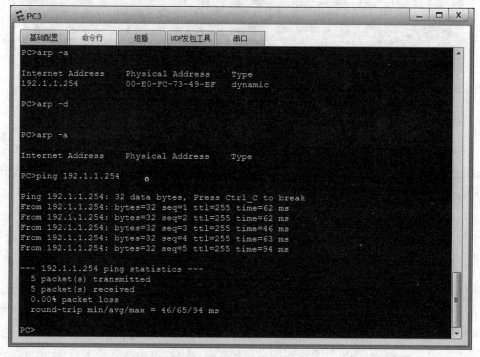

图 2.38　PC3 修改后的 IP 地址和 MAC 地址

图 2.39　PC3 完成的操作

图 2.40 用于选择设备和接口的采集数据报文界面

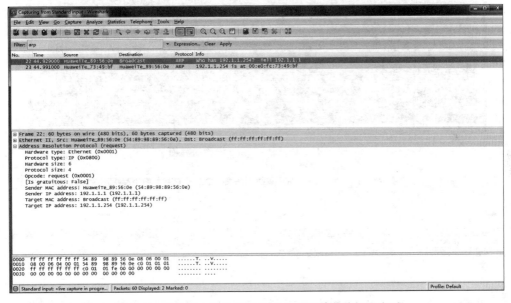

图 2.41 交换机 LSW3 连接 PC3 的端口捕获的报文序列

（7）再次检查路由器 AR1 ARP 缓冲区中的 ARP 表项，已经产生将 PC1 的 IP 地址 192.1.1.1 与 PC3 的 MAC 地址 5489-9889-560E 绑定在一起的 ARP 表项，如图 2.42 所示。

（8）将 PC3 的 IP 地址重新设置为 192.1.1.3，启动 PC4 与 PC1 之间的通信过程，PC4 执行 ping 操作的界面如图 2.43 所示，PC4 发送给 PC1 的 IP 分组到达路由器 AR1 后，被路由器 AR1 封装成以 PC3 的 MAC 地址 5489-9889-560E 为目的 MAC 地址的 MAC 帧，这些 MAC 帧到达 PC3，而不是 PC1，如图 2.44 所示的交换机 LSW3 连接 PC3 的端口捕获的报文序列。因此，PC4 与 PC1 之间无法正常通信。

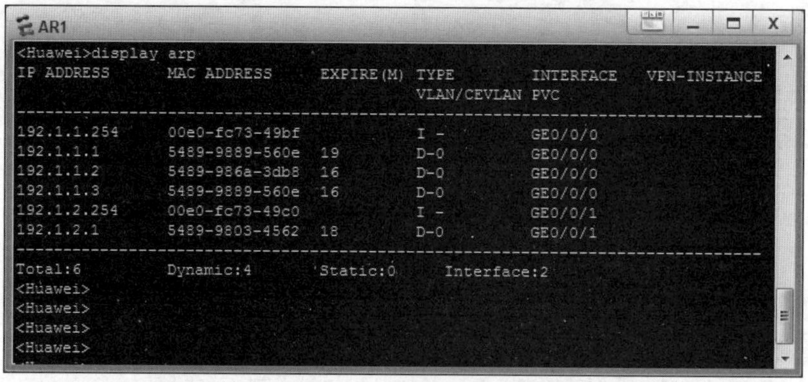

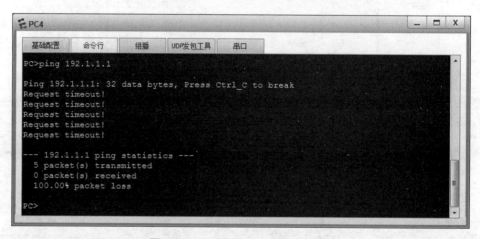

图 2.42　路由器 AR1 ARP 缓冲区中的 ARP 表项

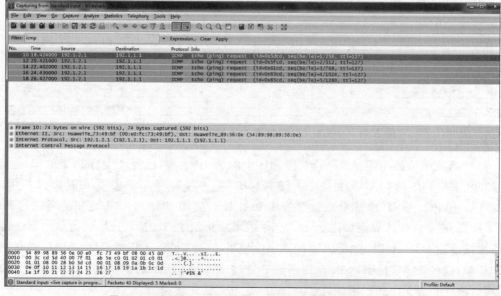

图 2.43　PC4 执行 ping 操作的界面

图 2.44　交换机 LSW3 连接 PC3 端口的捕获的报文序列

2.3.5 命令行接口配置过程

1. 路由器 AR1 命令行接口配置过程

```
<Huawei>system-view
[Huawei]undo info-center enable
[Huawei]interface GigabitEthernet0/0/0
[Huawei-GigabitEthernet0/0/0]ip address 192.1.1.254 24
[Huawei-GigabitEthernet0/0/0]quit
[Huawei]interface GigabitEthernet0/0/1
[Huawei-GigabitEthernet0/0/1]ip address 192.1.2.254 24
[Huawei-GigabitEthernet0/0/1]quit
```

2. 命令列表

路由器命令行接口配置过程中使用的命令及功能和参数说明如表 2.3 所示。

表 2.3　命令列表

命令格式	功能和参数说明
display arp	显示 ARP 缓冲区中的全部 ARP 表项

2.4　RIP 路由项欺骗攻击实验

2.4.1　实验内容

　　构建如图 2.45 所示的由三个路由器互联四个网络而成的互联网,通过路由信息协议(Routing Information Protocol,RIP)生成终端 A 至终端 B 的 IP 传输路径,实现 IP 分组终端 A 至终端 B 的传输过程。然后在网络地址为 192.1.2.0/24 的以太网上接入入侵路由器,由入侵路由器伪造与网络 192.1.4.0/24 直接连接的路由项,用伪造的路由项改变

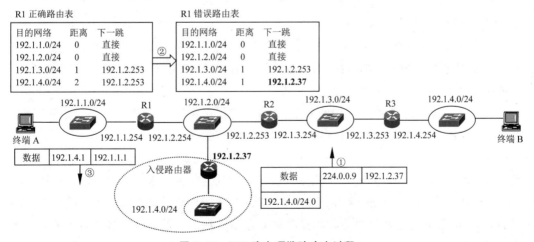

图 2.45　RIP 路由项欺骗攻击过程

终端 A 至终端 B 的 IP 传输路径,使得终端 A 传输给终端 B 的 IP 分组被路由器 R1 错误地转发给入侵路由器。

2.4.2　实验目的

(1) 验证路由器 RIP 配置过程。

(2) 验证 RIP 生成动态路由项的过程。

(3) 验证 RIP 的安全缺陷。

(4) 验证利用 RIP 实施路由项欺骗攻击的过程。

(5) 验证入侵路由器截获 IP 分组的过程。

2.4.3　实验原理

构建如图 2.45 所示的由 3 个路由器互联 4 个网络而成的互联网,完成路由器 RIP 配置过程,路由器 R1 生成如图 2.45 所示的路由器 R1 正确路由表,路由表中的路由项 <192.1.4.0/24,2,192.1.2.253> 表明路由器 R1 通往网络 192.1.4.0/24 的传输路径上的下一跳是路由器 R2,以此保证终端 A 至终端 B 的 IP 传输路径是正确的。假如有入侵路由器接入网络 192.1.2.0/24,并发送了伪造的表示与网络 192.1.4.0/24 直接连接的路由消息 <192.1.4.0/24,0>,路由器 R1 接收到该路由消息后,如果认可该路由消息,则将通往网络 192.1.4.0/24 的传输路径上的下一跳由路由器 R2 改为入侵路由器,导致终端 A 至终端 B 的 IP 传输路径发生错误。

2.4.4　关键命令说明

以下命令序列用于完成路由器 RIP 相关信息的配置过程。

```
[Huawei]rip 1
[Huawei-rip-1]version 2
[Huawei-rip-1]network 192.1.1.0
[Huawei-rip-1]network 192.1.2.0
[Huawei-rip-1]quit
```

rip 1 是系统视图下使用的命令,该命令的作用是启动 RIP 进程,并进入 RIP 视图。1 是进程编号,表示启动编号为 1 的 rip 进程。

version 2 是 RIP 视图下使用的命令,该命令的作用是启动 RIPv2,eNSP 支持 RIPv1 和 RIPv2。RIPv1 只支持分类编址,RIPv2 支持无分类编址。

network 192.1.1.0 是 RIP 视图下使用的命令,紧随命令 network 的参数通常是分类网络地址。192.1.1.0 是 C 类网络地址,其 IP 地址空间为 192.1.1.0~192.1.1.255。该命令的作用有两个,一是启动所有配置的 IP 地址属于网络地址 192.1.1.0 的路由器接口的 RIP 功能,允许这些接口接收和发送 RIP 路由消息。二是如果网络 192.1.1.0 是该路由器直接连接的网络,或者划分网络 192.1.1.0 后产生的若干个子网是该路由器直接连接的网络,网络 192.1.1.0 对应的直连路由项(启动路由项聚合功能情况),或者划分网络 192.1.1.0 后产生的若干个子网对应的直连路由项(取消路由项聚合功能情况)参与 RIP 建立动态路由项的过程,即其他路由器的路由表中会生成用于指明通往网络 192.1.1.0(启动路由项聚合功能情况),或者划分网络 192.1.1.0 后产生的若干个子网(取消路由项聚合功能情况)的传输路径的路由项。

2.4.5　实验步骤

(1) 启动 eNSP,按照图 2.45 中未接入入侵路由器时的网络拓扑结构放置和连接设备,完成设备放置和连接后的 eNSP 界面如图 2.46 所示。启动所有设备。

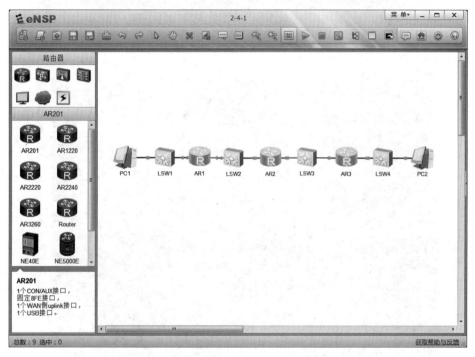

图 2.46　完成设备放置和连接后的 eNSP 界面

(2) 完成所有路由器各个接口 IP 地址和子网掩码配置过程,完成所有路由器 RIP 配置过程。所有路由器成功建立完整路由表。路由器 AR2 各个接口的状态如图 2.47 所示,路由器 AR1 的完整路由表如图 2.48 所示,路由器 AR1 通往网络 192.1.4.0/24 传输路径上的下一跳是路由器 AR2。

(3) 完成各个 PC IP 地址、子网掩码和默认网关地址配置过程,PC1 配置的网络信息如图 2.49 所示,PC2 配置的网络信息如图 2.50 所示。验证 PC1 与 PC2 之间可以相互通信,如图 2.51 所示是 PC1 执行 ping 操作的界面。

(4) 接入入侵路由器(intrusion),完成入侵路由器接入后的网络拓扑结构如图 2.52 所示。分别为入侵路由器的两个接口配置属于网络地址 192.1.2.0/24 和 192.1.4.0/24

图 2.47　路由器 AR2 各个接口的状态

图 2.48　路由器 AR1 的完整路由表

的 IP 地址 192.1.2.37 和 192.1.4.253,以此伪造与网络 192.1.4.0/24 直接相连的直连路由项。入侵路由器各个接口的状态如图 2.53 所示。完成入侵路由器 RIP 配置过程后,路由器 AR1 的完整路由表如图 2.54 所示,路由器 AR1 通往网络 192.1.4.0/24 的传输路径上的下一跳变为入侵路由器。

(5) PC1 至 PC2 的 IP 分组被入侵路由器拦截,无法成功到达 PC2,如图 2.55 所示是 PC1 执行 ping 操作的界面。如图 2.56 所示是 PC1 执行如图 2.55 所示的 ping 操作时,入侵路由器连接网络 192.1.2.0/24 的接口捕获的报文序列。

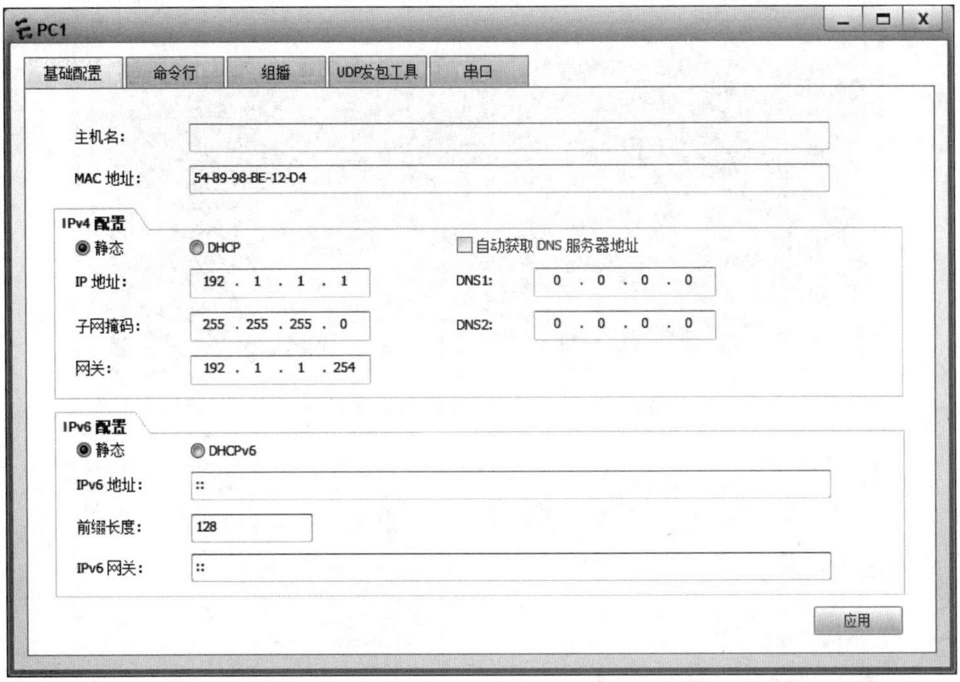

图 2.49　PC1 配置的网络信息

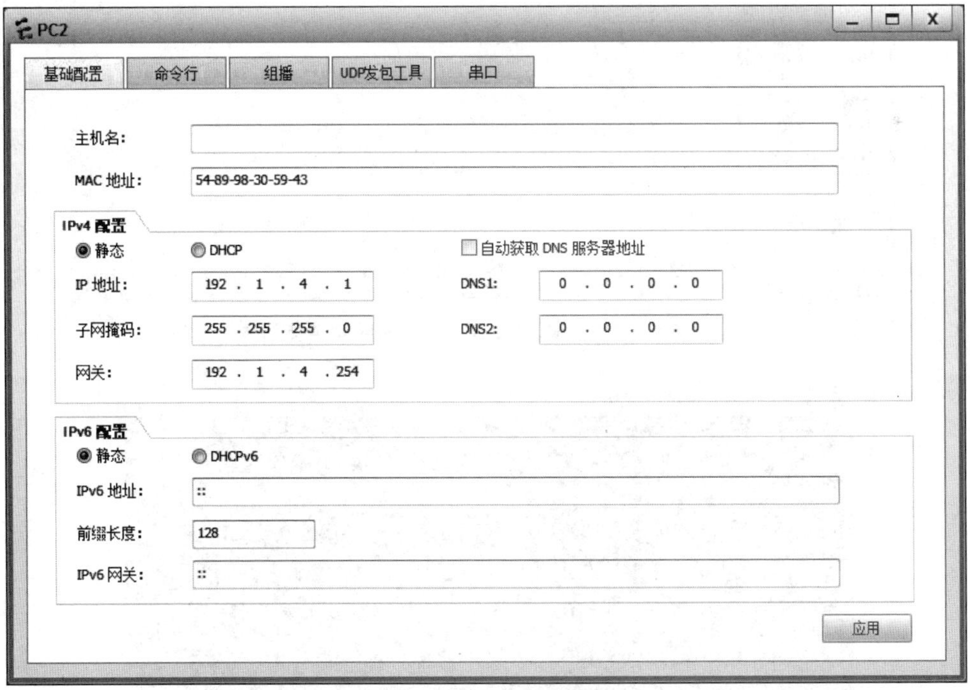

图 2.50　PC2 配置的网络信息

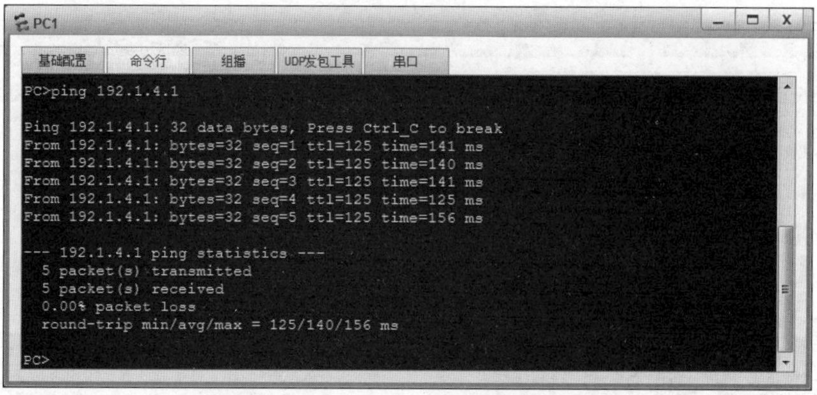

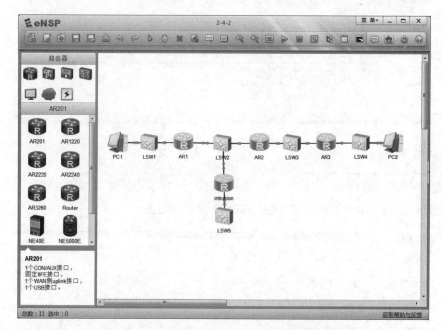

图 2.51　PC1 执行 ping 操作的界面

图 2.52　完成入侵路由器接入后的网络拓扑结构

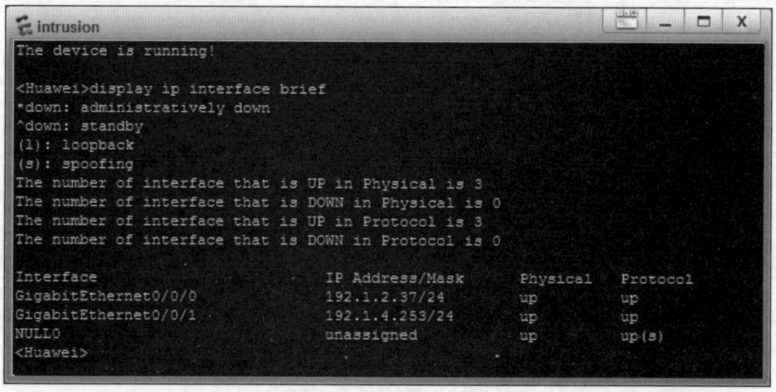

图 2.53　入侵路由器各个接口的状态

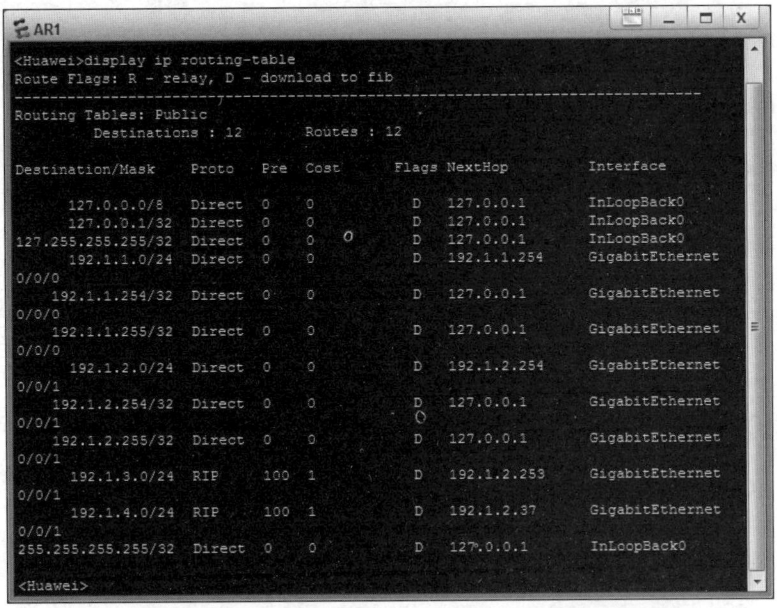

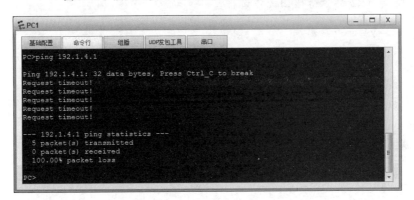

图 2.54 接入入侵路由器后的路由器 AR1 的完整路由表

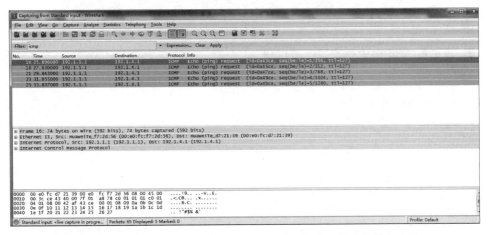

图 2.55 PC1 执行 ping 操作的界面

图 2.56 入侵路由器连接网络 192.1.2.0/24 的接口捕获的报文序列

2.4.6　命令行接口配置过程

1. 路由器 AR1 命令行接口配置过程

```
<Huawei>system-view
[Huawei]undo info-center enable
[Huawei]interface GigabitEthernet0/0/0
[Huawei-GigabitEthernet0/0/0]ip address 192.1.1.254 24
[Huawei-GigabitEthernet0/0/0]quit
[Huawei]interface GigabitEthernet0/0/1
[Huawei-GigabitEthernet0/0/1]ip address 192.1.2.254 24
[Huawei-GigabitEthernet0/0/1]quit
[Huawei]rip 1
[Huawei-rip-1]version 2
[Huawei-rip-1]network 192.1.1.0
[Huawei-rip-1]network 192.1.2.0
[Huawei-rip-1]quit
```

2. 路由器 AR2 命令行接口配置过程

```
<Huawei>system-view
[Huawei]undo info-center enable
[Huawei]interface GigabitEthernet0/0/0
[Huawei-GigabitEthernet0/0/0]ip address 192.1.2.253 24
[Huawei-GigabitEthernet0/0/0]quit
[Huawei]interface GigabitEthernet0/0/1
[Huawei-GigabitEthernet0/0/1]ip address 192.1.3.254 24
[Huawei-GigabitEthernet0/0/1]quit
[Huawei]rip 2
[Huawei-rip-1]version 2
[Huawei-rip-2]network 192.1.2.0
[Huawei-rip-2]network 192.1.3.0
[Huawei-rip-2]quit
```

3. 路由器 AR3 命令行接口配置过程

```
<Huawei>system-view
[Huawei]undo info-center enable
[Huawei]interface GigabitEthernet0/0/0
[Huawei-GigabitEthernet0/0/0]ip address 192.1.3.253 24
[Huawei-GigabitEthernet0/0/0]quit
[Huawei]interface GigabitEthernet0/0/1
[Huawei-GigabitEthernet0/0/1]ip address 192.1.4.254 24
[Huawei-GigabitEthernet0/0/1]quit
[Huawei]rip 3
[Huawei-rip-1]version 2
```

```
[Huawei-rip-3]network 192.1.3.0
[Huawei-rip-3]network 192.1.4.0
[Huawei-rip-3]quit
```

4. 路由器 intrusion 命令行接口配置过程

```
<Huawei>system-view
[Huawei]undo info-center enable
[Huawei]interface GigabitEthernet0/0/0
[Huawei-GigabitEthernet0/0/0]ip address 192.1.2.37 24
[Huawei-GigabitEthernet0/0/0]quit
[Huawei]interface GigabitEthernet0/0/1
[Huawei-GigabitEthernet0/0/1]ip address 192.1.4.253 24
[Huawei-GigabitEthernet0/0/1]quit
[Huawei]rip 4
[Huawei-rip-1]version 2
[Huawei-rip-4]network 192.1.2.0
[Huawei-rip-4]network 192.1.4.0
[Huawei-rip-4]quit
```

5. 命令列表

路由器命令行接口配置过程中使用的命令及功能和参数说明如表 2.4 所示。

表 2.4　命令列表

命 令 格 式	功能和参数说明
rip [*process-id*]	启动 RIP 进程,并进入 RIP 视图,在 RIP 视图下完成 RIP 相关参数的配置过程。参数 *process-id* 是 RIP 进程编号,默认值是 1
version ⟨**1**|**2**⟩	选择 RIP 版本号,可以选择 RIPv1 或 RIPv2
summary	启动路由项聚合功能,将多项以子网地址为目的网络地址的路由项聚合为一项以分类网络地址为目的网络地址的路由项
network *network-address*	指定参与 RIP 创建动态路由项过程的路由器接口和直接连接的网络。参数 *network-address* 用于指定分类网络地址
display ip routing-table	显示 IPv4 路由表信息

2.5　DHCP 欺骗攻击实验

2.5.1　实验内容

构建如图 2.57(a)所示的网络应用系统,完成动态主机配置协议(Dynamic Host Configuration Protocol,DHCP)服务器、域名系统(Domain Name System,DNS)服务器配置过程,使得终端 A 和终端 B 能够通过 DHCP 自动获取网络信息,并能够用完全合格的域名 www.a.com 访问 Web 服务器。

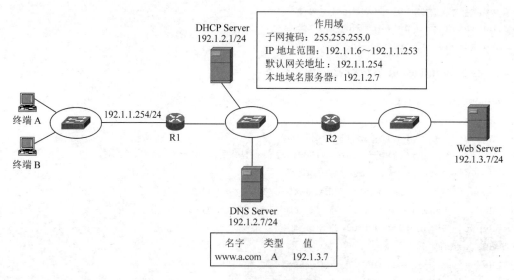

(a) 正常网络应用系统

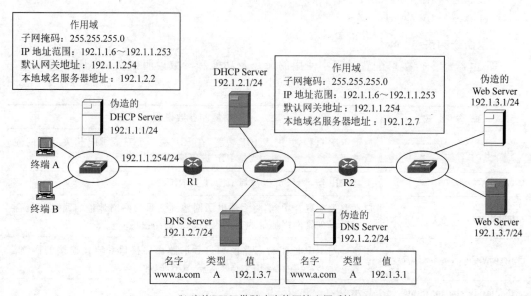

(b) 实施DHCP欺骗攻击的网络应用系统

图 2.57　DHCP 欺骗攻击过程

构建如图 2.57(b)所示的实施 DHCP 欺骗攻击的网络应用系统,使得终端 A 和终端 B 从伪造的 DHCP 服务器中获取网络信息,得到错误的本地域名服务器地址,从而通过伪造的 DNS 服务器完成完全合格的域名 www.a.com 的解析过程,得到伪造的 Web 服务器的 IP 地址,从而导致用完全合格的域名 www.a.com 访问到伪造的 Web 服务器。

2.5.2　实验目的

(1) 验证 DHCP 服务器配置过程。

（2）验证 DNS 服务器配置过程。

（3）验证终端用完全合格的域名访问 Web 服务器的过程。

（4）验证 DHCP 欺骗攻击过程。

（5）验证钓鱼网站欺骗攻击过程。

2.5.3　实验原理

终端通过 DHCP 自动获取的网络信息中包含本地域名服务器地址，对于如图 2.57（a）所示的网络应用系统，DHCP 服务器中给出的本地域名服务器地址是 192.1.2.7，地址为 192.1.2.7 的域名服务器中与完全合格的域名 www.a.com 绑定的 Web 服务器地址是 192.1.3.7。因此，终端可以用完全合格的域名 www.a.com 访问到 Web 服务器。

如图 2.57（b）所示，一旦终端连接的网络中接入伪造的 DHCP 服务器，终端很可能从伪造的 DHCP 服务器获取网络信息，得到伪造的域名服务器的 IP 地址 192.1.2.2，伪造的域名服务器中将完全合格的域名 www.a.com 与伪造的 Web 服务器的 IP 地址 192.1.3.1 绑定在一起，导致终端用完全合格的域名 www.a.com 访问到伪造的 Web 服务器。

由于 eNSP 不支持 DHCP 服务器，因此，路由器 R2 兼做 DHCP Server，单独用一个路由器作为伪造的 DHCP Server。

2.5.4　关键命令说明

1. 启动 DHCP 服务器功能

```
[Huawei]dhcp enable
```

dhcp enable 是系统视图下使用的命令，该命令的作用是启动设备的 DHCP 服务器功能。

2. 定义全局作用域

```
[Huawei]ip pool r2
[Huawei-ip-pool-r2]network 192.1.1.0 mask 24
[Huawei-ip-pool-r2]gateway-list 192.1.1.254
[Huawei-ip-pool-r2]dns-list 192.1.2.7
[Huawei-ip-pool-r2]excluded-ip-address 192.1.1.1 192.1.1.5
[Huawei-ip-pool-r2]quit
```

ip pool r2 是系统视图下使用的命令，该命令的作用是创建一个名为 r2 的 IP 地址池，并进入 IP 地址池视图。这里的 IP 地址池等同于一个全局作用域。

network 192.1.1.0 mask 24 是 IP 地址池视图下使用的命令，该命令的作用是用网络地址方式给出可分配的 IP 地址范围。这里 192.1.1.0 是网络地址，24 是网络前缀长度，表示 32 位子网掩码是 255.255.255.0，由此确定可分配的 IP 地址范围是 192.1.1.0/24，即 192.1.1.1～192.1.1.254。

gateway-list 192.1.1.254 是 IP 地址池视图下使用的命令，该命令的作用是指定作用域中的默认网关地址，192.1.1.254 是默认网关地址。指定默认网关地址后，自动将默认网关地址排除在可分配的 IP 地址范围外。

dns-list 192.1.2.7 是 IP 地址池视图下使用的命令,该命令的作用是指定作用域中的本地域名服务器地址,192.1.2.7 是本地域名服务器地址。

excluded-ip-address 192.1.1.1 192.1.1.5 是 IP 地址池视图下使用的命令,该命令的作用是将 IP 地址 192.1.1.1~192.1.1.5 排除在 IP 地址池中可分配的 IP 地址范围外。

2. 启动基于全局作用域分配 IP 地址功能

```
[Huawei]interface GigabitEthernet0/0/0
[Huawei-GigabitEthernet0/0/0]dhcp select global
[Huawei-GigabitEthernet0/0/0]quit
```

dhcp select global 是接口视图下使用的命令,该命令的作用是在当前接口(这里是接口 GigabitEthernet0/0/0)中启动基于全局作用域分配 IP 地址的功能。

3. 启动接口的 DHCP 中继功能

```
[Huawei]interface GigabitEthernet0/0/0
[Huawei-GigabitEthernet0/0/0]dhcp select relay
[Huawei-GigabitEthernet0/0/0]dhcp relay server-ip 192.1.2.253
[Huawei-GigabitEthernet0/0/0]quit
```

dhcp select relay 是接口视图下使用的命令,该命令的作用是启动当前接口(这里是接口 GigabitEthernet0/0/0)的 DHCP 中继功能。一旦在某个接口或子接口中启动 DHCP 中继功能,将从该接口或子接口接收到的 DHCP 发现消息或 DHCP 请求消息转发给该接口或子接口代理的 DHCP 服务器。

dhcp relay server-ip 192.1.2.253 是接口视图下使用的命令,该命令的作用是指定当前接口代理的 DHCP 服务器的 IP 地址,192.1.2.253 是 DHCP 服务器的 IP 地址,即作为 DHCP 服务器的路由器 AR2 连接交换机 LSW2 的接口的 IP 地址。

2.5.5　实验步骤

(1) 启动 eNSP,按照如图 2.57(a)所示的网络拓扑结构放置和连接设备,完成设备放置和连接后的 eNSP 界面如图 2.58 所示。启动所有设备。

(2) 完成路由器 AR1 和 AR2 各个接口的 IP 地址和子网掩码配置过程,路由器 AR1 和 AR2 各个接口的状态分别如图 2.59 和图 2.60 所示。由于将路由器 AR2 作为 DHCP 服务器,因此,路由器 AR2 连接交换机 LSW2 的接口的 IP 地址成为 DHCP 服务器的 IP 地址。

(3) 完成路由器 AR1 和 AR2 RIP 配置过程,路由器 AR1 和 AR2 的完整路由表分别如图 2.61 和图 2.62 所示。

(4) 在路由器 AR2 中创建如图 2.63 所示的 IP 地址池,在路由器 AR1 连接交换机 LSW1 的接口中配置代理的 DHCP 服务器的 IP 地址,如图 2.64 所示,代理的 DHCP 服务器的 IP 地址是路由器 AR2 连接交换机 LSW2 的接口的 IP 地址。

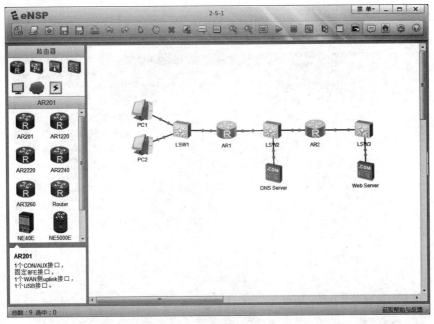

图 2.58 完成设备放置和连接后的 eNSP 界面

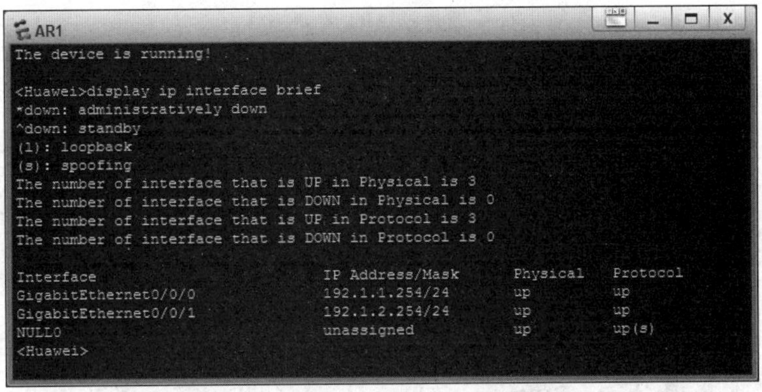

```
AR1
The device is running!

<Huawei>display ip interface brief
*down: administratively down
^down: standby
(l): loopback
(s): spoofing
The number of interface that is UP in Physical is 3
The number of interface that is DOWN in Physical is 0
The number of interface that is UP in Protocol is 3
The number of interface that is DOWN in Protocol is 0

Interface                  IP Address/Mask    Physical    Protocol
GigabitEthernet0/0/0       192.1.1.254/24     up          up
GigabitEthernet0/0/1       192.1.2.254/24     up          up
NULL0                      unassigned         up          up(s)
<Huawei>
```

图 2.59 路由器 AR1 各个接口的状态

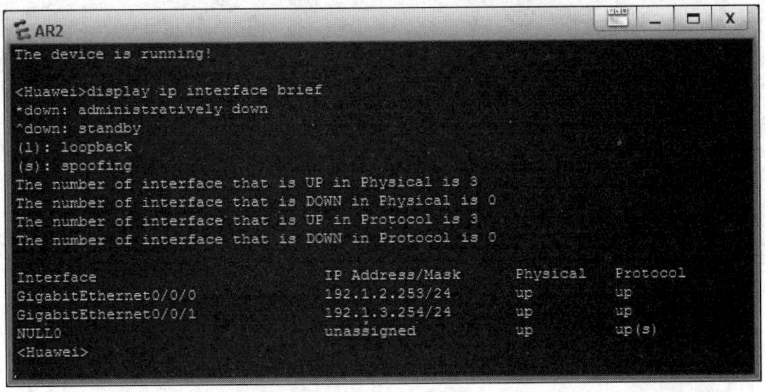

```
AR2
The device is running!

<Huawei>display ip interface brief
*down: administratively down
^down: standby
(l): loopback
(s): spoofing
The number of interface that is UP in Physical is 3
The number of interface that is DOWN in Physical is 0
The number of interface that is UP in Protocol is 3
The number of interface that is DOWN in Protocol is 0

Interface                  IP Address/Mask    Physical    Protocol
GigabitEthernet0/0/0       192.1.2.253/24     up          up
GigabitEthernet0/0/1       192.1.3.254/24     up          up
NULL0                      unassigned         up          up(s)
<Huawei>
```

图 2.60 路由器 AR2 各个接口的状态

```
AR1                                                                    □  ⊡  X

<Huawei>display ip routing-table
Route Flags: R - relay, D - download to fib
------------------------------------------------------------------------------
Routing Tables: Public
         Destinations : 11        Routes : 11

Destination/Mask    Proto   Pre  Cost      Flags NextHop         Interface

      127.0.0.0/8   Direct  0    0           D   127.0.0.1       InLoopBack0
      127.0.0.1/32  Direct  0    0           D   127.0.0.1       InLoopBack0
127.255.255.255/32  Direct  0    0           D   127.0.0.1       InLoopBack0
      192.1.1.0/24  Direct  0    0           D   192.1.1.254     GigabitEthernet
0/0/0
    192.1.1.254/32  Direct  0    0           D   127.0.0.1       GigabitEthernet
0/0/0
    192.1.1.255/32  Direct  0    0           D   127.0.0.1       GigabitEthernet
0/0/0
      192.1.2.0/24  Direct  0    0           D   192.1.2.254     GigabitEthernet
0/0/1
    192.1.2.254/32  Direct  0    0           D   127.0.0.1       GigabitEthernet
0/0/1
    192.1.2.255/32  Direct  0    0           D   127.0.0.1       GigabitEthernet
0/0/1
      192.1.3.0/24  RIP     100  1           D   192.1.2.253     GigabitEthernet
0/0/1
255.255.255.255/32  Direct  0    0           D   127.0.0.1       InLoopBack0

<Huawei>
```

图 2.61 路由器 AR1 的完整路由表

```
AR2                                                                    □  ⊡  X

<Huawei>display ip routing-table
Route Flags: R - relay, D - download to fib
------------------------------------------------------------------------------
Routing Tables: Public
         Destinations : 11        Routes : 11

Destination/Mask    Proto   Pre  Cost      Flags NextHop         Interface

      127.0.0.0/8   Direct  0    0           D   127.0.0.1       InLoopBack0
      127.0.0.1/32  Direct  0    0           D   127.0.0.1       InLoopBack0
127.255.255.255/32  Direct  0    0           D   127.0.0.1       InLoopBack0
      192.1.1.0/24  RIP     100  1           D   192.1.2.254     GigabitEthernet
0/0/0
      192.1.2.0/24  Direct  0    0           D   192.1.2.253     GigabitEthernet
0/0/0
    192.1.2.253/32  Direct  0    0           D   127.0.0.1       GigabitEthernet
0/0/0
    192.1.2.255/32  Direct  0    0           D   127.0.0.1       GigabitEthernet
0/0/0
      192.1.3.0/24  Direct  0    0           D   192.1.3.254     GigabitEthernet
0/0/1
    192.1.3.254/32  Direct  0    0           D   127.0.0.1       GigabitEthernet
0/0/1
    192.1.3.255/32  Direct  0    0           D   127.0.0.1       GigabitEthernet
0/0/1
255.255.255.255/32  Direct  0    0           D   127.0.0.1       InLoopBack0

<Huawei>
```

图 2.62 路由器 AR2 的完整路由表

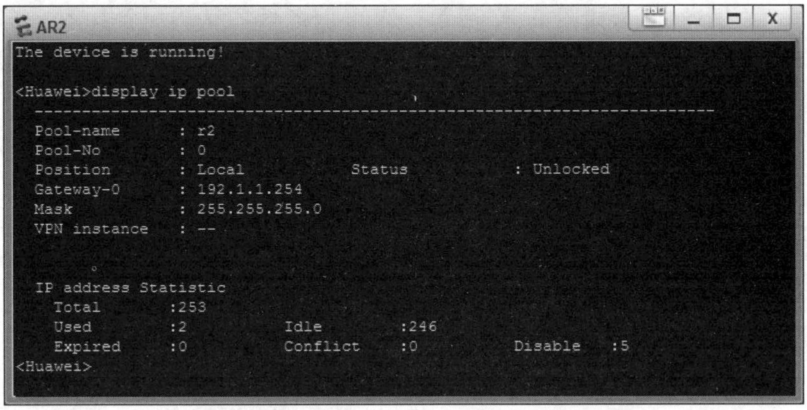

图 2.63　路由器 AR2 中创建的 IP 地址池

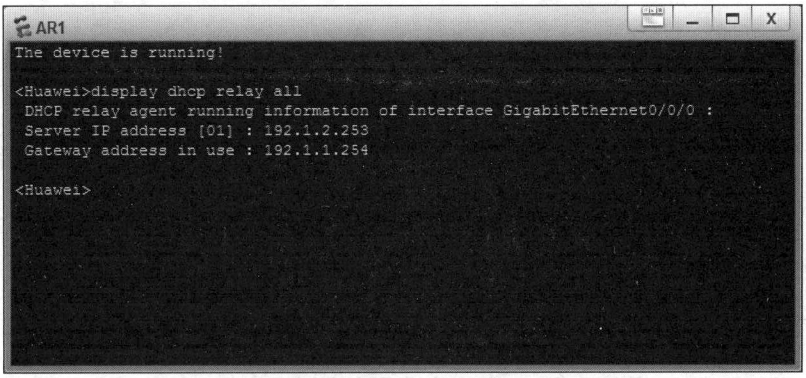

图 2.64　代理的 DHCP 服务器的 IP 地址

（5）PC1 和 PC2 可以选择通过 DHCP 自动获取网络信息，PC1 自动获取的网络信息如图 2.65 所示，自动配置的本地域名服务器的 IP 地址是 192.1.2.7。本地域名服务器的基础配置如图 2.66 所示，IP 地址为 192.1.2.7，与 PC1 自动获取的本地域名服务器的 IP 地址相同。本地域名服务器中通过资源记录建立完全合格域名 www.a.com 与 IP 地

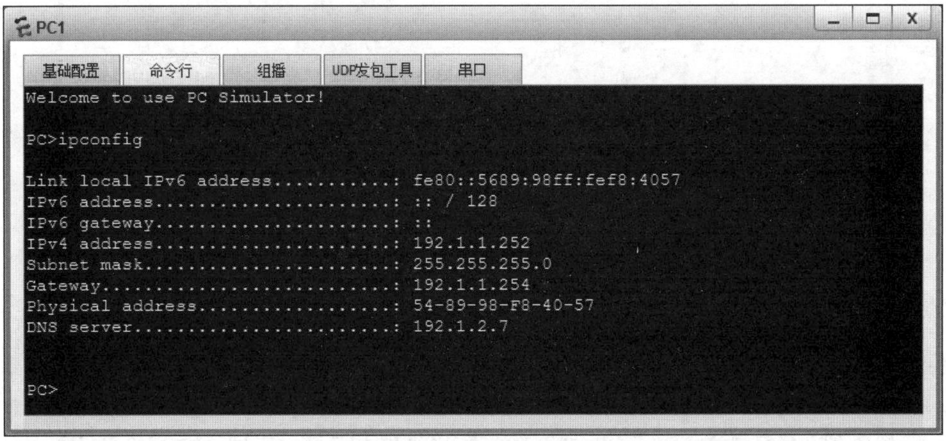

图 2.65　PC1 自动获取的网络信息

址 192.1.3.7 之间的绑定,如图 2.67 所示。Web 服务器的基础配置如图 2.68 所示,IP 地址为 192.1.3.7,与本地域名服务器中和完全合格域名 www.a.com 绑定的 IP 地址相同。这种情况下,PC1 能够正确地完成完全合格域名 www.a.com 的解析过程,用完全合格域名 www.a.com 访问 Web 服务器。如图 2.69 所示是 PC1 用完全合格域名 www.a.com 访问 Web 服务器的过程。

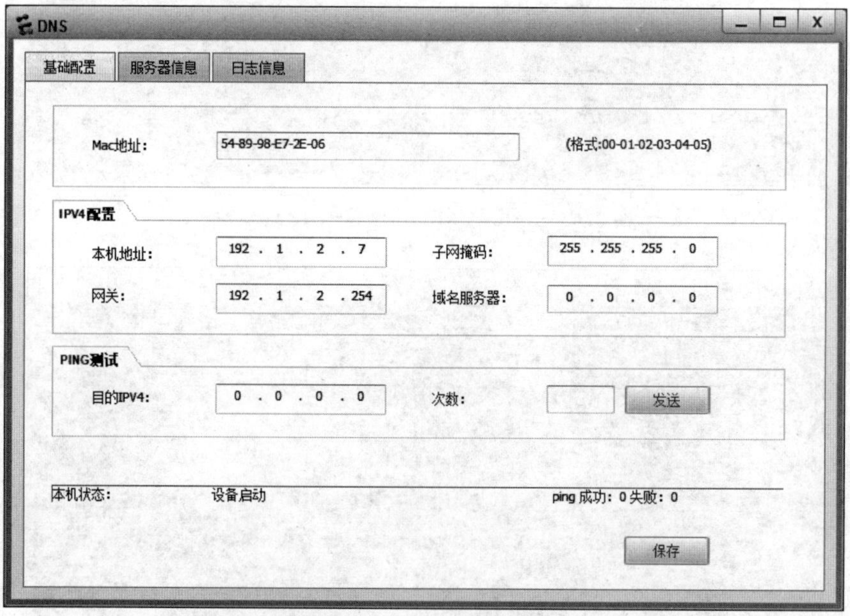

图 2.66 本地域名服务器的基础配置界面

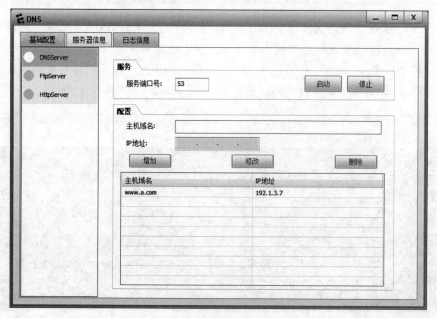

图 2.67 建立完全合格域名 www.a.com 与 IP 地址 192.1.3.7 之间绑定的资源记录

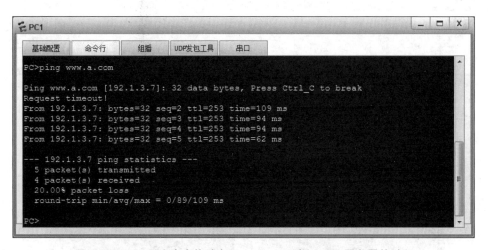

图 2.68 Web 服务器的基础配置界面

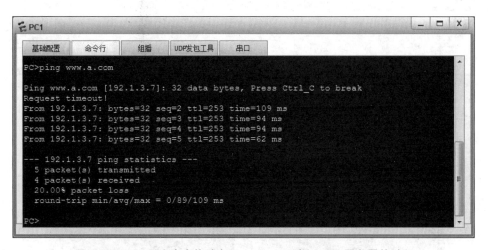

图 2.69 PC1 用完全合格域名 www.a.com 访问 Web 服务器的过程

（6）为了实施 DHCP 欺骗攻击，将伪造的 DHCP 服务器（forged DHCP Server）接入交换机 LSW1，伪造的 DHCP 服务器中，将本地域名服务器地址设置为伪造的域名服务器（forged DNS Server）的 IP 地址 192.1.2.2，伪造的域名服务器中，建立完全合格域名 www.a.com 与伪造的 Web 服务器的 IP 地址 192.1.3.1 之间的绑定。实施 DHCP 欺骗攻击的拓扑结构如图 2.70 所示。用路由器作为伪造的 DHCP 服务器，其接口状态如图 2.71 所示，伪造的 DHCP 服务器中创建的 IP 地址池如图 2.72 所示。伪造的 DNS 服

务器的基础配置如图 2.73 所示,建立完全合格域名 www.a.com 与伪造的 Web 服务器
的 IP 地址 192.1.3.1 之间绑定的资源记录如图 2.74 所示,伪造的 Web 服务器的基础配
置如图 2.75 所示。这种情况下,PC1 很可能从伪造的 DHCP 服务器中获取网络信息,得
到伪造的本地域名服务器的 IP 地址,如图 2.76 所示。从而用完全合格域名 www.a.com
访问伪造的 Web 服务器,如图 2.77 所示。

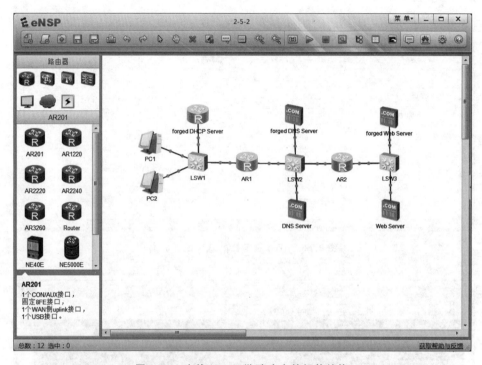

图 2.70   实施 DHCP 欺骗攻击的拓扑结构

```
The device is running!

<Huawei>display ip interface brief
*down: administratively down
^down: standby
(1): loopback
(s): spoofing
The number of interface that is UP in Physical is 2
The number of interface that is DOWN in Physical is 1
The number of interface that is UP in Protocol is 2
The number of interface that is DOWN in Protocol is 1

Interface                    IP Address/Mask       Physical    Protocol
GigabitEthernet0/0/0         192.1.1.1/24          up          up
GigabitEthernet0/0/1         unassigned            down        down
NULL0                        unassigned            up          up(s)
<Huawei>
```

图 2.71   伪造的 DHCP 服务器的接口状态

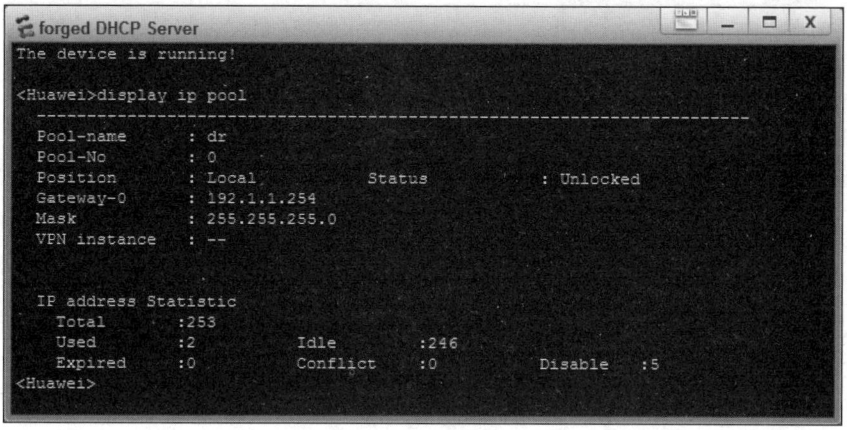

图 2.72 伪造的 DHCP 服务器中创建的 IP 地址池

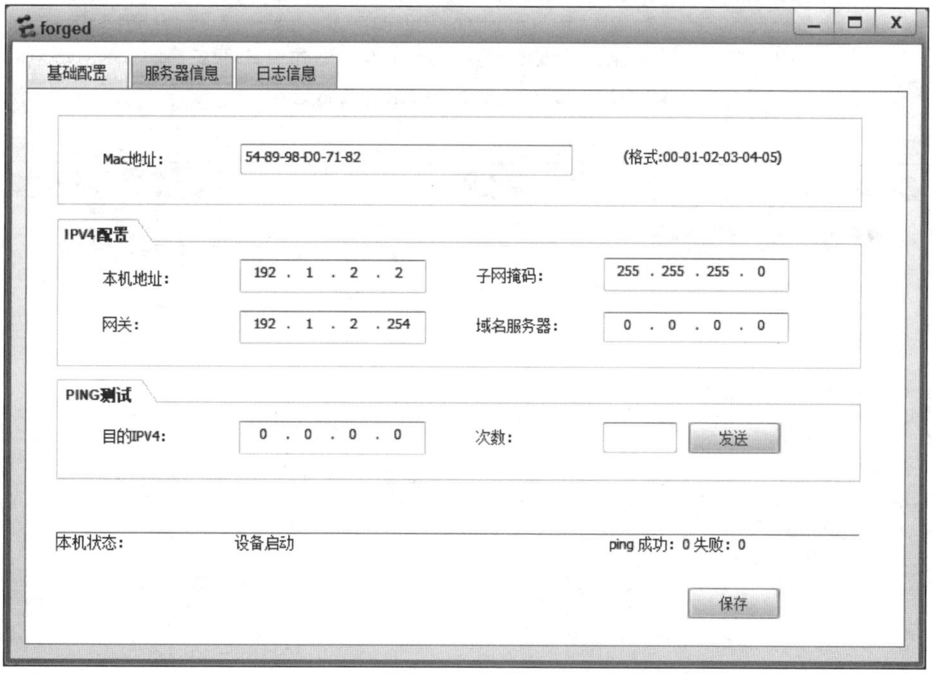

图 2.73 伪造的 DNS 服务器的基础配置界面

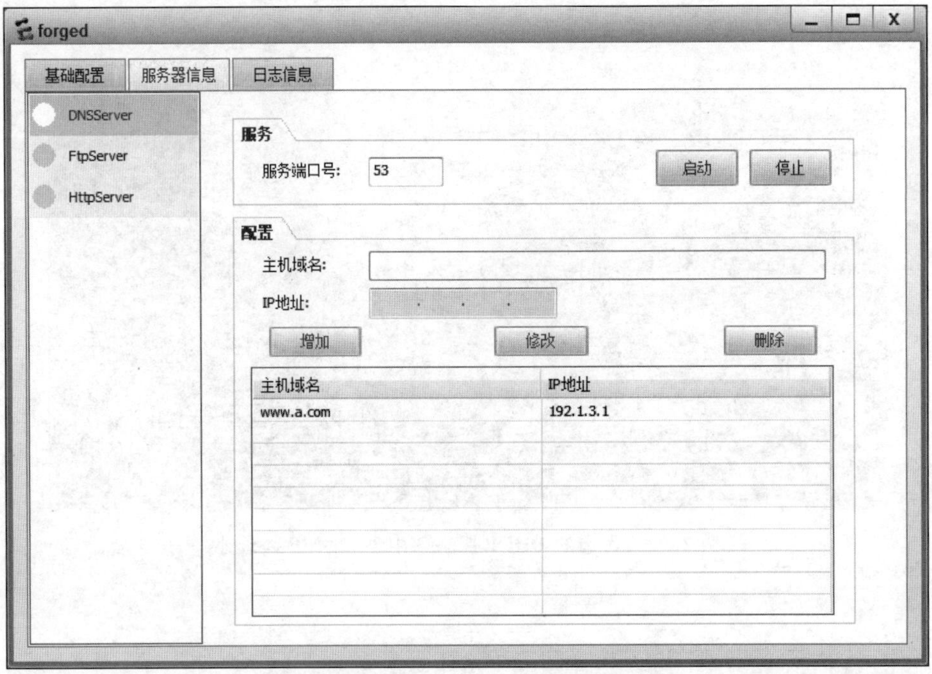

图 2.74　建立完全合格域名 www. a. com 与伪造的 Web 服务器的
IP 地址 192.1.3.1 之间绑定的资源记录

图 2.75　伪造的 Web 服务器的基础配置界面

图 2.76 PC1 从伪造的 DHCP 服务器中获取的网络信息

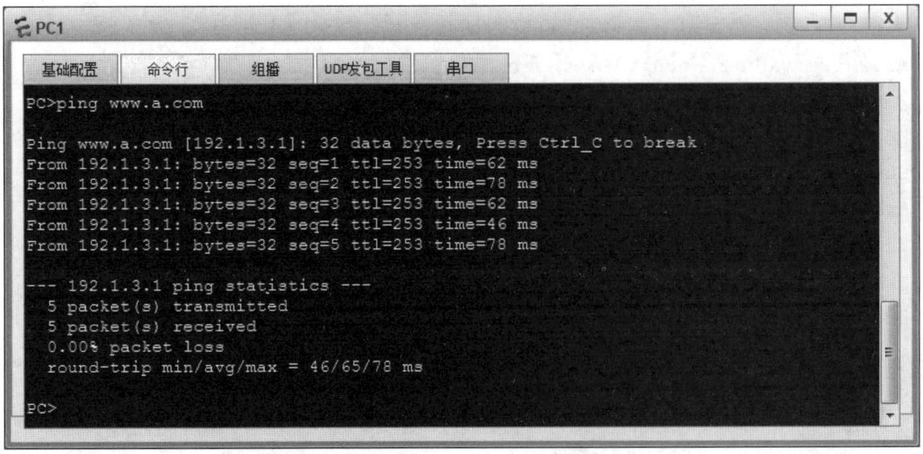

图 2.77 PC1 用完全合格域名 www.a.com 访问伪造的 Web 服务器的过程

2.5.6 命令行接口配置过程

1. 路由器 AR1 命令行接口配置过程

```
<Huawei>system-view
[Huawei]undo info-center enable
[Huawei]interface GigabitEthernet0/0/0
[Huawei-GigabitEthernet0/0/0]ip address 192.1.1.254 24
[Huawei-GigabitEthernet0/0/0]quit
[Huawei]interface GigabitEthernet0/0/1
[Huawei-GigabitEthernet0/0/1]ip address 192.1.2.254 24
[Huawei-GigabitEthernet0/0/1]quit
[Huawei]rip 1
[Huawei-rip-1]version 2
[Huawei-rip-1]network 192.1.1.0
```

```
[Huawei-rip-1]network 192.1.2.0
[Huawei-rip-1]quit
[Huawei]dhcp enable
[Huawei]interface GigabitEthernet0/0/0
[Huawei-GigabitEthernet0/0/0]dhcp select relay
[Huawei-GigabitEthernet0/0/0]dhcp relay server-ip 192.1.2.253
[Huawei-GigabitEthernet0/0/0]quit
[Huawei]quit
```

2. 路由器 AR2 命令行接口配置过程

```
<Huawei>system-view
[Huawei]undo info-center enable
[Huawei]interface GigabitEthernet0/0/0
[Huawei-GigabitEthernet0/0/0]ip address 192.1.2.253 24
[Huawei-GigabitEthernet0/0/0]quit
[Huawei]interface GigabitEthernet0/0/1
[Huawei-GigabitEthernet0/0/1]ip address 192.1.3.254 24
[Huawei-GigabitEthernet0/0/1]quit
[Huawei]rip 2
[Huawei-rip-2]version 2
[Huawei-rip-2]network 192.1.2.0
[Huawei-rip-2]network 192.1.3.0
[Huawei-rip-2]quit
[Huawei]ip pool r2
[Huawei-ip-pool-r2]network 192.1.1.0 mask 24
[Huawei-ip-pool-r2]gateway-list 192.1.1.254
[Huawei-ip-pool-r2]dns-list 192.1.2.7
[Huawei-ip-pool-r2]excluded-ip-address 192.1.1.1 192.1.1.5
[Huawei-ip-pool-r2]quit
[Huawei]dhcp enable
[Huawei]interface GigabitEthernet0/0/0
[Huawei-GigabitEthernet0/0/0]dhcp select global
[Huawei-GigabitEthernet0/0/0]quit
```

3. Forged DHCP Server 命令行接口配置过程

```
<Huawei>system-view
[Huawei]undo info-center enable
[Huawei]dhcp enable
[Huawei]interface GigabitEthernet0/0/0
[Huawei-GigabitEthernet0/0/0]ip address 192.1.1.1 24
[Huawei-GigabitEthernet0/0/0]dhcp select global
[Huawei-GigabitEthernet0/0/0]quit
[Huawei]ip pool dr
[Huawei-ip-pool-dr]network 192.1.1.0 mask 24
```

```
[Huawei-ip-pool-dr]gateway-list 192.1.1.254
[Huawei-ip-pool-dr]dns-list 192.1.2.2
[Huawei-ip-pool-dr]excluded-ip-address 192.1.1.1 192.1.1.5
[Huawei-ip-pool-dr]quit
```

4. 命令列表

路由器命令行接口配置过程中使用的命令及功能和参数说明如表 2.5 所示。

表 2.5　命令列表

命 令 格 式	功能和参数说明
dhcp enable	启动设备的 DHCP 服务器功能
ip pool *ip-pool-name*	创建一个 IP 地址池,并进入 IP 地址池视图,参数 *ip-pool-name* 是 IP 地址池名称。这里的 IP 地址池等同于全局作用域
network *ip-address* [**mask** {*mask*| *mask-length*}]	以网络地址方式指定可分配的 IP 地址范围,参数 *ip-address* 是网络地址,参数 *mask* 是子网掩码,参数 *mask-length* 是网络前缀长度。子网掩码和网络前缀长度二者选一
gateway-list *ip-address*	指定默认网关地址,参数 *ip-address* 是默认网关地址
dns-list *ip-address*	指定本地域名服务器地址,参数 *ip-address* 是本地域名服务器地址
excluded-ip-address *start-ip-address* [*end-ip-address*]	将一组 IP 地址排除在 IP 地址池中可分配的 IP 地址范围外,其中参数 *start-ip-address* 是该组 IP 地址的起始 IP 地址,参数 *end-ip-address* 是该组 IP 地址的结束 IP 地址
dhcp select global	在当前接口中启动基于全局作用域分配 IP 地址的功能
dhcp select relay	在当前接口中启动 DHCP 中继功能
dhcp relay server-ip *ip-address*	在当前接口中配置该接口代理的 DHCP 服务器的 IP 地址,参数 *ip-address* 是 DHCP 服务器的 IP 地址
display ip pool	显示已经配置的 IP 地址池的信息
display dhcp relay {**all**| **interface** *interface-type interface-number*}	显示接口代理的 DHCP 服务器的信息,参数 *interface-type* 用于指定接口类型,参数 *interface-number* 用于指定接口编号,接口类型和接口编号一起用于指定接口。all 表明显示所有接口代理的 DHCP 服务器的信息

第3章

Internet 接入实验

终端和内部以太网可以通过 Internet 接入过程接入 Internet。接入 Internet 的内部以太网对于 Internet 是透明的。因此，内部以太网中终端访问 Internet 时，需要由边缘路由器完成地址转换过程。

3.1 终端接入 Internet 实验

3.1.1 实验内容

如图 3.1 所示的接入网络中，路由器 R1 作为接入控制设备，远程终端通过以太网与路由器 R1 实现互连。路由器 R1 一端连接作为接入网络的以太网，另一端连接 Internet。实现宽带接入前，远程终端没有配置任何网络信息，也无法访问 Internet。

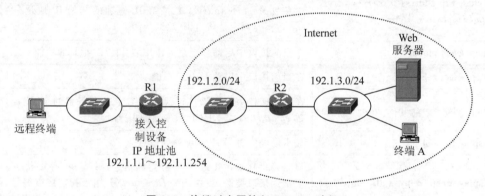

图 3.1 终端以太网接入 Internet 过程

远程终端访问 Internet 前，需要完成以下操作过程：一是完成注册，获取有效的用户名和口令；二是启动宽带连接程序。远程终端成功接入 Internet 后，可以访问 Internet 中的资源，如 Web 服务器，也可以和 Internet 中的其他终端进行通信。

由于 eNSP 中的 PC 和客户端不支持基于以太网的点对点协议（PPP over Ethernet，PPPoE）接入功能，因此，需要通过云设备将实际 PC 接入仿真环境，在实际 PC 中创建宽带连接程序，通过启动宽带连接程序完成接入过程。

3.1.2 实验目的

（1）验证宽带接入网络的设计过程。

（2）验证接入控制设备的配置过程。

（3）验证远程终端 PPPoE 接入过程。

（4）验证本地鉴别方式鉴别远程终端用户过程。

（5）验证远程终端访问 Internet 的过程。

3.1.3　实验原理

由于远程终端通过以太网与作为接入控制设备的路由器 R1 实现互连。因此,需要通过 PPPoE 完成接入过程。对于路由器 R1,一是需要配置授权用户,二是需要配置用于鉴别授权用户身份的鉴别协议,三是需要配置 IP 地址池。对于远程终端,需要通过启动宽带连接程序完成接入过程,启动宽带连接程序时,需要给出表明授权用户身份的有效用户名和口令。远程终端与路由器 R1 之间完成以下操作过程:一是建立远程终端与路由器 R1 之间的点对点协议(Point to Point Protocol,PPP)会话;二是基于 PPP 会话建立远程终端与路由器 R1 之间的 PPP 链路;三是由路由器 R1 完成对远程终端用户的身份鉴别过程;四是由路由器 R1 对远程终端分配 IP 地址,并在路由表中创建用于将路由器 R1 与远程终端之间的 PPP 会话和为远程终端分配的 IP 地址绑定在一起的路由项。

3.1.4　关键命令说明

1. 定义 IP 地址池

```
[Huawei]ip pool r2
[Huawei-ip-pool-r2]network 192.1.1.0 mask 255.255.255.0
[Huawei-ip-pool-r2]gateway-list 192.1.1.254
[Huawei-ip-pool-r2]quit
```

ip pool r2 是系统视图下使用的命令,该命令的作用是创建一个名为 r2 的全局 IP 地址池,并进入全局 IP 地址池视图。

network 192.1.1.0 mask 255.255.255.0 是全局 IP 地址池视图下使用的命令,该命令的作用是为全局 IP 地址池分配 CIDR 地址块 192.1.1.0/24,其中 192.1.1.0 是 CIDR 地址块起始地址,255.255.255.0 是子网掩码(24 位网络前缀)。

gateway-list 192.1.1.254 是全局 IP 地址池视图下使用的命令,该命令的作用是为 PPPoE 客户端配置默认网关地址 192.1.1.254。

2. 定义鉴别方案

```
[Huawei]aaa
[Huawei-aaa]authentication-scheme r2
[Huawei-aaa-authen-r2]authentication-mode local
[Huawei-aaa-authen-r2]quit
```

aaa 是系统视图下使用的命令,该命令的作用是进入 AAA 视图。AAA 是 Authentication(鉴别)、Authorization(授权)和 Accounting(计费)的简称,是网络安全的一种管理机制。

authentication-scheme r2 是 AAA 视图下使用的命令,该命令的作用是创建名为 r2 的鉴别方案,并进入鉴别方案视图。

authentication-mode local 是鉴别方案视图下使用的命令,该命令的作用是指定本地鉴别机制为当前鉴别方案使用的鉴别机制。

3. 定义鉴别域

```
[Huawei-aaa]domain r2
[Huawei-aaa-domain-r2]authentication-scheme r2
[Huawei-aaa-domain-r2]quit
```

domain r2 是 AAA 视图下使用的命令,该命令的作用是创建名为 r2 的鉴别域,并进入 AAA 域视图。

authentication-scheme r2 是 AAA 域视图下使用的命令,该命令的作用是指定名为 r2 的鉴别方案为当前鉴别域引用的鉴别方案。

4. 定义授权用户

```
[Huawei-aaa]local-user aaa1 password cipher bbb1
[Huawei-aaa]local-user aaa1 service-type ppp
```

local-user aaa1 password cipher bbb1 是 AAA 视图下使用的命令,该命令的作用是创建一个用户名为 aaa1、口令为 bbb1 的授权用户。采用可逆加密算法对口令进行加密。

local-user aaa1 service-type ppp 是 AAA 视图下使用的命令,该命令的作用是指定 PPP 为用户名是 aaa1 的授权用户的接入类型。

5. 定义虚拟接口模板

```
[Huawei]interface virtual-template 1
[Huawei-Virtual-Template1]ppp authentication-mode chap domain r2
[Huawei-Virtual-Template1]ip address 192.1.1.254 255.255.255.0
[Huawei-Virtual-Template1]remote address pool r2
[Huawei-Virtual-Template1]quit
```

interface virtual-template 1 是系统视图下使用的命令,该命令的作用是创建编号为 1 的虚拟接口模板,并进入虚拟接口模板视图。

ppp authentication-mode chap domain r2 是虚拟接口模板视图下使用的命令,该命令的作用是指定 chap 为本端设备鉴别对端设备时采用的鉴别协议,指定域名为 r2 的鉴别域所引用的鉴别方案为本端设备鉴别对端设备时引用的鉴别方案。

ip address 192.1.1.254 255.255.255.0 是虚拟接口模板视图下使用的命令,该命令的作用是为虚拟接口配置 IP 地址 192.1.1.254 和子网掩码 255.255.255.0。

remote address pool r2 是虚拟接口模板视图下使用的命令,该命令的作用是指定名为 r2 的全局 IP 地址池为用于为对端设备分配 IP 地址时使用的全局 IP 地址池。

6. 建立虚拟接口模板与以太网接口之间的关联

```
[Huawei]interface GigabitEthernet0/0/0
[Huawei-GigabitEthernet0/0/0]pppoe-server bind virtual-template 1
```

[Huawei-GigabitEthernet0/0/0]quit

pppoe-server bind virtual-template 1 是接口视图下使用的命令,该命令的作用是建立编号为 1 的虚拟接口模板与当前接口(这里是接口 GigabitEthernet0/0/0)之间的关联,并在当前接口(这里是接口 GigabitEthernet0/0/0)启用 PPPoE 协议。

7. 配置静态路由项

[Huawei]ip route-static 192.1.1.0 24 192.1.2.1

ip route-static 192.1.1.0 24 192.1.2.1 是系统视图下使用的命令,该命令的作用是配置一项目的网络是 192.1.1.0/24,下一跳是 192.1.2.1 的静态路由项。其中 192.1.1.0 是目的网络的网络地址,24 是目的网络的网络前缀长度,192.1.2.1 是下一跳 IP 地址。

3.1.5 实验步骤

(1)启动 eNSP,按照如图 3.1 所示的网络拓扑结构放置和连接设备,完成设备放置和连接后的 eNSP 界面如图 3.2 所示。启动所有设备。

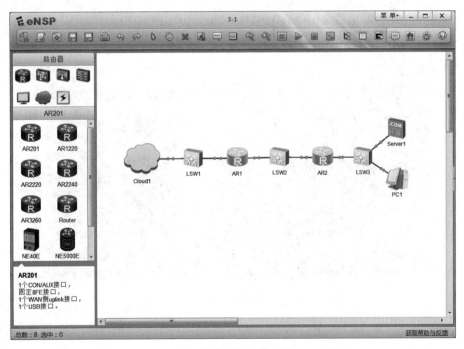

图 3.2　完成设备放置和连接后的 eNSP 界面

(2)通过云设备(Cloud1)将实际 PC 接入仿真环境。云设备配置界面如图 3.3 所示,添加实际 PC 的本地连接和一个以太网端口,建立实际 PC 的本地连接与该以太网端口之间的双向通道。通过连接线实现该以太网端口与交换机 LSW1 端口 GE0/0/1 之间的连接,以此完成将实际 PC 的本地连接接入仿真环境的过程。

(3)路由器 AR1 作为接入控制设备,完成路由器 AR1 全局 IP 地址池配置过程,全局 IP 地址池信息如图 3.4 所示。

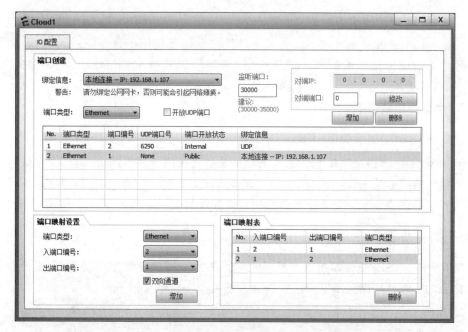

图 3.3　云设备配置界面

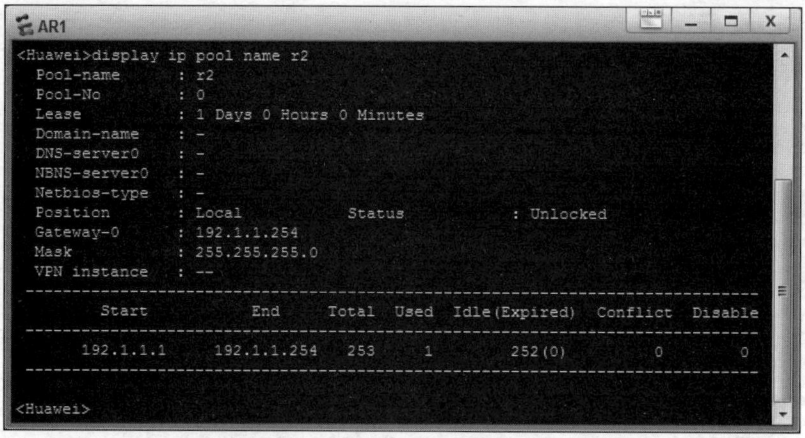

图 3.4　全局 IP 地址池信息

（4）完成路由器 AR1 鉴别方案、鉴别域和本地用户配置过程,本地用户信息如图 3.5 所示。

（5）完成路由器 AR1 虚拟接口模板配置过程,虚拟接口模板信息如图 3.6 所示。建立虚拟接口模板与以太网接口 GigabitEthernet0/0/0 之间的关联,与以太网接口 GigabitEthernet0/0/0 关联的虚拟接口模板如图 3.5 所示。

（6）在实际 PC 中创建一个宽带连接,启动宽带连接程序,宽带连接程序界面如图 3.7 所示,输入授权用户的用户名 aaa1 和密码 bbb1,单击“连接”按钮,开始接入过程。接入过程中,由路由器 AR1 完成对接入用户的身份鉴别过程和对实际 PC 的 IP 地址配置过程。完成接入过程后,路由器 AR1 对实际 PC 分配的 IP 地址如图 3.8 所示。

```
E AR1                                                    _ □ X
[Huawei]interface g0/0/0
[Huawei-GigabitEthernet0/0/0]display this
[V200R003C00]
#
interface GigabitEthernet0/0/0
 pppoe-server bind Virtual-Template 1
#
return
[Huawei-GigabitEthernet0/0/0]quit
[Huawei]display local-user
----------------------------------------------------------------
 User-name                    State AuthMask AdminLevel
----------------------------------------------------------------
 aaa1                           A    P        -
 admin                          A    H        -
----------------------------------------------------------------
 Total 2 user(s)
[Huawei]
```

图 3.5　本地用户信息

```
E AR1                                                    _ □ X
[Huawei]display interface virtual-template 1
Virtual-Template1 current state : UP
Line protocol current state : UP
Last line protocol up time : 2019-06-17 11:09:27 UTC-08:00
Description:HUAWEI, AR Series, Virtual-Template1 Interface
Route Port,The Maximum Transmit Unit is 1480, Hold timer is 10(sec)
Internet Address is 192.1.1.254/24
Link layer protocol is PPP
LCP initial
Physical is None
Current system time: 2019-06-17 11:44:59-08:00
    Last 300 seconds input rate 0 bits/sec, 0 packets/sec
    Last 300 seconds output rate 0 bits/sec, 0 packets/sec
    Realtime 0 seconds input rate 0 bits/sec, 0 packets/sec
    Realtime 0 seconds output rate 0 bits/sec, 0 packets/sec
    Input: 0 bytes
    Output:0 bytes
    Input bandwidth utilization  :     0%
    Output bandwidth utilization :     0%

[Huawei]
```

图 3.6　虚拟接口模板信息

图 3.7　宽带连接程序界面

图 3.8　路由器 AR1 对实际 PC 分配的 IP 地址

　　(7) 路由器 AR1 为实际 PC 分配 IP 地址 192.1.1.253 后,在路由表中建立目的 IP 地址为 192.1.1.253/32 的直连路由项。除此之外,路由器 AR1 路由表中还存在分别用于指明通往网络 192.1.2.0/24 和网络 192.1.3.0/24 的传输路径的路由项。路由器 AR2 路由表中存在分别用于指明通往网络 192.1.1.0/24、网络 192.1.2.0/24 和网络 192.1.3.0/24 的传输路径的路由项。路由器 AR1 和 AR2 的完整路由表分别如图 3.9 和图 3.10 所示。

```
<Huawei>display ip routing-table
Route Flags: R - relay, D - download to fib
------------------------------------------------------------------------------
Routing Tables: Public
         Destinations : 12        Routes : 12

Destination/Mask      Proto   Pre  Cost      Flags NextHop        Interface

        127.0.0.0/8   Direct  0    0          D    127.0.0.1      InLoopBack0
        127.0.0.1/32  Direct  0    0          D    127.0.0.1      InLoopBack0
127.255.255.255/32    Direct  0    0          D    127.0.0.1      InLoopBack0
        192.1.1.0/24  Direct  0    0          D    192.1.1.254    Virtual-Templat
e1
      192.1.1.253/32  Direct  0    0          D    192.1.1.253    Virtual-Templat
e1
      192.1.1.254/32  Direct  0    0          D    127.0.0.1      Virtual-Templat
      192.1.1.255/32  Direct  0    0          D    127.0.0.1      Virtual-Templat
e1
        192.1.2.0/24  Direct  0    0          D    192.1.2.1      GigabitEthernet
0/0/1
        192.1.2.1/32  Direct  0    0          D    127.0.0.1      GigabitEthernet
0/0/1
      192.1.2.255/32  Direct  0    0          D    127.0.0.1      GigabitEthernet
0/0/1
        192.1.3.0/24  RIP     100  1          D    192.1.2.2      GigabitEthernet
0/0/1
255.255.255.255/32    Direct  0    0          D    127.0.0.1      InLoopBack0

<Huawei>
```

图 3.9　路由器 AR1 的完整路由表

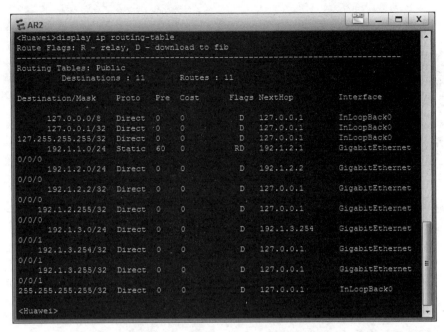

图 3.10　路由器 AR2 的完整路由表

（8）完成服务器和 PC IP 地址、子网掩码和默认网关地址配置过程，PC1 配置的 IP
地址、子网掩码和默认网关地址如图 3.11 所示。启动 PC1 与实际 PC 之间的通信过程，
如图 3.12 所示是 PC1 执行 ping 操作的界面。

图 3.11　PC1 配置的 IP 地址、子网掩码和默认网关地址

图 3.12　PC1 执行 ping 操作的界面

（9）启动实际 PC 与 PC1 之间的通信过程，如图 3.13 所示是实际 PC 执行 ping 操作的界面。

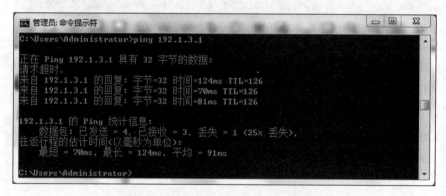

图 3.13　实际 PC 执行 ping 操作的界面

3.1.6　命令行接口配置过程

1. 路由器 AR1 命令行接口配置过程

```
<Huawei>system-view
[Huawei]undo info-center enable
[Huawei]interface GigabitEthernet0/0/1
[Huawei-GigabitEthernet0/0/1]ip address 192.1.2.1 24
[Huawei-GigabitEthernet0/0/1]quit
[Huawei]rip 1
[Huawei-rip-2]version 2
[Huawei-rip-2]network 192.1.2.0
[Huawei-rip-2]quit
[Huawei]ip pool r2
```

```
[Huawei-ip-pool-r2]network 192.1.1.0 mask 255.255.255.0
[Huawei-ip-pool-r2]gateway-list 192.1.1.254
[Huawei-ip-pool-r2]quit
[Huawei]aaa
[Huawei-aaa]authentication-scheme r2
[Huawei-aaa-authen-r2]authentication-mode local
[Huawei-aaa-authen-r2]quit
[Huawei-aaa]domain r2
[Huawei-aaa-domain-r2]authentication-scheme r2
[Huawei-aaa-domain-r2]quit
[Huawei-aaa]local-user aaa1 password cipher bbb1
[Huawei-aaa]local-user aaa1 service-type ppp
[Huawei-aaa]quit
[Huawei]interface virtual-template 1
[Huawei-Virtual-Template1]ppp authentication-mode chap domain r2
[Huawei-Virtual-Template1]ip address 192.1.1.254 255.255.255.0
[Huawei-Virtual-Template1]remote address pool r2
[Huawei-Virtual-Template1]quit
[Huawei]interface GigabitEthernet0/0/0
[Huawei-GigabitEthernet0/0/0]pppoe-server bind virtual-template 1
[Huawei-GigabitEthernet0/0/0]quit
```

2. 路由器 AR2 命令行接口配置过程

```
<Huawei>system-view
[Huawei]undo info-center enable
[Huawei]interface GigabitEthernet0/0/0
[Huawei-GigabitEthernet0/0/0]ip address 192.1.2.2 24
[Huawei-GigabitEthernet0/0/0]quit
[Huawei]interface GigabitEthernet0/0/1
[Huawei-GigabitEthernet0/0/1]ip address 192.1.3.254 24
[Huawei-GigabitEthernet0/0/1]quit
[Huawei]rip 2
[Huawei-rip-3]version 2
[Huawei-rip-3]network 192.1.2.0
[Huawei-rip-3]network 192.1.3.0
[Huawei-rip-3]quit
[Huawei]ip route-static 192.1.1.0 24 192.1.2.1
```

3. 命令列表
路由器命令行接口配置过程中使用的命令及功能和参数说明如表 3.1 所示。

表 3.1 命令列表

命 令 格 式	功能和参数说明
ip pool *ip-pool-name*	创建全局 IP 地址池,并进入全局 IP 地址池视图,参数 *ip-pool-name* 是全局 IP 地址池名称
network *ip-address* [**mask** ⟨*mask*∣*mask-length*⟩]	配置全局 IP 地址池中可分配的网络地址段,参数 *ip-address* 是网络地址。参数 *mask* 是子网掩码。参数 *mask-length* 是网络前缀长度,子网掩码和网络前缀长度二者选一
gateway-list *ip-address*	配置 DHCP 客户端的默认网关地址。参数 *ip-address* 是默认网关地址
aaa	用于进入 AAA 视图
authentication-scheme *scheme-name*	创建鉴别方案,并进入鉴别方案视图。参数 *scheme-name* 是鉴别方案名称
authentication-mode ⟨**local**∣**radius**⟩	配置鉴别模式,local 是本地鉴别模式,radius 是基于 radius 服务器的统一鉴别模式
domain *domain-name*	创建鉴别域,并进入 AAA 域视图。参数 *domain-name* 是鉴别域名称
local-user *user-name* **password** ⟨**cipher**∣**irreversible-cipher**⟩ *password*	定义授权用户,参数 *user-name* 是授权用户名,参数 *password* 是授权用户口令。cipher 表明用可逆加密算法加密口令。irreversible-cipher 表明用不可逆加密算法加密口令
local-user *user-name* **service-type** ⟨**ppp**∣**telnet**⟩	指定授权用户的接入类型,参数 *user-name* 是授权用户名。ppp 表明授权用户通过 PPP 完成接入过程。telnet 表明授权用户通过 Telnet 完成接入过程
interface virtual-template *vt-number*	创建虚拟接口模板,并进入虚拟接口模板视图。参数 *vt-number* 是虚拟接口模板编号
ppp authentication-mode ⟨**chap**∣**pap**⟩ **domain** *domain-name*	配置本端设备鉴别对端设备时使用的鉴别协议和鉴别方案。pap 表明采用 PAP 鉴别协议,chap 表明采用 CHAP 鉴别协议。参数 *domain-name* 是鉴别域域名,表明使用该鉴别域引用的鉴别方案
remote address ⟨*ip-address*∣**pool** *pool-name*⟩	为对端设备指定 IP 地址,或指定用于分配 IP 地址的全局 IP 地址池。参数 *ip-address* 是为对端设备指定的 IP 地址。参数 *pool-name* 是用于为对端设备分配 IP 地址的全局 IP 地址池名称
pppoe-server bind virtual-template *vt-number*	用来将指定的虚拟接口模板绑定到当前以太网接口上,并在该以太网接口上启用 PPPoE 协议。参数 *vt-number* 是虚拟接口模板编号

命 令 格 式	功能和参数说明
ip route-static *ip-address* {*mask*|*mask-length*} {*nexthop-address*|*interface-type interface-number*}	配置静态路由项,参数 *ip-address* 是目的网络的网络地址、参数 *mask* 是目的网络的子网掩码、参数 *mask-length* 是目的网络的网络前缀长度,子网掩码和网络前缀长度二者选一。参数 *nexthop-address* 是下一跳 IP 地址,参数 *interface-type interface-number* 是输出接口,下一跳 IP 地址和输出接口二者选一。对于以太网,需要配置下一跳 IP 地址
display interface virtual-template [*vt-number*]	显示虚拟接口模板的状态,参数 *vt-number* 是虚拟接口模板编号。如果没有指定虚拟接口模板编号,显示所有虚拟接口模板的状态
display local-user	显示本地用户相关信息

3.2 内部以太网接入 Internet 实验

3.2.1 实验内容

内部以太网接入 Internet 过程如图 3.14 所示,路由器 R1 作为接入控制设备,完成对边缘路由器的接入控制过程。边缘路由器一端连接 Internet 接入网络,一端连接内部以太网。边缘路由器连接 Internet 接入网络的一端由路由器 R1 分配全球 IP 地址。内部以太网分配私有 IP 地址 192.168.1.0/24,连接在内部以太网上分配私有 IP 地址的终端访问 Internet 时,由边缘路由器完成地址转换过程。

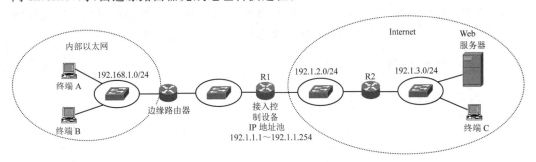

图 3.14 内部以太网接入 Internet 过程

该实验在 3.1 节终端接入 Internet 实验的基础上进行,边缘路由器通过 PPPoE 完成接入 Internet 过程。内部以太网中终端通过边缘路由器完成 Internet 访问过程。边缘路由器通过 PPPoE 完成接入 Internet 过程时,等同于图 3.1 中的远程终端。

3.2.2 实验目的

(1) 验证内部以太网的设计过程。

（2）验证边缘路由器的配置过程。

（3）验证内部以太网接入 Internet 过程。

（4）验证边缘路由器 PPPoE 接入过程。

（5）验证边缘路由器的网络地址转换（Network Address Translation，NAT）功能。

3.2.3　实验原理

如图 3.14 所示的内部以太网接入 Internet 过程中，对于内部以太网中的终端，边缘路由器是默认网关，内部以太网中的终端发送给 Internet 的 IP 分组首先传输给边缘路由器，由边缘路由器转发给 Internet。对于 Internet 中的路由器，边缘路由器等同于连接在 Internet 上的一个远程终端。

内部以太网及内部以太网分配的私有 IP 地址对 Internet 中的终端和路由器是透明的，因此，当边缘路由器将内部以太网中的终端发送给 Internet 的 IP 分组转发给 Internet 时，需要将这些 IP 分组的源 IP 地址转换成边缘路由器连接 Internet 接入网络的接口的全球 IP 地址。当 Internet 中的终端向内部以太网的终端发送 IP 分组时，这些 IP 分组以边缘路由器连接 Internet 接入网络的接口的全球 IP 地址为目的 IP 地址。当边缘路由器将这些 IP 分组转发给内部以太网中的终端时，需要将这些 IP 分组的目的 IP 地址转换成内部以太网中终端配置的私有 IP 地址。边缘路由器根据建立的地址转换表完成地址转换过程。

由于内部以太网的私有 IP 地址被统一转换成边缘路由器连接 Internet 接入网络的接口的全球 IP 地址，因此，Internet 发送给边缘路由器的 IP 分组有着相同的目的 IP 地址，边缘路由器建立的地址转换表必须能够根据作为接收到的 IP 分组的净荷的 TCP/UDP 报文中的全局端口号，或 ICMP 报文中的全局标识符找到对应的内部以太网中的终端。因此，对于 TCP/UDP 报文，边缘路由器建立的地址转换表必须建立全局端口号与内部以太网中终端私有 IP 地址之间的映射，对于 ICMP 报文，边缘路由器建立的地址转换表必须建立全局标识符与内部以太网中终端私有 IP 地址之间的映射。

3.2.4　关键命令说明

1. 创建并配置 dialer 接口

```
[Huawei]interface dialer 1
[Huawei-Dialer1]dialer user aaa2
[Huawei-Dialer1]dialer bundle 1
[Huawei-Dialer1]ppp chap user aaa1
[Huawei-Dialer1]ppp chap password cipher bbb1
[Huawei-Dialer1]ip address ppp-negotiate
[Huawei-Dialer1]quit
```

interface dialer 1 是系统视图下使用的命令，该命令的作用是创建一个编号为 1 的 dialer 接口，并进入 dialer 接口视图。

dialer user aaa2 是 dialer 接口视图下使用的命令，该命令的作用有两个：一是启动当前 dialer 接口(这里是编号为 1 的 dialer 接口)的共享拨号控制中心(Dial Control Center，DCC)功能;二是指定 aaa2 为当前 dialer 接口(这里是编号为 1 的 dialer 接口)对应的对端用户名。

dialer bundle 1 是 dialer 接口视图下使用的命令,该命令的作用是指定编号为 1 的 dialer bundle 为当前 dialer 接口(这里是编号为 1 的 dialer 接口)使用的 dialer bundle。每一个 dialer 接口需要绑定一个 dialer bundle,然后通过该 dialer bundle 绑定一个或多个物理接口。

ppp chap user aaa1 是 dialer 接口视图下使用的命令,该命令的作用是指定 aaa1 为对端设备使用 CHAP 鉴别本端设备身份时发送给对端设备的用户名。

ppp chap password cipher bbb1 是 dialer 接口视图下使用的命令,该命令的作用是指定 bbb1 为对端设备使用 CHAP 鉴别本端设备身份时发送给对端设备的口令,口令用可逆加密算法加密。

ip address ppp-negotiate 是 dialer 接口视图下使用的命令,该命令的作用是指定当前 dialer 接口(这里是编号为 1 的 dialer 接口)通过 PPP 协商获取 IP 地址。

2. 建立物理接口与 dialer bundle 之间的关联

```
[Huawei]interface GigabitEthernet0/0/0
[Huawei-GigabitEthernet0/0/0]pppoe-client dial-bundle-number 1
[Huawei-GigabitEthernet0/0/0]quit
```

pppoe-client dial-bundle-number 1 是接口视图下使用的命令,该命令的作用是指定编号为 1 的 dialer bundle 作为当前接口(这里是接口 GigabitEthernet0/0/0)建立 PPPoE 会话时对应的 dialer bundle。

dialer 接口、dialer bundle 和物理接口之间关系是,每一个 dialer 接口需要绑定一个 dialer bundle,每一个 dialer bundle 允许绑定一个或多个物理接口。dialer 接口通过 dialer bundle 建立与物理接口之间的关联。

3. 确定需要地址转换的内网私有 IP 地址范围

以下命令序列通过基本过滤规则集将内网需要转换的私有 IP 地址范围定义为 CIDR 地址块 192.168.1.0/24。

```
[Huawei]acl 2000
[Huawei-acl-basic-2000]rule 10 permit source 192.168.1.0 0.0.0.255
[Huawei-acl-basic-2000]quit
```

acl 2000 是系统视图下使用的命令,该命令的作用是创建一个编号为 2000 的基本过滤规则集,并进入基本 acl 视图。

rule 10 permit source 192.168.1.0 0.0.0.255 是基本 acl 视图下使用的命令,该命令的作用是创建允许源 IP 地址属于 CIDR 地址块 192.168.1.0/24 的 IP 分组通过的过滤规则。这里,该过滤规则的含义变为对源 IP 地址属于 CIDR 地址块 192.168.1.0/24 的 IP 分组实施地址转换过程。

4. 建立基本过滤规则集与公共接口之间的联系

```
[Huawei]interface dialer 1
[Huawei-Dialer1]nat outbound 2000
[Huawei-Dialer1]quit
```

nat outbound 2000 是 dialer 接口视图下使用的命令,该命令的作用是建立编号为 2000 的基本过滤规则集与指定 dialer 接口(这里是接口 dialer 1)之间的联系。建立该联系后,一是对从该接口输出的源 IP 地址属于编号为 2000 的基本过滤规则集指定的允许通过的源 IP 地址范围的 IP 分组,实施地址转换过程。二是指定该接口的 IP 地址作为 IP 分组完成地址转换过程后的源 IP 地址。

3.2.5 实验步骤

(1) 启动 eNSP,打开完成 3.1 节实验生成的 topo 文件,按照如图 3.14 所示的网络拓扑结构增加内部以太网,修改路由器编号,使得路由器 AR1 作为边缘路由器,路由器 AR2 作为接入控制设备。增加内部以太网和修改路由器编号后的 eNSP 界面如图 3.15 所示。启动所有设备。

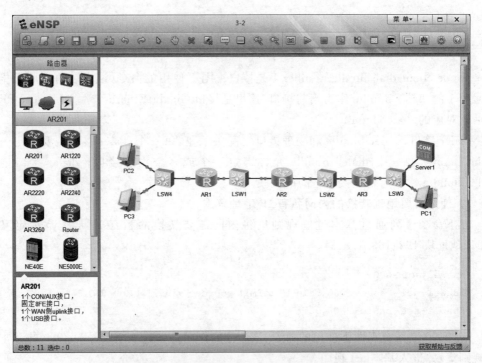

图 3.15 完成设备放置和连接后的 eNSP 界面

(2) 完成路由器 AR1 dialer 接口配置过程,建立 dialer bundle 与以太网接口 GigabitEthernet0/0/0 之间的绑定。路由器 AR1 dialer 接口信息如图 3.16 所示。路由器 AR1 完成接入过程后,由路由器 AR2 为其分配 IP 地址 192.1.1.253。

(3) 路由器 AR1 连接内部以太网的接口配置 IP 地址和子网掩码 192.168.1.254/

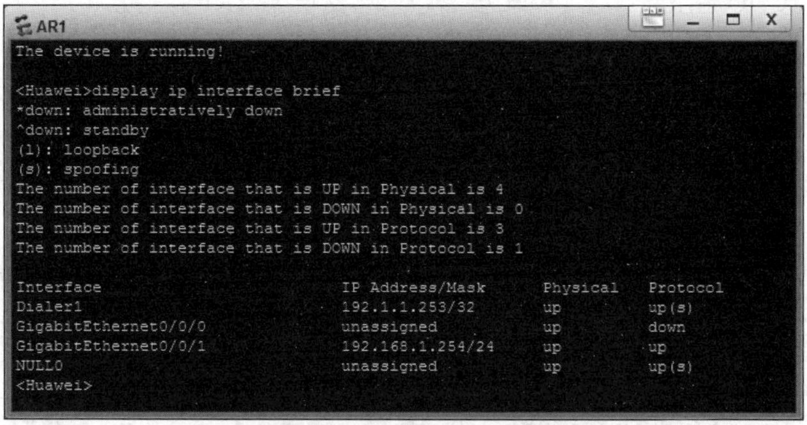

图 3.16 路由器 AR1 dialer 接口信息

24,使得内部以太网的网络地址为 192.168.1.0/24,终端 PC2 和 PC3 需要配置属于网络地址 192.168.1.0/24 的 IP 地址,并将路由器 AR1 连接内部以太网的接口的 IP 地址 192.168.1.254 作为默认网关地址。路由器 AR1 连接内部以太网接口的状态如图 3.16 所示,终端 PC2 配置的 IP 地址、子网掩码和默认网关地址如图 3.17 所示。

图 3.17 终端 PC2 配置的 IP 地址、子网掩码和默认网关地址

(4) 启动 PC2 访问 Internet 过程,PC2 执行的 ping 操作如图 3.18 所示。PC2 发送给 PC1 的 IP 分组,经过路由器 AR1 转发后,源 IP 地址转换成路由器 AR1 连接 Internet 接入网络的接口的全球 IP 地址,该 IP 地址在路由器 AR1 通过 PPPoE 接入 Internet 时,由路由器 AR2 负责配置,这里是 192.1.1.253。由于 IP 分组封装的是 ICMP 报文,且一

次 ICMP ECHO 请求和响应过程即为一次会话,路由器 AR1 需要为 ICMP 报文分配唯一的全局标识符,且建立该全局标识符与 PC2 私有 IP 地址 192.168.1.1 之间的关联。路由器 AR1 建立的地址转换表如图 3.19 所示,最上面的一项地址转换项对应如图 3.18 所示 ping 操作的最后一次 ICMP ECHO 请求和响应过程。

```
PC2                                                        _ □ X

  基础配置    命令行    组播    UDP发包工具    串口

PC>ping 192.1.3.1

Ping 192.1.3.1: 32 data bytes, Press Ctrl_C to break
Request timeout!
From 192.1.3.1: bytes=32 seq=2 ttl=125 time=140 ms
From 192.1.3.1: bytes=32 seq=3 ttl=125 time=172 ms
From 192.1.3.1: bytes=32 seq=4 ttl=125 time=140 ms
From 192.1.3.1: bytes=32 seq=5 ttl=125 time=125 ms

--- 192.1.3.1 ping statistics ---
  5 packet(s) transmitted
  4 packet(s) received
  20.00% packet loss
  round-trip min/avg/max = 0/144/172 ms

PC>
```

图 3.18　PC2 执行 ping 操作的界面

```
AR1                                                        _ □ X
<Huawei>display nat session all
  NAT Session Table Information:

      Protocol       : ICMP(1)
      SrcAddr  Vpn   : 192.168.1.1
      DestAddr Vpn   : 192.1.3.1
      Type Code IcmpId : 0    8    24037
      NAT-Info
        New SrcAddr    : 192.1.1.253
        New DestAddr   : ----
        New IcmpId     : 10249

      Protocol       : ICMP(1)
      SrcAddr  Vpn   : 192.168.1.1
      DestAddr Vpn   : 192.1.3.1
      Type Code IcmpId : 0    8    24036
      NAT-Info
        New SrcAddr    : 192.1.1.253
        New DestAddr   : ----
        New IcmpId     : 10248
```

图 3.19　路由器 AR1 建立的部分地址转换项

(5) 根据如图 3.19 所示的最上面那项地址转换项,PC2 发送的封装了本地标识符为 24037(十六进制值为 0x5de5)的 ICMP ECHO 请求报文、源 IP 地址为 192.168.1.1、目的 IP 地址为 192.1.3.1 的 IP 分组经过路由器 AR1 转发后,ICMP ECHO 请求报文的标识符转换为全局标识符 10249(十六进制值为 0x2809),IP 分组的源 IP 地址转换为 192.1.1.253。PC2 至路由器 AR1 这一段的 IP 分组格式如图 3.20 所示的路由器 AR1 连接内部以太网的接口捕获的报文序列。路由器 AR1 至 PC1 这一段的 IP 分组格式如图 3.21 所示的路由器 AR1 连接 Internet 接入网络的接口捕获的报文序列。需要注意的是,标识符左边是低字节,右边是高字节。即 0x5de5 表示为 id=0xe55d。

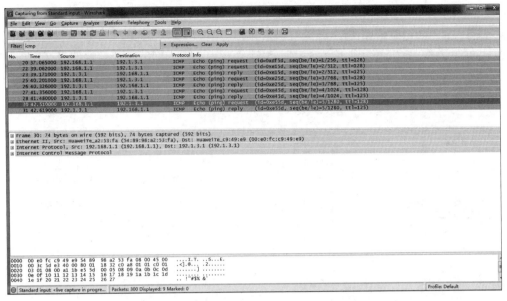

图 3.20　路由器 AR1 连接内部以太网的接口捕获的报文序列

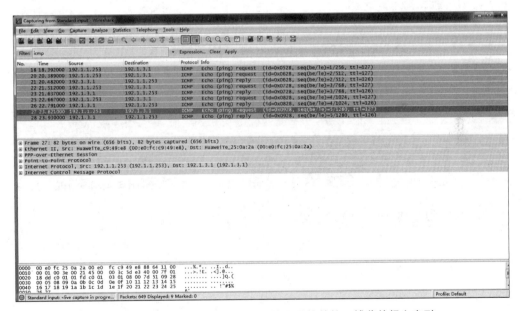

图 3.21　路由器 AR1 连接 Internet 接入网络的接口捕获的报文序列

（6）PC1 发送给 PC2 的 ICMP ECHO 响应报文，其标识符为全局标识符 0x2809，该 ICMP ECHO 响应报文封装成源 IP 地址为 PC1 的 IP 地址 192.1.3.1、目的 IP 地址为路由器 AR1 连接 Internet 接入网络的接口的全球 IP 地址 192.1.1.253 的 IP 分组，当路由器 AR1 接收到该 IP 分组，根据 ICMP ECHO 响应报文的全局标识符找到地址转换项，根据如图 3.19 所示的最上面那项地址转换项，将 ICMP ECHO 响应报文的全局标识符转换为本地标识符 24037(十六进制值为 0x5de5),将 IP 分组的目的 IP 地址转换为 PC2 的私有 IP 地址 192.168.1.1。PC1 至路由器 AR1 这一段的 IP 分组格式如图 3.22 所示的路由器 AR1 连接 Internet 接入网络的接口捕获的报文序列。路由器 AR1 至 PC2 这一段的 IP 分组格式如图 3.23 所示的路由器 AR1 连接内部以太网的接口捕获的报文序列。

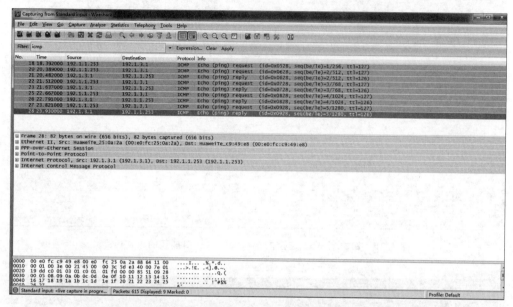

图 3.22　路由器 AR1 连接 Internet 接入网络的接口捕获的报文序列

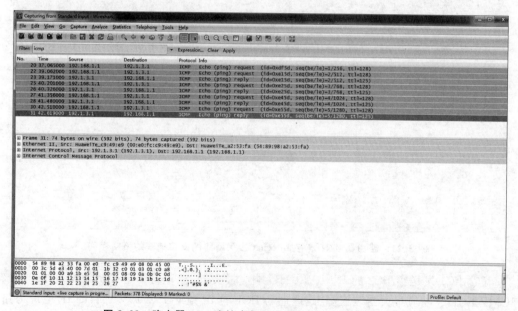

图 3.23　路由器 AR1 连接内部以太网的接口捕获的报文序列

3.2.6　命令行接口配置过程

1. 路由器 AR1 命令行接口配置过程

```
<Huawei>system-view
[Huawei]undo info-center enable
[Huawei]interface dialer 1
[Huawei-Dialer1]dialer user aaa2
[Huawei-Dialer1]dialer bundle 1
[Huawei-Dialer1]ppp chap user aaa1
[Huawei-Dialer1]ppp chap password cipher bbb1
[Huawei-Dialer1]ip address ppp-negotiate
[Huawei-Dialer1]quit
[Huawei]interface GigabitEthernet0/0/0
[Huawei-GigabitEthernet0/0/0]pppoe-client dial-bundle-number 1
[Huawei-GigabitEthernet0/0/0]quit
[Huawei]ip route-static 0.0.0.0 0 dialer 1
[Huawei]interface GigabitEthernet0/0/1
[Huawei-GigabitEthernet0/0/1]ip address 192.168.1.254 24
[Huawei-GigabitEthernet0/0/1]quit
[Huawei]acl 2000
[Huawei-acl-basic-2000]rule 10 permit source 192.168.1.0 0.0.0.255
[Huawei-acl-basic-2000]quit
[Huawei]interface dialer 1
[Huawei-Dialer1]nat outbound 2000
[Huawei-Dialer1]quit
```

3.2 节中路由器 AR2 和 AR3 命令行接口配置过程等同于 3.1 节中路由器 AR1 和 AR2 命令行接口配置过程。

2. 命令列表

路由器命令行接口配置过程中使用的命令及功能和参数说明如表 3.2 所示。

表 3.2　命令列表

命 令 格 式	功能和参数说明
interface dialer *number*	创建 dialer 接口,并进入 dialer 接口视图。参数 *number* 是 dialer 接口编号
dialer user *user-name*	启动共享 DCC 功能,并配置对端用户名。参数 *user-name* 是对端用户名
dialer bundle *number*	指定 dialer 接口使用的 dialer bundle。参数 *number* 是 dialer bundle 编号

续表

命 令 格 式	功能和参数说明
ppp chap user *username*	设置对端设备通过 CHAP 鉴别本端设备身份时,本端设备发送给对端设备的用户名。参数 *username* 是用户名
ppp chap password 〈**cipher**│**simple**〉 *password*	设置对端设备通过 CHAP 鉴别本端设备身份时,本端设备发送给对端设备的口令。参数 *password* 是口令。cipher 表明以密文方式存储口令,simple 表明以明文方式存储口令
ip address ppp-negotiate	指定通过 PPP 协商获取 IP 地址
acl *acl-number*	创建编号为 *acl-number* 的 acl,并进入 acl 视图。acl 是访问控制列表,由一组过滤规则组成。这里用 acl 指定需要进行地址转换的内网 IP 地址范围
rule [*rule-id*]〈**deny**│**permit**〉[**source**〈*source-address source-wildcard*│**any**〉]	配置一条用于指定允许通过或拒绝通过的 IP 分组的源 IP 地址范围的规则。参数 *rule-id* 是规则编号,用于确定匹配顺序。参数 *source-address* 和 *source-wildcard* 用于指定源 IP 地址范围。参数 *source-address* 是网络地址,参数 *source-wildcard* 是反掩码,反掩码是子网掩码的反码。any 表明任意源 IP 地址范围
nat outbound *acl-number* [**interface** *interface-type interface-number* [*.subnumber*]]	在指定接口启动 PAT 功能,参数 *acl-number* 是访问控制列表编号,用该访问控制列表指定源 IP 地址范围,参数 *interface-type* 是接口类型,参数 *interface-number* [*.subnumber*]是接口编号(或是子接口编号),接口类型和接口编号(或子接口编号)一起指定接口。用指定接口的 IP 地址作为全球 IP 地址。对于源 IP 地址属于编号为 *acl-number* 的 acl 指定的源 IP 地址范围的 IP 分组,用指定接口的全球 IP 地址替换该 IP 分组的源 IP 地址
display nat session all	显示所有已经建立的地址转换项

第4章

以太网安全实验

以太网是目前最普及的局域网,因此,也存在大量针对以太网的攻击行为。学生通过以太网安全实验,可以掌握利用以太网安全技术防御黑客攻击的方法和过程。

4.1 MAC 表溢出攻击防御实验

4.1.1 实验内容

MAC 表(也称转发表)溢出攻击是指通过耗尽交换机转发表的存储空间,使得交换机无法根据接收到的 MAC 帧在转发表中添加新的转发项的攻击行为。黑客终端实施 MAC 表溢出攻击的过程如图 4.1 所示,黑客终端不断发送源 MAC 地址变化的 MAC 帧,如发送一系列源 MAC 地址分别为 MAC 1、MAC 2、……、MAC n 的 MAC 帧,使得交换机转发表中添加 MAC 地址分别为 MAC 1、MAC 2、……、MAC n 的转发项,这些转发项耗尽交换机转发表的存储空间。当交换机接收到终端 B 发送的源 MAC 地址为 MAC B 的 MAC 帧时,由于转发表的存储空间已经耗尽,因此,无法添加新的 MAC 地址为 MAC B 的转发项,导致交换机以广播方式完成 MAC 帧终端 A 至终端 B 传输过程,如图 4.1 所示。

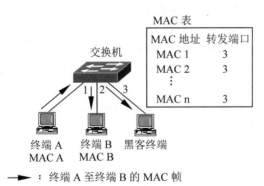

图 4.1 MAC 表溢出攻击过程

防御 MAC 表溢出攻击的方法是限制交换机端口允许学习到的 MAC 地址数,对于如图 4.1 所示的 MAC 表溢出攻击过程,如果限制交换机端口 3 允许学习到的 MAC 地址数,就可以防止 MAC 表溢出。

MAC 表溢出攻击防御过程如图 4.2 所示,将交换机端口 2 允许学习到的 MAC 地址数上限设定为 2,这种情况下,即使终端 B、终端 C 和终端 D 都发送了 MAC 帧,交换机 MAC 表中与端口 2 绑定的转发项只有 2 项,这 2 项转发项的 MAC 地址对应终端 B、终端 C 和终端 D 中最先发送 MAC 帧的两个终端的 MAC 地址。

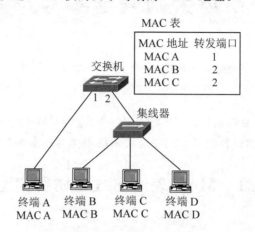

图 4.2　MAC 表溢出攻击防御过程

4.1.2　实验目的

(1) 验证交换机转发 MAC 帧机制。

(2) 验证 MAC 表(转发表)建立过程。

(3) 验证 MAC 表溢出攻击机制。

(4) 验证 MAC 表溢出攻击防御过程。

4.1.3　实验原理

可以为交换机端口设置允许学习到的 MAC 地址数上限,如果将图 4.2 中交换机端口 2 允许学习到的 MAC 地址数上限设置为 2,在完成集线器连接的 3 个终端与其他终端之间的通信过程后,交换机 MAC 表中与端口 2 绑定的转发项只有 2 项。以此有效防止某个黑客终端通过不断发送源 MAC 地址变化的 MAC 帧耗尽交换机转发表的存储空间的情况发生。

4.1.4　关键命令说明

1. 清空 MAC 表

`[Huawei]undo mac-address all`

undo mac-address all 是系统视图下使用的命令,该命令的作用是清空交换机 MAC 表中的转发项。

2. 设置交换机端口允许学习到的 MAC 地址数上限

以下命令序列将交换机端口 GigabitEthernet0/0/2 允许学习到的 MAC 地址数上限设定为 2。

```
[Huawei]interface GigabitEthernet0/0/2
[Huawei-GigabitEthernet0/0/1]mac-limit maximum 2
[Huawei-GigabitEthernet0/0/1]quit
```

mac-limit maximum 2 是接口视图下使用的命令,该命令的作用是将指定交换机端口(这里是端口 GigabitEthernet0/0/2)允许学习到的 MAC 地址数上限设定为 2。

4.1.5　实验步骤

(1) 启动 eNSP,按照如图 4.2 所示的网络拓扑结构放置和连接设备,完成设备放置和连接后的 eNSP 界面如图 4.3 所示。启动所有设备。

图 4.3　完成设备放置和连接后的 eNSP 界面

(2) 完成各个 PC IP 地址和子网掩码配置过程,PC1~PC4 配置的 IP 地址分别是 192.1.1.1~192.1.1.4。PC1 的基础配置界面如图 4.4 所示。

(3) 为了在交换机 LSW1 的 MAC 表中建立各个 PC 的 MAC 地址对应的转发项,需要保证各个 PC 发送过经过交换机 LSW1 的 MAC 帧。分别完成 PC1 与 PC2、PC3、PC4 之间的通信过程。PC1 与 PC2 之间的通信过程如图 4.5 所示。

(4) 查看交换机 LSW1 中的 MAC 表,MAC 表如图 4.6 所示。与端口 GE0/0/2 绑定的转发项有 3 项,端口 GE0/0/2 是交换机 LSW1 连接集线器 HUB1 的端口,因此,与该端口绑定的 3 项转发项的 MAC 地址分别是 PC2、PC3、PC4 的 MAC 地址。

(5) 清空交换机 LSW1 的 MAC 表,将端口 GE0/0/2 允许学习到的 MAC 地址数上限设定为 2,再次完成 PC1 与 PC2、PC3、PC4 之间的通信过程。查看交换机 LSW1 的 MAC 表,MAC 表如图 4.7 所示,与端口 GE0/0/2 绑定的转发项只有 2 项,交换机 MAC

图 4.4　PC1 的基础配置界面

图 4.5　PC1 与 PC2 之间的通信过程

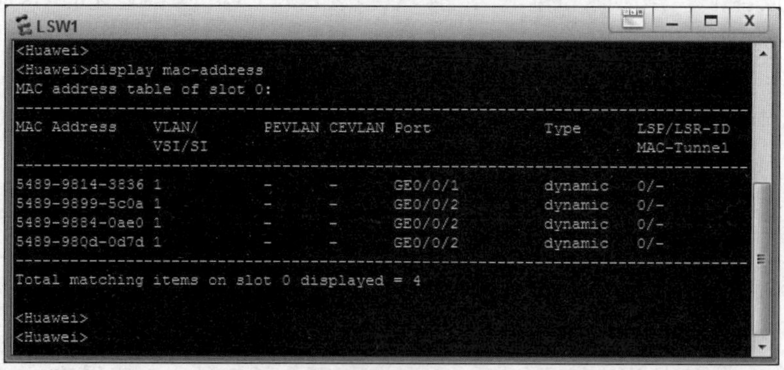

图 4.6　交换机 LSW1 的 MAC 表

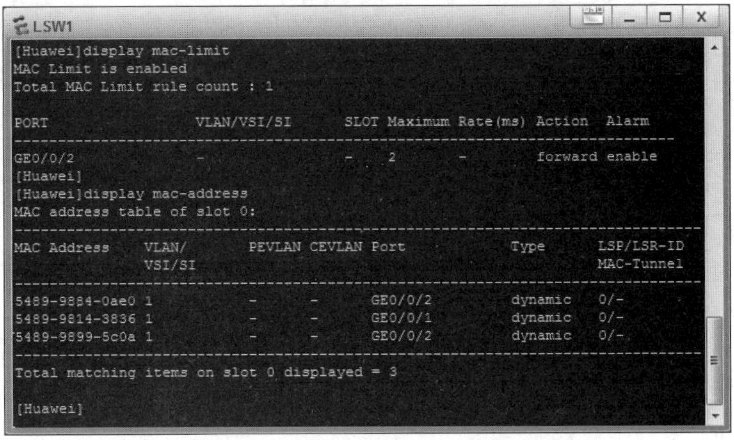

图 4.7 设置上限后的交换机 LSW1 的 MAC 表

表中只能建立最早通过该端口接收到的 2 帧 MAC 帧的源 MAC 地址对应的转发项。即无论该端口接收到多少源 MAC 地址不同的 MAC 帧,交换机 MAC 表中对应该端口的转发项不能超过 2 项。

4.1.6 命令行接口配置过程

1. 交换机 LSW1 命令行接口配置过程

```
<Huawei>system-view
[Huawei]undo info-center enable
```

注:以下命令序列在完成实验步骤(5)时执行。

```
[Huawei]undo mac-address all
[Huawei]interface GigabitEthernet0/0/2
[Huawei-GigabitEthernet0/0/2]mac-limit maximum 2
[Huawei-GigabitEthernet0/0/2]quit
```

2. 命令列表

交换机命令行接口配置过程中使用的命令及功能和参数说明如表 4.1 所示。

表 4.1 命令列表

命 令 格 式	功能和参数说明
display mac-address	显示交换机 MAC 表中的转发项
mac-limit maximum *max-num*	将指定交换机端口允许学习到的 MAC 地址数上限设定为参数 *max-num* 指定的值
display mac-limit [*interface-type interface-number*|**vlan** *vlan-id*]	查看已经配置的针对 MAC 地址学习过程的限制。参数 *interface-type* 和 *interface-number* 指定查看接口,参数 *vlan-id* 指定查看的 VLAN,省略上述参数,表示查看整个交换机已经配置的针对 MAC 地址学习过程的限制

续表

命令格式	功能和参数说明
undo mac-address [all | dynamic] [interface-type interface-number | vlan vlan-id]	删除 MAC 表中转发项,关键词 dynamic 表明只删除动态转发项,关键词 all 表明删除全部转发项。如果设置参数 interface-type 和 interface-number,只删除与该接口绑定的转发项。如果设置参数 vlan-id,只删除属于该 VLAN 的转发项

4.2　安全端口与 MAC 地址欺骗攻击防御实验

4.2.1　实验内容

对于如图 4.8 所示的以太网结构,MAC 地址欺骗攻击过程如下,在交换机建立完整转发表后,如果终端 C 将自己的 MAC 地址改为终端 A 的 MAC 地址 MAC A,且向终端 B 发送一帧 MAC 帧。这种情况下,如果终端 B 再向终端 A 发送 MAC 帧,终端 B 发送给终端 A 的 MAC 帧不是到达终端 A,而是到达终端 C。

利用交换机安全端口功能实施防御 MAC 地址欺骗攻击的过程如下,交换机 S1 和 S3 中直接连接终端的端口启动安全端口功能,并将每一个端口对应的访问控制列表中的 MAC 地址数上限设定为 1,且该 MAC 地址通过地址学习过程获得。这种情况下,在终端 C 发送过以 MAC C 为源 MAC 地址的 MAC 帧后,如果再发送以其他 MAC 地址为源 MAC 地址的 MAC 帧,交换机 S3 连接终端 C 的端口将丢弃该 MAC 帧。

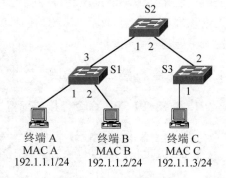

图 4.8　以太网结构

4.2.2　实验目的

(1) 验证交换机安全端口功能配置过程。
(2) 验证访问控制列表自动添加 MAC 地址的过程。
(3) 验证对违规接入终端采取的各种动作的含义。
(4) 验证安全端口方式下的终端接入控制过程。

4.2.3　实验原理

如图 4.9 所示,可以通过配置使得交换机 S3 端口 1 的访问控制列表中只有终端 C 的 MAC 地址 MAC C。这种情况下,如果将终端 C 的 MAC 地址改为终端 A 的 MAC 地址,以终端 A 的 MAC 地址为源 MAC 地址的 MAC 帧将被交换机 S3 丢弃,从而无法通过改变各个交换机中的 MAC 表将通往终端 C 的交换路径作为通往终端 A 的交换路径。

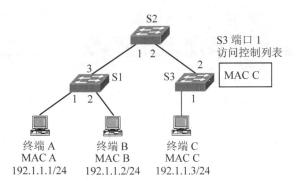

图 4.9　终端 C MAC 地址欺骗攻击防御过程

在将交换机 S3 端口 1 访问控制列表中的 MAC 地址数上限设定为 1 的情况下,可以有两种方式使得交换机 S3 端口 1 的访问控制列表中只有终端 C 的 MAC 地址 MAC C:一是在访问控制列表中手工添加终端 C 的 MAC 地址 MAC C;二是要求访问控制列表中的 MAC 地址通过地址学习过程获得,且使得终端 C 成为第一个发送以 MAC C 为源 MAC 地址的 MAC 帧的终端。

4.2.4　关键命令说明

```
[Huawei]interface GigabitEthernet0/0/1
[Huawei-GigabitEthernet0/0/1]port-security enable
[Huawei-GigabitEthernet0/0/1]port-security max-mac-num 1
[Huawei-GigabitEthernet0/0/1]port-security mac-address sticky
[Huawei-GigabitEthernet0/0/1]port-security protect-action protect
[Huawei-GigabitEthernet0/0/1]quit
```

port-security enable 是接口视图下使用的命令,该命令的作用是启动当前交换机端口(这里是交换机端口 GigabitEthernet0/0/1)的安全端口功能。

port-security max-mac-num 1 是接口视图下使用的命令,该命令的作用是将当前交换机端口对应的访问控制列表中的 MAC 地址数上限设置为 1。

port-security mac-address sticky 是接口视图下使用的命令,该命令的作用是启动将当前交换机端口学习到的 MAC 地址自动添加到访问控制列表中的功能。

port-security protect-action protect 是接口视图下使用的命令,该命令的作用是指定当前交换机端口接收到违规 MAC 帧时采取的动作。动作 protect 是丢弃当前交换机端口接收到的违规的 MAC 帧。违规的 MAC 帧是指在访问控制列表中的 MAC 地址数已经达到设置的 MAC 地址数上限的情况下,当前交换机端口接收到的源 MAC 地址不在访问控制列表中的 MAC 帧。

4.2.5　实验步骤

(1) 启动 eNSP,按照如图 4.8 所示的网络拓扑结构放置和连接设备,完成设备放置和连接后的 eNSP 界面如图 4.10 所示。启动所有设备。

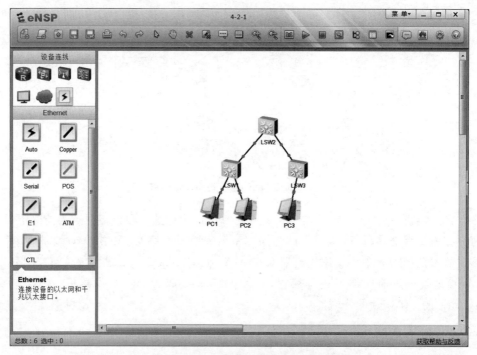

图 4.10 完成设备放置和连接后的 eNSP 界面

(2) PC1 的基础配置界面如图 4.11 所示，PC3 的基础配置界面如图 4.12 所示，基础配置界面中给出 PC 的 MAC 地址以及为 PC 配置的 IP 地址和子网掩码。

图 4.11 PC1 的基础配置界面

图 4.12 PC3 的基础配置界面

（3）为了保证三个交换机都能接收到 PC1、PC2 和 PC3 发送的 MAC 帧。为此，启动 PC1 与 PC2、PC3 之间的通信过程，PC2 与 PC3 之间的通信过程。PC1 与 PC3 之间的通信过程如图 4.13 所示。

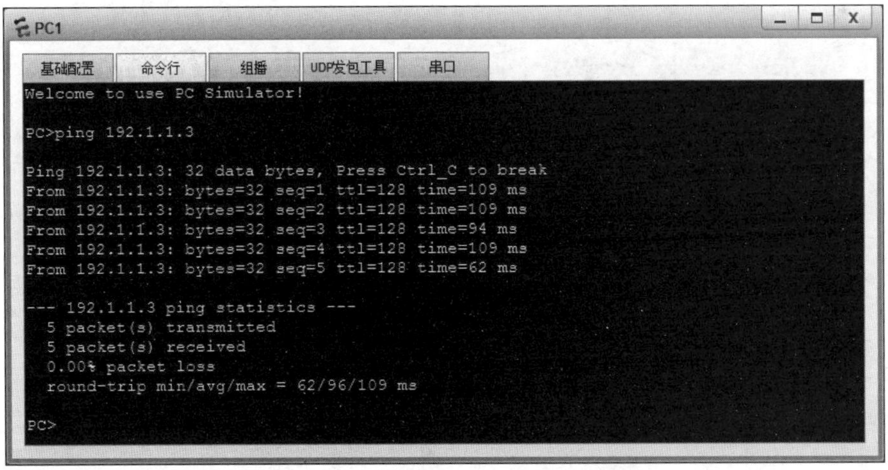

图 4.13 PC1 与 PC3 之间的通信过程

（4）查看三个交换机建立的完整 MAC 表，交换机 LSW1、LSW2 和 LSW3 的 MAC 表分别如图 4.14～图 4.16 所示。三个交换机的 MAC 表中 PC1 的 MAC 地址对应的转发项所给出的交换路径是通往 PC1 的交换路径。

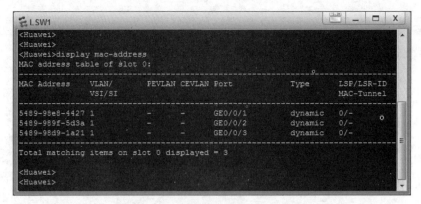

图 4.14　交换机 LSW1 的 MAC 表一

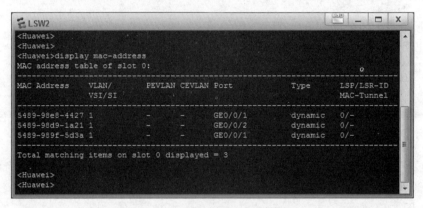

图 4.15　交换机 LSW2 的 MAC 表一

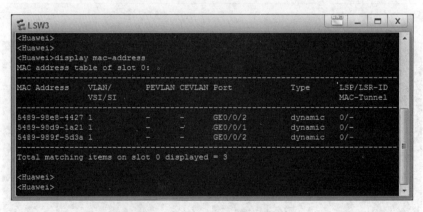

图 4.16　交换机 LSW3 的 MAC 表一

（5）将 PC3 的 MAC 地址改为 PC1 的 MAC 地址，单击"应用"按钮，使得 PC3 启用该 MAC 地址。修改 MAC 地址后的 PC3 基础配置界面如图 4.17 所示。

（6）为了使得三个交换机都接收到 PC3 发送的以 PC1 的 MAC 地址为源 MAC 地址的 MAC 帧。PC3 启动与 PC2 之间的通信过程，PC3 执行 ping 操作的界面如图 4.18 所示。

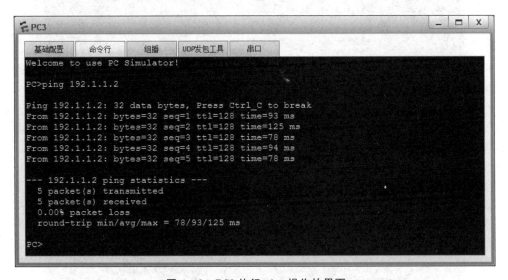

图 4.17　修改 MAC 地址后的 PC3 基础配置界面

图 4.18　PC3 执行 ping 操作的界面

（7）再次查看三个交换机建立的完整 MAC 表，交换机 LSW1、LSW2 和 LSW3 的
MAC 表分别如图 4.19～图 4.21 所示。三个交换机的 MAC 表中 PC1 的 MAC 地址对应
的转发项所给出的交换路径是通往 PC3 的交换路径。

（8）为了验证端口安全功能具有防御 MAC 地址欺骗攻击的功能，将 PC3 的 MAC
地址恢复为原始的 MAC 地址，清除交换机 LSW3 的 MAC 表，启动交换机 LSW3 端口
GE0/0/1 的安全端口功能，将该端口的访问控制列表中的 MAC 地址数上限设定为 1，指

```
┌ LSW1                                                              _ □ X
The device is running!

<Huawei>display mac-address
MAC address table of slot 0:
------------------------------------------------------------------------
MAC Address       VLAN/      PEVLAN CEVLAN Port           Type      LSP/LSR-ID
                  VSI/SI                                            MAC-Tunnel
------------------------------------------------------------------------
5489-98e8-4427 1             -      -      GE0/0/3        dynamic   0/-
5489-989f-5d3a 1             -      -      GE0/0/2        dynamic   0/-
5489-98d9-1a21 1             -      -      GE0/0/3        dynamic   0/-
------------------------------------------------------------------------
Total matching items on slot 0 displayed = 3

<Huawei>
```

图 4.19　交换机 LSW1 的 MAC 表二

```
┌ LSW2                                                              _ □ X
The device is running!

<Huawei>display mac-address
MAC address table of slot 0:
------------------------------------------------------------------------
MAC Address       VLAN/      PEVLAN CEVLAN Port           Type      LSP/LSR-ID
                  VSI/SI                                            MAC-Tunnel
------------------------------------------------------------------------
5489-98e8-4427 1             -      -      GE0/0/2        dynamic   0/-
5489-98d9-1a21 1             -      -      GE0/0/2        dynamic   0/-
5489-989f-5d3a 1             -      -      GE0/0/1        dynamic   0/-
------------------------------------------------------------------------
Total matching items on slot 0 displayed = 3

<Huawei>
```

图 4.20　交换机 LSW2 的 MAC 表二

```
┌ LSW3                                                              _ □ X
The device is running!

<Huawei>display mac-address
MAC address table of slot 0:
------------------------------------------------------------------------
MAC Address       VLAN/      PEVLAN CEVLAN Port           Type      LSP/LSR-ID
                  VSI/SI                                            MAC-Tunnel
------------------------------------------------------------------------
5489-98e8-4427 1             -      -      GE0/0/1        dynamic   0/-
5489-98d9-1a21 1             -      -      GE0/0/1        dynamic   0/-
5489-989f-5d3a 1             -      -      GE0/0/2        dynamic   0/-
------------------------------------------------------------------------
Total matching items on slot 0 displayed = 3

<Huawei>
```

图 4.21　交换机 LSW3 的 MAC 表二

定通过地址学习过程获取访问控制列表中的 MAC 地址,将接收到违规 MAC 帧的动作设置为丢弃该 MAC 帧。完成上述配置过程后,再次完成 PC1 与 PC2、PC3 之间的通信过程,PC2 与 PC3 之间的通信过程。通信过程正常进行,三个交换机分别建立如图 4.14~图 4.16 所示的 MAC 表。

（9）再次将 PC3 的 MAC 地址改为 PC1 的 MAC 地址，通过单击"应用"按钮使得 PC3 使用该 MAC 地址。启动 PC3 与 PC2 之间的通信过程，由于 PC3 发送的 MAC 帧以 PC1 的 MAC 地址为源 MAC 地址，该 MAC 地址与访问控制列表中 PC3 的 MAC 地址不同，且访问控制列表中的 MAC 地址数上限为 1。因此，交换机 LSW3 丢弃该 MAC 帧，导致 PC3 与 PC2 之间的通信过程失败，如图 4.22 所示。

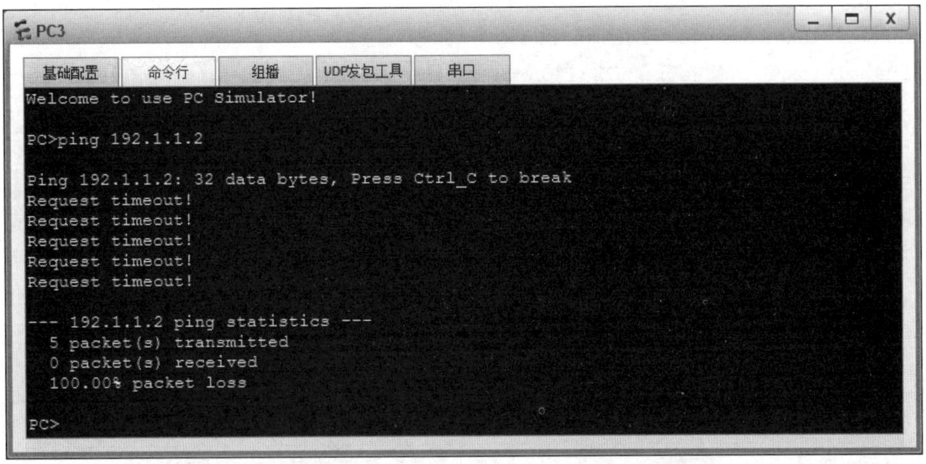

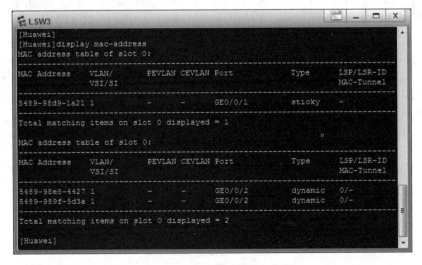

图 4.22　PC3 与 PC2 之间的通信过程失败界面

（10）交换机 LSW3 的 MAC 表如图 4.23 所示，PC3 的初始 MAC 地址作为 sticky 类型转发项的 MAC 地址，即已经成为访问控制列表中的 MAC 地址。PC1 的 MAC 地址对应的转发项所给出的交换路径仍然是通往 PC1 的交换路径，表明无法通过 MAC 地址欺骗攻击来生成错误的交换路径。

图 4.23　交换机 LSW3 的 MAC 表三

4.2.6　命令行接口配置过程

1. 交换机 LSW3 命令行接口配置过程

```
<Huawei>system-view
[Huawei]undo info-center enable
[Huawei]undo mac-address
[Huawei]interface GigabitEthernet0/0/1
[Huawei-GigabitEthernet0/0/1]port-security enable
[Huawei-GigabitEthernet0/0/1]port-security max-mac-num 1
[Huawei-GigabitEthernet0/0/1]port-security mac-address sticky
[Huawei-GigabitEthernet0/0/1]port-security protect-action protect
[Huawei-GigabitEthernet0/0/1]quit
```

2. 命令列表

交换机命令行接口配置过程中使用的命令及功能和参数说明如表 4.2 所示。

表 4.2　命令列表

命 令 格 式	功能和参数说明
port-security enable	启动当前交换机端口的安全端口功能
port-security max-mac-num *max-number*	指定访问控制列表的 MAC 地址数上限,参数 *max-number* 是 MAC 地址数上限
port-security mac-address sticky	启动当前交换机端口的 sticky MAC 功能。sticky MAC 功能是指将通过地址学习过程建立的转发项,或手工配置的转发项自动添加到访问控制列表中
port-security mac-address sticky *mac-address* **vlan** *vlan-id*	手工配置一项转发项,并将该转发项自动添加到访问控制列表中。参数 *mac-address* 用于指定转发项中的 MAC 地址,参数 *vlan-id* 用于指定该转发项对应的 VLAN
port-security protect-action〈**protect** | **restrict** | **shutdown**〉	指定已经启动安全端口功能的交换机端口对接收到的违规 MAC 帧所采取的动作。protect 表明丢弃违规 MAC 帧,restrict 表明不仅丢弃违规 MAC 帧,且发出报警信息。shutdown 表明丢弃违规 MAC 帧,关闭当前交换机端口,发出报警信息。违规 MAC 帧是指在访问控制列表中的 MAC 地址数已经达到上限的情况下,源 MAC 地址不在访问控制列表中的 MAC 帧

4.3　DHCP 侦听与 DHCP 欺骗攻击防御实验

4.3.1　实验内容

该实验在 2.5 节 DHCP 欺骗攻击实验的基础上进行,构建如图 4.24 所示的实施 DHCP 欺骗攻击的网络应用系统,使得终端 A 和终端 B 从伪造的 DHCP 服务器中获取网络信息,得到错误的本地域名服务器地址,从而通过伪造的 DNS 服务器完成完全合格域名 www.a.com 的解析过程,得到伪造的 Web 服务器的 IP 地址,因此导致用完全合格域名 www.a.com 访问到伪造的 Web 服务器的情况发生。

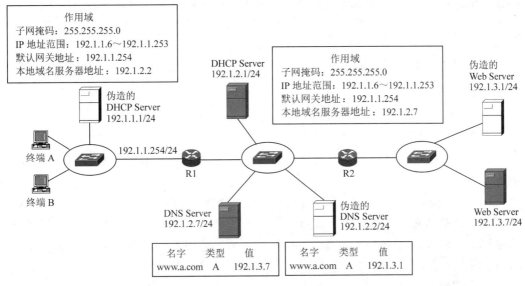

图 4.24　实施 DHCP 欺骗攻击的网络应用系统

完成交换机防御 DHCP 欺骗攻击功能的配置过程,使得终端 A 和终端 B 只能从 DHCP 服务器获取网络信息。

4.3.2　实验目的

(1) 验证 DHCP 服务器配置过程。

(2) 验证 DNS 服务器配置过程。

(3) 验证终端用完全合格域名访问 Web 服务器的过程。

(4) 验证 DHCP 欺骗攻击过程。

(5) 验证钓鱼网站欺骗攻击过程。

(6) 验证交换机防御 DHCP 欺骗攻击功能的配置过程。

4.3.3　实验原理

如图 4.24 所示,一旦终端连接的网络中接入伪造的 DHCP 服务器,终端很可能从伪造的 DHCP 服务器获取网络信息,得到伪造的域名服务器的 IP 地址 192.1.2.2,伪造的域名服务器中将完全合格域名 www.a.com 与伪造的 Web 服务器的 IP 地址 192.1.3.1 绑定在一起,导致终端用完全合格域名 www.a.com 访问到伪造的 Web 服务器。

如果交换机启动防御 DHCP 欺骗攻击的功能,只有连接在信任端口的 DHCP 服务器才能为终端提供自动配置网络信息的服务。因此,对于如图 4.24 所示的实施 DHCP 欺骗攻击的网络应用系统,连接终端的以太网中,如果只将连接路由器 R1 的交换机端口设置为信任端口,将其他交换机端口设置为非信任端口,使得终端只能接收由路由器 R1 转发的 DHCP 消息,导致终端只能获取 DHCP 服务器提供的网络信息。

对于华为 eNSP,路由器 R2 兼做 DHCP Server,单独用一个路由器作为伪造的 DHCP Server。

4.3.4 关键命令说明

1. 启动 DHCP 侦听功能

```
[Huawei]dhcp enable
[Huawei]dhcp snooping enable
[Huawei]dhcp snooping enable vlan 1
```

dhcp snooping enable 是系统视图下使用的命令,该命令的作用是启动 DHCP 侦听功能。

dhcp snooping enable vlan 1 是系统视图下使用的命令,该命令的作用是启动 VLAN 1 的 DHCP 侦听功能。启动 DHCP 侦听功能的顺序是,首先启动 DHCP 功能,然后启动全局的 DHCP 侦听功能,再启动某个 VLAN,或某个接口的 DHCP 侦听功能。命令 dhcp enable 用于启动 DHCP 功能。

2. 配置信任端口

```
[Huawei]interface GigabitEthernet0/0/3
[Huawei-GigabitEthernet0/0/3]dhcp snooping trusted
[Huawei-GigabitEthernet0/0/3]quit
```

dhcp snooping trusted 是接口视图下使用的命令,该命令的作用是将当前交换机端口(这里是交换机端口 GigabitEthernet0/0/3) 指定为信任端口。在启动 DHCP 侦听功能后,交换机只转发从信任端口接收的 DHCP 提供和确认消息。

4.3.5 实验步骤

(1) 为了实施 DHCP 欺骗攻击,将伪造的 DHCP 服务器(forged DHCP Server)接入交换机 LSW1,伪造的 DHCP 服务器中,将本地域名服务器地址设置为伪造的域名服务器(forged DNS Server)的 IP 地址 192.1.2.2,伪造的域名服务器中,建立完全合格域名 www.a.com 与伪造的 Web 服务器的 IP 地址 192.1.3.1 之间的绑定。实施 DHCP 欺骗攻击的拓扑结构如图 4.25 所示。这种情况下,PC1 很可能从伪造的 DHCP 服务器中获取网络信息,得到伪造的本地域名服务器的 IP 地址,如图 4.26 所示。从而用完全合格域名 www.a.com 访问到伪造的 Web 服务器,如图 4.27 所示。

(2) 为了防止各个 PC 从伪造的 DHCP 服务器中获取网络信息,启动交换机 LSW1 的 DHCP 侦听功能,只将交换机 LSW1 连接路由器 AR1 的端口(这里是端口 GE0/0/3)设置为信任端口。由于交换机 LSW1 只转发通过信任端口接收到的 DHCP 提供和确认消息,因此,各个 PC 只能从路由器 AR2 中获取网络信息。交换机 LSW1 有关 DHCP 侦听功能的配置如图 4.28 所示。这种情况下,PC1 只能从路由器 AR2 中获取网络信息,

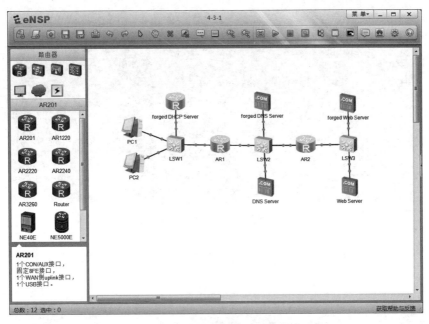

图 4.25　实施 DHCP 欺骗攻击的拓扑结构

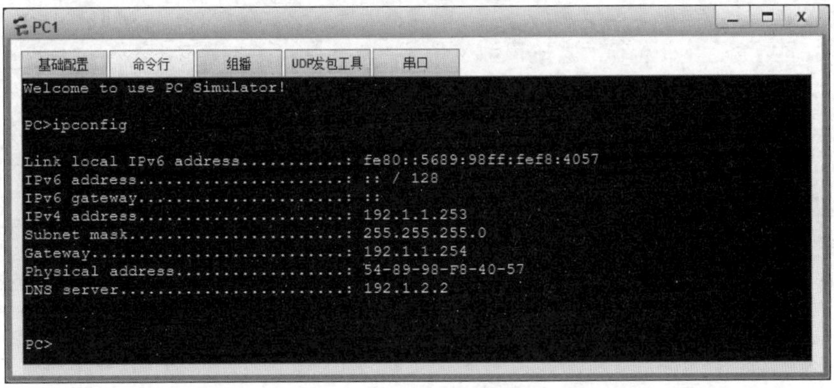

图 4.26　PC1 从伪造的 DHCP 服务器中获取的网络信息

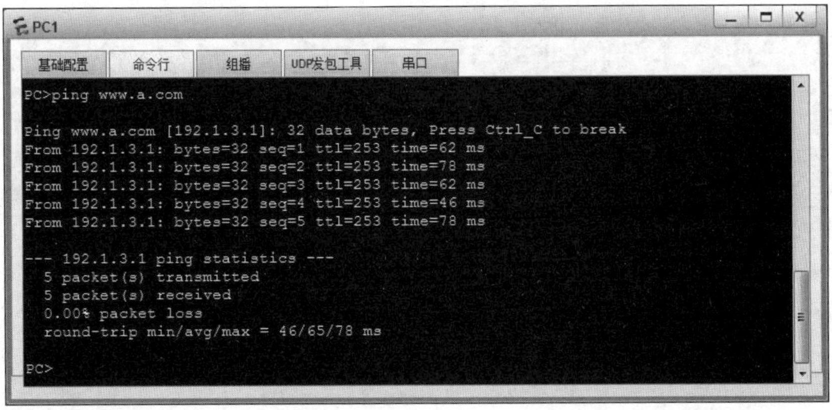

图 4.27　PC1 用完全合格域名 www.a.com 访问伪造的 Web 服务器的过程

```
LSW1                                                        _  □  X
The device is running!

<Huawei>display dhcp snooping configuration
#
dhcp snooping enable
#
vlan 1
 dhcp snooping enable
#
interface GigabitEthernet0/0/3
 dhcp snooping trusted
#
<Huawei>
```

图 4.28   交换机 LSW1 有关 DHCP 侦听功能的配置信息

PC1 从 AR2 中获取的网络信息如图 4.29 所示,PC1 用完全合格域名 www.a.com 访问 Web 服务器的过程如图 4.30 所示。

```
PC1                                                        _  □  X
 基础配置    命令行    组播    UDP发包工具    串口
Welcome to use PC Simulator!

PC>ipconfig

Link local IPv6 address...........: fe80::5689:98ff:fef8:4057
IPv6 address......................: :: / 128
IPv6 gateway......................: ::
IPv4 address......................: 192.1.1.252
Subnet mask.......................: 255.255.255.0
Gateway...........................: 192.1.1.254
Physical address..................: 54-89-98-F8-40-57
DNS server........................: 192.1.2.7

PC>
```

图 4.29   PC1 从路由器 AR2 中获取的网络信息

```
PC1                                                        _  □  X
 基础配置    命令行    组播    UDP发包工具    串口
PC>ping www.a.com

Ping www.a.com [192.1.3.7]: 32 data bytes, Press Ctrl_C to break
Request timeout!
From 192.1.3.7: bytes=32 seq=2 ttl=253 time=109 ms
From 192.1.3.7: bytes=32 seq=3 ttl=253 time=94 ms
From 192.1.3.7: bytes=32 seq=4 ttl=253 time=94 ms
From 192.1.3.7: bytes=32 seq=5 ttl=253 time=62 ms

--- 192.1.3.7 ping statistics ---
 5 packet(s) transmitted
 4 packet(s) received
 20.00% packet loss
 round-trip min/avg/max = 0/89/109 ms

PC>
```

图 4.30   PC1 用完全合格域名 www.a.com 访问 Web 服务器的过程

4.3.6　命令行接口配置过程

路由器 AR1、AR2 和 forged DHCP Server 的命令行接口配置过程与 2.5.6 节相同。

1. 交换机 LSW1 命令行接口配置过程

```
<Huawei>system-view
[Huawei]undo info-center enable
[Huawei]dhcp enable
[Huawei]dhcp snooping enable
[Huawei]dhcp snooping enable vlan 1
[Huawei]interface GigabitEthernet0/0/3
[Huawei-GigabitEthernet0/0/3]dhcp snooping trusted
[Huawei-GigabitEthernet0/0/3]quit
```

2. 命令列表

交换机命令行接口配置过程使用的命令及功能和参数说明如表 4.3 所示。

表 4.3　命令列表

命 令 格 式	功能和参数说明
dhcp snooping enable [**ipv4**│**ipv6**]	启动 DHCP 侦听功能。指定 IPv4,表示只启动 DHCPv4 侦听功能;指定 IPv6,表示只启动 DHCPv6 侦听功能
dhcp snooping enable vlan {*vlan-id1* [**to** *vlan-id2*]}	在指定 VLAN 中启动 DHCP 侦听功能,参数 *vlan-id1* 是起始 VLAN 标识符,参数 *vlan-id2* 是结束 VLAN 标识符。如果只有参数 *vlan-id1*,则只指定唯一 VLAN
dhcp snooping trusted	将当前交换机端口指定为信任端口
display dhcp snooping configuration	显示与 DHCP 侦听有关的配置信息

4.4　源 IP 地址欺骗攻击防御实验

4.4.1　实验内容

网络结构如图 4.31 所示,内部网络是一个安全性要求很高的网络,需要严格控制终端接入内部网络过程,因此,将终端的 IP 地址、MAC 地址和连接终端的交换机端口绑定在一起。即允许接入内部网络的终端只能使用固定分配给它的 IP 地址,只能连接在固定分配给它的交换机端口。这种情况下,不允许接入内部网络的终端无论接入哪一个交换机端口,无论分配哪一个 IP 地址,都无法正常访问网络。允许接入内部网络的终端,一旦改变接入的交换机端口,或者改变分配的 IP 地址都将无法正常访问网络。本实验假定终端 A 和终端 B 是允许接入内部网络的终端,终端 C 是不允许接入内部网络的终端。

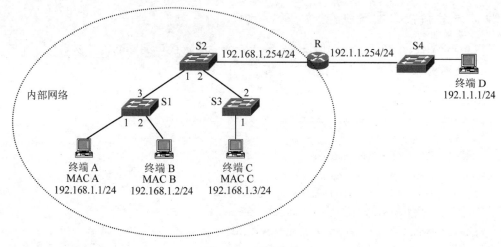

图 4.31　网络结构

4.4.2　实验目的

（1）验证终端接入控制过程。

（2）验证源 IP 地址欺骗攻击过程。

（3）验证防御源 IP 地址欺骗攻击的机制。

（4）验证 DHCP 侦听与源 IP 地址欺骗攻击防御机制之间的关系。

4.4.3　实验原理

控制用户终端接入过程如图 4.32 所示,如果交换机 S1 允许接入如图所示的终端 A 和终端 B,需要在交换机 S1 中创建如图所示的用户绑定表,用户绑定表中列出接入终端 的 IP 地址、MAC 地址、终端所属的 VLAN 及终端连接的交换机端口。当交换机 S1 接收 到净荷为 IP 分组的 MAC 帧时,只有在该 MAC 帧的源 MAC 地址、IP 分组的源 IP 地址、 MAC 帧所属的 VLAN 以及接收该 MAC 帧的交换机端口等与用户绑定表中其中一项绑 定项的所有项目都相符的情况下,该 MAC 帧才能被交换机 S1 接收和转发。这种情况 下,如果终端 C 想接入交换机 S3 端口 1,且以如图 4.32 所示的 IP 地址、MAC 地址访问

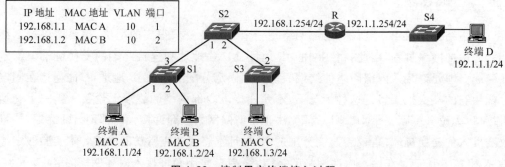

图 4.32　控制用户终端接入过程

网络,必须在交换机 S3 的用户绑定表中添加一项绑定项,绑定项中的 IP 地址＝192.168.1.3、MAC 地址＝MAC C、VLAN＝10、交换机端口＝端口 1。否则,终端 C 将无法接入内部网络。

4.4.4　关键命令说明

1. 创建 VLAN

```
[Huawei]vlan 10
[Huawei-vlan10]quit
```

vlan 10 是系统视图下使用的命令,该命令的作用是创建 VLAN 10,并进入 VLAN 视图。

2. 配置接入端口

以下命令序列实现将交换机端口 GigabitEthernet6/0/0 作为接入端口分配给 VLAN 10 的功能。

```
[Huawei]interface GigabitEthernet6/0/0
[Huawei-GigabitEthernet6/0/0]port link-type access
[Huawei-GigabitEthernet6/0/0]port default vlan 10
[Huawei-GigabitEthernet6/0/0]quit
```

port link-type access 是接口视图下使用的命令,该命令的作用是将指定端口(这里是端口 GigabitEthernet6/0/0)的类型定义为接入端口(access)。

port default vlan 10 是接口视图下使用的命令,该命令的作用是将指定端口(这里是端口 GigabitEthernet6/0/0)作为接入端口分配给 VLAN 10,同时将 VLAN 10 作为指定端口的默认 VLAN。

3. 定义 IP 接口

以下命令序列用于创建一个 VLAN 10 对应的 IP 接口,并为该 IP 接口配置 IP 地址 192.168.1.254 和子网掩码 255.255.255.0(24 位网络前缀)。

```
[Huawei]interface vlanif 10
[Huawei-Vlanif10]ip address 192.168.1.254 24
[Huawei-Vlanif10]quit
```

interface vlanif 10 是系统视图下使用的命令,该命令的作用是创建 VLAN 10 对应的 IP 接口,并进入 IP 接口视图。

4. 配置静态用户绑定项

```
[Huawei]user-bind static ip-address 192.168.1.1 mac-address 5489-984F-1262
interface GigabitEthernet6/0/0 vlan 10
```

user-bind static ip-address 192.168.1.1 mac-address 5489-984F-1262 interface GigabitEthernet6/0/0 vlan 10 是系统视图下使用的命令,该命令的作用是添加一项静态用户绑定项,该绑定项的 IP 地址＝192.168.1.1、MAC 地址＝5489-984F-1262、终端连接

的交换机端口＝GigabitEthernet6/0/0、终端所属的 VLAN＝VLAN 10。

5. 启动源 IP 地址检测功能

```
[Huawei]vlan 10
[Huawei-vlan10]ip source check user-bind enable
[Huawei-vlan10]quit
```

ip source check user-bind enable 是 VLAN 视图下使用的命令,该命令的作用是在所有属于当前 VLAN(这里是 VLAN 10)的交换机端口中启动源 IP 地址检测功能,一旦在某个端口启动源 IP 地址检测功能,通过该端口接收到净荷是 IP 分组的 MAC 帧时,只有在该 MAC 帧的源 MAC 地址、IP 分组的源 IP 地址、MAC 帧所属的 VLAN 以及接收该 MAC 帧的交换机端口等与用户绑定表中其中一项绑定项的所有项目都相符的情况下,该 MAC 帧才能被该交换机端口接收和转发。

4.4.5　实验步骤

(1) 由于 eNSP 指定的交换机并不支持源 IP 地址检测功能,因此,交换机 S1、S2 和 S3 通过在路由器 AR2220 中安装 24GE 模块代替。路由器 AR2220 安装 24GE 模块的过程如图 4.33 所示。24GE 模块是拥有 24 个千兆以太网端口,且同时支持二层交换和三层路由功能的模块。

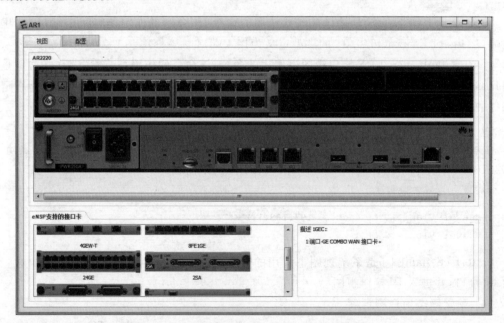

图 4.33　路由器 AR2220 安装 24GE 模块的过程

(2) 启动 eNSP,按照如图 4.31 所示的网络拓扑结构放置和连接设备,完成设备放置和连接后的 eNSP 界面如图 4.34 所示。终端 PC1、PC2 和 PC3 直接连接在路由器 AR1 安装的 24GE 模块上。启动所有设备。

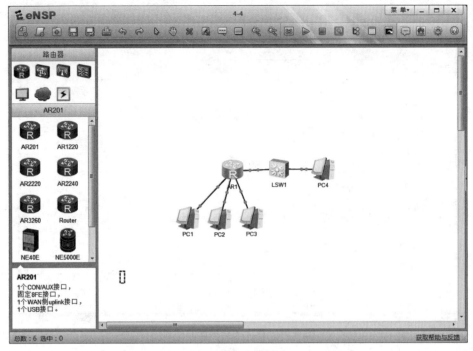

图 4.34 完成设备放置和连接后的 eNSP 界面

（3）完成各个 PC IP 地址、子网掩码和默认网关地址配置过程，PC1 和 PC2 的基础配置界面分别如图 4.35 和图 4.36 所示。

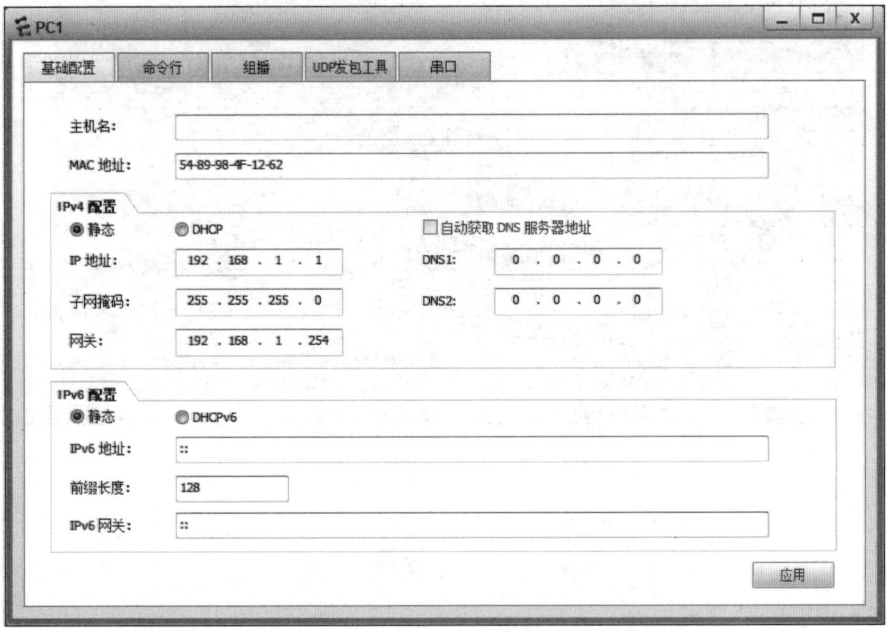

图 4.35 PC1 的基础配置界面

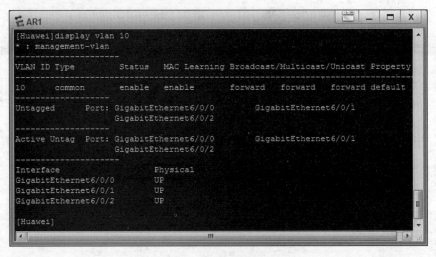

图 4.36 PC2 的基础配置界面

（4）在路由器 AR1 中创建 VLAN 10,将连接 PC1、PC2 和 PC3 的端口作为接入端口分配给 VLAN 10,VLAN 10 的端口组成如图 4.37 所示。

图 4.37 VLAN 10 的端口组成

（5）定义 VLAN 10 对应的 IP 接口,为该 IP 接口分配 IP 地址和子网掩码。为连接交换机 LSW1 的路由器接口分配 IP 地址和子网掩码,路由器各个接口分配的 IP 地址和子网掩码如图 4.38 所示。

（6）启动 DHCP 侦听功能,添加分别对应 PC1 和 PC2 的两项静态用户绑定项,添加的静态用户绑定项如图 4.39 所示。在 VLAN 10 中启动源 IP 地址检测功能。

```
AR1                                                          □ _ □ X

[Huawei]display ip interface brief
*down: administratively down
^down: standby
(l): loopback
(s): spoofing
The number of interface that is UP in Physical is 3
The number of interface that is DOWN in Physical is 2
The number of interface that is UP in Protocol is 3
The number of interface that is DOWN in Protocol is 2

Interface                       IP Address/Mask     Physical   Protocol
GigabitEthernet0/0/0            192.1.1.254/24      up         up
GigabitEthernet0/0/1            unassigned          down       down
GigabitEthernet0/0/2            unassigned          down       down
NULL0                           unassigned          up         up(s)
Vlanif10                        192.168.1.254/24    up         up
[Huawei]
```

图 4.38　路由器各个接口分配的 IP 地址和子网掩码

```
AR1                                                          □ _ □ X

[Huawei]display dhcp static user-bind all
DHCP static Bind-table:
Flags:O - outer vlan ,I - inner vlan ,P - map vlan
IP Address                      MAC Address      VSI/VLAN(O/I/P) Interface
------------------------------------------------------------------------
192.168.1.1                     5489-984f-1262   10  /-- /--     GE6/0/0
192.168.1.2                     5489-9839-0b36   10  /-- /--     GE6/0/1
------------------------------------------------------------------------
print count:         2          total count:         2
[Huawei]
[Huawei]
[Huawei]
[Huawei]
```

图 4.39　添加的静态用户绑定项

（7）允许 PC1 和 PC2 以指定的 IP 地址、MAC 地址接入内部网络，PC1 与 PC4 之间的通信过程如图 4.40 所示，PC2 与 PC1 之间的通信过程如图 4.41 所示。PC3 无法与网络中的其他终端进行通信，PC3 与 PC2 之间通信失败的界面如图 4.42 所示。

```
PC1                                                          _ □ X

基础配置    命令行    组播    UDP发包工具    串口

PC>ping 192.1.1.1

Ping 192.1.1.1: 32 data bytes, Press Ctrl_C to break
Request timeout!
From 192.1.1.1: bytes=32 seq=2 ttl=127 time=46 ms
From 192.1.1.1: bytes=32 seq=3 ttl=127 time=47 ms
From 192.1.1.1: bytes=32 seq=4 ttl=127 time=31 ms
From 192.1.1.1: bytes=32 seq=5 ttl=127 time=46 ms

--- 192.1.1.1 ping statistics ---
  5 packet(s) transmitted
  4 packet(s) received
  20.00% packet loss
  round-trip min/avg/max = 0/42/47 ms
```

图 4.40　PC1 与 PC4 之间的通信过程

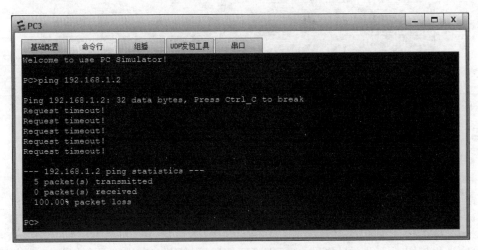

图 4.41 PC2 与 PC1 之间的通信过程

图 4.42 PC3 与 PC2 之间通信失败的界面

(8) 如图 4.43 所示,将 PC2 的 IP 地址改为 192.168.1.4,通过单击"应用"按钮使得 PC2 使用该 IP 地址,PC2 将无法与网络中的其他终端通信,如图 4.44 所示是 PC2 与 PC1 之间通信失败的界面。由此说明,接入内部网络的终端无法通过冒用其他终端的 IP 地址访问网络。

4.4.6 命令行接口配置过程

1. 路由器 AR1 命令行接口配置过程

```
<Huawei>system-view
[Huawei]undo info-center enable
[Huawei]vlan 10
[Huawei-vlan10]quit
```

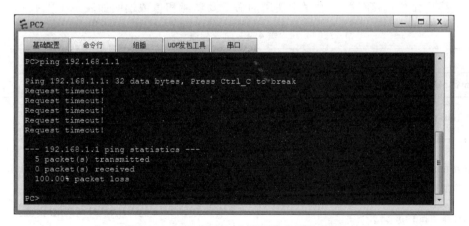

图 4.43 修改 PC2 IP 地址的界面

图 4.44 PC2 与 PC1 之间通信失败的界面

```
[Huawei]interface GigabitEthernet6/0/0
[Huawei-GigabitEthernet6/0/0]port link-type access
[Huawei-GigabitEthernet6/0/0]port default vlan 10
[Huawei-GigabitEthernet6/0/0]quit
[Huawei]interface GigabitEthernet6/0/1
[Huawei-GigabitEthernet6/0/1]port link-type access
[Huawei-GigabitEthernet6/0/1]port default vlan 10
[Huawei-GigabitEthernet6/0/1]quit
[Huawei]interface GigabitEthernet6/0/2
[Huawei-GigabitEthernet6/0/2]port link-type access
```

```
[Huawei-GigabitEthernet6/0/2]port default vlan 10
[Huawei-GigabitEthernet6/0/2]quit
[Huawei]dhcp enable
[Huawei]dhcp snooping enable
[Huawei]dhcp snooping enable vlan 10
[Huawei]user-bind static ip-address 192.168.1.1 mac-address 5489-984F-1262
interface GigabitEthernet6/0/0 vlan 10
[Huawei]user-bind static ip-address 192.168.1.2 mac-address 5489-9839-0B36
interface GigabitEthernet6/0/1 vlan 10
[Huawei]interface vlanif 10
[Huawei-Vlanif10]ip address 192.168.1.254 24
[Huawei-Vlanif10]quit
[Huawei]interface GigabitEthernet0/0/0
[Huawei-GigabitEthernet0/0/0]ip address 192.1.1.254 24
[Huawei-GigabitEthernet0/0/0]quit
[Huawei]vlan 10
[Huawei-vlan10]ip source check user-bind enable
[Huawei-vlan10]quit
```

2. 命令列表

交换机命令行接口配置过程中使用的命令及功能和参数说明如表 4.4 所示。

表 4.4　命令列表

命 令 格 式	功能和参数说明
vlan *vlan-id*	创建一个编号为 *vlan-id* 的 VLAN,并进入 VLAN 视图
port link-type {**access**｜**hybrid**｜**trunk**}	指定交换机端口类型。access 表明是接入端口,trunk 表明是主干端口(共享端口),hybrid 表明是混合端口
port default vlan *vlan-id*	将指定交换机端口作为接入端口分配给编号为 *vlan-id* 的 VLAN,并将该 VLAN 作为指定交换机端口的默认 VLAN
interface vlanif *vlan-id*	创建编号为 *vlan-id* 的 VLAN 对应的 IP 接口,并进入 IP 接口视图
user-bind static ip-address *ip-address* **mac-address** *mac-address* **interface** *interface-type interface-number* **vlan** *vlan-id*	配置一项静态用户绑定项,参数 *ip-address* 用于指定 IP 地址、参数 *mac-address* 用于指定 MAC 地址、参数 *interface-type* 和 *interface-number* 一起用于指定终端连接的交换机端口,参数 *vlan-id* 用于指定终端所属的 VLAN
ip source check user-bind enable	在指定 VLAN 或接口中启动源 IP 地址检测功能
display vlan [*vlan-id*]	显示指定 VLAN 或所有 VLAN 的相关信息,如 VLAN 端口组成等。参数 *vlan-id* 用于指定 VLAN
display dhcp static user-bind all	显示所有静态用户绑定项

4.5 ARP 欺骗攻击防御实验

4.5.1 实验内容

网络结构如图 4.45 所示,终端 C 为了截获路由器 R 转发给终端 A 的 MAC 帧,发送一个将自己的 MAC 地址与终端 A 的 IP 地址绑定的 ARP 请求报文,使得路由器 R 的 ARP 缓冲区中建立终端 A 的 IP 地址与终端 C 的 MAC 地址绑定在一起的 ARP 表项。

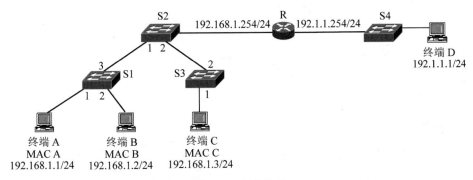

图 4.45 网络结构

解决这一问题的其中一种方法是在交换机中建立用户绑定表,绑定表中给出终端 IP 地址、MAC 地址、终端连接的交换机端口及终端所属的 VLAN 之间的关联,当交换机接收到 ARP 请求报文时,ARP 请求报文中建立关联的 IP 地址与 MAC 地址必须与用户绑定表中其中一项绑定项中的 IP 地址和 MAC 地址一致,否则交换机将丢弃该 ARP 请求报文。这种情况下,除非交换机 S3 的用户绑定表中存在建立终端 A 的 IP 地址与终端 C 的 MAC 地址之间关联的绑定项,否则,用户 C 发送的将自己的 MAC 地址与终端 A 的 IP 地址绑定的 ARP 请求报文将被交换机 S3 丢弃,无法到达路由器 R。

4.5.2 实验目的

(1) 验证用户绑定表建立过程。

(2) 验证 ARP 欺骗攻击过程。

(3) 验证动态 ARP 检测(Dynamic ARP Inspection,DAI)防御 ARP 欺骗攻击的机制。

(4) 验证 DHCP 侦听与 DAI 之间的关系。

4.5.3 实验原理

动态 ARP 检测过程如图 4.46 所示,如果在交换机 S1 中建立如图所示的用户绑定表,当终端 A 发送如图所示的 ARP 请求报文时,由于 ARP 请求报文中建立关联的 IP 地址 192.168.1.1 和 MAC 地址 MAC A 与用户绑定表中其中一项绑定项中的 IP 地址和 MAC 地址一致,因此,交换机 S1 将接收、转发该 ARP 请求报文。

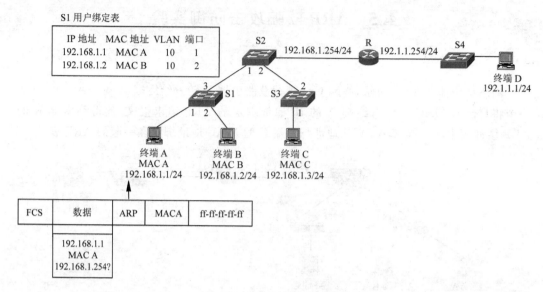

图 4.46　动态 ARP 检测过程

只要交换机 S3 的用户绑定表中不存在 IP 地址为 192.161.1.1、MAC 地址为 MAC C 的绑定项,交换机 S3 将丢弃终端 C 发送的将自己的 MAC 地址与终端 A 的 IP 地址绑定的 ARP 请求报文。

用户绑定表中的绑定项可以通过手工配置,也可以通过 DHCP 侦听获取。只要黑客没有配置交换机的权限,在交换机 S3 的用户绑定表中添加一项 IP 地址为 192.168.1.1、MAC 地址为 MAC C 的绑定项是比较困难的。

4.5.4　关键命令说明

以下命令序列用于在属于 VLAN 10 的交换机端口中启动 DAI 功能。

```
[Huawei]vlan 10
[Huawei-vlan10]arp anti-attack check user-bind enable
[Huawei-vlan10]quit
```

arp anti-attack check user-bind enable 是 VLAN 视图下使用的命令,该命令的作用是在所有属于当前 VLAN(这里是 VLAN 10)的交换机端口中启动 DAI 功能。

4.5.5　实验步骤

(1) 启动 eNSP,按照如图 4.45 所示的网络拓扑结构放置和连接设备,完成设备放置和连接后的 eNSP 界面如图 4.47 所示。路由器 AR1 是安装 24GE 模块的 AR2220,终端 PC1、PC2 和 PC3 直接连接在路由器 AR1 安装的 24GE 模块上。启动所有设备。

(2) 完成各个 PC IP 地址、子网掩码和默认网关地址配置过程,PC1 和 PC3 的基础配置界面分别如图 4.48 和图 4.49 所示。

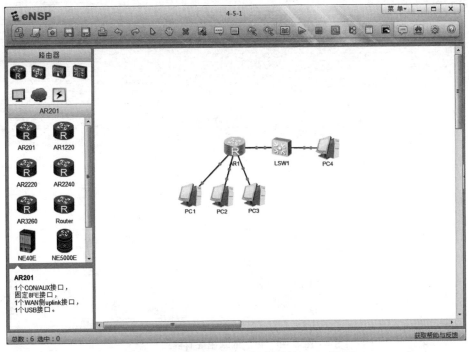

图 4.47 完成设备放置和连接后的 eNSP 界面

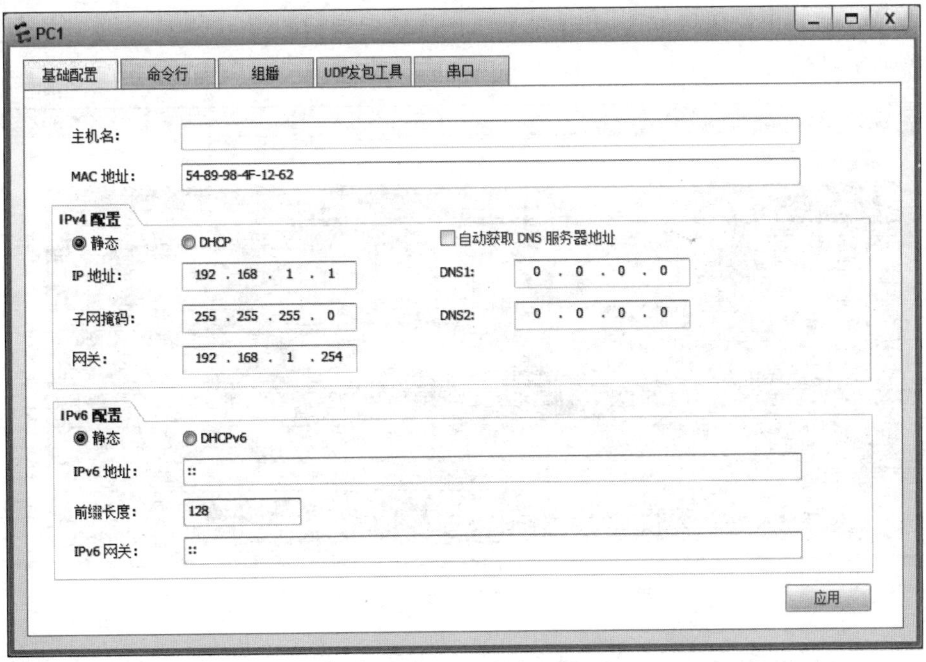

图 4.48 PC1 的基础配置界面

PC3
基础配置
命令行
组播
UDP发包工具
串口
主机名:
MAC 地址:
54-89-98-1D-7B-FC
IPv4 配置
静态
DHCP
自动获取 DNS 服务器地址
IP 地址:
192 . 168 . 1 . 3
DNS1:
0 . 0 . 0 . 0
子网掩码:
255 . 255 . 255 . 0
DNS2:
0 . 0 . 0 . 0
网关:
192 . 168 . 1 . 254
IPv6 配置
静态
DHCPv6
IPv6 地址:
::
前缀长度:
128
IPv6 网关:
::
应用

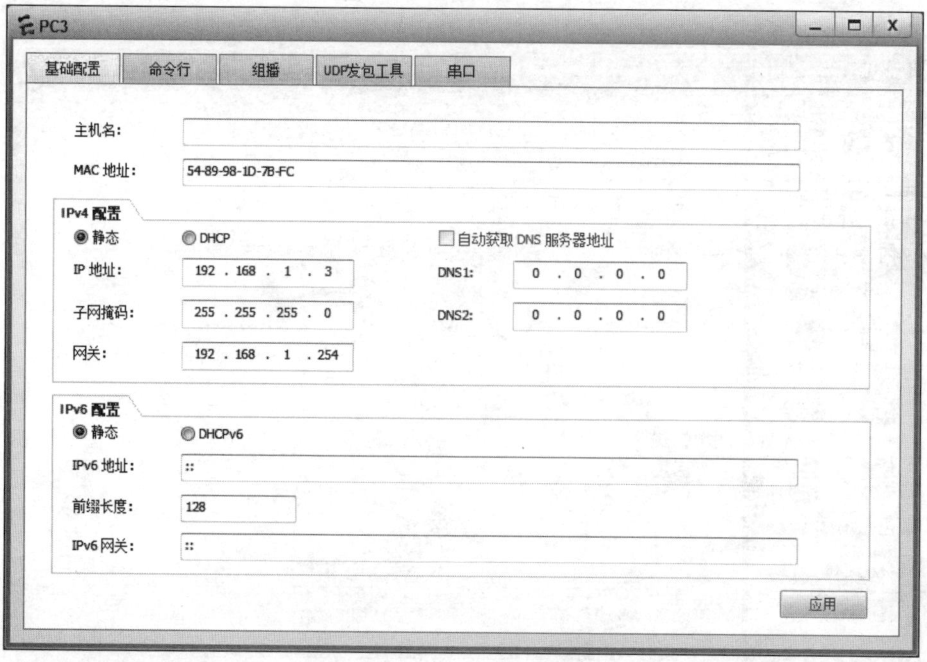

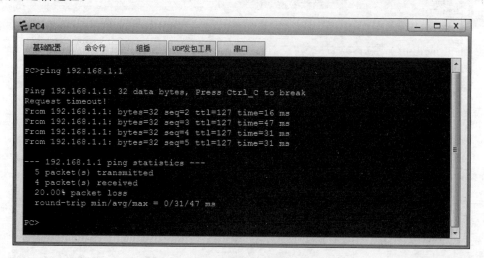

图 4.49　PC3 的基础配置界面

(3) 完成路由器 AR1 VLAN 配置过程,分别为 VLAN 10 对应的 IP 接口和连接交换机 LSW1 的路由器接口分配 IP 地址和子网掩码。启动如图 4.50 所示的 PC4 与 PC1 之间的通信过程。

PC4
基础配置
命令行
组播
UDP发包工具
串口
PC>ping 192.168.1.1
Ping 192.168.1.1: 32 data bytes, Press Ctrl_C to break
Request timeout!
From 192.168.1.1: bytes=32 seq=2 ttl=127 time=16 ms
From 192.168.1.1: bytes=32 seq=3 ttl=127 time=47 ms
From 192.168.1.1: bytes=32 seq=4 ttl=127 time=31 ms
From 192.168.1.1: bytes=32 seq=5 ttl=127 time=31 ms
--- 192.168.1.1 ping statistics ---
5 packet(s) transmitted
4 packet(s) received
20.00% packet loss
round-trip min/avg/max = 0/31/47 ms
PC>

图 4.50　PC4 与 PC1 之间的通信过程

(4) 查看路由器 AR1 ARP 缓冲区中的 ARP 表项,如图 4.51 所示,存在建立 PC1 的 IP 地址与 PC1 的 MAC 地址之间关联的 ARP 表项。

(5) 将 PC3 的 IP 地址改为 PC1 的 IP 地址,启动如图 4.52 所示的 PC3 与路由器 AR1 VLAN 10 对应的 IP 接口之间的通信过程。再次查看路由器 AR1 ARP 缓冲区中的

```
AR1                                                              □□□ _ □ X
<Huawei>
<Huawei>display arp all
IP ADDRESS      MAC ADDRESS     EXPIRE(M) TYPE      INTERFACE    VPN-INSTANCE
                                          VLAN/CEVLAN PVC
-----------------------------------------------------------------------------
192.1.1.254     00e0-fc00-7e4e            I -       GE0/0/0
192.1.1.1       5489-98c4-572d  20        D-0       GE0/0/0
192.168.1.254   00e0-fc00-7e4e            I -       Vlanif10
192.168.1.1     5489-984f-1262  20        D-0       GE6/0/0
                                          10/-
-----------------------------------------------------------------------------
Total:4         Dynamic:2       Static:0      Interface:2
<Huawei>
<Huawei>
<Huawei>
```

图 4.51　AR1 ARP 缓冲区中的 ARP 表项

```
PC3                                                              _ □ X
┌──────┬──────┬──────┬─────────┬──────┐
│基础配置│命令行 │组播  │UDP发包工具│串口  │
Welcome to use PC Simulator!

PC>ping 192.168.1.254

Ping 192.168.1.254: 32 data bytes, Press Ctrl_C to break
From 192.168.1.254: bytes=32 seq=1 ttl=255 time=78 ms
From 192.168.1.254: bytes=32 seq=2 ttl=255 time=16 ms
From 192.168.1.254: bytes=32 seq=3 ttl=255 time=16 ms
From 192.168.1.254: bytes=32 seq=4 ttl=255 time<1 ms
From 192.168.1.254: bytes=32 seq=5 ttl=255 time=16 ms

--- 192.168.1.254 ping statistics ---
  5 packet(s) transmitted
  5 packet(s) received
  0.00% packet loss
  round-trip min/avg/max = 0/25/78 ms

PC>
```

图 4.52　PC3 与路由器 AR1 VLAN 10 对应的 IP 接口之间的通信过程

ARP 表项，如图 4.53 所示，存在建立 PC1 的 IP 地址与 PC3 的 MAC 地址之间关联的 ARP 表项。

```
AR1                                                              □□□ _ □ X
<Huawei>
<Huawei>
<Huawei>display arp all
IP ADDRESS      MAC ADDRESS     EXPIRE(M) TYPE      INTERFACE    VPN-INSTANCE
                                          VLAN/CEVLAN PVC
-----------------------------------------------------------------------------
192.1.1.254     00e0-fc00-7e4e            I -       GE0/0/0
192.1.1.1       5489-98c4-572d  16        D-0       GE0/0/0
192.168.1.254   00e0-fc00-7e4e            I -       Vlanif10
192.168.1.1     5489-981d-7bfc  20        D-0       GE6/0/2
                                          10/-
-----------------------------------------------------------------------------
Total:4         Dynamic:2       Static:0      Interface:2
<Huawei>
<Huawei>
```

图 4.53　实施 ARP 欺骗攻击过程后的 AR1 ARP 缓冲区中的 ARP 表项

（6）将 PC3 的 IP 地址重新改为 192.168.1.3，启动 PC4 与 PC1 之间的通信过程，PC4 与 PC1 之间无法进行正常通信，如图 4.54 所示。

```
PC4                                                        _  □  X

  基础配置    命令行    组播    UDP发包工具    串口

PC>ping 192.168.1.1

Ping 192.168.1.1: 32 data bytes, Press Ctrl_C to break
Request timeout!
Request timeout!
Request timeout!
Request timeout!
Request timeout!

--- 192.168.1.1 ping statistics ---
  5 packet(s) transmitted
  0 packet(s) received
  100.00% packet loss

PC>
```

图 4.54　PC4 与 PC1 之间通信失败的界面

（7）启动 DHCP 侦听功能，添加分别对应 PC1 和 PC2 的两项静态用户绑定项，添加的静态用户绑定项如图 4.55 所示。在 VLAN 10 中启动动态 ARP 检测（DAI）功能。

```
AR1                                                        _  □  X

<Huawei>
<Huawei>display dhcp static user-bind all
DHCP static Bind-table:
Flags:O - outer vlan ,I - inner vlan ,P - map vlan
IP Address                      MAC Address    VSI/VLAN(O/I/P) Interface

-------------------------------------------------------------------
192.168.1.1                     5489-984f-1262  10  /--  /--   GE6/0/0
192.168.1.2                     5489-9839-0b36  10  /--  /--   GE6/0/1
-------------------------------------------------------------------
print count:         2          total count:            2
<Huawei>
<Huawei>
<Huawei>
<Huawei>
```

图 4.55　添加的静态用户绑定项

（8）为了验证 PC1 可以向 AR1 VLAN 10 对应的 IP 接口发送 ARP 请求报文，清除 PC1 的 ARP 缓冲区，启动如图 4.56 所示的 PC1 与 AR1 VLAN 10 对应的 IP 接口之间的通信过程。

（9）为了验证将 PC3 的 IP 地址修改为 PC1 的 IP 地址后，无法向 AR1 VLAN 10 对应的 IP 接口发送 ARP 请求报文。清除 PC3 的 ARP 缓冲区，启动如图 4.57 所示的 PC3 与 AR1 VLAN 10 对应的 IP 接口之间的通信过程。PC3 与 AR1 VLAN 10 对应的 IP 接口之间无法正常通信。

（10）为了查看交换机端口 DAI 过程，分别在连接 PC1 和 PC3 的交换机端口启动报文捕获过程。在启动如图 4.56 所示的 PC1 与 AR1 VLAN 10 对应的 IP 接口之间的通信过程时，连接 PC1 的交换机端口捕获的报文序列如图 4.58 所示，PC1 发送的 ARP 请求

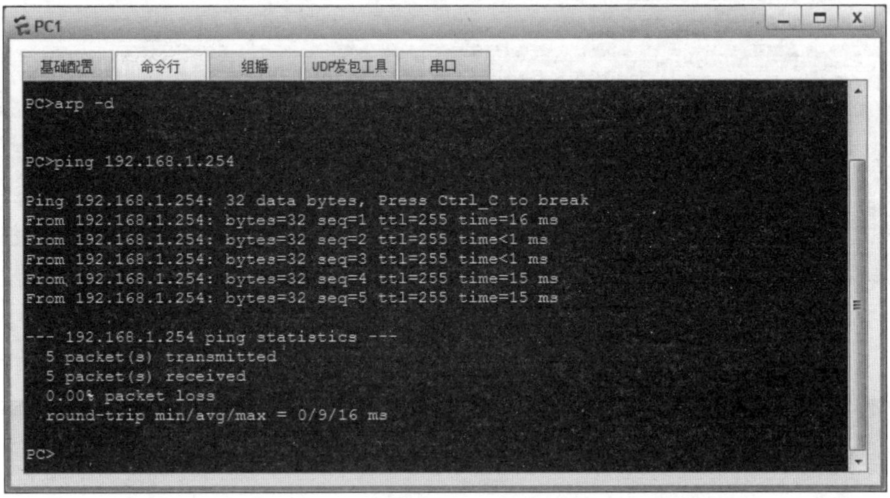

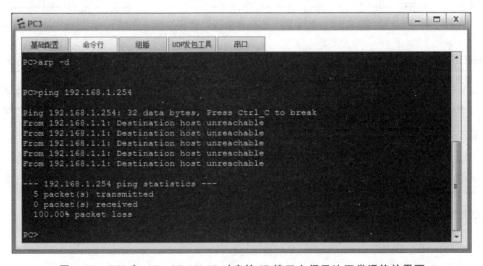

图 4.56 PC1 与 AR1 VLAN 10 对应的 IP 接口之间的通信过程

图 4.57 PC3 与 AR1 VLAN 10 对应的 IP 接口之间无法正常通信的界面

报文能够到达 AR1 VLAN 10 对应的 IP 接口,导致 AR1 VLAN 10 对应的 IP 接口发送 ARP 响应报文。在启动如图 4.57 所示的 PC3 与 AR1 VLAN 10 对应的 IP 接口之间的 通信过程时,连接 PC3 的交换机端口捕获的报文序列如图 4.59 所示,PC3 发送的 ARP 请求报文被路由器 AR1 丢弃,无法到达 AR1 VLAN 10 对应的 IP 接口,因此,AR1 VLAN 10 对应的 IP 接口也不可能发送 ARP 响应报文。

4.5.6 命令行接口配置过程

1. 路由器 AR1 命令行接口配置过程

```
<Huawei>system-view
[Huawei]undo info-center enable
```

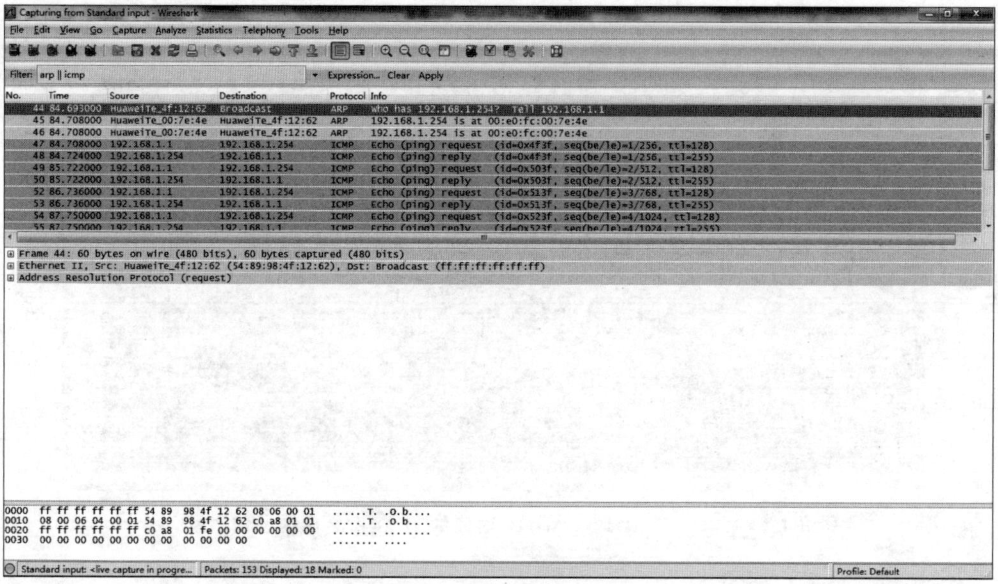

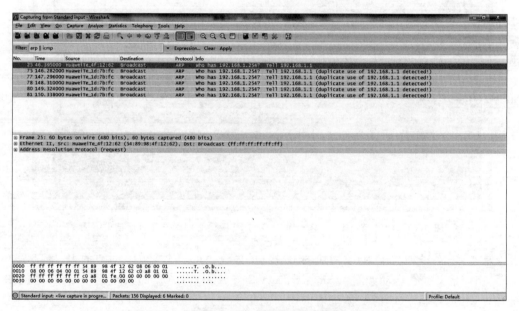

图 4.58　连接 PC1 的交换机端口捕获的报文序列

图 4.59　连接 PC3 的交换机端口捕获的报文序列

[Huawei]vlan 10

[Huawei-vlan10]quit

[Huawei]interface GigabitEthernet6/0/0

[Huawei-GigabitEthernet6/0/0]port link-type access

[Huawei-GigabitEthernet6/0/0]port default vlan 10

[Huawei-GigabitEthernet6/0/0]quit

[Huawei]interface GigabitEthernet6/0/1

```
[Huawei-GigabitEthernet6/0/1]port link-type access
[Huawei-GigabitEthernet6/0/1]port default vlan 10
[Huawei-GigabitEthernet6/0/1]quit
[Huawei]interface GigabitEthernet6/0/2
[Huawei-GigabitEthernet6/0/2]port link-type access
[Huawei-GigabitEthernet6/0/2]port default vlan 10
[Huawei-GigabitEthernet6/0/2]quit
[Huawei]dhcp enable
[Huawei]dhcp snooping enable
[Huawei]dhcp snooping enable vlan 10
[Huawei]user-bind static ip-address 192.168.1.1 mac-address 5489-984F-1262
interface GigabitEthernet6/0/0 vlan 10
[Huawei]user-bind static ip-address 192.168.1.2 mac-address 5489-9839-0B36
interface GigabitEthernet6/0/1 vlan 10
[Huawei]interface vlanif 10
[Huawei-Vlanif10]ip address 192.168.1.254 24
[Huawei-Vlanif10]quit
[Huawei]interface GigabitEthernet0/0/0
[Huawei-GigabitEthernet0/0/0]ip address 192.1.1.254 24
[Huawei-GigabitEthernet0/0/0]quit
```

注：以下命令序列在完成实验步骤(7)时执行。

```
[Huawei]vlan 10
[Huawei-vlan10]arp anti-attack check user-bind enable
[Huawei-vlan10]quit
```

2. 命令列表

交换机命令行接口配置过程中使用的命令及功能和参数说明如表 4.5 所示。

表 4.5　命令列表

命 令 格 式	功能和参数说明
arp anti-attack check user-bind enable	在指定 VLAN 或接口中启动动态 ARP 检测(DAI)功能

4.6　生成树欺骗攻击防御实验

4.6.1　实验内容

如图 4.60 所示,用交换机仿真黑客终端。首先将仿黑客终端的交换机的优先级设置为最高,使得该交换机成为根交换机,导致终端 A 和终端 B、终端 C 之间传输的数据经过该交换机。然后将交换机 S1 和 S3 连接仿黑客终端的交换机的端口设置为网桥协议数据单元(Bridge Protocol Data Unit,BPDU)防护端口。如果某个交换机端口设置为 BPDU 防护端口,该端口一旦接收到 BPDU,将立即关闭该端口。因此,仿黑客终端的交换机不再成为生成树的一部分,终端之间传输的数据不再经过该交换机。

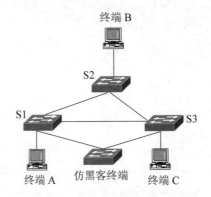

图 4.60 以太网结构

4.6.2 实验目的

(1) 验证交换机优先级对构建的生成树的影响。

(2) 验证生成树欺骗攻击过程。

(3) 验证防生成树欺骗攻击原理。

(4) 验证防生成树欺骗攻击实现过程。

4.6.3 实验原理

将仿黑客终端的交换机的优先级设置为最高后,根据如图 4.60 所示的以太网结构构建的生成树如图 4.61(a)所示,仿黑客终端的交换机成为根交换机,终端 A 和终端 B、终端 C 之间传输的数据经过仿黑客终端的交换机。

将交换机 S1 和 S3 连接仿黑客终端的交换机的端口设置为 BPDU 防护端口后,仿黑客终端的交换机一旦发送 BPDU,交换机 S1 和 S3 将关闭连接仿黑客终端的交换机的端口,导致仿黑客终端的交换机不再与网络相连,仿黑客终端的交换机不再成为如图 4.61(b)所示的重新构建的生成树的一部分,终端之间传输的数据不再经过仿黑客终端的交换机。

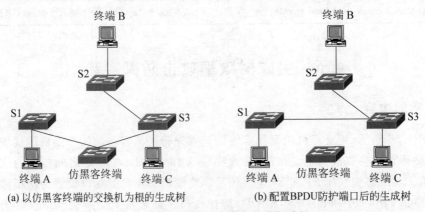

(a) 以仿黑客终端的交换机为根的生成树　　　(b) 配置BPDU防护端口后的生成树

图 4.61 生成树欺骗攻击和防御过程

4.6.4 关键命令说明

1. STP 基本配置命令

```
[Huawei]stp mode stp
[Huawei]stp root primary
[Huawei]stp enable
```

stp mode stp 是系统视图下使用的命令,该命令的作用是将 stp 模式设定为 stp。可以选择的 stp 模式是 stp、rstp 和 mstp,分别对应三种生成树协议 STP、RSTP 和 MSTP。

stproot primary 是系统视图下使用的命令,该命令的作用是将交换机设定为根网桥。由于优先级最高的网桥成为根网桥,且优先级值越小,优先级越高。因此,该命令的作用是将交换机的优先级值设定为一个远小于默认值的值。

stp enable 是系统视图下使用的命令,该命令的作用是启动交换机的 STP 功能。

2. BPDU 保护端口配置命令

```
[Huawei]interface GigabitEthernet0/0/4
[Huawei-GigabitEthernet0/0/4]stp edged-port enable
[Huawei-GigabitEthernet0/0/4]quit
[Huawei]stp bpdu-protection
```

stp edged-port enable 是接口视图下使用的命令,该命令的作用是将当前交换机端口(这里是端口 GigabitEthernet0/0/4)指定为边缘端口。某个交换机端口一旦指定为边缘端口,不再参与构建生成树过程。

stp bpdu-protection 是系统视图下使用的命令,该命令的作用是启动设备的 BPDU 保护功能。某个设备启动 BPDU 保护功能后,如果属于该设备的边缘端口接收到 BPDU,将关闭该边缘端口。

4.6.5 实验步骤

(1) 启动 eNSP,按照如图 4.60 所示的网络拓扑结构放置和连接设备,完成设备放置和连接后的 eNSP 界面如图 4.62 所示。

(2) 完成各个交换机 STP 相关配置过程,将仿黑客终端的交换机(simulated hack)设置为根交换机。成功构建生成树后,仿黑客终端的交换机成为根交换机,两个端口都是处于转发状态的指定端口。交换机 LSW1 连接仿黑客终端的交换机的端口成为根端口。仿黑客终端的交换机(simulated hack)和交换机 LSW1 的端口状态分别如图 4.63 和图 4.64 所示。

(3) 完成各个终端 IP 地址和子网掩码配置过程,PC1~PC3 分别配置 IP 地址 192.1.1.1~192.1.1.3。PC1 的基础配置界面如图 4.65 所示。

(4) 为了验证 PC1 与 PC3 之间交换的 ICMP 报文经过仿黑客终端的交换机,在仿黑客终端的交换机连接交换机 LSW1 的端口(GE0/0/1)上启动捕获报文功能。用于选择设备和端口的采集数据报文界面如图 4.66 所示。

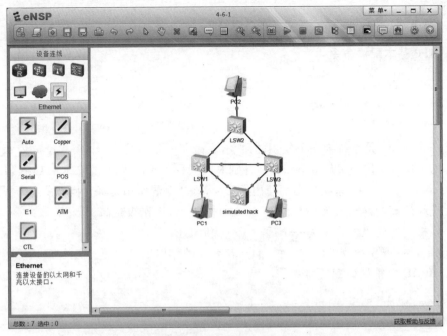

图 4.62 完成设备放置和连接后的 eNSP 界面

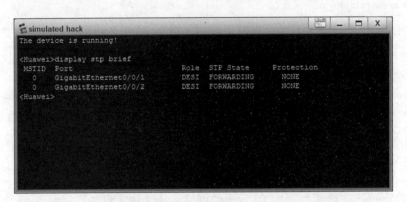

图 4.63 仿黑客终端的交换机(simulated hack)的端口状态

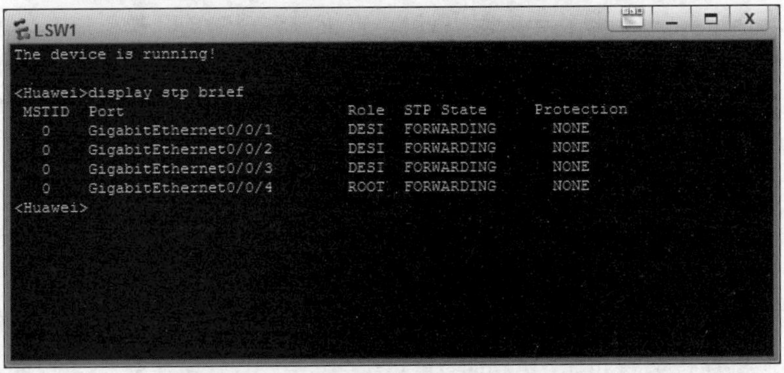

图 4.64 交换机 LSW1 的端口状态

图 4.65 PC1 的基础配置界面

图 4.66 用于选择设备和端口的采集数据报文界面

（5）启动 PC1 与 PC3 之间的通信过程，PC1 执行如图 4.67 所示的 ping 操作时，仿黑客终端的交换机连接交换机 LSW1 的端口捕获的报文序列如图 4.68 所示，PC1 与 PC3 之间交换的 ICMP 报文全部经过该端口。

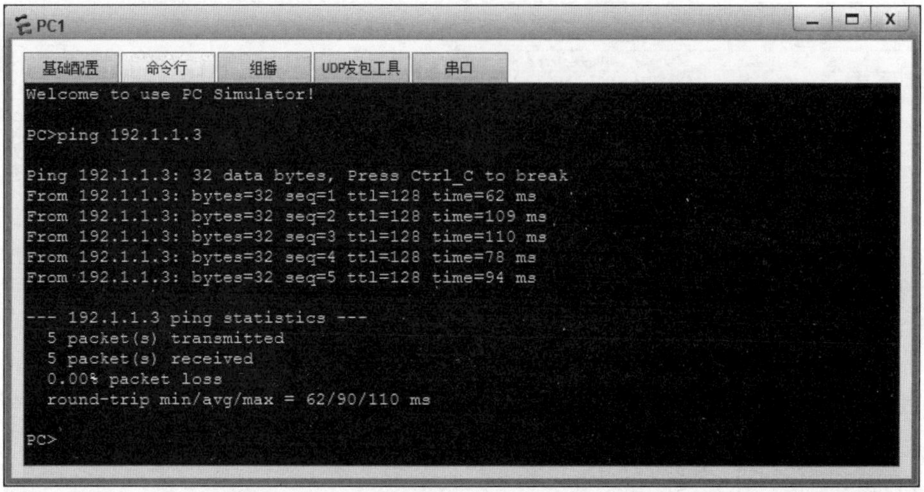

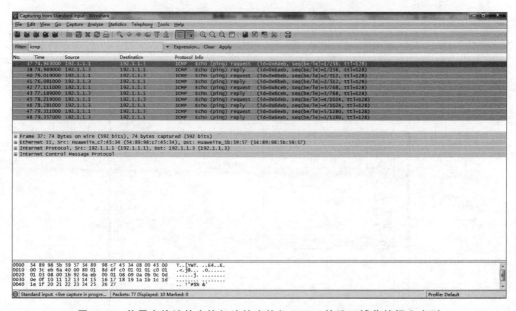

图 4.67　PC1 执行 ping 操作的界面

图 4.68　仿黑客终端的交换机连接交换机 LSW1 的端口捕获的报文序列

（6）将交换机 LSW1 和 LSW3 连接仿黑客终端的交换机的端口设置为边缘端口，启动这两个交换机的 BPDU 保护功能。重新构建生成树后，交换机 LSW1 和 LSW3 连接仿黑客终端的交换机的端口被关闭，仿黑客终端的交换机不再成为重新构建的生成树的一部分。仿黑客终端的交换机和交换机 LSW1 的端口状态分别如图 4.69 和图 4.70 所示。仿黑客终端的交换机连接交换机 LSW1 和 LSW3 的两个端口不再是属于生成树的端口。同样，交换机 LSW1 连接仿黑客终端的交换机的端口也不再是属于生成树的端口。

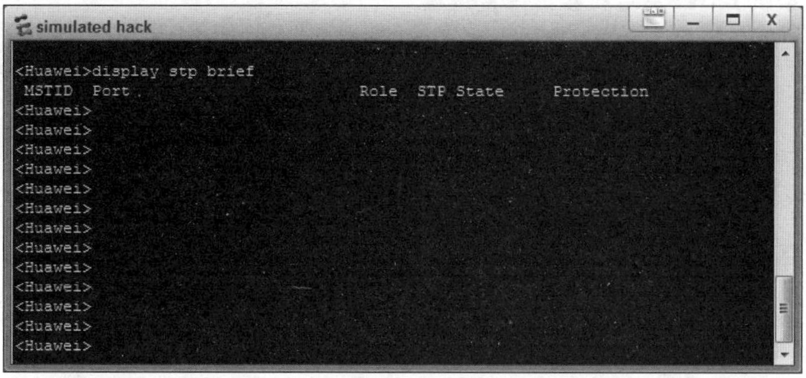

图 4.69 仿黑客终端的交换机的端口状态

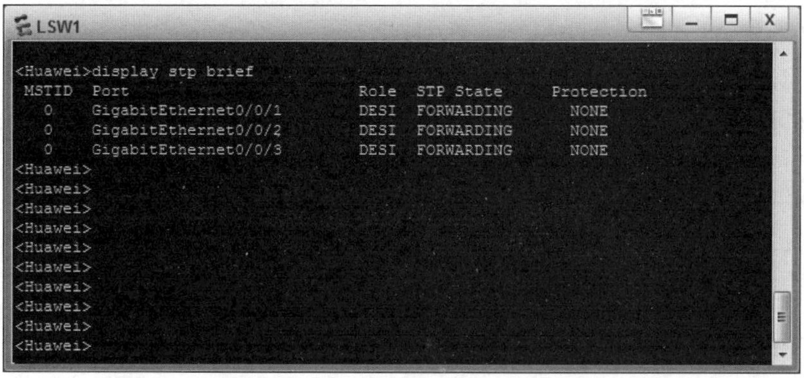

图 4.70 交换机 LSW1 的端口状态

4.6.6 命令行接口配置过程

1. 交换机 LSW1 命令行接口配置过程

```
<Huawei>system-view
[Huawei]undo info-center enable
[Huawei]stp mode stp
[Huawei]stp enable
[Huawei]quit
```

注：以下命令序列在完成实验步骤(6)时执行。

```
[Huawei]interface GigabitEthernet0/0/4
[Huawei-GigabitEthernet0/0/4]stp edged-port enable
[Huawei-GigabitEthernet0/0/4]quit
[Huawei]stp bpdu-protection
```

交换机 LSW3 的命令行接口配置过程与 LSW1 相同，这里不再赘述。

2. 交换机 LSW2 命令行接口配置过程

```
<Huawei>system-view
[Huawei]undo info-center enable
[Huawei]stp mode stp
[Huawei]stp enable
[Huawei]quit
```

3. 仿黑客终端的交换机(simulated hack)命令行接口配置过程

```
<Huawei>system-view
[Huawei]undo info-center enable
[Huawei]stp mode stp
[Huawei]stp root primary
[Huawei]stp enable
[Huawei]quit
```

4. 命令列表

交换机命令行接口配置过程中使用的命令及功能和参数说明如表 4.6 所示。

表 4.6　命令列表

命 令 格 式	功能和参数说明
stp mode ⟨mstp|rstp|stp⟩	配置交换机生成树协议工作模式,mstp、rstp 和 stp 是三种工作模式
stp root ⟨primary|secondary⟩	将交换机指定为根交换机(primary),或者指定为备份根交换机(secondary)
stp enable	启动交换机 stp 功能
stp edged-port enable	将当前交换机端口设置为边缘端口,边缘端口不再参与构建生成树过程
stp bpdu-protection	启动设备的 BPDU 保护功能
display stp brief	显示生成树相关信息摘要

第5章

无线局域网安全实验

常见的无线接入与控制机制有 WEP、WPA2-PSK 和 WPA2-802.1X,本章实验给出有线等效加密(Wired Equivalent Privacy,WEP)和 WPA2-PSK 的配置过程。WPA2 是 Wi-Fi 保护访问(Wi-Fi Protected Access,WPA)第 2 版,WPA2-PSK 是 WPA2 的预共享密钥(Pre-Shared Key,PSK)模式,也称为个人模式。而 WPA2-802.1X 称为 WPA2 的企业模式。

5.1 WEP 配置实验

5.1.1 实验内容

基本服务集(Basic Service Set,BSS)结构如图 5.1 所示,由瘦接入点(FIT Access Point,FIT AP)实现基本服务集 BSS 和交换机 S 的互连。由连接在交换机 S 上的无线控制器(Access Controller,AC)统一完成对瘦 AP 的配置过程。终端 A 和终端 B 通过 WEP 鉴别和加密机制完成接入 AP 的过程。

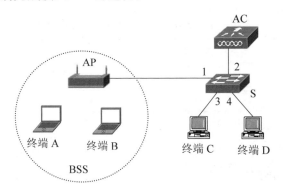

图 5.1 基本服务集结构

5.1.2 实验目的

(1) 验证基本服务集的通信区域。
(2) 验证 WEP 安全机制控制终端接入 AP 的过程。
(3) 验证 WEP 配置过程。
(4) 验证终端与瘦 AP 之间建立关联的过程。

（5）验证 BSS 中终端自动获取网络信息的过程。

（6）验证 AC 配置过程。

（7）验证 AC 统一配置瘦 AP 的过程。

5.1.3　实验原理

交换机 S 作为 DHCP 服务器，瘦 AP 通过 DHCP 自动获取 IP 地址和子网掩码。瘦 AP 获取 IP 地址和子网掩码后，通过无线接入点控制与规范（Control And Provisioning of Wireless Access Points，CAPWAP）发现阶段发现 AC，建立与 AC 之间的隧道。由于瘦 AP 通过广播发现请求报文发现 AC，因此，AC 与瘦 AP 需要位于同一个 VLAN 内。瘦 AP 建立与 AC 之间的隧道后，由 AC 统一完成对瘦 AP 的配置过程。

无线局域网中终端通过 AC 转发数据，为了实现终端 C 和终端 D 与无线局域网中终端之间的数据传输过程，AC 与终端 C 和终端 D 需要位于同一个用于实现数据转发的 VLAN。因此，AC 连接交换机 S 的端口必须是一个共享端口。交换机 S 中 VLAN 与端口之间映射如表 5.1 所示，AC 和瘦 AP 属于 VLAN 2，将 VLAN 2 定义为默认 VLAN，即 VLAN 2 内传输的 MAC 帧无须携带 VLAN ID。VLAN 3 用于实现终端之间 MAC 帧传输过程。

无线局域网中终端同样通过 DHCP 自动获取 IP 地址和子网掩码，由于实现数据转发的 VLAN 和实现瘦 AP 与 AC 之间传输 CAPWAP 报文的 VLAN 不同，因此，无线局域网终端获取的 IP 地址和瘦 AP 获取的 IP 地址应该是网络号不同的 IP 地址。

AP 选择 WEP 安全机制，配置共享密钥。终端 A 和终端 B 通过 WEP 安全机制完成建立与 AP 之间连接的过程，终端 A 和终端 B 建立与 AP 之间连接的过程中，需要输入 AP 配置的共享密钥。

表 5.1　交换机 S VLAN 与端口映射表

VLAN	接入端口	主干端口（共享端口）
VLAN 2		1,2（VLAN 2 为默认 VLAN）
VLAN 3	3,4	1,2

5.1.4　关键命令说明

1. 创建批量 VLAN

```
[Huawei]vlan batch 2 3
```

vlan batch 2 3 是系统视图下使用的命令，该命令的作用是创建批量 VLAN。这里的批量 VLAN 包括 VLAN 2 和 VLAN 3。

2. 配置主干端口

以下命令序列实现将交换机端口 GigabitEthernet0/0/1 定义为被 VLAN 2 和 VLAN 3 共享的主干端口，并将 VLAN 2 作为交换机端口 GigabitEthernet0/0/1 的默认 VLAN 的功能。

```
[Huawei]interface GigabitEthernet0/0/1
[Huawei-GigabitEthernet0/0/1]port link-type trunk
[Huawei-GigabitEthernet0/0/1]port trunk pvid vlan 2
[Huawei-GigabitEthernet0/0/1]port trunk allow-pass vlan 2 3
[Huawei-GigabitEthernet0/0/1]quit
```

port link-type trunk 是接口视图下使用的命令，该命令的作用是将指定端口（这里是端口 GigabitEthernet0/0/1）的类型定义为主干端口（trunk）。

port trunk pvid vlan 2 是接口视图下使用的命令，该命令的作用是将 VLAN 2 作为主干端口（这里是端口 GigabitEthernet0/0/1）的默认 VLAN。

port trunkallow-pass vlan 2 3 是接口视图下使用的命令，该命令的作用是将指定端口（这里是端口 GigabitEthernet0/0/1）定义为被 VLAN 2 和 VLAN 3 共享的主干端口。

3. AC 创建 AP 组命令

以下命令序列用于创建一个名为 apg1 的 AP 组。

```
[AC6605]wlan
[AC6605-wlan-view]ap-group name apg1
[AC6605-wlan-ap-group-apg]quit
```

wlan 是系统视图下使用的命令，该命令的作用是从系统视图进入到 wlan 视图。

ap-group name apg1 是 wlan 视图下使用的命令，该命令的作用是创建一个名为 apg1 的 AP 组，并进入 AP 组视图。

4. AC 创建和配置域管理模板命令

以下命令序列用于创建一个名为 domain 的域管理模板，并进入域管理模板视图，在域管理模板视图下，完成设备国家码的配置过程。

```
[AC6605-wlan-view]regulatory-domain-profile name domain
[AC6605-wlan-regulate-domain-domain]country-code cn
[AC6605-wlan-regulate-domain-domain]quit
```

regulatory-domain-profile name domain 是 wlan 视图下使用的命令，该命令的作用是创建名为 domain 的域管理模板，并进入域管理模板视图。

country-code cn 是域管理模板视图下使用的命令，该命令的作用是将 cn（中国）作为设备的国家码。一旦将设备的国家码配置为 cn，该设备将符合中国使用环境的要求。

5. AP 组引用域管理模板命令

```
[AC6605-wlan-view]ap-group name apg1
[AC6605-wlan-ap-group-apg]regulatory-domain-profile domain
[AC6605-wlan-ap-group-apg]quit
```

ap-group name apg1 是 wlan 视图下使用的命令，该命令的作用是进入 AP 组视图。

regulatory-domain-profile domain 是 AP 组视图下使用的命令，该命令的作用是将名为 domain 的域管理模板引用到指定的 AP 组（这里是名为 apg1 的 AP 组）。

6. 指定 capwap 隧道源端命令

```
[AC6605]capwap source interface vlanif 2
```

capwap source interface vlanif 2 是系统视图下使用的命令,该命令的作用是指定 VLAN 2 对应的 IP 接口(vlanif 2)作为 capwap 隧道源端。

7. AP 鉴别方式配置命令

```
[AC6605-wlan-view]ap auth-mode mac-auth
```

ap auth-mode mac-auth 是 wlan 视图下使用的命令,该命令的作用是指定 MAC 地址鉴别作为 AP 鉴别方式。

8. 增加 AP 命令

以下命令序列用于增加一个 MAC 地址为 00e0-fcdb-5fa0 的 AP。

```
[AC6605-wlan-view]ap-id 1 ap-mac 00e0-fcdb-5fa0
[AC6605-wlan-ap-1]ap-name ap1
[AC6605-wlan-ap-1]ap-group apg1
[AC6605-wlan-ap-1]quit
```

ap-id 1 ap-mac 00e0-fcdb-5fa0 是 wlan 视图下使用的命令,该命令的作用是增加一个设备索引值为 1、MAC 地址为 00e0-fcdb-5fa0 的 AP,并进入 AP 视图。因为指定了 MAC 地址鉴别作为 AP 鉴别方式,因此,增加 AP 时,需要指定增加 AP 的 MAC 地址。AC 只对成功增加的 AP 进行统一配置。

ap-name ap1 是 AP 视图下使用的命令,该命令的作用是为指定 AP(这里是索引值为 1 的 AP)配置名字 ap1。

ap-group apg1 是 AP 视图下使用的命令,该命令的作用是将指定 AP(这里是索引值为 1 的 AP)加入到名为 apg1 的 AP 组。

9. AC 创建和配置安全模板命令

```
[AC6605-wlan-view]security-profile name security
[AC6605-wlan-sec-prof-security]security wep share-key
[AC6605-wlan-sec-prof-security]wep key 0 wep-128 pass-phrase 1234567Aa1234567
[AC6605-wlan-sec-prof-security]wep default-key 0
[AC6605-wlan-sec-prof-security]quit
```

security-profile name security 是 wlan 视图下使用的命令,该命令的作用是创建一个名为 security 的安全模板,并进入安全模板视图。

security wep share-key 是安全模板视图下使用的命令,该命令的作用是指定 WEP 为鉴别机制,用共享密钥完成鉴别和加密过程。

wep key 0 wep-128 pass-phrase 1234567Aa1234567 是安全模板视图下使用的命令,该命令的作用是指定一个密钥索引值为 0 的共享密钥,密钥长度为 128 位,以字符串形式给出,每一个 ASCII 码字符对应 8 位二进制数。1234567Aa1234567 是由 16 个 ASCII 码字符组成的字符串,构成 128 位(8×16)的共享密钥。

wep default-key 0 是安全模板视图下使用的命令,该命令的作用是指定索引值为 0
的共享密钥作为鉴别和加密过程中使用的默认密钥。

10. AC 创建和配置 SSID 模板命令

```
[AC6605-wlan-view]ssid-profile name ssid
[AC6605-wlan-ssid-prof-ssid]ssid 123456
[AC6605-wlan-ssid-prof-ssid]quit
```

ssid-profile name ssid 是 wlan 视图下使用的命令,该命令的作用是创建一个名为
ssid 的 SSID 模板,并进入 SSID 模板视图。

ssid 123456 是 SSID 模板视图下使用的命令,该命令的作用是指定 123456 为服务集
标识符(Service Set Identifier,SSID)。

11. AC 创建和配置 VAP 模板命令

```
[AC6605-wlan-view]vap-profile name vap
[AC6605-wlan-vap-prof-vap]forward-mode tunnel
[AC6605-wlan-vap-prof-vap]service-vlan vlan-id 3
[AC6605-wlan-vap-prof-vap]security-profile security
[AC6605-wlan-vap-prof-vap]ssid-profile ssid
[AC6605-wlan-vap-prof-vap]quit
```

vap-profile name vap 是 wlan 视图下使用的命令,该命令的作用是创建一个名为 vap
的虚拟接入点(Virtual Access Point,VAP)模板,并进入 VAP 模板视图。

forward-mode tunnel 是 VAP 模板视图下使用的命令,该命令的作用是指定隧道转
发方式为数据转发方式。

service-vlan vlan-id 3 是 VAP 模板视图下使用的命令,该命令的作用是指定 VLAN 3
为 VAP 的业务 VLAN。

security-profile security 是 VAP 模板视图下使用的命令,该命令的作用是在指定
VAP 模板(这里是名为 vap 的 VAP 模板)中引用名为 security 的安全模板。

ssid-profile ssid 是 VAP 模板视图下使用的命令,该命令的作用是在指定 VAP 模板
(这里是名为 vap 的 VAP 模板)中引用名为 ssid 的 SSID 模板。

12. 射频引用 VAP 模板命令

```
[AC6605-wlan-view]ap-group name apg1
[AC6605-wlan-ap-group-apg]vap-profile vap wlan 1 radio 0
[AC6605-wlan-ap-group-apg]vap-profile vap wlan 1 radio 1
[AC6605-wlan-ap-group-apg]quit
```

ap-group name apg1 是 wlan 视图下使用的命令,该命令的作用是进入 AP 组视图。

vap-profile vap wlan 1 radio 0 是 AP 组视图下使用的命令,该命令的作用是在编号
为 0 的射频中引用名为 vap 的 VAP 模板。其中 1 是 VAP 模板编号。指定射频在引用
VAP 模板后,VAP 模板定义的参数才对该射频生效。同一射频中可以引用多个不同的
VAP 模板,这些 VAP 模板使用不同的 VAP 模板编号。

5.1.5　实验步骤

（1）启动 eNSP,按照如图 5.1 所示的网络拓扑结构放置和连接设备,完成设备放置和连接后的 eNSP 界面如图 5.2 所示。启动所有设备。

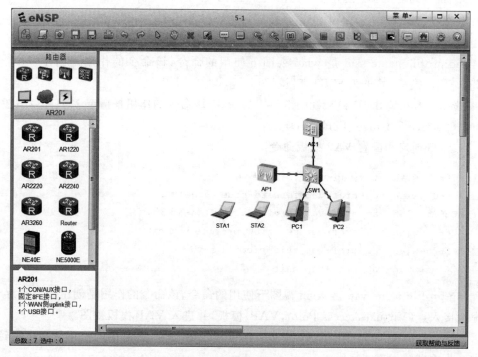

图 5.2　完成设备放置和连接后的 eNSP 界面

（2）按照表 5.1 所示的 VLAN 与端口之间映射,在交换机 LSW1 中创建 VLAN 2 和 VLAN 3,并为各个 VLAN 分配端口。交换机 LSW1 中各个 VLAN 的端口组成如图 5.3 所示。在 AC1 中创建 VLAN 2 和 VLAN 3,AC1 连接交换机 LSW1 的端口的 VLAN 特性与 LSW1 端口 GE0/0/2 相同。

（3）完成交换机 LSW1 VLAN 2 和 VLAN 3 对应的 IP 接口以及 DHCP 服务器的配置过程。

（4）在 AC1 中配置 AP 鉴别方式,将 AP1 添加到 AC1 中。创建 AP 组,将 AP1 添加到 AP 组中。为了获得 AP1 的 MAC 地址,用鼠标选中 AP1,单击右键,弹出如图 5.4 所示的菜单,选择"设置"。在弹出的设置界面中选择"配置"选项卡,弹出如图 5.5 所示的配置界面。将 AP1 添加到 AC1 中后,可以通过显示所有 AP 命令检查已经添加的 AP 的状态,已经添加的 AP 的状态如图 5.6 所示。

（5）完成安全模板和 SSID 模板创建过程。安全模板相关配置如图 5.7 所示。创建 VAP 模板,并在 VAP 模板中引用已经创建的安全模板和 SSID 模板。在 AP 的射频上引用 VAP 模板。AP 射频引用的 VAP 模板如图 5.8 所示,VAP 模板用于确定 SSID、加密和鉴别机制。

```
E LSW1                                                    □ _ □ X
<Huawei>display vlan
The total number of vlans is : 3
--------------------------------------------------------------
U: Up;          D: Down;          TG: Tagged;        UT: Untagged;
MP: Vlan-mapping;                 ST: Vlan-stacking;
#: ProtocolTransparent-vlan;      *: Management-vlan;
--------------------------------------------------------------

VID  Type   Ports
--------------------------------------------------------------
1    common  UT:GE0/0/5(D)    GE0/0/6(D)    GE0/0/7(D)    GE0/0/8(D)
                GE0/0/9(D)    GE0/0/10(D)   GE0/0/11(D)   GE0/0/12(D)
                GE0/0/13(D)   GE0/0/14(D)   GE0/0/15(D)   GE0/0/16(D)
                GE0/0/17(D)   GE0/0/18(D)   GE0/0/19(D)   GE0/0/20(D)
                GE0/0/21(D)   GE0/0/22(D)   GE0/0/23(D)   GE0/0/24(D)
             TG:GE0/0/1(U)    GE0/0/2(U)

2    common  UT:GE0/0/1(U)    GE0/0/2(U)

3    common  UT:GE0/0/3(U)    GE0/0/4(U)

             TG:GE0/0/1(U)    GE0/0/2(U)

VID  Status  Property     MAC-LRN Statistics Description
--------------------------------------------------------------
1    enable  default      enable  disable    VLAN 0001
2    enable  default      enable  disable    VLAN 0002
3    enable  default      enable  disable    VLAN 0003
<Huawei>
◄                          III                                   ►
```

图 5.3　交换机 LSW1 中各个 VLAN 的端口组成

图 5.4　单击右键弹出的菜单

![AP1 的配置界面]

图 5.5　AP1 的配置界面

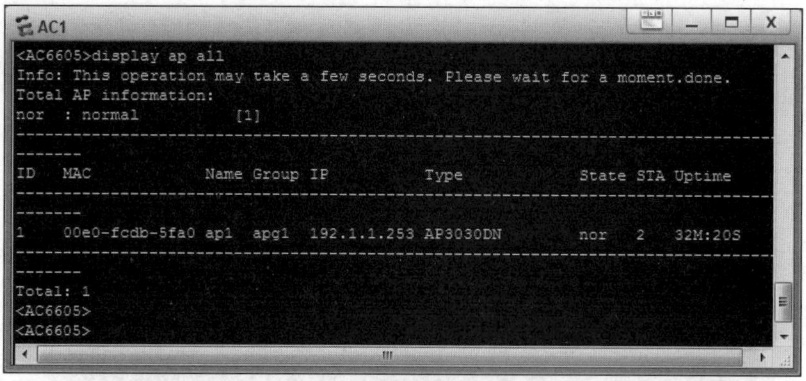

```
AC1                                                                    _ □ X
<AC6605>display ap all
Info: This operation may take a few seconds. Please wait for a moment.done.
Total AP information:
nor : normal         [1]
-------
-------
ID  MAC            Name Group IP          Type           State STA Uptime
-------
-------
1   00e0-fcdb-5fa0 ap1  apg1 192.1.1.253 AP3030DN        nor   2   32M:20S
-------
-------
Total: 1
<AC6605>
<AC6605>
```

图 5.6　已经添加的 AP 的状态

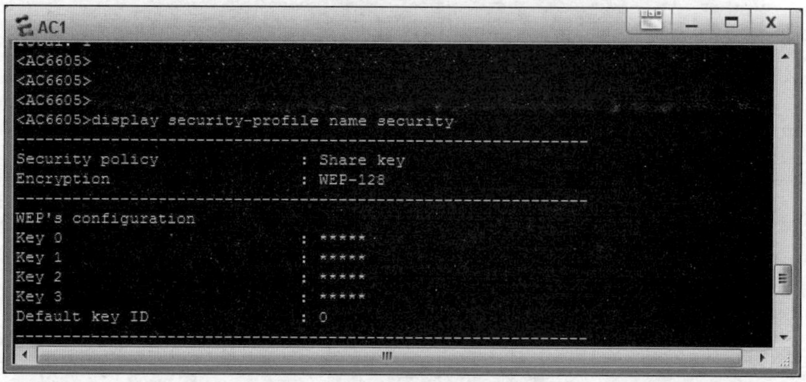

```
AC1                                                                    _ □ X
<AC6605>
<AC6605>
<AC6605>
<AC6605>display security-profile name security
----------------------------------------------------
Security policy               : Share key
Encryption                    : WEP-128
----------------------------------------------------
WEP's configuration
Key 0                         : *****
Key 1                         : *****
Key 2                         : *****
Key 3                         : *****
Default key ID                : 0
----------------------------------------------------
```

图 5.7　安全模板相关配置

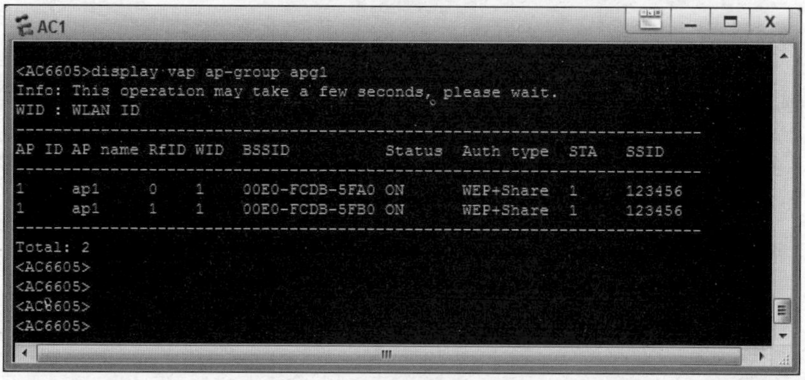

```
AC1                                                                    _ □ X
<AC6605>display vap ap-group apg1
Info: This operation may take a few seconds, please wait.
WID : WLAN ID
----------------------------------------------------
AP ID AP name RfID WID BSSID          Status Auth type STA  SSID
----------------------------------------------------
1     ap1     0    1   00E0-FCDB-5FA0 ON     WEP+Share 1    123456
1     ap1     1    1   00E0-FCDB-5FB0 ON     WEP+Share 1    123456
----------------------------------------------------
Total: 2
<AC6605>
<AC6605>
<AC6605>
<AC6605>
```

图 5.8　射频引用的 VAP 模板

　　(6) 完成 AC1 和交换机 LSW1 配置过程后,AC1 将配置信息自动下传给 AP1,AP1
进入就绪状态,允许接入无线工作站。必须保证 STA1 和 STA2 位于 AP1 的有效通信范
围内。双击 STA1,选择“VAP 列表”选项卡,VAP 列表中显示允许接入的所有无线局域
网,如图 5.9 所示。选中其中一个无线局域网,单击“连接”按钮,自动完成连接过程
(eNSP 缺少输入共享密钥这一过程)。完成连接过程后的 VAP 列表如图 5.10 所示,其

中一个无线局域网的状态由“未连接”转变为“已连接”，STA1 自动获取的 IP 地址和子网掩码如图 5.11 所示。完成 STA2 连接过程。完成 STA1 和 STA2 连接过程后的 eNSP 界面如图 5.12 所示。

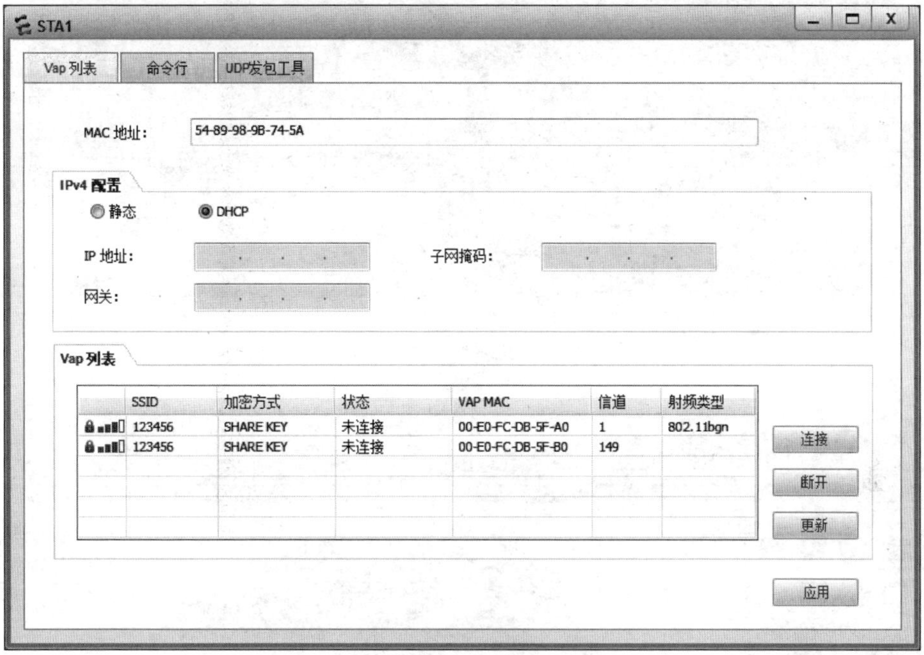
STA1
Vap 列表
命令行
UDP发包工具
MAC 地址:
54-89-98-9B-74-5A
IPv4 配置
静态
DHCP
IP 地址:
子网掩码:
网关:
Vap 列表
SSID　加密方式　状态　VAP MAC　信道　射频类型
123456　SHARE KEY　未连接　00-E0-FC-DB-5F-A0　1　802.11bgn
123456　SHARE KEY　未连接　00-E0-FC-DB-5F-B0　149
连接
断开
更新
应用

图 5.9　完成连接过程前的 VAP 列表界面

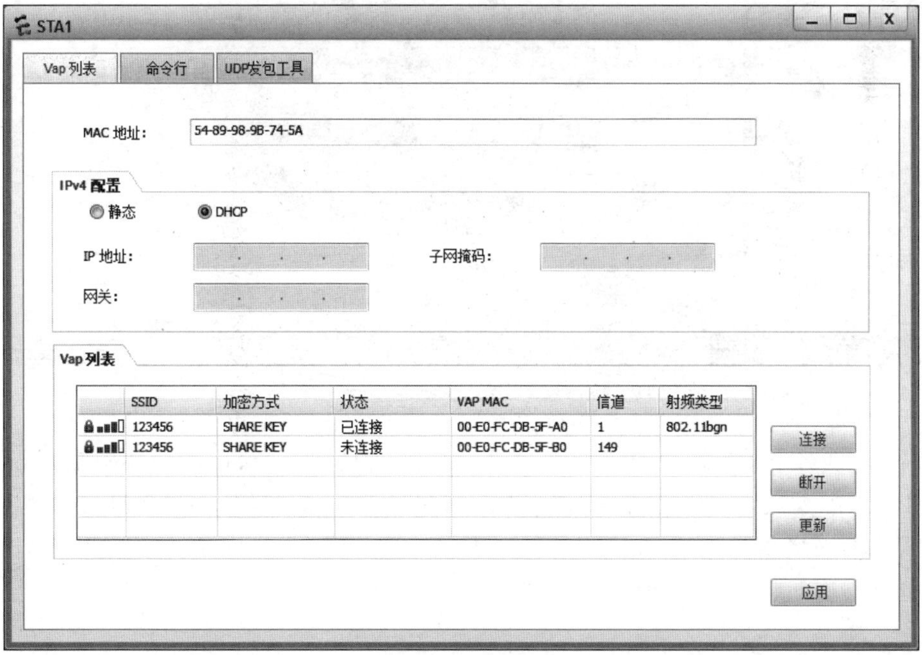
STA1
Vap 列表
命令行
UDP发包工具
MAC 地址:
54-89-98-9B-74-5A
IPv4 配置
静态
DHCP
IP 地址:
子网掩码:
网关:
Vap 列表
SSID　加密方式　状态　VAP MAC　信道　射频类型
123456　SHARE KEY　已连接　00-E0-FC-DB-5F-A0　1　802.11bgn
123456　SHARE KEY　未连接　00-E0-FC-DB-5F-B0　149
连接
断开
更新
应用

图 5.10　完成连接过程后的 VAP 列表界面

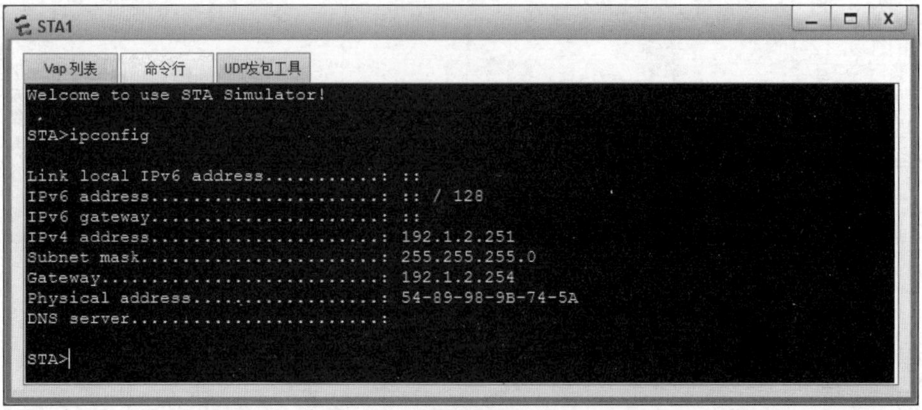

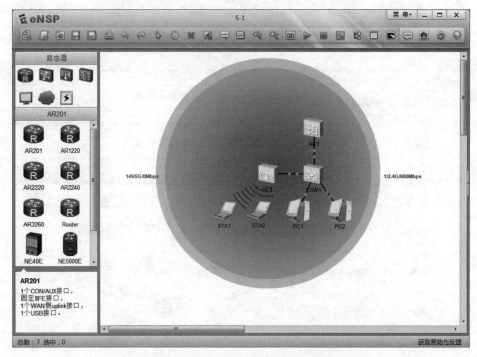

图 5.11　STA1 自动获取的 IP 地址和子网掩码

图 5.12　完成各个 STA 连接过程后的 eNSP 界面

（7）完成各个 PC 通过 DHCP 自动获取网络信息的过程，PC1 的基础配置界面如图 5.13 所示，勾选"DHCP"，单击"应用"按钮，完成 PC1 自动获取网络信息的过程。PC1 自动获取的网络信息如图 5.14 所示。验证 PC1 与 STA1 之间的通信过程，PC1 执行 ping 操作界面如图 5.15 所示。

图 5.13　PC1 的基础配置界面

图 5.14　PC1 自动获取的网络信息

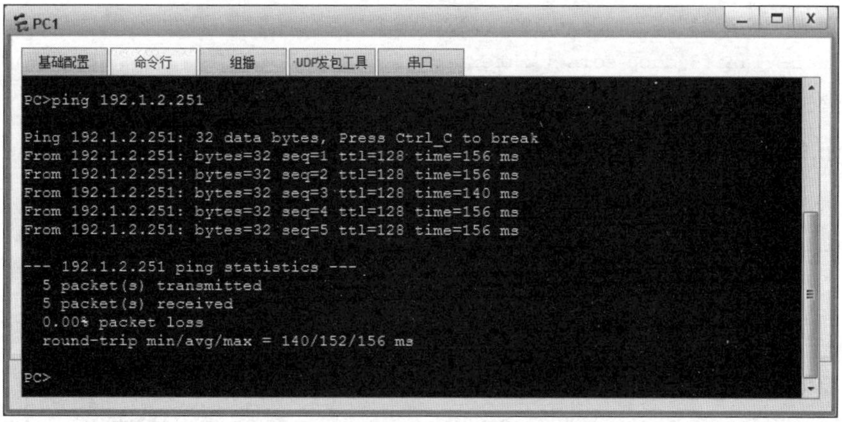

图 5.15　PC1 执行 ping 操作的界面

5.1.6 命令行接口配置过程

1. 交换机 LSW1 命令行接口配置过程

```
<Huawei>system-view
[Huawei]undo info-center enable
[Huawei]vlan batch 2 3
[Huawei]interface GigabitEthernet0/0/1
[Huawei-GigabitEthernet0/0/1]port link-type trunk
[Huawei-GigabitEthernet0/0/1]port trunk pvid vlan 2
[Huawei-GigabitEthernet0/0/1]port trunk allow-pass vlan 2 3
[Huawei-GigabitEthernet0/0/1]quit
[Huawei]interface GigabitEthernet0/0/2
[Huawei-GigabitEthernet0/0/2]port link-type trunk
[Huawei-GigabitEthernet0/0/2]port trunk pvid vlan 2
[Huawei-GigabitEthernet0/0/2]port trunk allow-pass vlan 2 3
[Huawei-GigabitEthernet0/0/2]quit
[Huawei]interface GigabitEthernet0/0/3
[Huawei-GigabitEthernet0/0/3]port link-type access
[Huawei-GigabitEthernet0/0/3]port default vlan 3
[Huawei-GigabitEthernet0/0/3]quit
[Huawei]interface GigabitEthernet0/0/4
[Huawei-GigabitEthernet0/0/4]port link-type access
[Huawei-GigabitEthernet0/0/4]port default vlan 3
[Huawei-GigabitEthernet0/0/4]quit
[Huawei]dhcp enable
[Huawei]interface vlanif 2
[Huawei-Vlanif2]ip address 192.1.1.254 24
[Huawei-Vlanif2]dhcp select interface
[Huawei-Vlanif2]quit
[Huawei]interface vlanif 3
[Huawei-Vlanif3]ip address 192.1.2.254 24
[Huawei-Vlanif3]dhcp select interface
[Huawei-Vlanif3]quit
```

2. 无线控制器 AC1 命令行接口配置过程

```
<AC6605>system-view
[AC6605]undo info-center enable
[AC6605]vlan batch 2 3
[AC6605]interface GigabitEthernet0/0/1
[AC6605-GigabitEthernet0/0/1]port link-type trunk
[AC6605-GigabitEthernet0/0/1]port trunk pvid vlan 2
[AC6605-GigabitEthernet0/0/1]port trunk allow-pass vlan 2 3
[AC6605-GigabitEthernet0/0/1]quit
```

```
[AC6605]interface vlanif 2
[AC6605-Vlanif2]ip address 192.1.1.1 24
[AC6605-Vlanif2]quit
[AC6605]wlan
[AC6605-wlan-view]ap-group name apg1
[AC6605-wlan-ap-group-apg1]quit
[AC6605-wlan-view]regulatory-domain-profile name domain
[AC6605-wlan-regulate-domain-domain]country-code cn
[AC6605-wlan-regulate-domain-domain]quit
[AC6605-wlan-view]ap-group name apg1
[AC6605-wlan-ap-group-apg1]regulatory-domain-profile domain
Warning: Modifying the country code will clear channel, power and antenna gain
configurations of the radio and reset the AP. Continue? [Y/N]:y
[AC6605-wlan-ap-group-apg1]quit
[AC6605-wlan-view]quit
[AC6605]capwap source interface vlanif 2
[AC6605]wlan
[AC6605-wlan-view]ap auth-mode mac-auth
[AC6605-wlan-view]ap-id 1 ap-mac 00e0-fcdb-5fa0
[AC6605-wlan-ap-1]ap-name ap1
[AC6605-wlan-ap-1]ap-group apg1
Warning: This operation may cause AP reset. If the country code changes, it will
clear channel, power and antenna gain configurations of the radio, Whether to
continue? [Y/N]:y
[AC6605-wlan-ap-1]quit
[AC6605-wlan-view]security-profile name security
[AC6605-wlan-sec-prof-security]security wep share-key
[AC6605-wlan-sec-prof-security]wep key 0 wep-128 pass-phrase 1234567Aa1234567
[AC6605-wlan-sec-prof-security]wep default-key 0
[AC6605-wlan-sec-prof-security]quit
[AC6605-wlan-view]ssid-profile name ssid
[AC6605-wlan-ssid-prof-ssid]ssid 123456
[AC6605-wlan-ssid-prof-ssid]quit
[AC6605-wlan-view]vap-profile name vap
[AC6605-wlan-vap-prof-vap]forward-mode tunnel
[AC6605-wlan-vap-prof-vap]service-vlan vlan-id 3
[AC6605-wlan-vap-prof-vap]security-profile security
[AC6605-wlan-vap-prof-vap]ssid-profile ssid
[AC6605-wlan-vap-prof-vap]quit
[AC6605-wlan-view]ap-group name apg1
[AC6605-wlan-ap-group-apg1]vap-profile vap wlan 1 radio 0
[AC6605-wlan-ap-group-apg1]vap-profile vap wlan 1 radio 1
[AC6605-wlan-ap-group-apg1]quit
[AC6605-wlan-view]quit
```

3. 命令列表

交换机和无线控制器命令行接口配置过程中使用的命令及功能和参数说明如表 5.2 所示。

表 5.2　命令列表

命令格式	功能和参数说明
vlan batch *vlan-id* 列表	创建批量 VLAN,参数 *vlan-id* 列表用于指定一组 VLAN。*vlan-id* 列表可以是一组空格分隔的 *vlan-id*,表明批量 VLAN 是一组编号分别为空格分隔的 *vlan-id* 的 VLAN。参数 *vlan-id* 列表也可以是 *vlan-id*1 **to** *vlan-id*2,表明批量 VLAN 是一组编号从 *vlan-id*1 到 *vlan-id*2 的 VLAN
port trunk pvid vlan *vlan-id*	指定共享端口的默认 VLAN 编号,参数 *vlan-id* 是默认 VLAN 编号
port trunk allow-pass vlan *vlan-id* 列表	由参数 *vlan-id* 列表指定的一组 VLAN 共享指定主干端口。*vlan-id* 列表可以是一组空格分隔的 *vlan-id*,表明这一组 VLAN 是一组编号分别为空格分隔的 *vlan-id* 的 VLAN。*vlan-id* 列表也可以是 *vlan-id*1 **to** *vlan-id*2,表明这一组 VLAN 是一组编号从 *vlan-id*1 到 *vlan-id*2 的 VLAN
wlan	从系统视图进入 wlan 视图
ap-group name *group-name*	创建 AP 组,并进入 AP 组视图,若 AP 组已经存在,则直接进入 AP 组视图。参数 *group-name* 是 AP 组名称
regulatory-domain-profile name *profile-name*	创建域管理模板,并进入域管理模板视图,若域管理模板已经存在,则直接进入域管理模板视图。参数 *profile-name* 是域管理模板名称
country-code *country-code*	配置设备的国家码,参数 *country-code* 是国家码
regulatory-domain-profile *profile-name*	在指定 AP 组或 AP 中引用域管理模板,参数 *profile-name* 是域管理模板名称
capwap source interface vlanif *vlan-id*	指定 capwap 隧道的源端接口。该源端接口是某个 VLAN 对应的 IP 接口,参数 *vlan-id* 是 VLAN 编号
ap auth-mode｛**mac-auth** ｜ **no-auth** ｜ **sn-auth**｝	指定 AP 鉴别模式,mac-auth 采用 MAC 地址鉴别模式,sn-auth 采用序列号鉴别模式,no-auth 不对 AP 进行鉴别
ap-id *ap-id*｛**ap-mac** *ap-mac* ｜**ap-sn** *ap-sn*｜**ap-mac** *ap-mac* **ap-sn** *ap-sn*｝	添加实施统一配置的 AP,参数 *ap-id* 是 AP 编号。参数 *ap-mac* 是添加 AP 的 MAC 地址,参数 *ap-sn* 是添加 AP 的序列号。根据不同的 AP 鉴别模式,选择 MAC 地址或序列号
ap-name *ap-name*	配置 AP 名称,参数 *ap-name* 是 AP 名称
ap-group *ap-group*	指定 AP 加入的 AP 组,参数 *ap-group* 是 AP 组名
security-profile name *profile-name*	创建安全模板,并进入安全模板视图,若安全模板已经存在,则直接进入安全模板视图。参数 *profile-name* 是安全模板名称

续表

命 令 格 式	功能和参数说明
security wep [**share-key**]	指定 WEP 作为鉴别和加密机制,通过共享密钥完成鉴别和加密过程
wep key *key-id* {**wep-40** | **wep-104** | **wep-128**}{**pass-phrase** | **hex**} *key-value*	配置共享密钥,wep-40 表明是 40 位共享密钥,wep-104 表明是 104 位共享密钥,wep-128 表明是 128 位共享密钥。pass-phrase 表明以字符串的形式给出共享密钥,每一个 ASCII 码表示 8 位二进制数。hex 表明以 16 进制数的形式给出共享密钥。参数 *key-value* 是共享密钥
wep default-key *key-id*	指定作为鉴别和加密过程中使用的默认密钥的密钥索引值,参数 *key-id* 是密钥索引值
ssid-profile name *profile-name*	创建 SSID 模板,并进入 SSID 模板视图,若 SSID 模板已经存在,则直接进入 SSID 模板视图。参数 *profile-name* 是 SSID 模板名称
ssid *ssid*	配置服务集标识符,参数 *ssid* 是服务集标识符
vap-profile name *profile-name*	创建 VAP 模板,并进入 VAP 模板视图,若 VAP 模板已经存在,则直接进入 VAP 模板视图。参数 *profile-name* 是 VAP 模板名称
forward-mode {**direct-forward** | **tunnel**}	指定数据转发方式,或者指定隧道转发方式(tunnel),或者指定直接转发方式(direct-forward)
service-vlan vlan-id *vlan-id*	指定 VAP 的业务 VLAN,即用于转发数据的 VLAN。参数 *vlan-id* 是 VLAN 编号
security-profile *profile-name*	用于在指定 VAP 模板下引用安全模板,参数 *profile-name* 是安全模板名称
ssid-profile *profile-name*	用于在指定 VAP 模板下引用 SSID 模板,参数 *profile-name* 是 SSID 模板名称
vap-profile *profile-name* **wlan** *wlan-id* **radio** {*radio-id* | **all**}	为射频引用 VAP 模板。参数 *profile-name* 是 VAP 模板名称,参数 *wlan-id* 是 VAP 模板编号,不同业务对应不同的 VAP 模板编号。参数 *radio-id* 是射频编号
display ap {**all** | **ap-group** *ap-group*}	显示指定 AP 组或所有 AP 的信息。参数 *ap-group* 是 AP 组名称
display security-profile {**all** | **name** *profile-name*}	显示指定安全模板或所有安全模板的配置信息和引用信息。参数 *profile-name* 是安全模板名称
display vap ap-group *ap-group-name*	显示指定 AP 组下所有业务型 VAP 的相关信息。参数 *ap-group-name* 是 AP 组名称

5.2　WPA2-PSK 配置实验

5.2.1　实验内容

网络拓扑结构如图 5.1 所示,与 5.1 节不同,终端 A 和终端 B 通过 WPA2-PSK 鉴别和加密机制完成接入 AP 的过程。

5.2.2　实验目的

(1) 验证基本服务集的通信区域。

(2) 验证 WPA2-PSK 安全机制控制终端接入 AP 的过程。

(3) 验证 WPA2-PSK 配置过程。

(4) 验证终端与瘦 AP 之间建立关联的过程。

(5) 验证 BSS 中终端自动获取网络信息的过程。

(6) 验证 AC 配置过程。

(7) 验证 AC 统一配置瘦 AP 的过程。

5.2.3　实验原理

AP 选择 WPA2-PSK 鉴别和加密机制。WPA2-PSK 鉴别和加密机制下,属于相同 BSS 的终端 A 和终端 B 配置相同的预共享密钥(Pre-Shared Key,PSK),每一个终端与 AP 之间通过 PSK 派生出唯一的成对过渡密钥(Pairwise Transient Key,PTK)。PTK 由三种类型密钥组成:一是双向身份鉴别时使用的鉴别密钥 KCK;二是 AP 用于加密广播密钥的加密密钥 KEK;三是终端与 AP 之间传输数据时用于加密数据和实现完整性检测的密钥。终端与 AP 之间传输数据时,通过高级加密标准(Advanced Encryption Standard,AES)完成对数据的加密过程。

5.2.4　关键命令说明

```
[AC6605-wlan-view]security-profile name security
[AC6605-wlan-sec-prof-security]security wpa2 psk pass-phrase Aa-12345678 aes
[AC6605-wlan-sec-prof-security]quit
```

security wpa2 psk pass-phrase Aa-12345678 aes 是安全模板视图下使用的命令,该命令的作用是指定 WPA2 为鉴别机制,并指定 Aa-12345678 为预共享密钥(PSK)、高级加密标准(AES)为加密算法。

5.2.5　实验步骤

(1) 该实验与 5.1 节实验的不同在于安全模板的配置,完成 WPA2-PSK 鉴别和加密机制对应的安全模板配置过程后,AC1 的安全模板相关配置信息如图 5.16 所示。AP 射频引用的 VAP 模板如图 5.17 所示,VAP 模板用于确定 SSID、加密和鉴别机制。

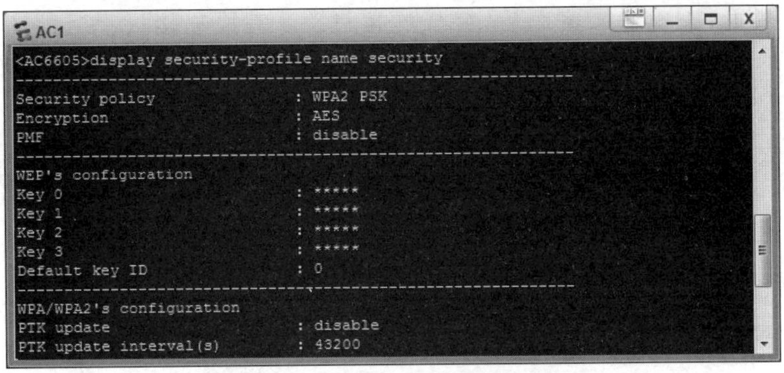

图 5.16 安全模板相关配置信息

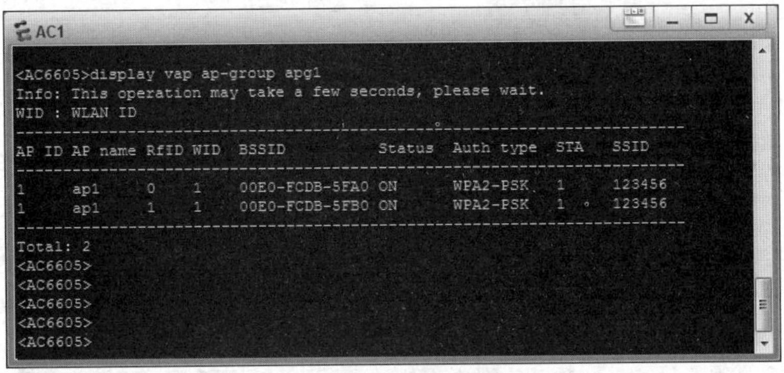

图 5.17 射频引用的 VAP 模板

（2）AP 进入就绪状态后，双击 STA1，选择"VAP 列表"选项卡，VAP 列表中显示允许接入的所有无线局域网，如图 5.18 所示。选中其中一个无线局域网，单击"连接"按钮，

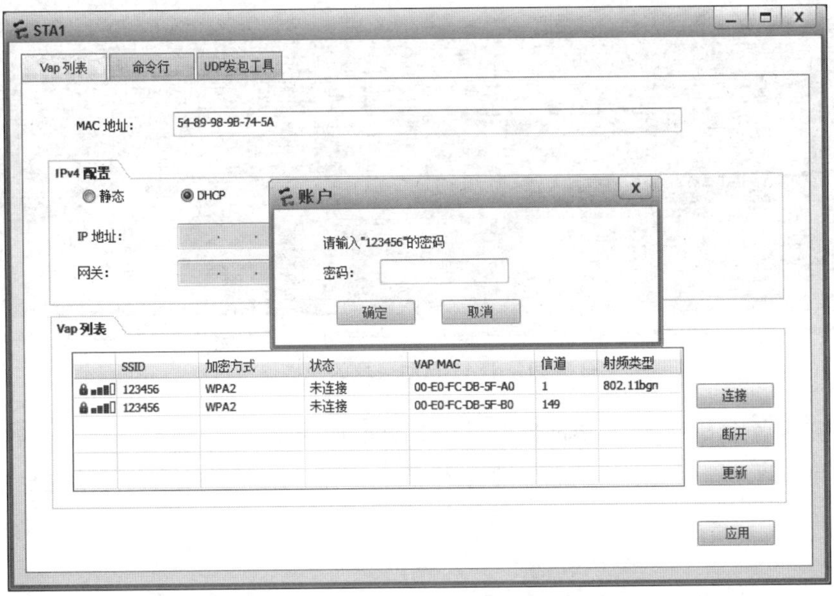

图 5.18 连接 VAP 列表中选中的无线局域网的过程

弹出"账户"界面,正确输入密码后,完成连接过程。完成连接过程后的 VAP 列表如图 5.19 所示,无线局域网状态由"未连接"转变为"已连接",STA1 自动获取如图 5.20 所示的网络信息。

图 5.19　完成连接过程后的 VAP 列表

图 5.20　STA1 自动获取的网络信息

(3) 完成各个 STA 的连接过程后,eNSP 界面如图 5.21 所示。

(4) PC1 自动获取的网络信息如图 5.22 所示,PC1 与 STA1 之间的通信过程如图 5.23 所示。

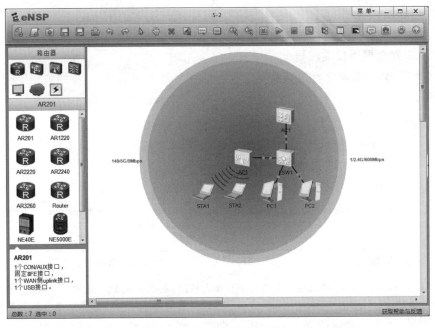

图 5.21　完成各个 STA 连接过程后的 eNSP 界面

图 5.22　PC1 自动获取的网络信息

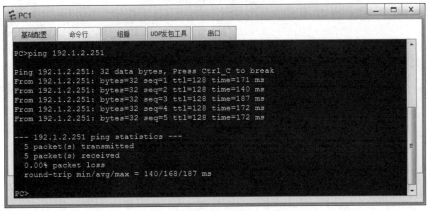

图 5.23　PC1 与 STA1 之间的通信过程

5.2.6 命令行接口配置过程

1. AC1 安全模板配置过程

5.2 节中 AC1 的命令行接口配置过程与 5.1 节基本相同,唯一不同的是安全模板的配置过程。

```
[AC6605-wlan-view]security-profile name security
[AC6605-wlan-sec-prof-security]security wpa2 psk pass-phrase Aa-12345678 aes
[AC6605-wlan-sec-prof-security]quit
```

2. 命令列表

无线控制器安全模板配置过程中使用的命令及功能和参数说明如表 5.3 所示。

表 5.3　命令列表

命 令 格 式	功能和参数说明
security 〔**wpa**｜**wpa2**｜**wpa-wpa2**〕**psk** 〔**pass-phrase**｜**hex**〕 *key-value* 〔**aes**｜**tkip**｜**aes-tkip**〕	配置鉴别和加密机制,参数 *key-value* 是预共享密钥。预共享密钥或者以十六进制数的形式(hex),或者以 ASCII 码字符串的形式(pass-phrase)给出

第6章

互联网安全实验

防路由项欺骗攻击和路由策略是保证 IP 分组沿着正确和安全的传输路径传输的安全技术。单播逆向路径转发是防止源 IP 地址欺骗攻击的有效手段。流量管制是防止拒绝服务攻击的有效方法。端口地址转换（Port Address Translation，PAT）和网络地址转换（Network Address Translation，NAT）使得内部网络对于外部网络是不可见的。虚拟路由器冗余协议（Virtual Router Redundancy Protocol，VRRP）用于实现默认网关的容错和负载均衡。

6.1 RIP 路由项欺骗攻击防御实验

6.1.1 实验内容

构建如图 6.1 所示的由三个路由器互联四个网络而成的互联网，通过路由信息协议（Routing Information Protocol，RIP）生成终端 A 至终端 B 的 IP 传输路径，实现 IP 分组终端 A 至终端 B 的传输过程。然后在网络地址为 192.1.2.0/24 的以太网上接入入侵路由器，由入侵路由器伪造与网络 192.1.4.0/24 直接连接的路由项，用伪造的路由项改变终端 A 至终端 B 的 IP 传输路径，使得终端 A 传输给终端 B 的 IP 分组被路由器 R1 错误地转发给入侵路由器。

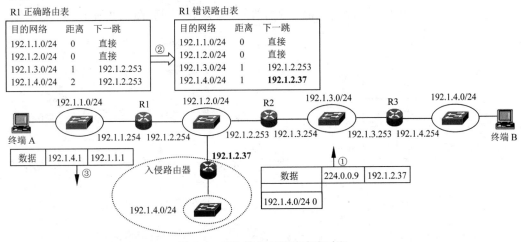

图 6.1 RIP 路由项欺骗攻击过程

在路由器 R1 和 R2 连接网络 192.1.2.0/24 的接口上启动路由项源端鉴别功能,使得入侵路由器发送的伪造路由项因为无法通过路由器 R1 的源端鉴别而不被采用,以此保证路由器 R1 路由表的正确性。

6.1.2 实验目的

（1）验证 RIP 的安全缺陷。

（2）验证利用 RIP 实施路由项欺骗攻击的过程。

（3）验证入侵路由器截获 IP 分组的过程。

（4）验证 RIP 源端鉴别功能的配置过程。

（5）验证 RIP 防御路由项欺骗攻击过程。

6.1.3 实验原理

构建如图 6.1 所示的由三个路由器互联四个网络而成的互联网,完成路由器 RIP 配置过程,路由器 R1 生成如图 6.1 所示的路由器 R1 正确路由表,路由表中的路由项 <192.1.4.0/24,2,192.1.2.253> 表明路由器 R1 通往网络 192.1.4.0/24 的传输路径上的下一跳是路由器 R2,以此保证终端 A 至终端 B 的 IP 传输路径是正确的。如果有入侵路由器接入网络 192.1.2.0/24,并发送了伪造的表示与网络 192.1.4.0/24 直接连接的路由消息 <192.1.4.0/24,0>。路由器 R1 接收到该路由消息后,如果认可该路由消息,将通往网络 192.1.4.0/24 的传输路径上的下一跳由路由器 R2 改为入侵路由器。导致终端 A 至终端 B 的 IP 传输路径发生错误。

发生上述错误的根本原因在于,路由器 R1 没有对接收到的路由消息进行源端鉴别,即没有对发送路由消息的路由器的身份进行鉴别。如果每一个路由器只接收、处理授权路由器发送的路由消息,就能够防御上述路由项欺骗攻击。

实现路由消息源端鉴别的基础是在相邻路由器中配置相同的共享密钥,相互交换的路由消息携带由共享密钥生成的消息鉴别码(Message Authentication Code,MAC),通过消息鉴别码实现路由消息的源端鉴别和完整性检测,整个过程如图 6.2 所示。

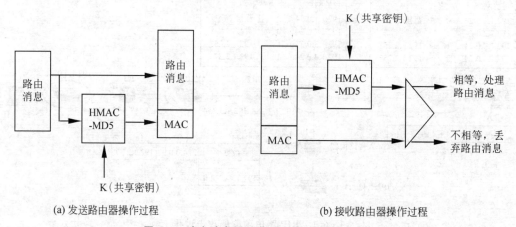

(a) 发送路由器操作过程   (b) 接收路由器操作过程

图 6.2 路由消息源端鉴别和完整性检测过程

6.1.4　关键命令说明

以下命令序列用于在路由器接口 GigabitEthernet0/0/1 上启动 RIP 路由消息源端鉴别功能,即对于通过该接口接收到的 RIP 路由消息,只有成功通过源端鉴别后,才能提交给 RIP 路由进程处理。

```
[Huawei]interface GigabitEthernet0/0/1
[Huawei-GigabitEthernet0/0/1]rip version 2 multicast
[Huawei-GigabitEthernet0/0/1]rip authentication-mode hmac-sha256 cipher
12345678 255
[Huawei-GigabitEthernet0/0/1]quit
```

rip version 2 multicast 是接口视图下使用的命令,该命令的作用是将当前接口(这里是接口 GigabitEthernet0/0/1) 的 RIP 版本指定为 2,并指定以组播方式发送 RIPv2 路由消息。

rip authentication-mode hmac-sha256 cipher 12345678 255 是接口视图下使用的命令,该命令的作用是启动当前接口(这里是接口 GigabitEthernet0/0/1) RIPv2 路由消息的源端鉴别功能,通过 hmac-sha256 生成鉴别码,密钥是 12345678,以密文方式存储密钥,密钥标识符是 255。

6.1.5　实验步骤

(1) 该实验在 2.4 节实验的基础上进行。完成入侵路由器(intrusion)接入后的网络拓扑结构如图 6.3 所示。完成入侵路由器 RIP 配置过程后,路由器 AR1 的完整路由表如图 6.4 所示,路由器 AR1 通往网络 192.1.4.0/24 的传输路径上的下一跳变为入侵路由器。

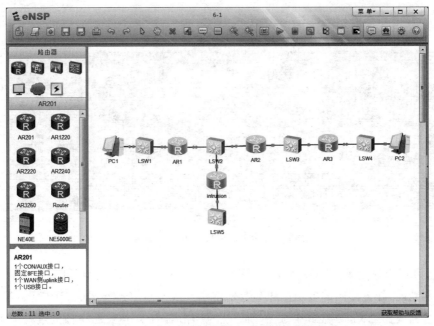

图 6.3　完成入侵路由器接入后的网络拓扑结构

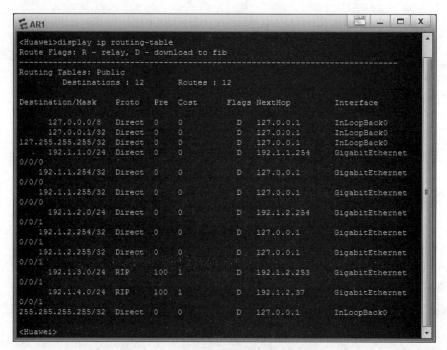

图 6.4　路由器 AR1 的完整路由表

(2) PC1 至 PC2 的 IP 分组被入侵路由器拦截，无法成功到达 PC2，如图 6.5 所示是 PC1 执行 ping 操作的界面。如图 6.6 所示是 PC1 执行如图 6.5 所示的 ping 操作时，入侵路由器连接网络 192.1.2.0/24 的接口捕获的报文序列。

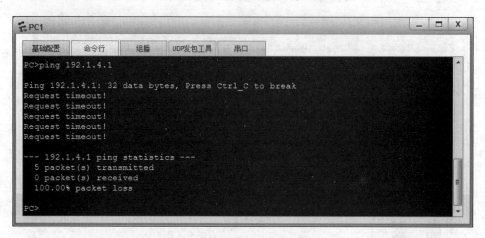

图 6.5　PC1 执行 ping 操作的界面

(3) 在路由器 AR1 和 AR2 连接网络 192.1.2.0/24 的接口上启动 RIPv2 路由消息源端鉴别功能，配置相同的鉴别算法和鉴别密钥。入侵路由器发送的 RIP 路由消息由于无法通过路由器 AR1 的源端鉴别，从而无法对路由器 AR1 生成路由项的过程产生影响，路由器 AR1 完整路由表恢复接入入侵路由器之前的状态，如图 6.7 所示，路由器 AR1 通

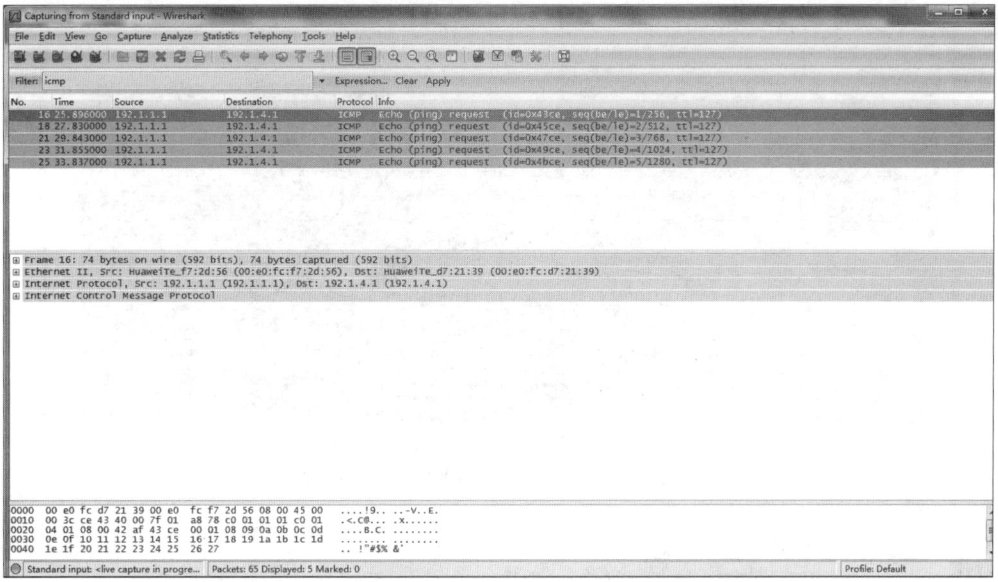

图 6.6　入侵路由器连接网络 192.1.2.0/24 的接口捕获的报文序列

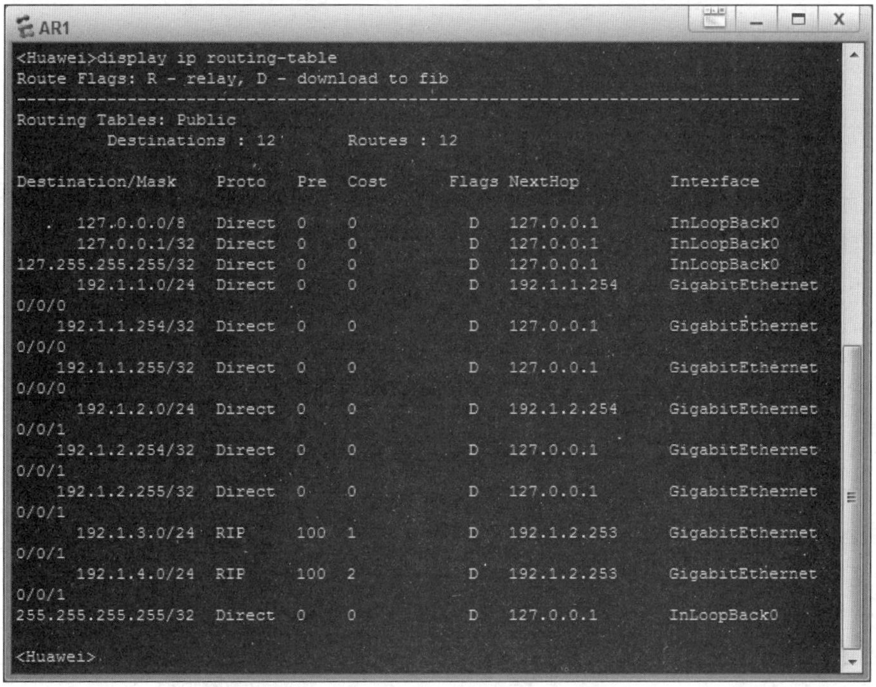

图 6.7　路由器 AR1 恢复的完整路由表

往网络 192.1.4.0/24 的传输路径上的下一跳重新变为路由器 AR2。PC1 与 PC2 之间恢复正常通信过程，如图 6.8 所示。

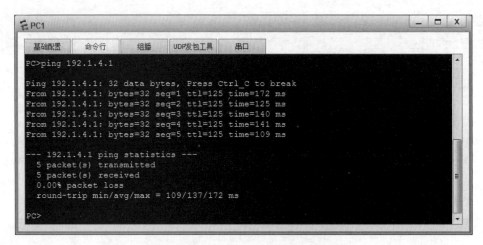

图 6.8　PC1 与 PC2 之间正常通信过程

6.1.6　命令行接口配置过程

1. 路由器 AR1 命令行接口配置过程

以下命令序列是路由器 AR1 在 2.4 节实验的基础上增加的命令序列。

```
[Huawei]interface GigabitEthernet0/0/1
[Huawei-GigabitEthernet0/0/1]rip version 2 multicast
[Huawei-GigabitEthernet0/0/1]rip authentication-mode hmac-sha256 cipher
12345678 255
[Huawei-GigabitEthernet0/0/1]quit
```

2. 路由器 AR2 命令行接口配置过程

以下命令序列是路由器 AR2 在 2.4 节实验的基础上增加的命令序列。

```
[Huawei]interface GigabitEthernet0/0/0
[Huawei-GigabitEthernet0/0/0]rip version 2 multicast
[Huawei-GigabitEthernet0/0/0]rip authentication-mode hmac-sha256 cipher
12345678 255
[Huawei-GigabitEthernet0/0/0]quit
```

3. 命令列表

路由器命令行接口配置过程中使用的命令及功能和参数说明如表 6.1 所示。

表 6.1　命令列表

命 令 格 式	功能和参数说明
rip version ⟨**1**|**2** [**broadcast**|**multicast**]⟩	该命令的作用是将当前接口的 RIP 版本指定为 1 或 2,并指定以组播方式(multicast)或广播方式(broadcast)发送 RIP 路由消息

续表

命 令 格 式	功能和参数说明
rip authentication-mode hmac-sha256 {**plain** *plain-text* | [**cipher**] *password-key*} *key-id*	启动当前接口 RIPv2 路由消息的源端鉴别功能，hmac-sha256 是鉴别算法，参数 *plain-text* 是明文密钥（plain），参数 *password-key* 是密文方式存储的密钥（cipher）。参数 *key-id* 是密钥标识符

6.2　OSPF 路由项欺骗攻击防御实验

6.2.1　实验内容

构建如图 6.9 所示的由三个路由器互联四个网络而成的互联网，通过开放最短路径优先（Open Shortest Path First，OSPF）生成终端 A 至终端 B 的 IP 传输路径，实现 IP 分组终端 A 至终端 B 的传输过程。然后在网络地址为 192.1.2.0/24 的以太网上接入入侵路由器，由入侵路由器伪造与网络 192.1.4.0/24 直接连接的链路状态通告（LSA），用伪造的 LSA 改变终端 A 至终端 B 的 IP 传输路径，使得终端 A 传输给终端 B 的 IP 分组被路由器 R1 错误地转发给入侵路由器。

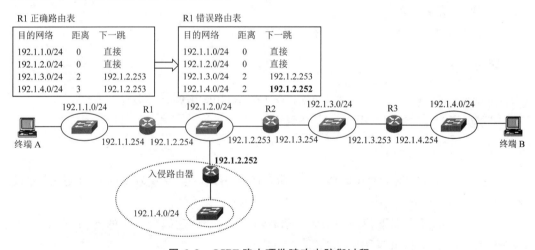

图 6.9　OSPF 路由项欺骗攻击防御过程

启动路由器 R1、R2 和 R3 的 OSPF 报文源端鉴别功能，要求路由器 R1、R2 和 R3 发送的 OSPF 报文携带消息鉴别码（MAC），配置相应路由器接口之间的共享密钥。使得路由器 R1 不再接收和处理入侵路由器发送的 OSPF 报文，从而使路由器 R1 的路由表恢复正常。

6.2.2　实验目的

（1）验证路由器 OSPF 配置过程。

（2）验证 OSPF 建立动态路由项过程。

（3）验证 OSPF 路由项欺骗攻击过程。

（4）验证 OSPF 源端鉴别功能的配置过程。

（5）验证 OSPF 防路由项欺骗攻击功能的实现过程。

6.2.3 实验原理

路由项欺骗攻击过程如图 6.9 所示，入侵路由器伪造了和网络 192.1.4.0/24 直接相连的链路状态信息，导致路由器 R1 通过 OSPF 生成的动态路由项发生错误，如图 6.9 中 R1 错误路由表所示。解决路由项欺骗攻击问题的关键有三点：一是对建立邻接关系的路由器的身份进行鉴别，只和授权路由器建立邻接关系；二是对相互交换的链路状态信息进行完整性检测，只接收和处理通过完整性检测的链路状态信息；三是通过链路状态信息中携带的序号确定该链路状态信息不是黑客截获后重放的链路状态信息。实现上述功能的基础是在相邻路由器中配置相同的共享密钥，相互交换的链路状态信息和 Hello 报文携带由共享密钥加密的序号和由共享密钥生成的消息鉴别码（MAC），通过消息鉴别码实现 OSPF 报文的源端鉴别和完整性检测。

6.2.4 关键命令说明

1. OSPF 配置过程

以下命令序列用于完成 OSPF 相关信息的配置过程。

```
[Huawei]ospf 1
[Huawei-ospf-1]area 1
[Huawei-ospf-1-area-0.0.0.1]network 192.1.1.0 0.0.0.255
[Huawei-ospf-1-area-0.0.0.1]network 192.1.2.0 0.0.0.255
[Huawei-ospf-1-area-0.0.0.1]quit
[Huawei-ospf-1]quit
```

ospf 1 是系统视图下使用的命令，该命令的作用是启动编号为 1 的 ospf 进程，并进入 ospf 视图。

area 1 是 ospf 视图下使用的命令，该命令的作用是创建编号为 1 的 ospf 区域，并进入编号为 1 的 ospf 区域视图。

network 192.1.1.0 0.0.0.255 是 ospf 区域视图下使用的命令，该命令的作用是指定属于特定区域（这里是区域 1）的路由器接口和直接连接的网络。所有接口 IP 地址属于 CIDR 地址块 192.1.1.0/24 的路由器接口均参与指定区域（这里是区域 1）内 OSPF 创建动态路由项的过程。确定参与 OSPF 创建动态路由项过程的路由器接口将接收和发送 OSPF 报文。直接连接的网络中，所有网络地址属于 CIDR 地址块 192.1.1.0/24 的网络均参与 OSPF 创建动态路由项的过程。其他路由器创建的动态路由项中包含用于指明通往确定参与 OSPF 创建动态路由项过程的网络的传输路径的动态路由项。192.1.1.0 0.0.0.255 用于指定 CIDR 地址块 192.1.1.0/24，0.0.0.255 是子网掩码 255.255.255.0 的反码，其作用等同于子网掩码 255.255.255.0。

2. OSPF 接口鉴别方式配置过程

```
[Huawei]interface GigabitEthernet0/0/1
[Huawei - GigabitEthernet0/0/1] ospf authentication - mode hmac - md5 1
cipher 1234567aa1234567
[Huawei-GigabitEthernet0/0/1]quit
```

ospf authentication-mode hmac-md5 1 cipher 1234567aa1234567 是接口视图下使用的命令,该命令的作用是指定当前接口(这里是接口 GigabitEthernet0/0/1)采用的鉴别方式和鉴别密钥。指定的鉴别方式是在 OSPF 路由消息中设置通过算法 hmac-md5 计算出的消息鉴别码(MAC),指定的密钥是 1234567aa1234567,密钥编号为 1,并以加密方式存储密钥。实现相邻路由器互连的两个接口必须配置相同的鉴别方式、鉴别密钥和密钥编号。

6.2.5 实验步骤

(1) 启动 eNSP,按照图 6.9 中未接入入侵路由器时的网络拓扑结构放置和连接设备,完成设备放置和连接后的 eNSP 界面如图 6.10 所示。启动所有设备。

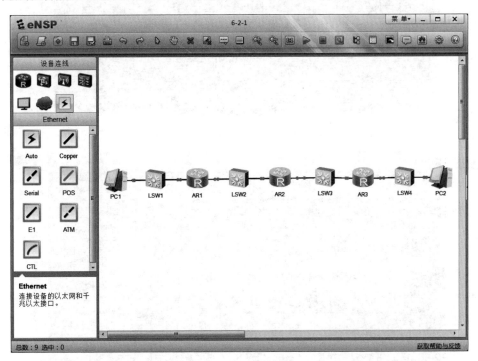

图 6.10 完成设备放置和连接后的 eNSP 界面

(2) 完成路由器 AR1、AR2 和 AR3 各个接口的 IP 地址和子网掩码配置过程,路由器 AR1 和 AR2 的接口状态分别如图 6.11 和图 6.12 所示。完成路由器 AR1、AR2 和 AR3 OSPF 配置过程。路由器 AR1、AR2 和 AR3 成功建立完整路由表。路由器 AR1 的完整路由表如图 6.13 所示,路由器 AR1 通往网络 192.1.4.0/24 传输路径上的下一跳是路由器 AR2。

```
E AR1                                                    [□□]  _  □  X
<Huawei>
<Huawei>display ip interface brief
*down: administratively down
^down: standby
(l): loopback
(s): spoofing
The number of interface that is UP in Physical is 3
The number of interface that is DOWN in Physical is 0
The number of interface that is UP in Protocol is 3
The number of interface that is DOWN in Protocol is 0

Interface                       IP Address/Mask       Physical    Protocol
GigabitEthernet0/0/0            192.1.1.254/24        up          up
GigabitEthernet0/0/1            192.1.2.254/24        up          up
NULL0                           unassigned            up          up(s)
<Huawei>
```

图 6. 11　路由器 AR1 的接口状态

```
E AR2                                                    [□□]  _  □  X
<Huawei>
<Huawei>display ip interface brief
*down: administratively down
^down: standby
(l): loopback
(s): spoofing
The number of interface that is UP in Physical is 3
The number of interface that is DOWN in Physical is 0
The number of interface that is UP in Protocol is 3
The number of interface that is DOWN in Protocol is 0

Interface                       IP Address/Mask       Physical    Protocol
GigabitEthernet0/0/0            192.1.2.253/24        up          up
GigabitEthernet0/0/1            192.1.3.254/24        up          up
NULL0                           unassigned            up          up(s)
<Huawei>
```

图 6. 12　路由器 AR2 的接口状态

```
E AR1                                                    [□□]  _  □  X
<Huawei>display ip routing-table
Route Flags: R - relay, D - download to fib
------------------------------------------------------------------------
Routing Tables: Public
         Destinations : 12        Routes : 12

Destination/Mask    Proto   Pre  Cost      Flags NextHop         Interface

      127.0.0.0/8   Direct  0    0           D   127.0.0.1       InLoopBack0
      127.0.0.1/32  Direct  0    0           D   127.0.0.1       InLoopBack0
127.255.255.255/32  Direct  0    0           D   127.0.0.1       InLoopBack0
      192.1.1.0/24  Direct  0    0           D   192.1.1.254     GigabitEthernet
0/0/0
    192.1.1.254/32  Direct  0    0           D   127.0.0.1       GigabitEthernet
0/0/0
    192.1.1.255/32  Direct  0    0           D   127.0.0.1       GigabitEthernet
0/0/0
      192.1.2.0/24  Direct  0    0           D   192.1.2.254     GigabitEthernet
0/0/1
    192.1.2.254/32  Direct  0    0           D   127.0.0.1       GigabitEthernet
0/0/1
    192.1.2.255/32  Direct  0    0           D   127.0.0.1       GigabitEthernet
0/0/1
      192.1.3.0/24  OSPF    10   2           D   192.1.2.253     GigabitEthernet
0/0/1
      192.1.4.0/24  OSPF    10   3           D   192.1.2.253     GigabitEthernet
0/0/1
255.255.255.255/32  Direct  0    0           D   127.0.0.1       InLoopBack0

<Huawei>
```

图 6. 13　路由器 AR1 的完整路由表

（3）完成各个 PC IP 地址、子网掩码和默认网关地址配置过程，PC1 配置的网络信息如图 6.14 所示。验证 PC1 与 PC2 之间可以相互通信，如图 6.15 所示是 PC1 执行 ping 操作的界面。

图 6.14 PC1 配置的网络信息

图 6.15 PC1 执行 ping 操作的界面

（4）接入入侵路由器（intrusion），完成入侵路由器接入后的网络拓扑结构如图 6.16 所示。分别为入侵路由器的两个接口配置属于网络地址 192.1.2.0/24 和 192.1.4.0/24 的 IP 地址 192.1.2.252 和 192.1.4.253，以此伪造与网络 192.1.4.0/24 直接相连的直连路由项。入侵路由器各个接口的状态如图 6.17 所示。完成入侵路由器 OSPF 配置过程后,路由器 AR1 的完整路由表如图 6.18 所示,路由器 AR1 通往网络 192.1.4.0/24 的传输路径上的下一跳变为入侵路由器。

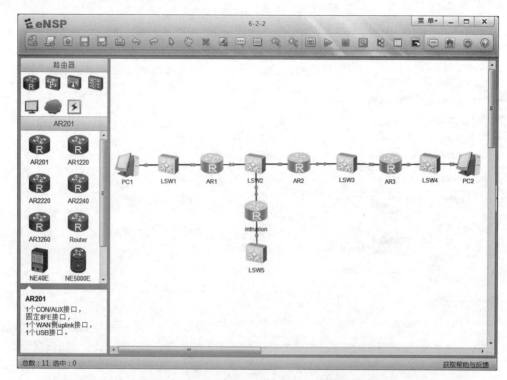

图 6.16　接入入侵路由器后的网络拓扑结构

图 6.17　入侵路由器的接口状态

　　(5) PC1 至 PC2 的 IP 分组被入侵路由器拦截,无法成功到达 PC2,如图 6.19 所示是 PC1 执行 ping 操作的界面。如图 6.20 所示是 PC1 执行如图 6.19 所示的 ping 操作时,入侵路由器连接网络 192.1.2.0/24 的接口捕获的报文序列。

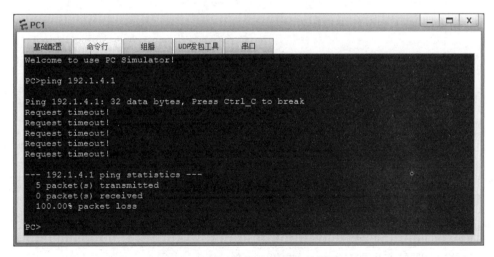

图 6.18　接入入侵路由器后路由器 AR1 的完整路由表

图 6.19　PC1 执行 ping 操作的界面

　　(6) 在路由器 AR1 和 AR2 连接网络 192.1.2.0/24 的接口上启动 OSPF 报文源端鉴别功能,配置相同的鉴别算法和鉴别密钥。入侵路由器发送的 OSPF 报文由于无法通过路由器 AR1 的源端鉴别,无法对路由器 AR1 生成路由项的过程产生影响,路由器 AR1 的完整路由表恢复如图 6.13 所示的接入入侵路由器之前的状态,路由器 AR1 通往网络 192.1.4.0/24 的传输路径上的下一跳重新变为路由器 AR2。PC1 与 PC2 之间恢复正常通信过程。

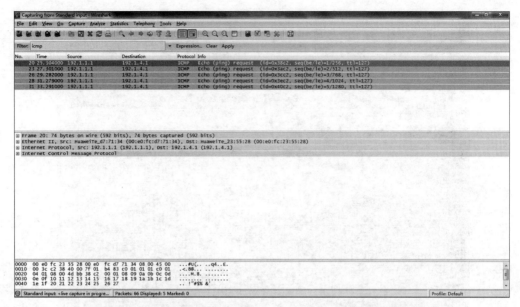

图 6.20 入侵路由器连接网络 192.1.2.0/24 的接口捕获的报文序列

6.2.6 命令行接口配置过程

1. 路由器 AR1 命令行接口配置过程

```
<Huawei>system-view
[Huawei]undo info-center enable
[Huawei]interface GigabitEthernet0/0/0
[Huawei-GigabitEthernet0/0/0]ip address 192.1.1.254 24
[Huawei-GigabitEthernet0/0/0]quit
[Huawei]interface GigabitEthernet0/0/1
[Huawei-GigabitEthernet0/0/1]ip address 192.1.2.254 24
[Huawei-GigabitEthernet0/0/1]quit
[Huawei]ospf 1
[Huawei-ospf-1]area 1
[Huawei-ospf-1-area-0.0.0.1]network 192.1.1.0 0.0.0.255
[Huawei-ospf-1-area-0.0.0.1]network 192.1.2.0 0.0.0.255
[Huawei-ospf-1-area-0.0.0.1]quit
[Huawei-ospf-1]quit
```

注：以下命令序列在完成实验步骤(6)时执行。

```
[Huawei]interface GigabitEthernet0/0/1
[Huawei-GigabitEthernet0/0/1]ospf authentication-mode hmac-md5 1 cipher
1234567aa1234567
[Huawei-GigabitEthernet0/0/1]quit
```

2. 路由器 AR2 命令行接口配置过程

```
<Huawei>system-view
[Huawei]undo info-center enable
[Huawei]interface GigabitEthernet0/0/0
[Huawei-GigabitEthernet0/0/0]ip address 192.1.2.253 24
[Huawei-GigabitEthernet0/0/0]quit
[Huawei]interface GigabitEthernet0/0/1
[Huawei-GigabitEthernet0/0/1]ip address 192.1.3.254 24
[Huawei-GigabitEthernet0/0/1]quit
[Huawei]ospf 2
[Huawei-ospf-2]area 1
[Huawei-ospf-2-area-0.0.0.1]network 192.1.2.0 0.0.0.255
[Huawei-ospf-2-area-0.0.0.1]network 192.1.3.0 0.0.0.255
[Huawei-ospf-2-area-0.0.0.1]quit
[Huawei-ospf-2]quit
```

注：以下命令序列在完成实验步骤(6)时执行。

```
[Huawei]interface GigabitEthernet0/0/0
[Huawei-GigabitEthernet0/0/0]ospf authentication-mode hmac-md5 1
cipher 1234567aa1234567
[Huawei-GigabitEthernet0/0/0]quit
```

3. 路由器 intrusion 命令行接口配置过程

```
<Huawei>system-view
[Huawei]undo info-center enable
[Huawei]interface GigabitEthernet0/0/0
[Huawei-GigabitEthernet0/0/0]ip address 192.1.2.252 24
[Huawei-GigabitEthernet0/0/0]quit
[Huawei]interface GigabitEthernet0/0/1
[Huawei-GigabitEthernet0/0/1]ip address 192.1.4.253 24
[Huawei-GigabitEthernet0/0/1]quit
[Huawei]ospf 4
[Huawei-ospf-4]area 1
[Huawei-ospf-4-area-0.0.0.1]network 192.1.2.0 0.0.0.255
[Huawei-ospf-4-area-0.0.0.1]network 192.1.4.0 0.0.0.255
[Huawei-ospf-4-area-0.0.0.1]quit
[Huawei-ospf-4]quit
```

路由器 AR3 命令行接口配置过程与 intrusion 相似，这里不再赘述。

4. 命令列表

路由器命令行接口配置过程中使用的命令及功能和参数说明如表 6.2 所示。

表 6.2　命令列表

命 令 格 式	功能和参数说明
ospf [*process-id*]	启动 ospf 进程,并进入 ospf 视图,在 ospf 视图下完成 ospf 相关参数的配置过程。参数 *process-id* 是 OSPF 进程编号,默认值是 1
area *area-id*	创建编号为 *area-id* 的 ospf 区域,并进入 ospf 区域视图
network *network-address wildcard-mask*	指定参与 ospf 创建动态路由项过程的路由器接口和直接连接的网络。参数 *network-address* 是网络地址。参数 *wildcard-mask* 是反掩码,其值是子网掩码的反码
ospf authentication-mode { **md5** | **hmac-md5** | **hmac-sha256** } [*key-id* { **plain** *plain-text* | [**cipher**] *cipher-text* }]	配置接口鉴别方式和鉴别密钥,参数 *key-id* 是密钥编号,参数 *plain-text* 是明文方式(plain)的密钥,参数 *cipher-text* 是密文方式(cipher)的密钥。MD5、HMAC-MD5 和 HMAC-SHA256 是消息鉴别码(MAC)生成算法

6.3　单播逆向路径转发实验

6.3.1　实验内容

互联网结构如图 6.21 所示,当终端 A 发送一个源 IP 地址为 192.1.5.1、目的 IP 地址为 192.1.4.1 的 IP 分组,且将该 IP 分组封装成以广播地址为目的 MAC 地址的 MAC 帧时,该 IP 分组将到达路由器 R1,并经过逐跳转发后,到达终端 B。

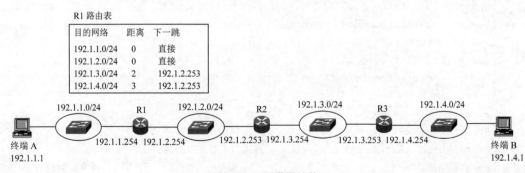

图 6.21　互联网结构

在路由器 R1 连接网络 192.1.1.0/24 的接口启动单播逆向路径转发(Unicast Reverse Path Forwarding,URPF)功能后,终端 A 再次发送一个源 IP 地址为 192.1.5.1、目的 IP 地址为 192.1.4.1 的 IP 分组,该 IP 分组被路由器 R1 丢弃。

6.3.2 实验目的

(1) 验证逐跳转发过程。
(2) 验证源 IP 地址欺骗攻击过程。
(3) 验证 URPF 防御源 IP 地址欺骗攻击的机制。
(4) 验证 URPF 配置过程。

6.3.3 实验原理

终端 A 通过伪造自己的 IP 地址实施攻击过程的行为称为源 IP 地址欺骗攻击。发生源 IP 地址欺骗攻击的原因是,路由器逐跳转发 IP 分组时,不对 IP 分组的源 IP 地址进行检测。事实上,路由器可以通过 URPF 防御源 IP 地址欺骗攻击。如果在图 6.21 中的路由器 R1 连接网络 192.1.1.0/24 的接口上启动 URPF 功能,当通过该接口接收到终端 A 发送的源 IP 地址为 192.1.5.1 的 IP 分组时,路由器将在路由表中检测与源 IP 地址192.1.5.1 匹配的路由项,如果发现路由表中没有与该源 IP 地址匹配的路由项,或者虽然路由表中存在与该源 IP 地址匹配的路由项,但路由项的输出接口不是接收该 IP 分组的接口时,路由器 R1 将丢弃该 IP 分组。由于图 6.21 中路由器 R1 的路由表中没有与源IP 地址 192.1.5.1 匹配的路由项,路由器 R1 将丢弃源 IP 地址为 192.1.5.1 的 IP 分组,使得终端 A 无法实施源 IP 地址欺骗攻击。

6.3.4 关键命令说明

```
[Huawei]interface GigabitEthernet0/0/0
[Huawei-GigabitEthernet0/0/0]urpf strict
[Huawei-GigabitEthernet0/0/0]quit
```

urpf strict 是接口视图下使用的命令,该命令的作用是在当前接口(这里是接口GigabitEthernet0/0/0)启动 URPF 功能,且使得 URPF 功能的执行模式是严格。严格执行 URPF 功能是指,当路由器通过当前接口接收到 IP 分组时,路由器将在路由表中检测与该 IP 分组的源 IP 地址匹配的路由项,如果发现路由表中没有与该源 IP 地址匹配的路由项,或者虽然路由表中存在与该源 IP 地址匹配的路由项,但路由项的输出接口不是接收该 IP 分组的接口时,路由器丢弃该 IP 分组。

6.3.5 实验步骤

(1) 启动 eNSP,按照如图 6.21 所示的网络拓扑结构放置和连接设备,完成设备放置和连接后的 eNSP 界面如图 6.22 所示。启动所有设备。

(2) 完成路由器 AR1、AR2 和 AR3 各个接口的 IP 地址和子网掩码配置过程,路由器AR1 的接口状态如图 6.23 所示。完成路由器 AR1、AR2 和 AR3 OSPF 配置过程。路由器 AR1、AR2 和 AR3 成功建立完整路由表。路由器 AR1 的完整路由表如图 6.24 所示。

(3) 为了仿真 PC1 实施源 IP 地址欺骗攻击的过程,打开如图 6.25 所示的 PC1"UDP发包工具"选项卡,目的 MAC 地址采用广播地址,以便路由器 AR1 能够接收到封装该

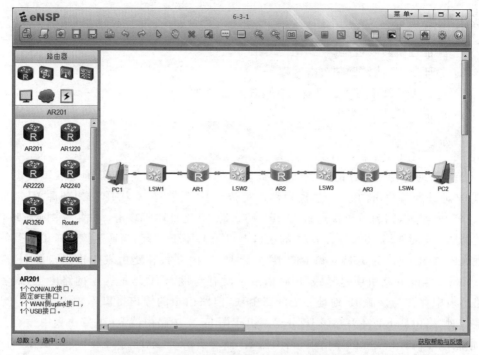

图 6.22   完成设备放置和连接后的 eNSP 界面

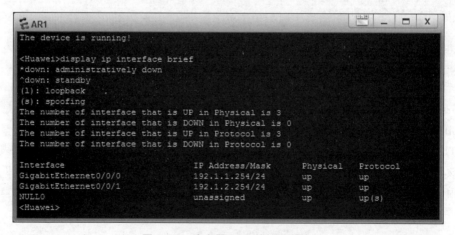

图 6.23   路由器 AR1 的接口状态

UDP 报文的 IP 分组。目的 IP 地址是 PC2 的 IP 地址 192.1.4.1，源 IP 地址是伪造的 IP 地址 192.1.5.1(PC1 实际的 IP 地址必须是属于网络地址 192.1.1.0/24 的 IP 地址)。每次单击"发送"按钮，完成一次 UDP 报文发送过程。

(4) 为了观察 UDP 报文传输过程，分别在路由器 AR1 连接交换机 LSW1 的接口和路由器 AR2 连接交换机 LSW2 的接口启动捕获报文的功能。按照如图 6.25 所示的"UDP 发包工具"选项卡配置，通过两次单击"发送"按钮，发送两个 UDP 报文。路由器 AR1 连接交换机 LSW1 的接口和路由器 AR2 连接交换机 LSW2 的接口捕获的报文序列

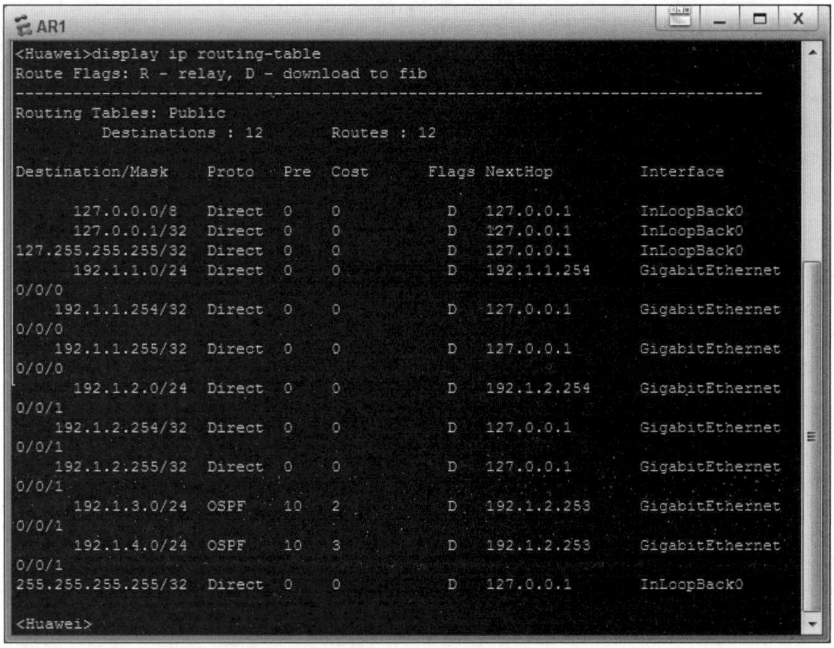

图 6.24 路由器 AR1 的完整路由表

图 6.25 PC1"UDP 发包工具"选项卡

分别如图 6.26 和图 6.27 所示。这两个接口都接收到封装 UDP 报文生成的源 IP 地址为 192.1.5.1、目的 IP 地址为 192.1.4.1 的 IP 分组,表明路由器 AR1 转发了这两个 IP 分组。

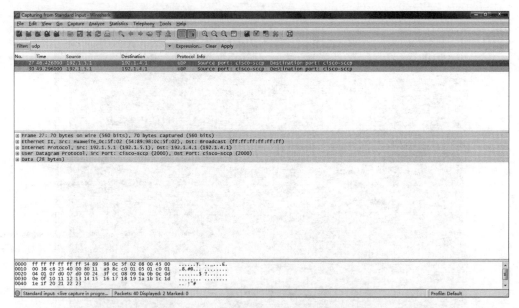

图 6.26　路由器 AR1 连接交换机 LSW1 的接口捕获的报文序列一

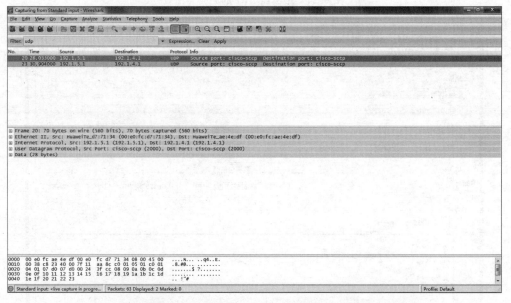

图 6.27　路由器 AR2 连接交换机 LSW2 的接口捕获的报文序列

（5）在路由器 AR1 连接交换机 LSW1 的接口启动 URPF 功能，且使得 URPF 功能的执行模式是严格。再次按照如图 6.25 所示的"UDP 发包工具"选项卡配置，通过单击 3 次"发送"按钮，发送 3 个 UDP 报文。路由器 AR1 连接交换机 LSW1 的接口捕获的报文序列如图 6.28 所示，表明该接口接收到封装这 3 个 UDP 报文生成的 IP 分组。但路由器 AR2 连接交换机 LSW2 的接口捕获的报文序列依然如图 6.27 所示，表明路由器 AR1 丢弃了这 3 个 IP 分组，URPF 功能得到执行。

图 6.28　路由器 AR1 连接交换机 LSW1 的接口捕获的报文序列二

6.3.6　命令行接口配置过程

1. 路由器 AR1 命令行接口配置过程

```
<Huawei>system-view
[Huawei]undo info-center enable
[Huawei]interface GigabitEthernet0/0/0
[Huawei-GigabitEthernet0/0/0]ip address 192.1.1.254 24
[Huawei-GigabitEthernet0/0/0]quit
[Huawei]interface GigabitEthernet0/0/1
[Huawei-GigabitEthernet0/0/1]ip address 192.1.2.254 24
[Huawei-GigabitEthernet0/0/1]quit
[Huawei]ospf 1
[Huawei-ospf-1]area 1
[Huawei-ospf-1-area-0.0.0.1]network 192.1.1.0 0.0.0.255
[Huawei-ospf-1-area-0.0.0.1]network 192.1.2.0 0.0.0.255
[Huawei-ospf-1-area-0.0.0.1]quit
[Huawei-ospf-1]quit
```

注：以下命令序列在完成实验步骤(4)时执行。

```
[Huawei]interface GigabitEthernet0/0/0
[Huawei-GigabitEthernet0/0/0]urpf strict
[Huawei-GigabitEthernet0/0/0]quit
```

其他路由器有关接口和 OSPF 的配置过程与路由器 AR1 相似,这里不再赘述。

2. 命令列表

路由器命令行接口配置过程中使用的命令及功能和参数说明如表 6.3 所示。

表 6.3　命令列表

命 令 格 式	功能和参数说明
urpf　﹛**loose** ｜ **strict**﹜　﹝**allow-default-route**﹞﹝**acl** *acl-number*﹞	启动接口 URPF 功能。loose 表明宽松执行 URPF 功能,即只有在路由表中没有发现与 IP 分组的源 IP 地址匹配的路由项时,才丢弃该 IP 分组。strict 表明严格执行 URPF 功能,即在路由表中没有发现与 IP 分组的源 IP 地址匹配的路由项时,或者虽然路由表中存在与 IP 分组的源 IP 地址匹配的路由项,但路由项中的输出接口不是接收该 IP 分组的接口时,丢弃该 IP 分组。如果选择 allow-default-route,增加对默认路由项的处理过程,即确定丢弃或转发 IP 分组时,考虑默认路由项的因素。在 loose 方式下,如果路由表中存在默认路由项,允许转发该 IP 分组。在 strict 方式下,只有当路由表中存在默认路由项,且默认路由项的输出接口与接收该 IP 分组的接口相同时,才允许转发该 IP 分组。如果选择 acl *acl-number*,只对编号为 *acl-number* 的分组过滤器允许通过的 IP 分组实施 URPF 功能

6.4　路由项过滤实验

6.4.1　实验内容

互联网结构如图 6.29 所示,路由器 R4 连接公共网络,具有用于指明通往公共网络中各个子网的传输路径的路由项。限制内部网络中各个路由器建立的用于指明通往公共网络中子网的传输路径的路由项。只允许路由器 R2 和 R3 建立用于指明通往公共网络中子网 172.1.17.0/24、172.1.18.0/24 和 172.1.19.0/24 的传输路径的路由项。只允许路由器 R1 建立用于指明通往公共网络中子网 172.1.18.0/24 的传输路径的路由项。

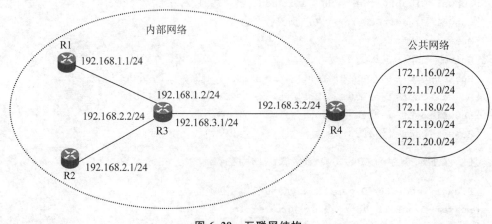

图 6.29　互联网结构

6.4.2　实验目的

（1）验证路由项建立过程。

（2）验证路由项在转发 IP 分组中的作用。

（3）验证路由项过滤（也称路由策略）实现机制。

（4）验证路由项过滤配置过程。

（5）验证路由项过滤实施过程。

6.4.3　实验原理

图 6.29 中的内部网络作为一个独立的自治系统，采用路由协议 OSPF。路由器 R4 是自治系统边界路由器（Autonomous System Boundary Router，ASBR），通过外部路由协议获得用于指明通往公共网络中各个子网的传输路径的路由项，并将这些路由项引入到内部网络中。因此，在没有实施路由项过滤的情况下，内部网络中的各个路由器生成用于指明通往内部网络中各个子网的传输路径的路由项和用于指明通往公共网络中各个子网的传输路径的路由项。如表 6.4 所示的路由器 R1 的完整路由表。

表 6.4　路由器 R1 的完整路由表

目 的 网 络	类　　　型	下 一 跳	输出接口	距 离
192.168.1.0/24	直接	—	1	0
192.168.2.0/24	ospf	192.168.1.2	1	2
192.168.3.0/24	ospf	192.168.1.2	1	2
172.1.16.0/24	外部路由项	192.168.1.2	1	—
172.1.17.0/24	外部路由项	192.168.1.2	1	—
172.1.18.0/24	外部路由项	192.168.1.2	1	—
172.1.19.0/24	外部路由项	192.168.1.2	1	—
172.1.20.0/24	外部路由项	192.168.1.2	1	—

为了实施路由项过滤，要求路由器 R4 只向内部网络引入用于指明通往公共网络中子网 172.1.17.0/24、172.1.18.0/24 和 172.1.19.0/24 的传输路径的路由项。要求路由器 R1 只接收用于指明通往公共网络中子网 172.1.18.0/24 的传输路径的路由项。这种情况下，路由器 R1 生成的路由表如表 6.5 所示。路由器 R2 生成的路由表如表 6.6 所示。

表 6.5　路由器 R1 路由项过滤后的路由表

目 的 网 络	类　　　型	下 一 跳	输出接口	距 离
192.168.1.0/24	直接	—	1	0
172.1.18.0/24	外部路由项	192.168.1.2	1	

表 6.6　路由器 R2 路由项过滤后的路由表

目 的 网 络	类　　型	下 一 跳	输出接口	距离
192.168.1.0/24	ospf	192.168.2.2	1	2
192.168.2.0/24	直接	—	1	0
192.168.3.0/24	ospf	192.168.2.2	1	2
172.1.17.0/24	外部路由项	192.168.2.2	1	—
172.1.18.0/24	外部路由项	192.168.2.2	1	—
172.1.19.0/24	外部路由项	192.168.2.2	1	—

将路由器在发布、接收和引入路由项时所采取的策略称为路由策略。因此,路由项过滤是通过路由策略实现的。

6.4.4　关键命令说明

1. 配置静态路由项

```
[Huawei]ip route-static 172.1.16.0 24 null 0
```

ip route-static 172.1.16.0 24 null 0 是系统视图下使用的命令,该命令的作用是添加一项静态路由项,其中 172.1.16.0 24 用于表明目的网络 172.1.16.0/24,null 0 是输出接口。null 0 是一个特殊的接口,所有发送给该接口的 IP 分组都被丢弃,因此,该项静态路由项只是用于引入一项目的网络为 172.1.16.0/24 的静态路由项,并没有真正指明通往目的网络 172.1.16.0/24 的传输路径。

2. 配置 OSPF 进程的引入路由项

```
[Huawei]ospf 4
[Huawei-ospf-4]import-route static
[Huawei-ospf-4]quit
```

import-route static 是 OSPF 视图下使用的命令,该命令的作用是指定静态路由项作为编号为 4 的 OSPF 进程的引入路由项。

3. 配置地址前缀列表

```
[Huawei]ip ip-prefix aa index 10 permit 172.1.17.0 24
[Huawei]ip ip-prefix aa index 20 permit 172.1.18.0 24
[Huawei]ip ip-prefix aa index 30 permit 172.1.19.0 24
```

ip ip-prefix aa index 10 permit 172.1.17.0 24 是系统视图下使用的命令,该命令的作用是在名为 aa 的地址前缀列表中增加 IP 地址范围 172.1.17.0/24。permit 表明匹配模式是允许,即属于 IP 地址范围 172.1.17.0/24 的 IP 地址是匹配的 IP 地址。10 是索引值,索引值确定增加的 IP 地址范围在地址前缀列表中的匹配顺序。

4. 配置引入路由项的输出策略

```
[Huawei]ospf 4
[Huawei-ospf-4]filter-policy ip-prefix aa export static
[Huawei-ospf-4]quit
```

filter-policy ip-prefix aa export static 是 OSPF 视图下使用的命令,该命令的作用是指定引入路由项的输出策略。这里 static 表明引入路由项是手工配置的静态路由项,aa 是地址前缀列表名称。该输出策略表明引入的静态路由项中,编号为 4 的 ospf 进程只发布目的网络地址与名为 aa 的地址前缀列表匹配的路由项。

5. 配置接收策略

```
[Huawei]ospf 1
[Huawei-ospf-1]filter-policy ip-prefix in import
[Huawei-ospf-1]quit
```

filter-policy ip-prefix in import 是 OSPF 视图下使用的命令,该命令的作用是指定过滤策略。只有通过过滤策略的路由项才被添加到路由表中。这里 in 是地址前缀列表名称,该过滤策略表明编号为 1 的 ospf 进程计算出的路由项中,只有目的网络地址与名为 in 的地址前缀列表匹配的路由项才会被添加到路由表中。

6.4.5　实验步骤

(1) 启动 eNSP,按照如图 6.29 所示的网络拓扑结构放置和连接设备,完成设备放置和连接后的 eNSP 界面如图 6.30 所示。启动所有设备。

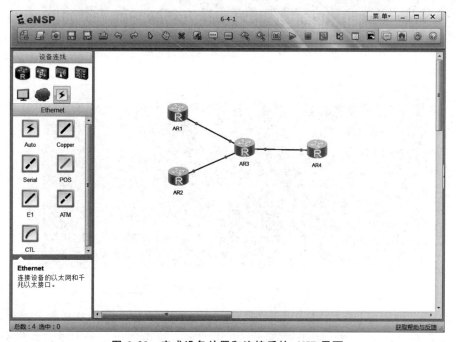

图 6.30　完成设备放置和连接后的 eNSP 界面

（2）完成 4 个路由器各个接口的 IP 地址和子网掩码配置过程,4 个路由器的接口状态分别如图 6.31～图 6.34 所示。

```
AR1
<Huawei>display ip interface brief
*down: administratively down
^down: standby
(l): loopback
(s): spoofing
The number of interface that is UP in Physical is 2
The number of interface that is DOWN in Physical is 1
The number of interface that is UP in Protocol is 2
The number of interface that is DOWN in Protocol is 1

Interface                      IP Address/Mask      Physical    Protocol
GigabitEthernet0/0/0           192.168.1.1/24       up          up
GigabitEthernet0/0/1           unassigned           down        down
NULL0                          unassigned           up          up(s)
<Huawei>
<Huawei>
```

图 6.31　路由器 AR1 的接口状态

```
AR2
<Huawei>display ip interface brief
*down: administratively down
^down: standby
(l): loopback
(s): spoofing
The number of interface that is UP in Physical is 2
The number of interface that is DOWN in Physical is 1
The number of interface that is UP in Protocol is 2
The number of interface that is DOWN in Protocol is 1

Interface                      IP Address/Mask      Physical    Protocol
GigabitEthernet0/0/0           192.168.2.1/24       up          up
GigabitEthernet0/0/1           unassigned           down        down
NULL0                          unassigned           up          up(s)
<Huawei>
<Huawei>
```

图 6.32　路由器 AR2 的接口状态

```
AR3
<Huawei>display ip interface brief
*down: administratively down
^down: standby
(l): loopback
(s): spoofing
The number of interface that is UP in Physical is 4
The number of interface that is DOWN in Physical is 0
The number of interface that is UP in Protocol is 4
The number of interface that is DOWN in Protocol is 0

Interface                      IP Address/Mask      Physical    Protocol
GigabitEthernet0/0/0           192.168.1.2/24       up          up
GigabitEthernet0/0/1           192.168.2.2/24       up          up
GigabitEthernet2/0/0           192.168.3.1/24       up          up
NULL0                          unassigned           up          up(s)
<Huawei>
```

图 6.33　路由器 AR3 的接口状态

（3）完成路由器 AR4 静态路由项配置过程,完成各个路由器 OSPF 配置过程,路由器 AR4 将配置的静态路由项引入到 OSPF 中。各个路由器生成的完整路由表分别如

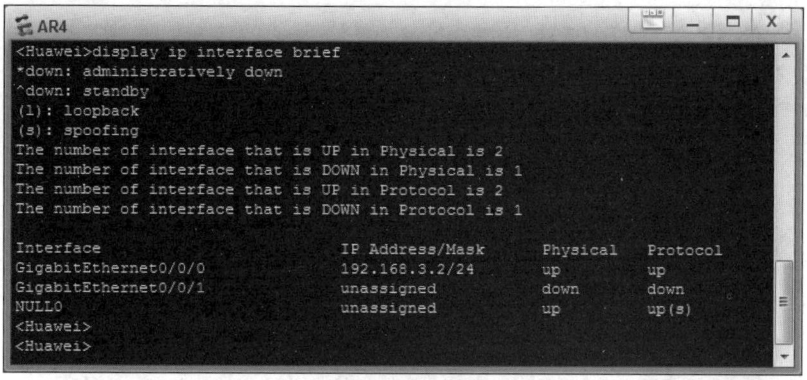

```
AR4                                                             _  □  X
<Huawei>display ip interface brief
*down: administratively down
^down: standby
(l): loopback
(s): spoofing
The number of interface that is UP in Physical is 2
The number of interface that is DOWN in Physical is 1
The number of interface that is UP in Protocol is 2
The number of interface that is DOWN in Protocol is 1

Interface                     IP Address/Mask    Physical   Protocol
GigabitEthernet0/0/0          192.168.3.2/24     up         up
GigabitEthernet0/0/1          unassigned         down       down
NULL0                         unassigned         up         up(s)
<Huawei>
<Huawei>
```

图 6.34　路由器 AR4 的接口状态

图 6.35～图 6.38 所示。路由器 AR1、AR2 和 AR3 的完整路由表中不仅包含类型为
OSPF 的用于指明通往内部网络中各个子网的传输路径的路由项,还包含类型为 O_ASE
的用于指明通往公共网络中各个子网的传输路径的外部路由项。路由器 AR4 的完整
路由表中不仅包含类型为 OSPF 的用于指明通往内部网络中各个子网的传输路径的路
由项,还包含类型为 Static 的用于指明通往公共网络中各个子网的传输路径的静态路
由项。

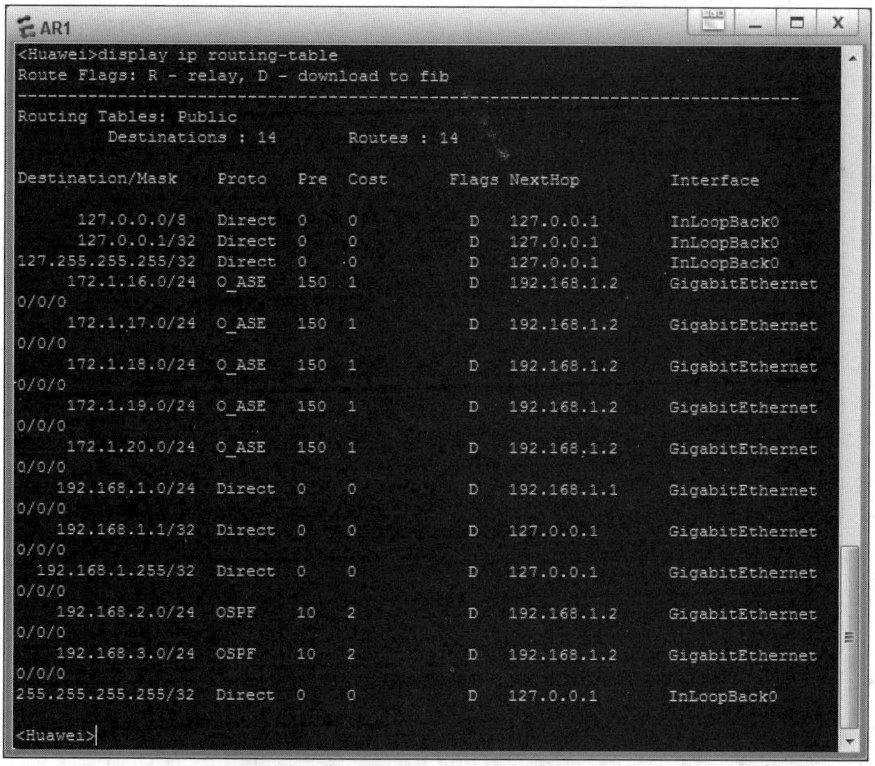

```
AR1                                                             _  □  X
<Huawei>display ip routing-table
Route Flags: R - relay, D - download to fib
------------------------------------------------------------------
Routing Tables: Public
           Destinations : 14       Routes : 14

Destination/Mask    Proto   Pre  Cost      Flags NextHop        Interface

     127.0.0.0/8    Direct  0    0          D    127.0.0.1      InLoopBack0
     127.0.0.1/32   Direct  0    0          D    127.0.0.1      InLoopBack0
127.255.255.255/32  Direct  0    0          D    127.0.0.1      InLoopBack0
    172.1.16.0/24   O_ASE   150  1          D    192.168.1.2    GigabitEthernet
0/0/0
    172.1.17.0/24   O_ASE   150  1          D    192.168.1.2    GigabitEthernet
0/0/0
    172.1.18.0/24   O_ASE   150  1          D    192.168.1.2    GigabitEthernet
0/0/0
    172.1.19.0/24   O_ASE   150  1          D    192.168.1.2    GigabitEthernet
0/0/0
    172.1.20.0/24   O_ASE   150  1          D    192.168.1.2    GigabitEthernet
0/0/0
   192.168.1.0/24   Direct  0    0          D    192.168.1.1    GigabitEthernet
0/0/0
   192.168.1.1/32   Direct  0    0          D    127.0.0.1      GigabitEthernet
 192.168.1.255/32   Direct  0    0          D    127.0.0.1      GigabitEthernet
0/0/0
   192.168.2.0/24   OSPF    10   2          D    192.168.1.2    GigabitEthernet
0/0/0
   192.168.3.0/24   OSPF    10   2          D    192.168.1.2    GigabitEthernet
0/0/0
255.255.255.255/32  Direct  0    0          D    127.0.0.1      InLoopBack0

<Huawei>
```

图 6.35　路由器 AR1 的完整路由表

```
AR2
<Huawei>display ip routing-table
Route Flags: R - relay, D - download to fib
------------------------------------------------------------------------------
Routing Tables: Public
         Destinations : 14      Routes : 14

Destination/Mask    Proto   Pre  Cost      Flags NextHop         Interface

      127.0.0.0/8   Direct  0    0          D    127.0.0.1       InLoopBack0
      127.0.0.1/32  Direct  0    0          D    127.0.0.1       InLoopBack0
127.255.255.255/32  Direct  0    0          D    127.0.0.1       InLoopBack0
      172.1.16.0/24 O_ASE   150  1          D    192.168.2.2     GigabitEthernet
0/0/0
      172.1.17.0/24 O_ASE   150  1          D    192.168.2.2     GigabitEthernet
0/0/0
      172.1.18.0/24 O_ASE   150  1          D    192.168.2.2     GigabitEthernet
0/0/0
      172.1.19.0/24 O_ASE   150  1          D    192.168.2.2     GigabitEthernet
0/0/0
      172.1.20.0/24 O_ASE   150  1          D    192.168.2.2     GigabitEthernet
0/0/0
     192.168.1.0/24 OSPF    10   2          D    192.168.2.2     GigabitEthernet
0/0/0
     192.168.2.0/24 Direct  0    0          D    192.168.2.1     GigabitEthernet
0/0/0
     192.168.2.1/32 Direct  0    0          D    127.0.0.1       GigabitEthernet
0/0/0
   192.168.2.255/32 Direct  0    0          D    127.0.0.1       GigabitEthernet
0/0/0
     192.168.3.0/24 OSPF    10   2          D    192.168.2.2     GigabitEthernet
0/0/0
255.255.255.255/32  Direct  0    0          D    127.0.0.1       InLoopBack0

<Huawei>
```

图 6.36 路由器 AR2 的完整路由表

```
AR3
<Huawei>display ip routing-table
Route Flags: R - relay, D - download to fib
------------------------------------------------------------------------------
Routing Tables: Public
         Destinations : 18      Routes : 18

Destination/Mask    Proto   Pre  Cost      Flags NextHop         Interface

      127.0.0.0/8   Direct  0    0          D    127.0.0.1       InLoopBack0
      127.0.0.1/32  Direct  0    0          D    127.0.0.1       InLoopBack0
127.255.255.255/32  Direct  0    0          D    127.0.0.1       InLoopBack0
      172.1.16.0/24 O_ASE   150  1          D    192.168.3.2     GigabitEthernet
2/0/0
      172.1.17.0/24 O_ASE   150  1          D    192.168.3.2     GigabitEthernet
2/0/0
      172.1.18.0/24 O_ASE   150  1          D    192.168.3.2     GigabitEthernet
2/0/0
      172.1.19.0/24 O_ASE   150  1          D    192.168.3.2     GigabitEthernet
2/0/0
      172.1.20.0/24 O_ASE   150  1          D    192.168.3.2     GigabitEthernet
2/0/0
     192.168.1.0/24 Direct  0    0          D    192.168.1.2     GigabitEthernet
0/0/0
     192.168.1.2/32 Direct  0    0          D    127.0.0.1       GigabitEthernet
0/0/0
   192.168.1.255/32 Direct  0    0          D    127.0.0.1       GigabitEthernet
0/0/0
     192.168.2.0/24 Direct  0    0          D    192.168.2.2     GigabitEthernet
0/0/1
     192.168.2.2/32 Direct  0    0          D    127.0.0.1       GigabitEthernet
0/0/1
   192.168.2.255/32 Direct  0    0          D    127.0.0.1       GigabitEthernet
0/0/1
     192.168.3.0/24 Direct  0    0          D    192.168.3.1     GigabitEthernet
2/0/0
     192.168.3.1/32 Direct  0    0          D    127.0.0.1       GigabitEthernet
2/0/0
   192.168.3.255/32 Direct  0    0          D    127.0.0.1       GigabitEthernet
2/0/0
255.255.255.255/32  Direct  0    0          D    127.0.0.1       InLoopBack0

<Huawei>
```

图 6.37 路由器 AR3 的完整路由表

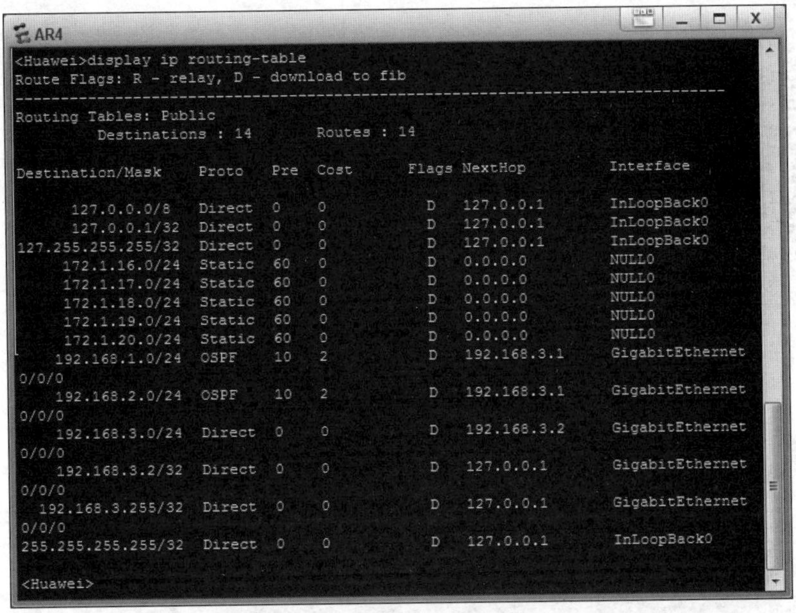

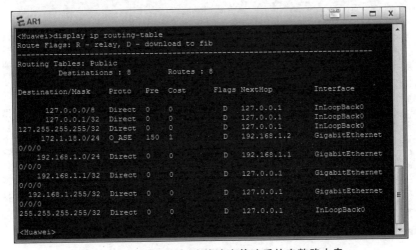

图 6.38　路由器 AR4 的完整路由表

（4）AR4 的 OSPF 进程中设置只允许发布目的网络为 172.1.17.0/24、172.1.18.0/24 和 172.1.19.0/24 的静态路由项的路由策略。AR1 的 OSPF 进程中设置在计算出的路由项中，只将目的网络为 172.1.18.0/24 的路由项添加到路由表中的路由策略。实施路由策略后，路由器 AR1、AR2 和 AR3 的完整路由表分别如图 6.39～图 6.41 所示。路由器 AR1 的完整路由表中，除了直连路由项，只包含目的网络为 172.1.18.0/24 的动态路由项。路由器 AR2 和 AR3 的完整路由表中，包含类型为 OSPF 的用于指明通往内部网络中各个子网的传输路径的路由项，还包含类型为 O_ASE 的用于指明通往公共网络中子网 172.1.17.0/24、172.1.18.0/24 和 172.1.19.0/24 的传输路径的外部路由项。路由器 AR4 的完整路由表与实施路由策略前相同。

图 6.39　路由器 AR1 实施路由策略后的完整路由表

```
E AR2                                                                    ⊡⊡  _  □  X
<Huawei>display ip routing-table
Route Flags: R - relay, D - download to fib
--------------------------------------------------------------------------------
Routing Tables: Public
         Destinations : 12      Routes : 12

Destination/Mask    Proto   Pre  Cost      Flags NextHop        Interface

     127.0.0.0/8    Direct  0    0           D   127.0.0.1      InLoopBack0
     127.0.0.1/32   Direct  0    0           D   127.0.0.1      InLoopBack0
127.255.255.255/32  Direct  0    0           D   127.0.0.1      InLoopBack0
     172.1.17.0/24  O_ASE   150  1           D   192.168.2.2    GigabitEthernet
0/0/0
     172.1.18.0/24  O_ASE   150  1           D   192.168.2.2    GigabitEthernet
0/0/0
     172.1.19.0/24  O_ASE   150  1           D   192.168.2.2    GigabitEthernet
0/0/0
     192.168.1.0/24 OSPF    10   2           D   192.168.2.2    GigabitEthernet
     192.168.2.0/24 Direct  0    0           D   192.168.2.1    GigabitEthernet
0/0/0
     192.168.2.1/32 Direct  0    0           D   127.0.0.1      GigabitEthernet
0/0/0
    192.168.2.255/32 Direct 0    0           D   127.0.0.1      GigabitEthernet
0/0/0
     192.168.3.0/24 OSPF    10   2           D   192.168.2.2    GigabitEthernet
0/0/0
255.255.255.255/32  Direct  0    0           D   127.0.0.1      InLoopBack0

<Huawei>
```

图 6.40　路由器 AR2 实施路由策略后的完整路由表

```
E AR3                                                                    ⊡⊡  _  □  X
<Huawei>display ip routing-table
Route Flags: R - relay, D - download to fib
--------------------------------------------------------------------------------
Routing Tables: Public
         Destinations : 16      Routes : 16

Destination/Mask    Proto   Pre  Cost      Flags NextHop        Interface

     127.0.0.0/8    Direct  0    0           D   127.0.0.1      InLoopBack0
     127.0.0.1/32   Direct  0    0           D   127.0.0.1      InLoopBack0
127.255.255.255/32  Direct  0    0           D   127.0.0.1      InLoopBack0
     172.1.17.0/24  O_ASE   150  1           D   192.168.3.2    GigabitEthernet
2/0/0
     172.1.18.0/24  O_ASE   150  1           D   192.168.3.2    GigabitEthernet
2/0/0
     172.1.19.0/24  O_ASE   150  1           D   192.168.3.2    GigabitEthernet
2/0/0
     192.168.1.0/24 Direct  0    0           D   192.168.1.2    GigabitEthernet
0/0/0
     192.168.1.2/32 Direct  0    0           D   127.0.0.1      GigabitEthernet
0/0/0
    192.168.1.255/32 Direct 0    0           D   127.0.0.1      GigabitEthernet
0/0/0
     192.168.2.0/24 Direct  0    0           D   192.168.2.2    GigabitEthernet
0/0/1
     192.168.2.2/32 Direct  0    0           D   127.0.0.1      GigabitEthernet
0/0/1
    192.168.2.255/32 Direct 0    0           D   127.0.0.1      GigabitEthernet
0/0/1
     192.168.3.0/24 Direct  0    0           D   192.168.3.1    GigabitEthernet
2/0/0
     192.168.3.1/32 Direct  0    0           D   127.0.0.1      GigabitEthernet
2/0/0
    192.168.3.255/32 Direct 0    0           D   127.0.0.1      GigabitEthernet
2/0/0
255.255.255.255/32  Direct  0    0           D   127.0.0.1      InLoopBack0

<Huawei>
```

图 6.41　路由器 AR3 实施路由策略后的完整路由表

6.4.6　命令行接口配置过程

1. 路由器 AR1 命令行接口配置过程

```
<Huawei>system-view
[Huawei]undo info-center enable
[Huawei]interface GigabitEthernet0/0/0
[Huawei-GigabitEthernet0/0/0]ip address 192.168.1.1 24
[Huawei-GigabitEthernet0/0/0]quit
[Huawei]ospf 1
[Huawei-ospf-1]area 1
[Huawei-ospf-1-area-0.0.0.1]network 192.168.1.0 0.0.0.255
[Huawei-ospf-1-area-0.0.0.1]quit
[Huawei-ospf-1]quit
```

注：以下命令序列在完成实验步骤（4）时执行。

```
[Huawei]ip ip-prefix in index 10 permit 172.1.18.0 24
[Huawei]ospf 1
[Huawei-ospf-1]filter-policy ip-prefix in import
[Huawei-ospf-1]quit
```

2. 路由器 AR2 命令行接口配置过程

```
<Huawei>system-view
[Huawei]undo info-center enable
[Huawei]interface GigabitEthernet0/0/0
[Huawei-GigabitEthernet0/0/0]ip address 192.168.2.1 24
[Huawei-GigabitEthernet0/0/0]quit
[Huawei]ospf 2
[Huawei-ospf-2]area 1
[Huawei-ospf-2-area-0.0.0.1]network 192.168.2.0 0.0.0.255
[Huawei-ospf-2-area-0.0.0.1]quit
[Huawei-ospf-2]quit
```

3. 路由器 AR3 命令行接口配置过程

```
<Huawei>system-view
[Huawei]undo info-center enable
[Huawei]interface GigabitEthernet0/0/0
[Huawei-GigabitEthernet0/0/0]ip address 192.168.1.2 24
[Huawei-GigabitEthernet0/0/0]quit
[Huawei]interface GigabitEthernet0/0/1
[Huawei-GigabitEthernet0/0/1]ip address 192.168.2.2 24
[Huawei-GigabitEthernet0/0/1]quit
```

```
[Huawei]interface GigabitEthernet2/0/0
[Huawei-GigabitEthernet2/0/0]ip address 192.168.3.1 24
[Huawei-GigabitEthernet2/0/0]quit
[Huawei]ospf 3
[Huawei-ospf-3]area 1
[Huawei-ospf-3-area-0.0.0.1]network 192.168.1.0 0.0.0.255
[Huawei-ospf-3-area-0.0.0.1]network 192.168.2.0 0.0.0.255
[Huawei-ospf-3-area-0.0.0.1]network 192.168.3.0 0.0.0.255
[Huawei-ospf-3-area-0.0.0.1]quit
[Huawei-ospf-3]quit
```

4. 路由器 AR4 命令行接口配置过程

```
<Huawei>system-view
[Huawei]undo info-center enable
[Huawei]interface GigabitEthernet0/0/0
[Huawei-GigabitEthernet0/0/0]ip address 192.168.3.2 24
[Huawei-GigabitEthernet0/0/0]quit
[Huawei]ospf 4
[Huawei-ospf-4]area 1
[Huawei-ospf-4-area-0.0.0.1]network 192.168.3.0 0.0.0.255
[Huawei-ospf-4-area-0.0.0.1]quit
[Huawei-ospf-4]quit
[Huawei]ip route-static 172.1.16.0 24 null 0
[Huawei]ip route-static 172.1.17.0 24 null 0
[Huawei]ip route-static 172.1.18.0 24 null 0
[Huawei]ip route-static 172.1.19.0 24 null 0
[Huawei]ip route-static 172.1.20.0 24 null 0
[Huawei]ospf 4
[Huawei-ospf-4]import-route static
[Huawei-ospf-4]quit
[Huawei]quit
```

注：以下命令序列在完成实验步骤(4)时执行。

```
[Huawei]ip ip-prefix aa index 10 permit 172.1.17.0 24
[Huawei]ip ip-prefix aa index 20 permit 172.1.18.0 24
[Huawei]ip ip-prefix aa index 30 permit 172.1.19.0 24
[Huawei]ospf 4
[Huawei-ospf-4]filter-policy ip-prefix aa export static
[Huawei-ospf-4]quit
```

5. 命令列表

路由器命令行接口配置过程中使用的命令及功能和参数说明如表 6.7 所示。

表 6.7　命令列表

命 令 格 式	功能和参数说明
ip route-static *ip-address*｛*mask*｜*mask-length*｝｛*nexthop-address*｜*interface-type interface-number*｝	配置静态路由项。其中参数 *ip-address* 是目的网络地址,参数 *mask* 是目的网络的子网掩码,参数 *mask-length* 是目的网络的网络前缀长度,子网掩码和网络前缀长度二者选一。参数 *nexthop-address* 是下一跳地址。参数 *interface-type* 是接口类型,参数 *interface-number* 是接口编号,接口类型和接口编号一起用于指定输出接口。下一跳地址和输出接口二者选一
import-route ｛**bgp**｜**direct**｜**rip**［*process-id-rip*］｜**static**｝	配置引入路由项。bgp 表明引入 bgp 生成的外部路由项。direct 表明引入类型为 direct 的路由项。rip 表明引入 RIP 生成的路由项,其中参数 *process-id-rip* 是 RIP 进程编号,默认值为 1。static 表明引入类型为 static 的路由项
ip ip-prefix *ip-prefix-name*［**index** *index-number*］｛**permit**｜**deny**｝*ipv4-address mask-length*	创建一个地址前缀列表,或者在已经创建的地址前缀列表中增加一项表项。参数 *ip-prefix-name* 是地址前缀列表名称,参数 *index-number* 是索引值,不同表项有着不同的索引值,根据索引值大小确定匹配顺序。permit 表明属于地址前缀列表指定的 IP 地址范围的 IP 地址为地址前缀列表匹配的 IP 地址。deny 表明不属于地址前缀列表指定的 IP 地址范围的 IP 地址为地址前缀列表匹配的 IP 地址。参数 *ipv4-address* 是 IP 地址,参数 *mask-length* 是网络前缀长度,两者一起确定该表项的 IP 地址范围
filter-policy ip-prefix *ip-prefix-name* **export**［*protocol*［*process-id*］］	对 OSPF 发布的引入路由项进行过滤。参数 *ip-prefix-name* 是地址前缀列表名称,参数 *protocol* 是生成引入路由项的路由协议,可以选择的值包括 direct、rip、bgp 和 static 等,参数 *process-id* 是指定路由协议运行进程编号。对于由指定路由协议(direct、rip、bgp 和 static 等)生成的引入路由项,OSPF 只发布目的网络地址与指定的地址前缀列表(名为 *ip-prefix-name* 的地址前缀列表)匹配的路由项
filter-policy ip-prefix *ip-prefix-name* **import**	对 OSPF 接收的路由项进行过滤。参数 *ip-prefix-name* 是地址前缀列表名称。OSPF 在计算出的路由项中,只向路由表添加目的网络地址与指定的地址前缀列表(名为 *ip-prefix-name* 的地址前缀列表)匹配的路由项

6.5　流量管制实验

6.5.1　实验内容

黑客通过向 Web 服务器发送大量报文,导致 Web 服务器连接网络的链路过载,从而使得 Web 服务器无法正常提供服务。

为了解决上述问题,需要限制某个网络发送给 Web 服务器的流量,以此阻止对 Web 服务器实施的拒绝服务攻击。

对于如图 6.42 所示的互联网结构,分别在路由器 R1 接口 1 和路由器 R2 接口 2 配置流量管制器,对网络 192.1.1.0/24 和网络 192.1.3.0/24 中的终端发送给 Web 服务器的流量进行管制。

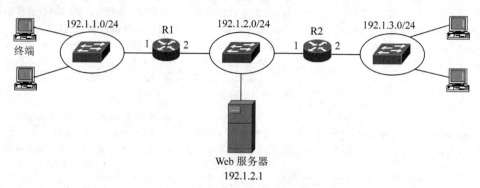

图 6.42　互联网结构

6.5.2　实验目的

(1) 验证流量管制器的配置过程。
(2) 验证通过流量管制阻止拒绝服务攻击的过程。
(3) 验证流量管制的工作原理。

6.5.3　实验原理

1. 信息流分类

信息流分类是指通过规则从 IP 分组流中鉴别出一组 IP 分组,规则由一组属性值组成,如果某个 IP 分组携带的信息和构成规则的一组属性值匹配,意味着该 IP 分组和该规则匹配。构成规则的属性值通常由下述字段组成:

源 IP 地址,用于匹配 IP 分组 IP 首部中的源 IP 地址字段值。

目的 IP 地址,用于匹配 IP 分组 IP 首部中的目的 IP 地址字段值。

源和目的端口号,用于匹配作为 IP 分组净荷的传输层报文首部中源和目的端口号字段值。

协议类型,用于匹配 IP 分组首部中的协议字段值。

如分离出图 6.42 中网络 192.1.1.0/24 中的终端发送给 Web 服务器的流量的规则如下:

协议类型=TCP;

源 IP 地址=192.1.1.0/24;

源端口号:任意;

目的 IP 地址=192.1.2.1/32;

目的端口号=80。

2. 流量管制

流量管制通过定义 4 个参数实现,这 4 个参数分别是承诺信息速率(Committed

Information Rate,CIR)、承诺突发尺寸(Committed Burst Size,CBS)、峰值信息速率(Peak Information Rate,PIR)和峰值突发尺寸(Peak Burst Size,PBS)。它们必须满足以下关系:PIR>CIR,且 PBS>CBS。

流量管制过程如图 6.43 所示,流量管制的核心是两个令牌桶。一是 C 桶,C 桶的容量等于 CBS,生成令牌的速度等于 CIR。当 C 桶令牌数 TC 小于 CBS 时,以 CIR 速度产生令牌。当 C 桶令牌数 TC 大于 CBS 时,丢弃新产生的令牌。二是 P 桶,P 桶的容量等于 PBS,生成令牌的速度等于 PIR。当 P 桶令牌数 TP 小于 PBS 时,以 PIR 速度产生令牌,当 P 桶令牌数 TP 大于 PBS 时,丢弃新产生的令牌。

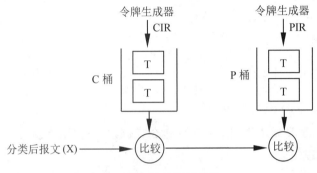

图 6.43　流量管制过程

当到达长度为 X 的报文时,进行以下操作。

(1) 如果 X≤TC,且 X≤TP;TC=TC−X,TP=TP−X,报文颜色设置为绿色。

(2) 如果 TC<X≤TP,TP=TP−X,报文颜色设置为黄色。

(3) 如果 TP<X,报文颜色设置为红色。

通常情况下,允许传输绿色和黄色报文,丢弃红色报文。

6.5.4　关键命令说明

1. 配置流分类

```
[Huawei]traffic classifier r1
[Huawei-classifier-r1]if-match acl 3000
[Huawei-classifier-r1]quit
```

traffic classifier r1 是系统视图下使用的命令,该命令的作用是创建一个名为 r1 的流分类,并进入流分类视图。

if-match acl 3000 是流分类视图下使用的命令,该命令的作用是在流分类中创建基于 acl 的分类规则。3000 是 acl 编号,表明编号为 3000 的 acl 允许通过的信息流即为符合分类规则的信息流。

2. 配置流行为

```
[Huawei]traffic behavior r1
[Huawei-behavior-r1]remark dscp 31
```

```
[Huawei-behavior-r1]car cir 200 pir 400 cbs 40000 pbs 80000
[Huawei-behavior-r1]quit
```

traffic behavior r1 是系统视图下使用的命令,该命令的作用是创建一个名为 r1 的流行为,并进入流行为视图。

remark dscp 31 是流行为视图下使用的命令,该命令的作用是在流行为中创建将 IP 报文的 DSCP 优先级重新标记为 31 的动作。

car cir 200 pir 400 cbs 40000 pbs 80000 是流行为视图下使用的命令,该命令的作用是在流行为中创建流量管制的动作,实施流量管制的 4 个参数的值分别是 cir＝200kb/s, pir＝400kb/s,cbs＝40000B,pbs＝80000B。

3. 配置流策略

```
[Huawei]traffic policy r1
[Huawei-trafficpolicy-r1]classifier r1 behavior r1
[Huawei-trafficpolicy-r1]quit
```

traffic policy r1 是系统视图下使用的命令,该命令的作用是创建一个名为 r1 的流策略,并进入流策略视图。

classifier r1 behavior r1 是流策略视图下使用的命令,该命令的作用是为指定的流分类配置所需的流行为,这里,指定的流分类是名为 r1 的流分类,所需的流行为是名为 r1 的流行为。

4. 应用流策略

```
[Huawei]interface GigabitEthernet0/0/0
[Huawei-GigabitEthernet0/0/0]traffic-policy r1 inbound
[Huawei-GigabitEthernet0/0/0]quit
```

traffic-policy r1 inbound 是接口视图下使用的命令,该命令的作用是在当前接口(这里是接口 GigabitEthernet0/0/0)的输入方向应用名为 r1 的流策略。inbound 表明作用于输入方向。

6.5.5　实验步骤

(1) 启动 eNSP,按照如图 6.42 所示的网络拓扑结构放置和连接设备,完成设备放置和连接后的 eNSP 界面如图 6.44 所示。启动所有设备。

(2) 完成路由器 AR1 和 AR2 各个接口的 IP 地址和子网掩码配置过程,路由器 AR1 和 AR2 的接口状态分别如图 6.45 和图 6.46 所示。

(3) 完成路由器 AR1 和 AR2 RIP 配置过程,路由器 AR1 和 AR2 生成的完整路由表分别如图 6.47 和图 6.48 所示。

(4) 完成路由器 AR1 和 AR2 流策略配置过程,路由器 AR1 和 AR2 配置的流策略分别如图 6.49 和图 6.50 所示。

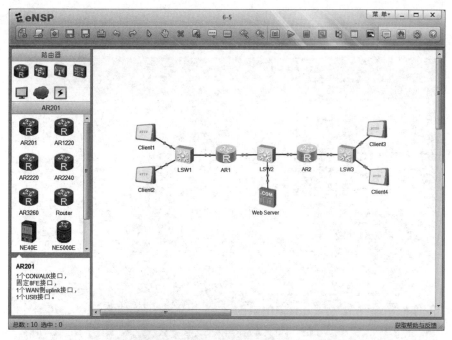

图 6.44 完成设备放置和连接后的 eNSP 界面

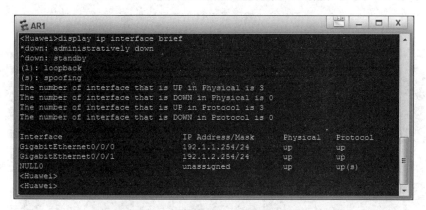

图 6.45 路由器 AR1 的接口状态

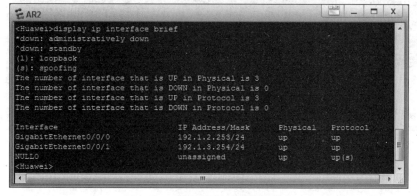

图 6.46 路由器 AR2 的接口状态

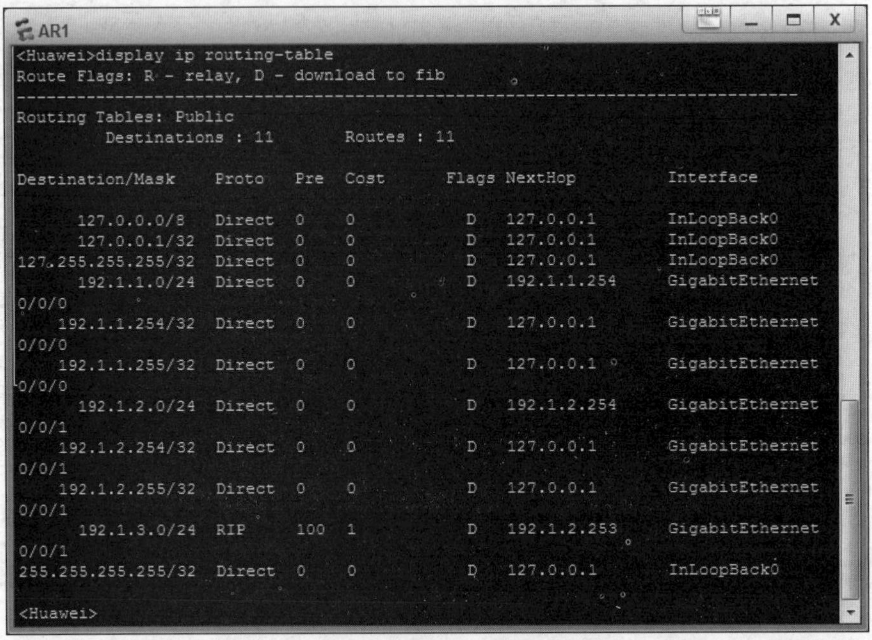

```
AR1                                                    □ X
<Huawei>display ip routing-table
Route Flags: R - relay, D - download to fib
------------------------------------------------------------
Routing Tables: Public
         Destinations : 11       Routes : 11

Destination/Mask    Proto  Pre  Cost      Flags NextHop        Interface

      127.0.0.0/8   Direct 0    0          D    127.0.0.1      InLoopBack0
      127.0.0.1/32  Direct 0    0          D    127.0.0.1      InLoopBack0
127.255.255.255/32  Direct 0    0          D    127.0.0.1      InLoopBack0
      192.1.1.0/24  Direct 0    0          D    192.1.1.254    GigabitEthernet
0/0/0
    192.1.1.254/32  Direct 0    0          D    127.0.0.1      GigabitEthernet
0/0/0
    192.1.1.255/32  Direct 0    0          D    127.0.0.1      GigabitEthernet
0/0/0
      192.1.2.0/24  Direct 0    0          D    192.1.2.254    GigabitEthernet
0/0/1
    192.1.2.254/32  Direct 0    0          D    127.0.0.1      GigabitEthernet
0/0/1
    192.1.2.255/32  Direct 0    0          D    127.0.0.1      GigabitEthernet
0/0/1
      192.1.3.0/24  RIP    100  1          D    192.1.2.253    GigabitEthernet
0/0/1
255.255.255.255/32  Direct 0    0          D    127.0.0.1      InLoopBack0

<Huawei>
```

图 6.47　路由器 AR1 的完整路由表

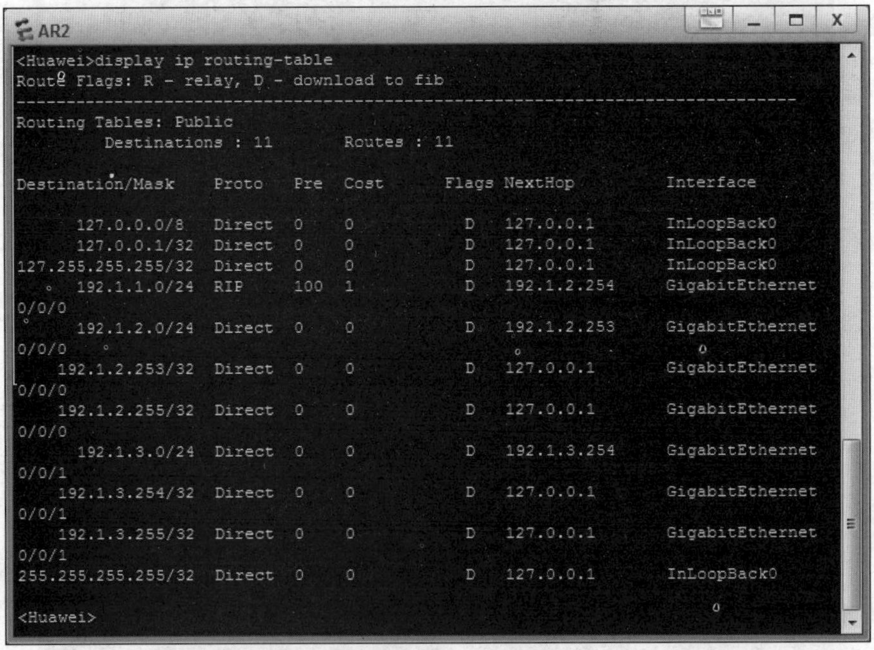

```
AR2                                                    □ X
<Huawei>display ip routing-table
Route Flags: R - relay, D - download to fib
------------------------------------------------------------
Routing Tables: Public
         Destinations : 11       Routes : 11

Destination/Mask    Proto  Pre  Cost      Flags NextHop        Interface

      127.0.0.0/8   Direct 0    0          D    127.0.0.1      InLoopBack0
      127.0.0.1/32  Direct 0    0          D    127.0.0.1      InLoopBack0
127.255.255.255/32  Direct 0    0          D    127.0.0.1      InLoopBack0
      192.1.1.0/24  RIP    100  1          D    192.1.2.254    GigabitEthernet
0/0/0
      192.1.2.0/24  Direct 0    0          D    192.1.2.253    GigabitEthernet
0/0/0
    192.1.2.253/32  Direct 0    0          D    127.0.0.1      GigabitEthernet
0/0/0
    192.1.2.255/32  Direct 0    0          D    127.0.0.1      GigabitEthernet
0/0/0
      192.1.3.0/24  Direct 0    0          D    192.1.3.254    GigabitEthernet
0/0/1
    192.1.3.254/32  Direct 0    0          D    127.0.0.1      GigabitEthernet
0/0/1
    192.1.3.255/32  Direct 0    0          D    127.0.0.1      GigabitEthernet
0/0/1
255.255.255.255/32  Direct 0    0          D    127.0.0.1      InLoopBack0

<Huawei>
```

图 6.48　路由器 AR2 的完整路由表

```
AR1
<Huawei>display traffic policy user-defined r1
  User Defined Traffic Policy Information:
 Policy: r1
  Classifier: r1
   Operator: OR
    Behavior: r1
     Marking:
      Remark DSCP 31
     Committed Access Rate:
      CIR 200 (Kbps), PIR 400 (Kbps), CBS 40000 (byte), PBS 80000 (byte)
      Color Mode: color Blind
      Conform Action: pass
      Yellow  Action: pass
      Exceed  Action: discard

<Huawei>
```

图 6.49　路由器 AR1 配置的流策略

```
AR2
<Huawei>
<Huawei>display traffic policy user-defined r2
  User Defined Traffic Policy Information:
 Policy: r2
  Classifier: r2
   Operator: OR
    Behavior: r2
     Marking:
      Remark DSCP cs7
     Committed Access Rate:
      CIR 200 (Kbps), PIR 400 (Kbps), CBS 40000 (byte), PBS 80000 (byte)
      Color Mode: color Blind
      Conform Action: pass
      Yellow  Action: pass
      Exceed  Action: discard

<Huawei>
```

图 6.50　路由器 AR2 配置的流策略

（5）配置 Web 服务器的服务器功能，Web 服务器的服务器功能配置界面如图 6.51 所示，D 盘根目录下存储 Web 默认主页 default.htm。单击"启动"按钮启动 Web 服务器。

图 6.51　启动 Web 服务器界面

（6）由于路由器 AR1 配置的流策略对属于网络 192.1.1.0/24 的客户端访问 Web 服务器的信息流实施管制，并重新标记 IP 分组中的 DSCP 字段值。因此，分别在路由器 AR1 连接网络 192.1.1.0/24 的接口和连接 Web 服务器所在网络的接口启动报文捕获功能。启动如图 6.52 所示的 Client1 访问 Web 服务器的过程。路由器 AR1 连接网络 192.1.1.0/24 的接口和连接 Web 服务器所在网络的接口在 Client1 访问 Web 服务器过程中捕获的报文序列分别如图 6.53 和图 6.54 所示。路由器 AR1 连接网络 192.1.1.0/24

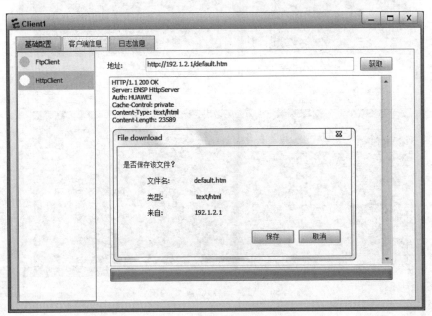

图 6.52　Client1 访问 Web 服务器的过程

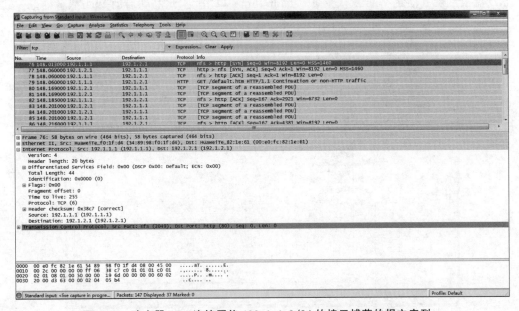

图 6.53　路由器 AR1 连接网络 192.1.1.0/24 的接口捕获的报文序列一

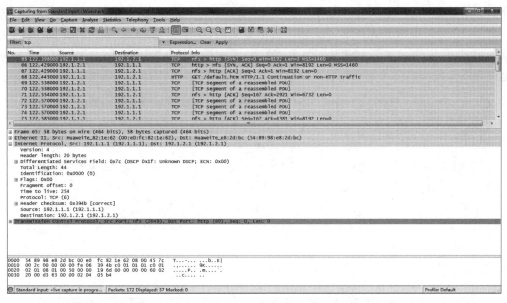

图 6.54　路由器 AR1 连接 Web 服务器所在网络的接口捕获的报文序列一

的接口捕获的报文中，IP 分组首部 DSCP 字段值为 0，路由器 AR1 连接 Web 服务器所在网络的接口捕获的报文中，IP 分组首部 DSCP 字段值为 31（十六进制值为 0x1f），配置的流策略对 Client1 访问 Web 服务器过程产生的信息流发生作用。

（7）为了验证路由器 AR1 配置的流策略只对属于网络 192.1.1.0/24 的客户端访问 Web 服务器产生的信息流发生作用，启动 Web Server 的 FTP 服务器功能，并启动如图 6.55 所示的 Client1 访问 FTP 服务器的过程，路由器 AR1 连接网络 192.1.1.0/24 的接口和连接 Web 服务器所在网络的接口在 Client1 访问 FTP 服务器过程中捕获的报文

图 6.55　Client1 访问 FTP 服务器的过程

序列分别如图 6.56 和图 6.57 所示。路由器 AR1 连接网络 192.1.1.0/24 的接口捕获的报文中，IP 分组首部 DSCP 字段值为 0，路由器 AR1 连接 Web 服务器所在网络的接口捕获的报文中，IP 分组首部 DSCP 字段值依然为 0，配置的流策略对 Client1 访问 FTP 服务器过程产生的信息流不起作用。

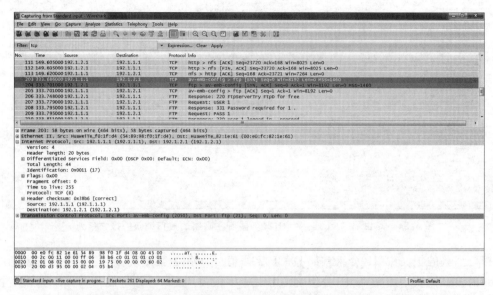

图 6.56　路由器 AR1 连接网络 192.1.1.0/24 的接口捕获的报文序列二

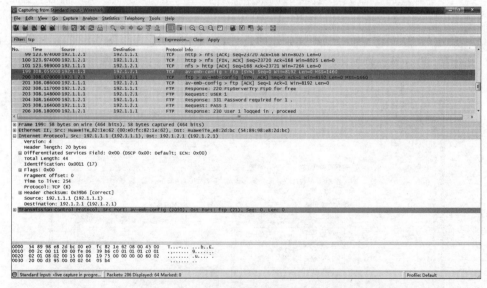

图 6.57　路由器 AR1 连接 Web 服务器所在网络的接口捕获的报文序列二

（8）由于路由器 AR2 配置的流策略对属于网络 192.1.3.0/24 的客户端访问 Web 服务器的信息流实施管制，并重新标记 IP 分组中的 DSCP 字段值。因此，分别在路由器 AR2 连接网络 192.1.3.0/24 的接口和连接 Web 服务器所在网络的接口启动报文捕获

功能。启动如图 6.58 所示的 Client3 访问 Web 服务器的过程。路由器 AR2 连接网络
192.1.3.0/24 的接口和连接 Web 服务器所在网络的接口在 Client3 访问 Web 服务器过
程中捕获的报文序列分别如图 6.59 和图 6.60 所示。路由器 AR2 连接网络 192.1.3.0/24
的接口捕获的报文中，IP 分组首部 DSCP 字段值为 0，路由器 AR2 连接 Web 服务器所在
网络的接口捕获的报文中，IP 分组首部 DSCP 字段值为 56（十六进制值为 0x38），配置的
流策略对 Client3 访问 Web 服务器过程产生的信息流发生作用。

图 6.58　Client3 访问 Web 服务器的过程

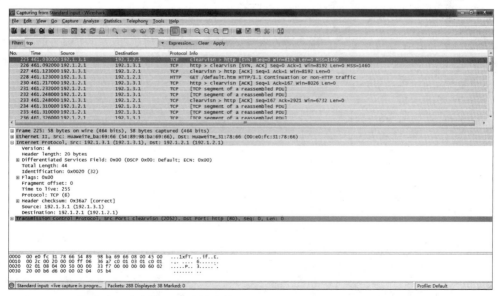

图 6.59　路由器 AR2 连接网络 192.1.3.0/24 的接口捕获的报文序列

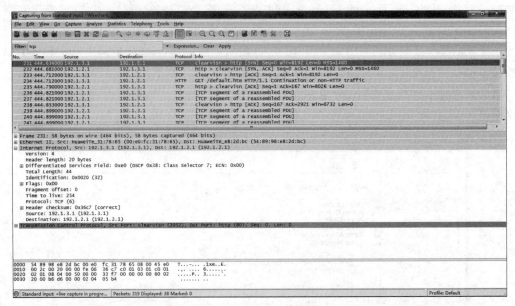

图 6.60　路由器 AR2 连接 Web 服务器所在网络的接口捕获的报文序列

6.5.6　命令行接口配置过程

1. 路由器 AR1 命令行接口配置过程

```
<Huawei>system-view
[Huawei]undo info-center enable
[Huawei]interface GigabitEthernet0/0/0
[Huawei-GigabitEthernet0/0/0]ip address 192.1.1.254 24
[Huawei-GigabitEthernet0/0/0]quit
[Huawei]interface GigabitEthernet0/0/1
[Huawei-GigabitEthernet0/0/1]ip address 192.1.2.254 24
[Huawei-GigabitEthernet0/0/1]quit
[Huawei]rip 1
[Huawei-rip-1]version 2
[Huawei-rip-1]network 192.1.1.0
[Huawei-rip-1]network 192.1.2.0
[Huawei-rip-1]quit
[Huawei]acl 3000
[Huawei-acl-adv-3000]rule 10 permit tcp source 192.1.1.0 0.0.0.255 destination
192.1.2.1 0.0.0.0 destination-port eq 80
[Huawei-acl-adv-3000]quit
[Huawei]traffic classifier r1
[Huawei-classifier-r1]if-match acl 3000
[Huawei-classifier-r1]quit
[Huawei]traffic behavior r1
```

```
[Huawei-behavior-r1]remark dscp 31
[Huawei-behavior-r1]car cir 200 pir 400 cbs 40000 pbs 80000
[Huawei-behavior-r1]quit
[Huawei]traffic policy r1
[Huawei-trafficpolicy-r1]classifier r1 behavior r1
[Huawei-trafficpolicy-r1]quit
[Huawei]interface GigabitEthernet0/0/0
[Huawei-GigabitEthernet0/0/0]traffic-policy r1 inbound
[Huawei-GigabitEthernet0/0/0]quit
```

2. 路由器 AR2 命令行接口配置过程

```
<Huawei>system-view
[Huawei]undo info-center enable
[Huawei]interface GigabitEthernet0/0/0
[Huawei-GigabitEthernet0/0/0]ip address 192.1.2.253 24
[Huawei-GigabitEthernet0/0/0]quit
[Huawei]interface GigabitEthernet0/0/1
[Huawei-GigabitEthernet0/0/1]ip address 192.1.3.254 24
[Huawei-GigabitEthernet0/0/1]quit
[Huawei]rip 2
[Huawei-rip-2]version 2
[Huawei-rip-2]network 192.1.2.0
[Huawei-rip-2]network 192.1.3.0
[Huawei-rip-2]quit
[Huawei]acl 3000
[Huawei-acl-adv-3000]rule 10 permit tcp source 192.1.3.0 0.0.0.255 destination
192.1.2.1 0.0.0.0 destination-port eq 80
[Huawei-acl-adv-3000]quit
[Huawei]traffic classifier r2
[Huawei-classifier-r2]if-match acl 3000
[Huawei-classifier-r2]quit
[Huawei]traffic behavior r2
[Huawei-behavior-r2]remark dscp 56
[Huawei-behavior-r2]car cir 200 pir 400 cbs 40000 pbs 80000
[Huawei-behavior-r2]quit
[Huawei]traffic policy r2
[Huawei-trafficpolicy-r2]classifier r2 behavior r2
[Huawei-trafficpolicy-r2]quit
[Huawei]interface GigabitEthernet0/0/1
[Huawei-GigabitEthernet0/0/1]traffic-policy r2 inbound
[Huawei-GigabitEthernet0/0/1]quit
```

3. 命令列表

路由器命令行接口配置过程中使用的命令及功能和参数说明如表 6.8 所示。

表 6.8　命令列表

命 令 格 式	功能和参数说明
traffic classifier *classifier-name* [**operator** ⟨**and**|**or**⟩]	创建流分类,并进入流分类视图。参数 *classifier-name* 是流分类名称。and 是"与"操作符,or 是"或"操作符
if-match acl *acl-number*	在流分类中创建基于 ACL 进行分类的匹配规则。参数 *acl-number* 是 acl 编号
traffic behavior *behavior-name*	创建流行为,并进入流行为视图
remark dscp ⟨*dscp-name*|*dscp-value*⟩	在流行为中创建重新标记 IP 报文的 DSCP 优先级的动作。参数 *dscp-name* 是 DSCP 优先级名称,如 af11、af12、af13、af21 等。参数 *dscp-value* 是 DSCP 优先级值,取值范围是 0～63
car cir *cir-value* **pir** *pir-value* **cbs** *cbs-value* **pbs** *pbs-value*	在流行为中创建流量管制动作。主要是定义与流量管制有关的 4 个参数。参数 *cir-value* 是承诺信息速率,参数 *pir-value* 是峰值信息速率,参数 *cbs-value* 是承诺突发尺寸,参数 *pbs-value* 是峰值突发尺寸
traffic policy *policy-name*	创建流策略,并进入流策略视图
classifier *classifier-name* **behavior** *behavior-name*	在流策略中为指定的流分类配置所需流行为。参数 *classifier-name* 是流分类名称,参数 *behavior-name* 是流行为名称
traffic-policy *policy-name* ⟨**inbound**|**outbound**⟩	在当前接口中应用流策略。参数 *policy-name* 是流策略名称。inbound 表明作用于输入方向,outbound 表明作用于输出方向
display traffic policy user-defined [*policy-name*]	显示指定流策略或所有流策略的配置信息。参数 *policy-name* 是流策略名称,用于指定某个流策略

6.6　PAT 实验

6.6.1　实验内容

　　内部网络与公共网络互联的互联网结构如图 6.61 所示,允许分配私有 IP 地址的内部网络终端发起访问公共网络的过程,允许公共网络终端发起访问内部网络中服务器 1 的过程。要求路由器 R1 采用端口地址转换(Port Address Translation,PAT)技术实现上述功能。

6.6.2　实验目的

　　(1)掌握内部网络设计过程和私有 IP 地址使用方法。

　　(2)验证 PAT 工作机制。

　　(3)掌握路由器 PAT 配置过程。

　　(4)验证私有 IP 地址与全球 IP 地址之间的转换过程。

　　(5)验证 IP 分组和 TCP 报文的格式转换过程。

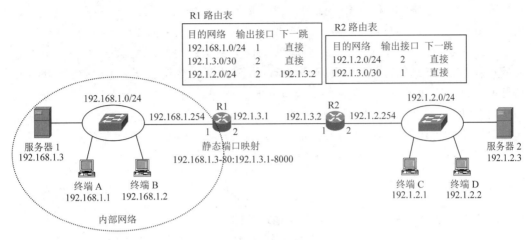

图 6.61　内部网络连接公共网络过程

6.6.3　实验原理

互联网结构如图 6.61 所示,内部网络 192.168.1.0/24 通过路由器 R1 接入公共网络,由于网络地址 192.168.1.0/24 是私有 IP 地址,且公共网络不能路由以私有 IP 地址为目的 IP 地址的 IP 分组,因此,图 6.61 中路由器 R2 的路由表中没有包含以 192.168.1.0/24 为目的网络的路由项,这意味着内部网络 192.168.1.0/24 对于路由器 R2 是透明的。

由于没有为内部网络分配全球 IP 地址池,内部网络终端只能以路由器 R1 连接公共网络的接口的 IP 地址 192.1.3.1 作为发送给公共网络终端的 IP 分组的源 IP 地址,同样,公共网络终端必须以 192.1.3.1 作为发送给内部网络终端的 IP 分组的目的 IP 地址。

公共网络终端用 IP 地址 192.1.3.1 标识整个内部网络,为了能够正确区分内部网络中的每一个终端,TCP/UDP 报文用端口号唯一标识每一个内部网络终端,ICMP 报文用标识符唯一标识每一个内部网络终端。由于端口号和标识符只有本地意义,不同内部网络终端发送的 TCP/UDP 报文(或 ICMP 报文)可能使用相同的端口号(或标识符),因此,需要由路由器 R1 为每一个内部网络终端分配唯一的端口号或标识符,并通过地址转换项<私有 IP 地址,本地端口号(或本地标识符),全球 IP 地址,全局端口号(或全局标识符)>建立该端口号或标识符与某个内部网络终端之间的关联。这里的私有 IP 地址是某个内部网络终端的私有 IP 地址,本地端口号(或本地标识符)是该终端为 TCP/UDP 报文(或 ICMP 报文)分配的端口号(或标识符),全局 IP 地址是路由器 R1 连接公共网络的接口的 IP 地址 192.1.3.1,全局端口号(或全局标识符)是路由器 R1 为唯一标识 TCP/UDP 报文(或 ICMP 报文)的发送终端而生成的、内部网络内唯一的端口号(或标识符)。

地址转换项在内部网络终端向公共网络终端发送 TCP/UDP 报文(或 ICMP 报文)时创建,因此,动态 PAT 只能实现内部网络终端发起访问公共网络的过程,如果需要实现公共网络终端发起访问内部网络的过程,必须手工配置静态地址转换项。如果需要实现由公共网络终端发起访问内部网络中服务器 1 的过程,必须在路由器 R1 建立全局端口号 8000 与服务器 1 的私有 IP 地址 192.168.1.3 之间的关联,使得公共网络终端可以用全局 IP 地址 192.1.3.1 和全局端口号 8000 访问内部网络中的服务器 1。

如图 6.61 所示的内部网络中的终端 A 访问公共网络终端时发送的 IP 分组以终端 A 的私有 IP 地址 192.168.1.1 为源 IP 地址、以公共网络终端的全局 IP 地址为目的 IP 地址,路由器 R1 通过连接公共网络的接口输出该 IP 分组时,该 IP 分组的源 IP 地址转换为全局 IP 地址 192.1.3.1,同时用路由器 R1 生成的内部网络内唯一的全局端口号或全局标识符替换该 IP 分组封装的 TCP/UDP 报文的源端口号或 ICMP 报文的标识符,建立该全局端口号或全局标识符与私有 IP 地址 192.168.1.1 之间的映射。

6.6.4　关键命令说明

1. 确定需要地址转换的内网私有 IP 地址范围

以下命令序列通过基本过滤规则集将内网需要转换的私有 IP 地址范围定义为 CIDR 地址块 192.168.1.0/24。

```
[Huawei]acl 2000
[Huawei-acl-basic-2000]rule 5 permit source 192.168.1.0 0.0.0.255
[Huawei-acl-basic-2000]quit
```

acl 2000 是系统视图下使用的命令,该命令的作用是创建一个编号为 2000 的基本过滤规则集,并进入基本 acl 视图。

rule 5 permit source 192.168.1.0 0.0.0.255 是基本 acl 视图下使用的命令,该命令的作用是创建允许源 IP 地址属于 CIDR 地址块 192.168.1.0/24 的 IP 分组通过的过滤规则。这里,该过滤规则的含义变为对源 IP 地址属于 CIDR 地址块 192.168.1.0/24 的 IP 分组实施地址转换过程。

2. 建立基本过滤规则集与公共接口之间的联系

```
[Huawei]interface GigabitEthernet0/0/1
[Huawei-GigabitEthernet0/0/1]nat outbound 2000
[Huawei-GigabitEthernet0/0/1]quit
```

nat outbound 2000 是接口视图下使用的命令,该命令的作用是建立编号为 2000 的基本过滤规则集与指定接口(这里是接口 GigabitEthernet0/0/1)之间的联系。建立该联系后,一是对从该接口输出的源 IP 地址属于编号为 2000 的基本过滤规则集指定的允许通过的源 IP 地址范围的 IP 分组,实施地址转换过程。二是指定该接口的 IP 地址作为 IP 分组完成地址转换过程后的源 IP 地址。

3. 建立静态映射

```
[Huawei]interface GigabitEthernet0/0/1
[Huawei-GigabitEthernet0/0/1]nat server protocol tcp global current-interface
8000 inside 192.168.1.3 80
[Huawei-GigabitEthernet0/0/1]quit
```

nat server protocol tcp global current-interface 8000 inside 192.168.1.3 80 是接口

视图下使用的命令,该命令的作用是建立静态映射:<192.1.3.1:8000(全球 IP 地址和全局端口号)←→192.168.1.3:80(内部 IP 地址和内部端口号)>。命令中的 TCP 用于指定协议,即对 TCP 报文实施地址转换。current-interface 表明用当前接口的 IP 地址作为全球 IP 地址,这里的当前接口是接口 GigabitEthernet0/0/1,分配给接口 GigabitEthernet0/0/1 的 IP 地址是 192.1.3.1。8000 是全局端口号。192.168.1.3 是内部 IP 地址,80 是内部端口号。

6.6.5 实验步骤

(1)启动 eNSP,按照如图 6.61 所示的网络拓扑结构放置和连接设备,完成设备放置和连接后的 eNSP 界面如图 6.62 所示。启动所有设备。

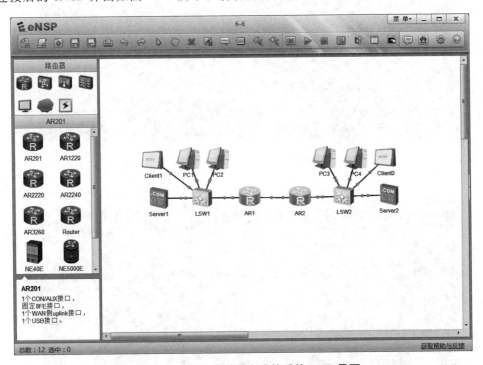

图 6.62 完成设备放置和连接后的 eNSP 界面

(2)完成路由器 AR1 和 AR2 各个接口的 IP 地址和子网掩码配置过程,完成路由器 AR1 静态路由项配置过程。路由器 AR1 和 AR2 的路由表分别如图 6.63 和图 6.64 所示。AR1 的路由表中包含用于指明通往网络 192.1.2.0/24 传输路径的静态路由项。AR2 的路由表中并没有用于指明通往网络 192.168.1.0/24 传输路径的路由项,因此,AR2 无法转发目的网络是 192.168.1.0/24 的 IP 分组。

(3)Server1 配置的 IP 地址、子网掩码和默认网关地址如图 6.65 所示,配置的 IP 地址是内网的私有 IP 地址 192.168.1.3。Server1 配置 HTTP 服务器的界面如图 6.66 所示,需要指定根目录,并在根目录下存储 HTML 文档,如图 6.66 所示的 default.htm。可以用客户端设备(Client)访问服务器(Server)。

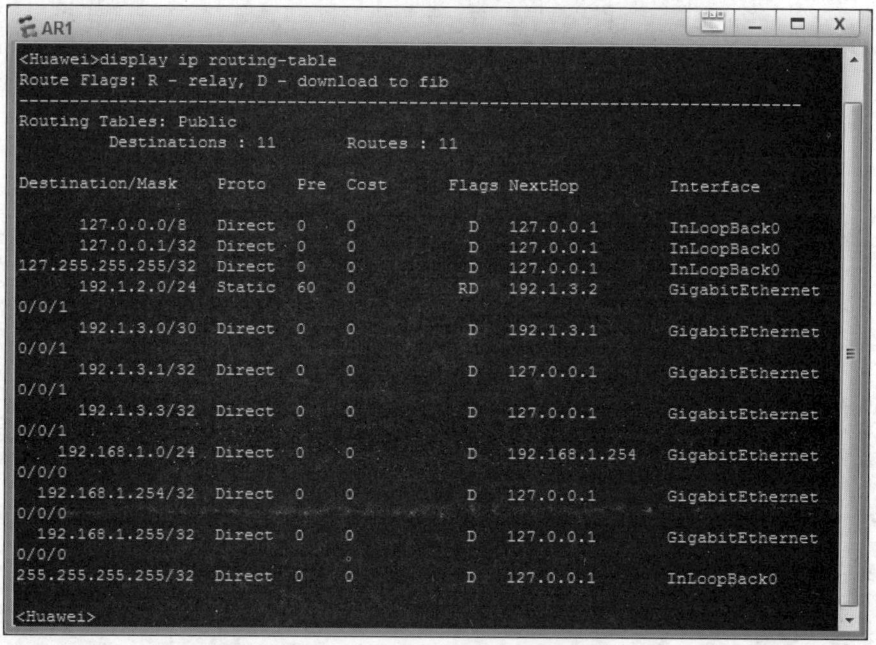

```
AR1                                                                  _ □ X
<Huawei>display ip routing-table
Route Flags: R - relay, D - download to fib
-----------------------------------------------------------------------------
Routing Tables: Public
         Destinations : 11        Routes : 11

Destination/Mask    Proto    Pre  Cost      Flags NextHop          Interface

      127.0.0.0/8    Direct   0    0          D    127.0.0.1        InLoopBack0
      127.0.0.1/32   Direct   0    0          D    127.0.0.1        InLoopBack0
127.255.255.255/32   Direct   0    0          D    127.0.0.1        InLoopBack0
      192.1.2.0/24   Static   60   0          RD   192.1.3.2        GigabitEthernet
0/0/1
      192.1.3.0/30   Direct   0    0          D    192.1.3.1        GigabitEthernet
0/0/1
      192.1.3.1/32   Direct   0    0          D    127.0.0.1        GigabitEthernet
0/0/1
      192.1.3.3/32   Direct   0    0          D    127.0.0.1        GigabitEthernet
0/0/1
    192.168.1.0/24   Direct   0    0          D    192.168.1.254    GigabitEthernet
0/0/0
  192.168.1.254/32   Direct   0    0          D    127.0.0.1        GigabitEthernet
0/0/0
  192.168.1.255/32   Direct   0    0          D    127.0.0.1        GigabitEthernet
0/0/0
255.255.255.255/32   Direct   0    0          D    127.0.0.1        InLoopBack0

<Huawei>
```

图 6.63　路由器 AR1 的路由表

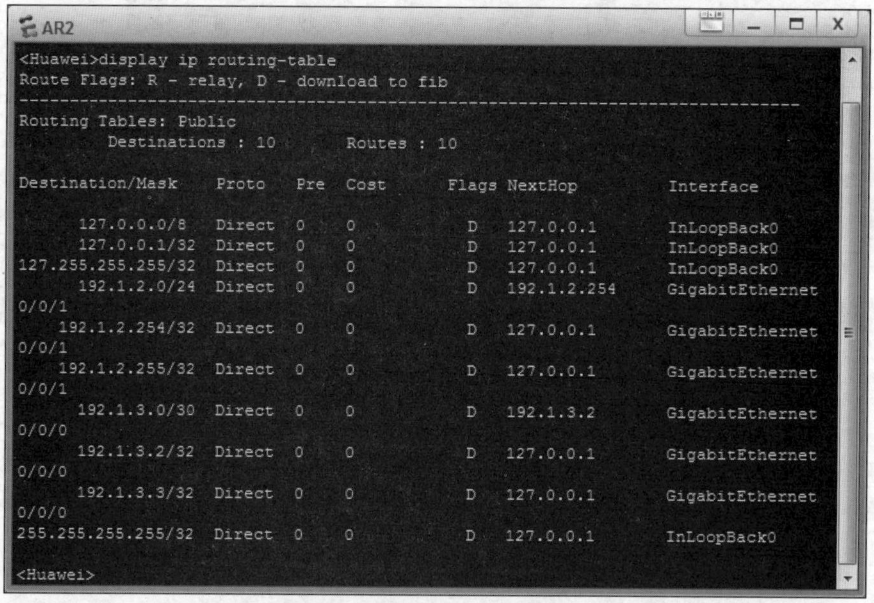

```
AR2                                                                  _ □ X
<Huawei>display ip routing-table
Route Flags: R - relay, D - download to fib
-----------------------------------------------------------------------------
Routing Tables: Public
         Destinations : 10        Routes : 10

Destination/Mask    Proto    Pre  Cost      Flags NextHop          Interface

      127.0.0.0/8    Direct   0    0          D    127.0.0.1        InLoopBack0
      127.0.0.1/32   Direct   0    0          D    127.0.0.1        InLoopBack0
127.255.255.255/32   Direct   0    0          D    127.0.0.1        InLoopBack0
      192.1.2.0/24   Direct   0    0          D    192.1.2.254      GigabitEthernet
0/0/1
    192.1.2.254/32   Direct   0    0          D    127.0.0.1        GigabitEthernet
0/0/1
    192.1.2.255/32   Direct   0    0          D    127.0.0.1        GigabitEthernet
0/0/1
      192.1.3.0/30   Direct   0    0          D    192.1.3.2        GigabitEthernet
0/0/0
      192.1.3.2/32   Direct   0    0          D    127.0.0.1        GigabitEthernet
0/0/0
      192.1.3.3/32   Direct   0    0          D    127.0.0.1        GigabitEthernet
0/0/0
255.255.255.255/32   Direct   0    0          D    127.0.0.1        InLoopBack0

<Huawei>
```

图 6.64　路由器 AR2 的路由表

图 6.65　Server1 配置的 IP 地址、子网掩码和默认网关地址

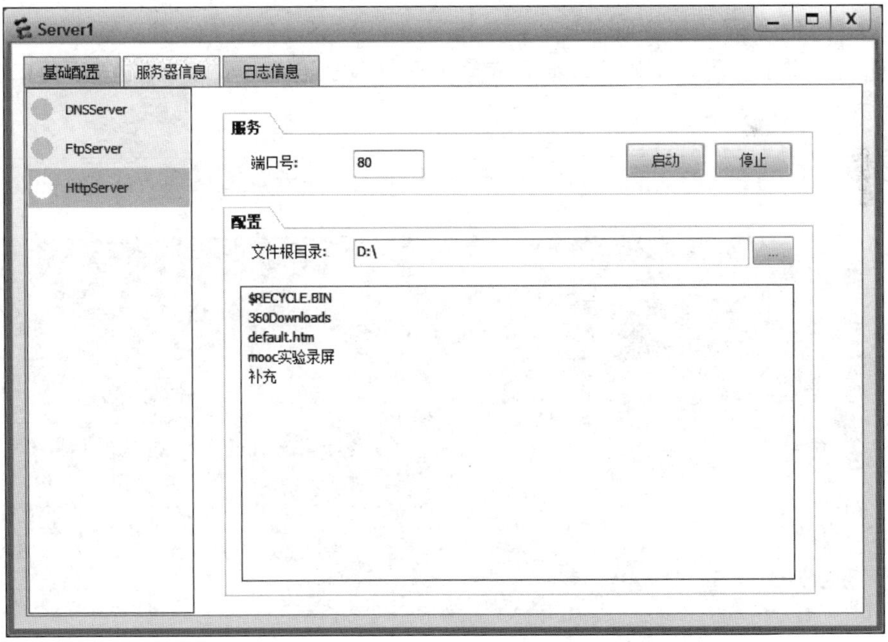

图 6.66　Server1 HTTP 服务器配置界面

（4）在 AR1 中完成 NAT 相关配置过程，一是指定需要进行地址转换的内网 IP 地址范围。二是指定实施地址转换的接口是连接公共网络的接口。三是指定将连接公共网络的接口的 IP 地址作为转换后的 IP 分组的源 IP 地址。四是建立静态映射＜192.168.1.3-80：192.1.3.1-8000＞，使得外网客户端（Client2）可以用 IP 地址 192.1.3.1 和端口号 8000 访问私有 IP 地址为 192.168.1.3 的内网 Server1 中著名端口号为 80 的 http 服务器。

（5）如图 6.67 所示，在内网 PC1 中对外网 Server2 进行 ping 操作，通过分析在 AR1 连接内网的接口上捕获的 IP 分组序列，可以发现 PC1 至 Server2 的 IP 分组的源 IP 地址是 PC1 的私有 IP 地址 192.168.1.1，Server2 至 PC1 的 IP 分组的目的 IP 地址也是 PC1 的私有 IP 地址 192.168.1.1，如图 6.68 所示。通过分析在 AR1 连接外网的接口上捕获的 IP 分组序列，可以发现 PC1 至 Server2 的 IP 分组的源 IP 地址是 AR1 连接外网的接口的全球 IP 地址 192.1.3.1，Server2 至 PC1 的 IP 分组的目的 IP 地址也是 AR1 连接外网的接口的全球 IP 地址 192.1.3.1，如图 6.69 所示。由此证明，PC1 至 Server2 的 IP 分组，在 PC1 至 AR1 连接内的网接口这一段，源 IP 地址是 PC1 的私有 IP 地址 192.168.1.1，在 AR1 连接外网的接口至 Server2 这一段，源 IP 地址是 AR1 连接外网的接口的全球 IP 地址 192.1.3.1，由 AR1 完成源 IP 地址转换过程。同样，Server2 至 PC1 的 IP 分组，在 Server2 至 AR1 连接外网的接口这一段，目的 IP 地址是 AR1 连接外网的接口的全球 IP 地址 192.1.3.1。在 AR1 连接内网的接口至 PC1 这一段，目的 IP 地址是 PC1 的私有 IP 地址 192.168.1.1，由 AR1 完成目的 IP 地址转换过程。需要说明的是，由于 AR1 在通过 ARP 地址解析过程获取 AR2 连接 AR1 的接口的 MAC 地址前，先丢弃 ICMP 报文，因此，在 AR1 连接外网的接口捕获的第 1 个 ICMP 报文对应在 AR1 连接内网的接口捕获的第 2 个 ICMP 报文。

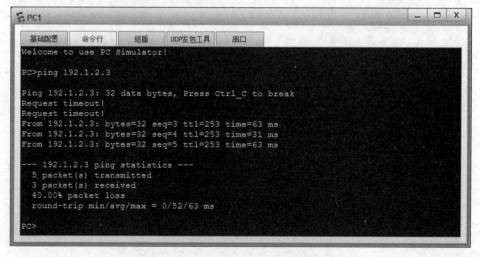

图 6.67　PC1 与 Server2 之间的通信过程

（6）在外网 Client2 上通过浏览器启动访问内网 Server1 的过程。浏览器地址栏中输入的 URL 如图 6.70 所示，IP 地址是 AR1 连接外网的接口的 IP 地址 192.1.3.1，端口号

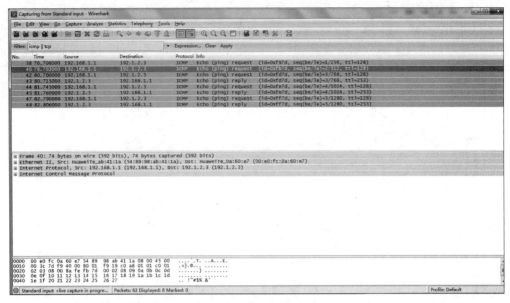

图 6.68　AR1 连接内网接口捕获的 ICMP 报文序列

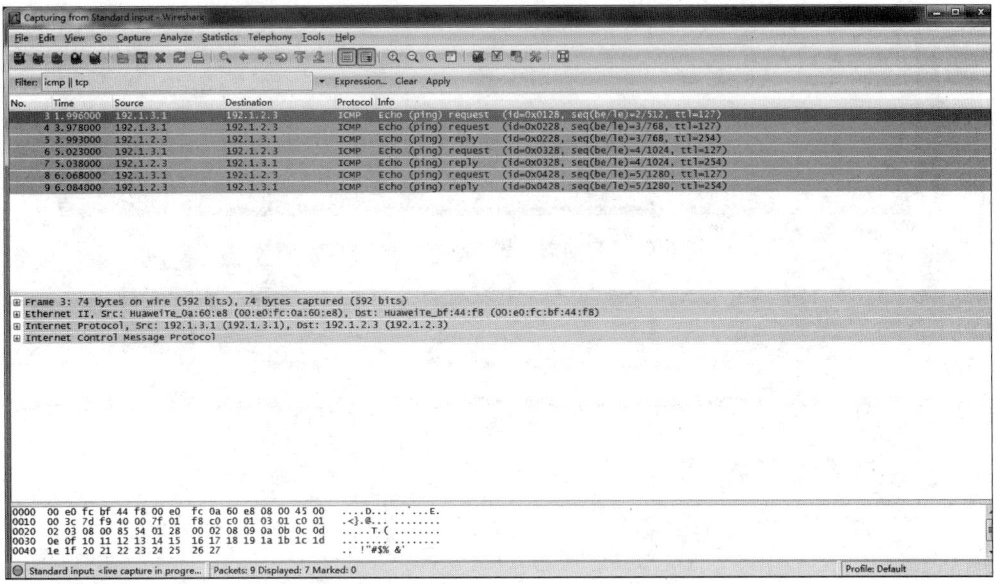

图 6.69　AR1 连接外网接口捕获的 ICMP 报文序列

是 8000。由于 AR1 中已经建立 192.1.3.1：8000 与 192.168.1.3：80 之间的映射，Client2 至 Server1 的 TCP 报文，在 Client2 至 AR1 连接外网的接口这一段，如图 6.71 所示，封装该 TCP 报文的 IP 分组的目的 IP 地址是 AR1 连接外网的接口的全球 IP 地址 192.1.3.1。在 AR1 连接内网的接口至 Server1 这一段，如图 6.72 所示，封装该 TCP 报文的 IP 分组的目的 IP 地址是 Server1 的私有 IP 地址 192.168.1.3，由 AR1 完成目的 IP 地址转换过程。同样，Server1 至 Client2 的 TCP 报文，在 Server1 至 AR1 连接内网的接口这一段,封装该 TCP 报文的 IP 分组的源 IP 地址是 Server1 的私有 IP 地址 192.168.1.3。在 AR1 连接外网的接口至 Client2 这一段,封装该 TCP 报文的 IP 分组的源 IP 地址是 AR1 连接外网的接口的全球 IP 地址 192.1.3.1,由 AR1 完成源 IP 地址转换过程。需要说明的是,外网终端只能通过 192.1.3.1:8000 发起对内网 Server1 的 http 服务器的访问过程,无法通过其他方法实现与 Server1 的通信过程。如果在外网终端上对全球 IP 地址 192.1.3.1 进行 ping 操作,实际上是对路由器 AR1 进行 ping 操作。

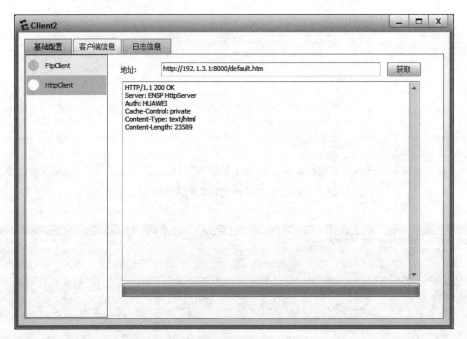

图 6.70　启动浏览器访问 Server1 的过程

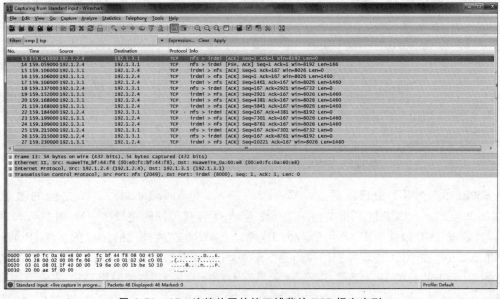

图 6.71　AR1 连接外网的接口捕获的 TCP 报文序列

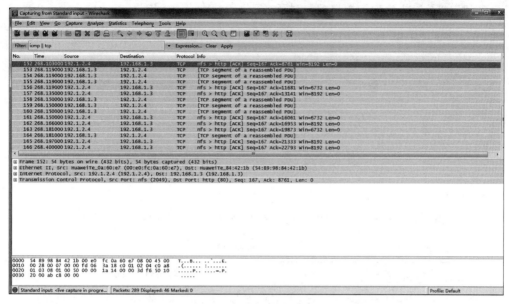

图 6.72　AR1 连接内网的接口捕获的 TCP 报文序列

6.6.6　命令行接口配置过程

1. 路由器 AR1 命令行接口配置过程

<Huawei>system-view

[Huawei]undo info-center enable

[Huawei]interface GigabitEthernet0/0/0

[Huawei-GigabitEthernet0/0/0]ip address 192.168.1.254 24

[Huawei-GigabitEthernet0/0/0]quit

[Huawei]interface GigabitEthernet0/0/1

[Huawei-GigabitEthernet0/0/1]ip address 192.1.3.1 30

[Huawei-GigabitEthernet0/0/1]quit

[Huawei]ip route-static 192.1.2.0 24 192.1.3.2

[Huawei]acl 2000

[Huawei-acl-basic-2000]rule 5 permit source 192.168.1.0 0.0.0.255

[Huawei-acl-basic-2000]quit

[Huawei]interface GigabitEthernet0/0/1

[Huawei-GigabitEthernet0/0/1]nat outbound 2000

[Huawei-GigabitEthernet0/0/1]quit

[Huawei]interface GigabitEthernet0/0/1

[Huawei-GigabitEthernet0/0/1]nat server protocol tcp global current-interface
8000 inside 192.168.1.3 80

[Huawei-GigabitEthernet0/0/1]quit

2. 路由器 AR2 命令行接口配置过程

```
<Huawei>system-view
[Huawei]undo info-center enable
[Huawei]interface GigabitEthernet0/0/0
[Huawei-GigabitEthernet0/0/0]ip address 192.1.3.2 30
[Huawei-GigabitEthernet0/0/0]quit
[Huawei]interface GigabitEthernet0/0/1
[Huawei-GigabitEthernet0/0/1]ip address 192.1.2.254 24
[Huawei-GigabitEthernet0/0/1]quit
```

3. 命令列表

路由器命令行接口配置过程中使用的命令及功能和参数说明如表 6.9 所示。

表 6.9　命令列表

命 令 格 式	功能和参数说明
acl *acl-number*	创建编号为 *acl-number* 的 acl，并进入 acl 视图。acl 是访问控制列表，由一组过滤规则组成。这里用 acl 指定需要进行地址转换的内网 IP 地址范围
rule [*rule-id*]{**deny** | **permit**}[**source** {*source-address source-wildcard* | **any**}	配置一条用于指定允许通过或拒绝通过的 IP 分组的源 IP 地址范围的规则。参数 *rule-id* 是规则编号，用于确定匹配顺序。参数 *source-address* 和 *source-wildcard* 用于指定源 IP 地址范围。参数 *source-address* 是网络地址，参数 *source-wildcard* 是反掩码，反掩码是子网掩码的反码，any 表明任意源 IP 地址范围
nat outbound *acl-number* [**interface** *interface-type interface-number* [*.subnumber*]]	在指定接口启动 PAT 功能。参数 *acl-number* 是访问控制列表编号，用该访问控制列表指定源 IP 地址范围，参数 *interface-type* 是接口类型，参数 *interface-number* [*.subnumber*]是接口编号（或是子接口编号），接口类型和接口编号（或是子接口编号）一起用于指定接口，将指定接口的 IP 地址作为全球 IP 地址。对于源 IP 地址属于编号为 *acl-number* 的 acl 指定的源 IP 地址范围的 IP 分组，用指定接口的全球 IP 地址替换该 IP 分组的源 IP 地址
nat server protocol {**tcp** | **udp**} **global** {*global-address* | **current-interface** | **interface** *interface-type interface-number* [*.subnumber*]} *global-port* **inside** *host-address host-port*	建立全球 IP 地址和全局端口号与内部网络私有 IP 地址和本地端口号之间的静态映射。全球 IP 地址可以通过接口指定，即用指定接口的 IP 地址作为全球 IP 地址。参数 *global-address* 是全球 IP 地址，参数 *interface-type* 是接口类型，参数 *interface-number* [*.subnumber*]是接口编号（或是子接口编号），接口类型和接口编号（或是子接口编号）一起用于指定接口，将指定接口的 IP 地址作为全球 IP 地址。也可以指定用当前接口（current-interface）的 IP 地址作为全球 IP 地址。参数 *global-port* 是全局端口号，参数 *host-address* 是服务器的私有 IP 地址，参数 *host-port* 是服务器的本地端口号

6.7　NAT 实验

6.7.1　实验内容

内部网络与公共网络互联的互联网结构如图 6.73 所示,允许分配私有 IP 地址的内部网络终端发起访问公共网络的过程,允许公共网络终端发起访问内部网络中服务器 1 的过程。要求路由器 R1 采用网络地址转换(Network Address Translation,NAT)技术实现上述功能。

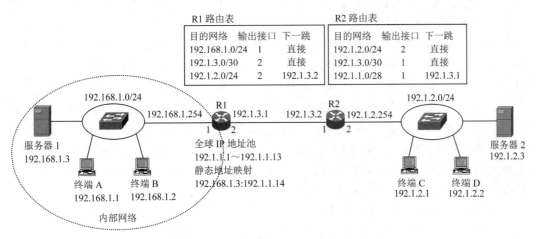

图 6.73　内部网络连接公共网络过程

6.7.2　实验目的

(1) 掌握内部网络设计过程和私有 IP 地址使用方法。

(2) 验证 NAT 工作过程。

(3) 掌握路由器动态 NAT 配置过程。

(4) 验证私有 IP 地址与全球 IP 地址之间的转换过程。

(5) 验证 IP 分组的格式转换过程。

6.7.3　实验原理

PAT 要求将私有 IP 地址映射到单个全球 IP 地址,因此,无法用全球 IP 地址唯一标识内部网络终端,需要通过全局端口号或全局标识符唯一标识内部网络终端,因此,只能对封装 TCP/UDP 报文的 IP 分组,或是封装 ICMP 报文的 IP 分组实施 PAT 操作。动态 NAT 和 PAT 不同,允许将私有 IP 地址映射到一组全球 IP 地址,通过定义全球 IP 地址池指定这一组全球 IP 地址,全球 IP 地址池中的全球 IP 地址数量决定了可以同时访问公共网络的内部网络终端数量。某个内部网络终端的私有 IP 地址与全球 IP 地址池中某个全球 IP 地址之间的映射是动态建立的,该内部网络终端一旦完成对公共网络的访问过程,将撤销已经建立的私有 IP 地址与该全球 IP 地址之间的映射,释放该全球 IP 地址,其他内部网络终端可以通过建立自己的私有 IP 地址与该全球 IP 地址之间的映射访问公共网络。

实现动态 NAT 的互联网结构如图 6.73 所示,内部网络私有 IP 地址 192.168.1.0/24 对公共网络中的路由器是透明的,因此,路由器 R2 的路由表中不包含目的网络为 192.168.1.0/24 的路由项。需要为路由器 R1 配置全球 IP 地址池,在创建用于指明某个内部网络私有 IP 地址与全球 IP 地址池中某个全球 IP 地址之间映射的动态地址转换项后,公共网络用该全球 IP 地址标识内部网络中配置该私有 IP 地址的终端,因此,路由器 R2 中必须建立目的网络为全球 IP 地址池指定的一组全球 IP 地址,下一跳为路由器 R1 的静态路由项,保证将目的 IP 地址属于这一组全球 IP 地址的 IP 分组转发给路由器 R1。

对于公共网络终端,私有 IP 地址空间 192.168.1.0/24 是不可见的,在建立私有 IP 地址与全球 IP 地址之间映射前,公共网络终端是无法访问内部网络终端的,因此,如果需要实现由公共网络终端发起的访问内部网络中服务器 1 的过程,必须静态建立服务器 1 的私有 IP 地址 192.168.1.3 与全球 IP 地址 192.1.1.14 之间的映射,使得公共网络终端可以用全球 IP 地址 192.1.1.14 访问内部网络中的服务器 1。

如图 6.73 所示的内部网络中的终端 A 访问公共网络终端时发送的 IP 分组以终端 A 的私有 IP 地址 192.168.1.1 为源 IP 地址、以公共网络终端的全球 IP 地址为目的 IP 地址。该 IP 分组通过路由器 R1 连接公共网络的接口输出时,源 IP 地址转换为属于分配给路由器 R1 的全球 IP 地址池中的某个全球 IP 地址,路由器 R1 动态建立私有 IP 地址 192.168.1.1 与该全球 IP 地址之间的映射。

动态 NAT 可以对封装任何类型报文的 IP 分组进行 NAT 操作,PAT 只能对封装 TCP/UDP 报文的 IP 分组,或是封装 ICMP 报文的 IP 分组实施 PAT 操作。

6.7.4 关键命令说明

1. 定义全球 IP 地址池

```
[Huawei]nat address-group 1 192.1.1.1 192.1.1.13
```

nat address-group 1 192.1.1.1 192.1.1.13 是系统视图下使用的命令,该命令的作用是定义一个 IP 地址范围为 192.1.1.1～192.1.1.13 的全球 IP 地址池,其中 192.1.1.1 是起始地址,192.1.1.13 是结束地址,1 是全球 IP 地址池索引号。

2. 建立 acl 与全球 IP 地址池之间关联

```
[Huawei]interface GigabitEthernet0/0/1
[Huawei-GigabitEthernet0/0/1]nat outbound 2000 address-group 1 no-pat
[Huawei-GigabitEthernet0/0/1]quit
```

nat outbound 2000 address-group 1 no-pat 是接口视图下使用的命令,该命令的作用是建立 acl 与全球 IP 地址池之间的关联,其中 2000 是 acl 编号,1 是全球 IP 地址池索引号。对于源 IP 地址属于编号为 2000 的 acl 指定的源 IP 地址范围的 IP 分组,用在索引号为 1 的全球 IP 地址池中选择的全球 IP 地址替换该 IP 分组的源 IP 地址。

3. 建立全球 IP 地址与私有 IP 地址之间的静态映射

```
[Huawei]nat static global 192.1.1.14 inside 192.168.1.3
```

nat static global 192.1.1.14 inside 192.168.1.3 是系统视图下使用的命令,该命令的作用是建立全球 IP 地址 192.1.1.14 与私有 IP 地址 192.168.1.3 之间的静态映射。

4. 启动静态映射功能

```
[Huawei]interface GigabitEthernet0/0/1
[Huawei-GigabitEthernet0/0/1]nat static enable
[Huawei-GigabitEthernet0/0/1]quit
```

nat static enable 是接口视图下使用的命令,该命令的作用是在指定接口(这里是接口 GigabitEthernet0/0/1)启动地址静态映射功能。

6.7.5 实验步骤

(1) 启动 eNSP,按照如图 6.73 所示的网络拓扑结构放置和连接设备,完成设备放置和连接后的 eNSP 界面如图 6.74 所示。启动所有设备。

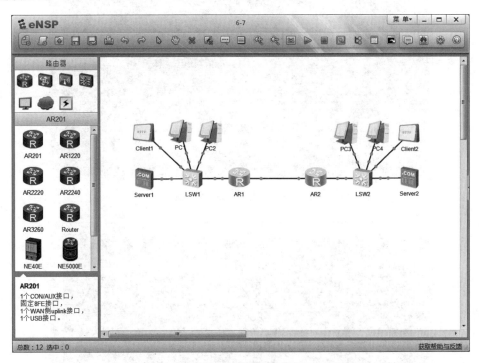

图 6.74 完成设备放置和连接后的 eNSP 界面

(2) 完成路由器 AR1 和 AR2 各个接口的 IP 地址和子网掩码配置过程,完成路由器 AR1 和 AR2 静态路由项配置过程。路由器 AR1 和 AR2 的路由表分别如图 6.75 和图 6.76 所示。AR1 的路由表中包含用于指明通往网络 192.1.2.0/24 传输路径的静态路由项,AR2 的路由表中包含用于指明通往网络 192.1.1.0/28 传输路径的静态路由项,CIDR 地址块 192.1.1.0/28 涵盖 AR1 全球 IP 地址池中的全球 IP 地址范围。AR2 的路由表中并没有用于指明通往网络 192.168.1.0/24 传输路径的路由项,因此,AR2 无法转发目的网络是 192.168.1.0/24 的 IP 分组。值得说明的是,AR1 的路由表中针对全球 IP

地址池中每一个全球 IP 地址,给出类型为 unr 的路由项。

```
AR1                                                                    _ □ X
<Huawei>display ip routing-table
Route Flags: R - relay, D - download to fib
--------------------------------------------------------------------------------
Routing Tables: Public
        Destinations : 25        Routes : 25

Destination/Mask    Proto   Pre  Cost       Flags NextHop        Interface

        127.0.0.0/8     Direct  0    0          D     127.0.0.1      InLoopBack0
        127.0.0.1/32    Direct  0    0          D     127.0.0.1      InLoopBack0
127.255.255.255/32      Direct  0    0          D     127.0.0.1      InLoopBack0
        192.1.1.1/32    Unr     64   0          D     127.0.0.1      InLoopBack0
        192.1.1.2/32    Unr     64   0          D     127.0.0.1      InLoopBack0
        192.1.1.3/32    Unr     64   0          D     127.0.0.1      InLoopBack0
        192.1.1.4/32    Unr     64   0          D     127.0.0.1      InLoopBack0
        192.1.1.5/32    Unr     64   0          D     127.0.0.1      InLoopBack0
        192.1.1.6/32    Unr     64   0          D     127.0.0.1      InLoopBack0
        192.1.1.7/32    Unr     64   0          D     127.0.0.1      InLoopBack0
        192.1.1.8/32    Unr     64   0          D     127.0.0.1      InLoopBack0
        192.1.1.9/32    Unr     64   0          D     127.0.0.1      InLoopBack0
       192.1.1.10/32    Unr     64   0          D     127.0.0.1      InLoopBack0
       192.1.1.11/32    Unr     64   0          D     127.0.0.1      InLoopBack0
       192.1.1.12/32    Unr     64   0          D     127.0.0.1      InLoopBack0
       192.1.1.13/32    Unr     64   0          D     127.0.0.1      InLoopBack0
       192.1.1.14/32    Unr     64   0          D     127.0.0.1      InLoopBack0
        192.1.2.0/24    Static  60   0          RD    192.1.3.2      GigabitEthernet
0/0/1
        192.1.3.0/30    Direct  0    0          D     192.1.3.1      GigabitEthernet
0/0/1
        192.1.3.1/32    Direct  0    0          D     127.0.0.1      GigabitEthernet
0/0/1
        192.1.3.3/32    Direct  0    0          D     127.0.0.1      GigabitEthernet
0/0/1
      192.168.1.0/24    Direct  0    0          D     192.168.1.254  GigabitEthernet
0/0/0
    192.168.1.254/32    Direct  0    0          D     127.0.0.1      GigabitEthernet
0/0/0
    192.168.1.255/32    Direct  0    0          D     127.0.0.1      GigabitEthernet
0/0/0
255.255.255.255/32      Direct  0    0          D     127.0.0.1      InLoopBack0

<Huawei>
```

图 6.75 路由器 AR1 的路由表

```
AR2                                                                    _ □ X
<Huawei>display ip routing-table
Route Flags: R - relay, D - download to fib
--------------------------------------------------------------------------------
Routing Tables: Public
        Destinations : 11        Routes : 11

Destination/Mask    Proto   Pre  Cost       Flags NextHop        Interface

        127.0.0.0/8     Direct  0    0          D     127.0.0.1      InLoopBack0
        127.0.0.1/32    Direct  0    0          D     127.0.0.1      InLoopBack0
127.255.255.255/32      Direct  0    0          D     127.0.0.1      InLoopBack0
        192.1.1.0/28    Static  60   0          RD    192.1.3.1      GigabitEthernet
0/0/0
        192.1.2.0/24    Direct  0    0          D     192.1.2.254    GigabitEthernet
0/0/1
      192.1.2.254/32    Direct  0    0          D     127.0.0.1      GigabitEthernet
0/0/1
      192.1.2.255/32    Direct  0    0          D     127.0.0.1      GigabitEthernet
0/0/1
        192.1.3.0/30    Direct  0    0          D     192.1.3.2      GigabitEthernet
0/0/0
        192.1.3.2/32    Direct  0    0          D     127.0.0.1      GigabitEthernet
0/0/0
        192.1.3.3/32    Direct  0    0          D     127.0.0.1      GigabitEthernet
0/0/0
255.255.255.255/32      Direct  0    0          D     127.0.0.1      InLoopBack0

<Huawei>
```

图 6.76 路由器 AR2 的路由表

（3）Server1 配置 HTTP 服务器的界面如图 6.77 所示,需要指定根目录,并在根目录下存储 HTML 文档,如图 6.77 所示的 default.htm。可以用客户端设备(Client)访问服务器(Server)。

图 6.77 Server1 配置 HTTP 服务器界面

（4）在 AR1 中完成 NAT 相关配置过程,一是指定需要进行地址转换的内网 IP 地址范围。二是指定全球 IP 地址池中的全球 IP 地址范围。三是建立连接公共网络的接口、内网 IP 地址范围与全球 IP 地址池这三者之间的关联。四是建立全球 IP 地址 192.1.1.14 与私有 IP 地址 192.168.1.3 之间的静态映射,使得外网终端可以用全球 IP 地址 192.1.1.14 访问内网中私有 IP 地址为 192.168.1.3 的服务器。

（5）如图 6.78 所示,在内网 PC1 中对外网 Server2 进行 ping 操作,同时分别在 AR1 连接内网的接口上和连接外网的接口上捕获 IP 分组,可以发现,PC1 至 Server2 的 IP 分组,在 PC1 至 AR1 连接内网的接口这一段,源 IP 地址是 PC1 的私有 IP 地址 192.168.1.1, 如图 6.79 所示。在 AR1 连接外网的接口至 Server2 这一段,源 IP 地址是 AR1 在全球 IP 地址池中选择的全球 IP 地址,如 192.1.1.1、192.1.1.2 等,如图 6.80 所示。由 AR1 完成源 IP 地址转换过程。需要说明的是,由于 AR1 在通过 ARP 地址解析过程获取 AR2 连接 AR1 的接口的 MAC 地址前,先丢弃 ICMP 报文,因此,在 AR1 连接外网的接口捕获的第 1 个 ICMP 报文对应在 AR1 连接内网的接口捕获的第 2 个 ICMP 报文。同样,Server2 至 PC1 的 IP 分组,在 Server2 至 AR1 连接外网的接口这一段,目的 IP 地址是 AR1 在全球 IP 地址池中选择的全球 IP 地址,如图 6.80 所示。在 AR1 连接内网的接口至 PC1 这一段,目的 IP 地址是 PC1 的私有 IP 地址 192.168.1.1,如图 6.79 所示。由 AR1 完成目的 IP 地址转换过程。

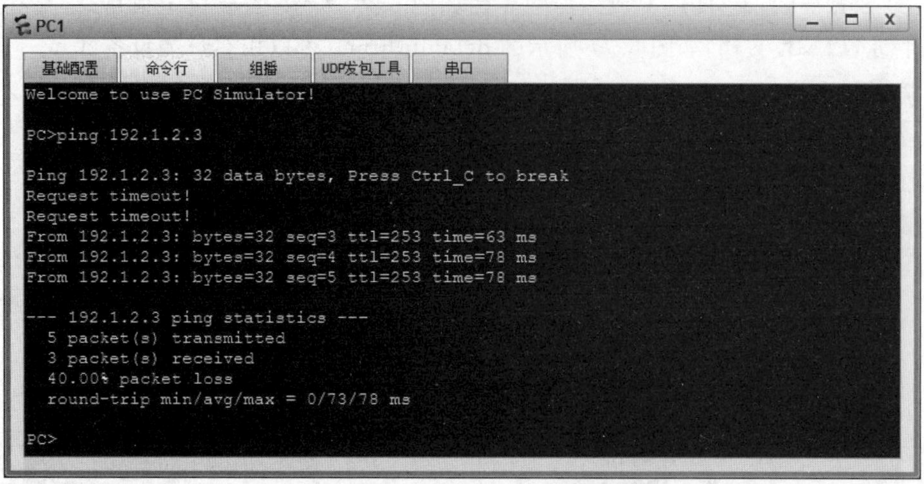

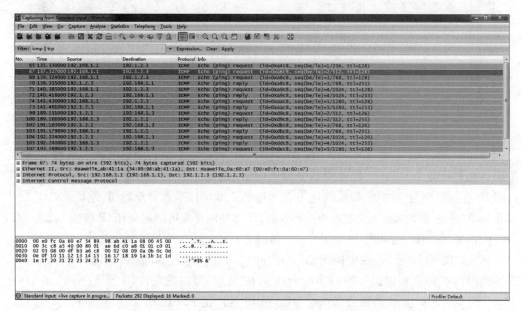

图 6.78　PC1 与 Server2 之间的通信过程

图 6.79　AR1 连接内网的接口捕获的 ICMP 报文序列

（6）如图 6.81 所示，可以在外网 PC3 中对内网 Server1 进行 ping 操作。PC3 至 Server1 的 IP 分组，在 PC3 至 AR1 连接外网的接口这一段，目的 IP 地址是全球 IP 地址 192.1.1.14，如图 6.80 所示。在 AR1 连接内网的接口至 Server1 这一段，目的 IP 地址是 Server1 的私有 IP 地址 192.168.1.3，如图 6.79 所示。Server1 至 PC3 的 IP 分组，在 Server1 至 AR1 连接内网的接口这一段，源 IP 地址是 Server1 的私有 IP 地址 192.168.1.3，如图 6.79 所示。在 AR1 连接外网的接口至 PC3 这一段，源 IP 地址是全球 IP 地址 192.1.1.14 等，如图 6.80 所示。

（7）在外网 Client2 上通过浏览器启动访问内网 Server1 的过程。浏览器地址栏中输

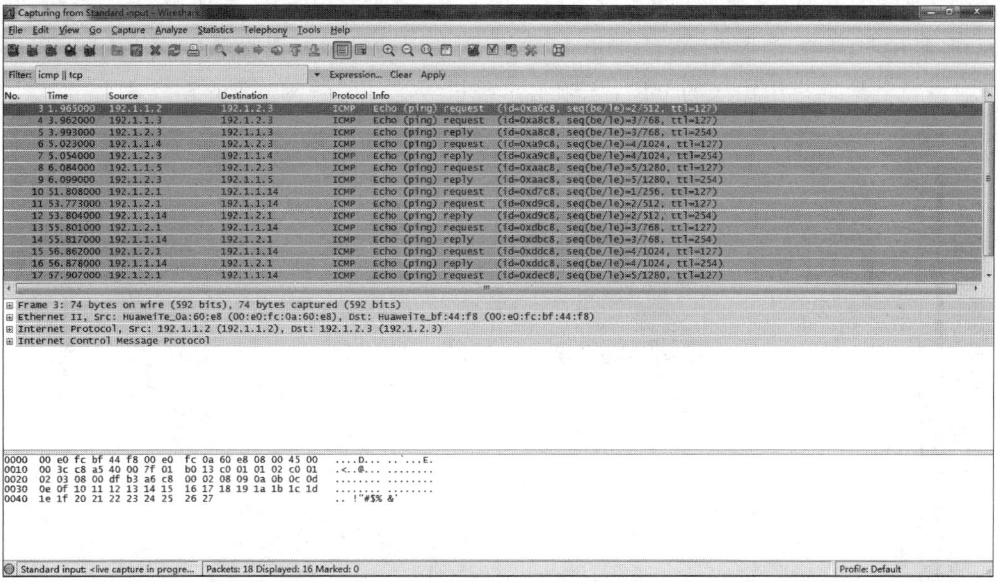

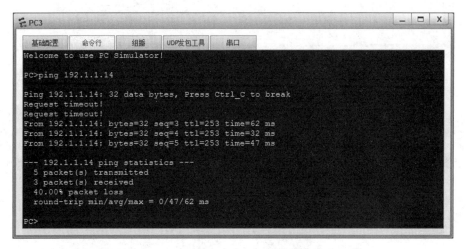

图 6.80　AR1 连接外网的接口捕获的 ICMP 报文序列

图 6.81　PC3 与 Server1 之间的通信过程

入的 URL 如图 6.82 所示,IP 地址是与 Server1 的私有 IP 地址 192.168.1.3 建立静态映射的全球 IP 地址 192.1.1.14。Client2 至 Server1 的 TCP 报文,在 Client2 至 AR1 连接外网的接口这一段,封装该 TCP 报文的 IP 分组的目的 IP 地址是全球 IP 地址 192.1.1.14,如图 6.83 所示。在 AR1 连接内网的接口至 Server1 这一段,封装该 TCP 报文的 IP 分组的目的 IP 地址是 Server1 的私有 IP 地址 192.168.1.3,如图 6.84 所示。由 AR1 完成目的 IP 地址转换过程。同样,Server1 至 Client2 的 TCP 报文,在 Server1 至 AR1 连接内网的接口这一段,封装该 TCP 报文的 IP 分组的源 IP 地址是 Server1 的私有 IP 地址 192.168.1.3,如图 6.84 所示。在 AR1 连接外网的接口至 Client2 这一段,封装该 TCP 报文的 IP 分组的源 IP 地址是全球 IP 地址 192.1.1.14,如图 6.83 所示。由 AR1 完成源 IP 地址转换过程。需要说明的是,由于 Server1 的 http 服务器采用的端口号是默认的著名端口号 80,因此,浏览器地址栏中输入的 URL 无须给出端口号。

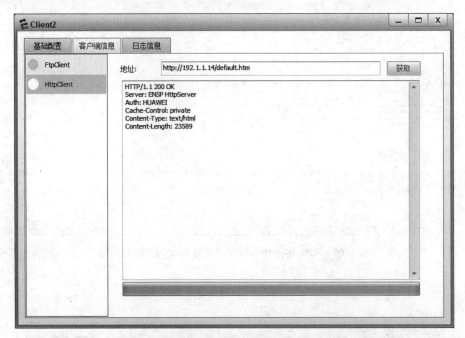

图 6.82　启动浏览器访问 Server1 的过程

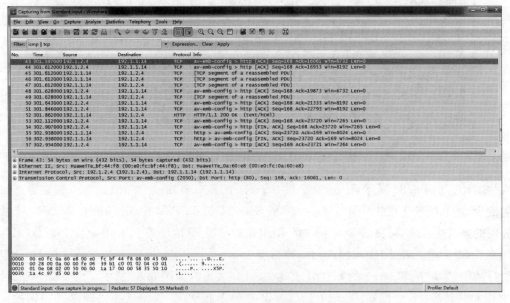

图 6.83　AR1 连接外网的接口捕获的 TCP 报文序列

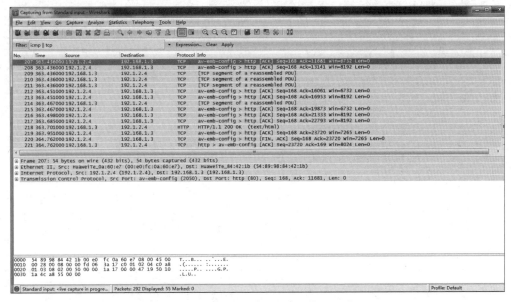

图 6.84 AR1 连接内网的接口捕获的 TCP 报文序列

6.7.6 命令行接口配置过程

1. 路由器 AR1 命令行接口配置过程

```
<Huawei>system-view
[Huawei]undo info-center enable
[Huawei]interface GigabitEthernet0/0/0
[Huawei-GigabitEthernet0/0/0]ip address 192.168.1.254 24
[Huawei-GigabitEthernet0/0/0]quit
[Huawei]interface GigabitEthernet0/0/1
[Huawei-GigabitEthernet0/0/1]ip address 192.1.3.1 30
[Huawei-GigabitEthernet0/0/1]quit
[Huawei]ip route-static 192.1.2.0 24 192.1.3.2
[Huawei]acl 2000
[Huawei-acl-basic-2000]rule 5 permit source 192.168.1.0 0.0.0.255
[Huawei-acl-basic-2000]quit
[Huawei]nat address-group 1 192.1.1.1 192.1.1.13
[Huawei]interface GigabitEthernet0/0/1
[Huawei-GigabitEthernet0/0/1]nat outbound 2000 address-group 1 no-pat
[Huawei-GigabitEthernet0/0/1]quit
[Huawei]nat static global 192.1.1.14 inside 192.168.1.3
[Huawei]interface GigabitEthernet0/0/1
[Huawei-GigabitEthernet0/0/1]nat static enable
[Huawei-GigabitEthernet0/0/1]quit
```

2. 路由器 AR2 命令行接口配置过程

```
<Huawei>system-view
[Huawei]undo info-center enable
[Huawei]interface GigabitEthernet0/0/0
[Huawei-GigabitEthernet0/0/0]ip address 192.1.3.2 30
[Huawei-GigabitEthernet0/0/0]quit
[Huawei]interface GigabitEthernet0/0/1
[Huawei-GigabitEthernet0/0/1]ip address 192.1.2.254 24
[Huawei-GigabitEthernet0/0/1]quit
[Huawei]ip route-static 192.1.1.0 28 192.1.3.1
```

3. 命令列表

路由器命令行接口配置过程中使用的命令及功能和参数说明如表 6.10 所示。

表 6.10　命令列表

命 令 格 式	功能和参数说明
nat address-group *group-index start-address end-address*	定义全球 IP 地址池,全球 IP 地址池的 IP 地址范围从 *start-address* 到 *end-address*。参数 *start-address* 是起始全球 IP 地址,参数 *end-address* 是结束全球 IP 地址,参数 *group-index* 是全球 IP 地址池索引号。不同的全球 IP 地址池有着不同的索引号
nat outbound *acl-number* **address-group** *group-index* [**no-pat**]	建立全球 IP 地址池与 acl 之间的关联。参数 *acl-number* 是 acl 编号,参数 *group-index* 是全球 IP 地址池索引号。no-pat 表明地址转换过程中不启动 PAT 功能
nat static global *global-address* **inside** *host-address*	建立全球 IP 地址 *global-address* 与私有 IP 地址 *host-address* 之间的静态映射
nat static enable	在指定接口启动静态地址映射功能

6.8　VRRP 实验

6.8.1　实验内容

虚拟路由器冗余协议(Virtual Router Redundancy Protocol,VRRP)实现过程如图 6.85 所示。路由器 R1 和 R2 组成一个 VRRP 备份组,每一个 VRRP 备份组可以模拟成单个虚拟路由器。每一个虚拟路由器拥有虚拟 IP 地址和虚拟 MAC 地址。在一个 VRRP 备份组中,只有一台路由器作为主路由器,其余路由器作为备份路由器。只有主路由器转发 IP 分组。当主路由器失效后,VRRP 备份组在备份路由器中选择其中一台备份路由器作为主路由器。

对于终端 A 和终端 B,每一个 VRRP 备份组作为单个虚拟路由器,因此,除非 VRRP 备份组中的所有路由器都失效,否则,不会影响终端 A、终端 B 与终端 C 之间的通信

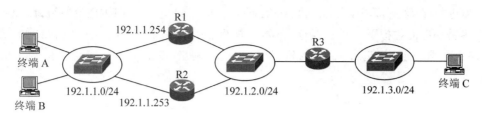

图 6.85　VRRP 实现过程

过程。

为了实现负载均衡,可以将路由器 R1 和 R2 组成两个 VRRP 备份组,其中一个 VRRP 备份组将路由器 R1 作为主路由器,另一个 VRRP 备份组将路由器 R2 作为主路由器,终端 A 将其中一个 VRRP 备份组对应的虚拟路由器作为默认网关,终端 B 将另一个 VRRP 备份组对应的虚拟路由器作为默认网关,这样,既实现了设备冗余,又实现了负载均衡。

值得强调的是,VRRP 只是用于实现网关冗余,在其中一个或多个网关出现问题的情况下,保证终端能够向其他网络中的终端传输 IP 分组。

6.8.2　实验目的

(1) 理解设备冗余的含义。
(2) 掌握 VRRP 工作过程。
(3) 掌握 VRRP 配置过程。
(4) 理解负载均衡的含义。
(5) 掌握负载均衡实现过程。

6.8.3　实验原理

为了实现负载均衡,采用如图 6.86 所示的 VRRP 工作环境。创建两个组编号分别为 1 和 2 的 VRRP 备份组,并将路由器 R1 和 R2 的接口 1 分配给这两个 VRRP 备份组,为组编号为 1 的 VRRP 备份组分配虚拟 IP 地址 192.1.1.250,同时通过为路由器 R2 配置较高的优先级,使得路由器 R2 成为组编号为 1 的 VRRP 备份组中的主路由器。为组编号为 2 的 VRRP 备份组分配虚拟 IP 地址 192.1.1.251,同时通过为路由器 R1 配置较高的优先级,使得路由器 R1 成为组编号为 2 的 VRRP 备份组中的主路由器。将终端 A 的默认网关地址配置成组编号为 1 的 VRRP 备份组对应的虚拟 IP 地址 192.1.1.250,将终端 B 的默认网关地址配置成组编号为 2 的 VRRP 备份组对应的虚拟 IP 地址 192.1.1.251。在没有发生错误的情况下,终端 B 将路由器 R1 作为默认网关,终端 A 将路由器 R2 作为默认网关。一旦某个路由器发生故障,另一个路由器将自动作为所有终端的默认网关。因此,如图 6.86 所示的 VRRP 工作环境,既实现了容错,又实现了负载均衡。

如图 6.85 所示,当路由器 R3 配置用于指明通往网络 192.1.1.0/24 传输路径的静态路由项时,只能选择路由器 R1 或 R2 为下一跳,一旦选择作为下一跳的路由器出现问题,将无法实现网络 192.1.3.0/24 与网络 192.1.1.0/24 之间的通信过程。当然,可以将路由器 R1 和 R2 连接网络 192.1.2.0/24 的接口分配到同一个 VRRP 备份组，以此构成具有容错功能的虚拟下一跳。但这样做，只能保证在路由器 R1 或 R2 出现问题的情况下，路由器 R3 能够将正常工作的路由器作为通往网络 192.1.1.0/24 传输路径上的下一跳。

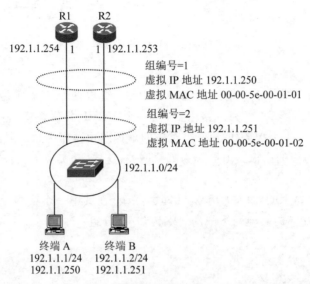

图 6.86　容错和负载均衡实现过程

6.8.4　关键命令说明

1. 创建 VRRP 备份组并为备份组指定虚拟 IP 地址

```
[Huawei]interface GigabitEthernet0/0/0
[Huawei-GigabitEthernet0/0/0]vrrp vrid 1 virtual-ip 192.1.1.250
```

vrrp vrid 1 virtual-ip 192.1.1.250 是接口视图下使用的命令，该命令的作用如下，在指定接口（这里是接口 GigabitEthernet0/0/0）中创建编号为 1 的 VRRP 备份组并为该 VRRP 备份组分配虚拟 IP 地址 192.1.1.250。

2. 指定优先级

```
[Huawei]interface GigabitEthernet0/0/0
[Huawei-GigabitEthernet0/0/0]vrrp vrid 1 virtual-ip 192.1.1.250
[Huawei-GigabitEthernet0/0/0]vrrp vrid 1 priority 120
```

vrrp vrid 1 priority 120 是接口视图下使用的命令，该命令的作用是指定接口所在设备在编号为 1 的 VRRP 备份组中的优先级值。默认优先级值是 100，优先级值越大，优先级越高，优先级最高的设备成为 VRRP 备份组的主路由器。执行该命令前，必须先创建编号为 1 的 VRRP 备份组。

3. 配置抢占延时

```
[Huawei]interface GigabitEthernet0/0/0
```

[Huawei-GigabitEthernet0/0/0]vrrp vrid 1 virtual-ip 192.1.1.250
[Huawei-GigabitEthernet0/0/0]vrrp vrid 1 preempt-mode timer delay 20

vrrp vrid 1 preempt-mode timer delay 20 是接口视图下使用的命令,该命令的作用是在编号为 1 的 VRRP 备份组中,将接口所在设备设置成延迟抢占方式,即如果接口所在设备的优先级值大于当前主路由器的优先级值,经过 20 秒延时后,接口所在设备成为主路由器。执行该命令前,必须先创建编号为 1 的 VRRP 备份组。

6.8.5　实验步骤

(1) 启动 eNSP,按照如图 6.85 所示的网络拓扑结构放置和连接设备,完成设备放置和连接后的 eNSP 界面如图 6.87 所示。启动所有设备。

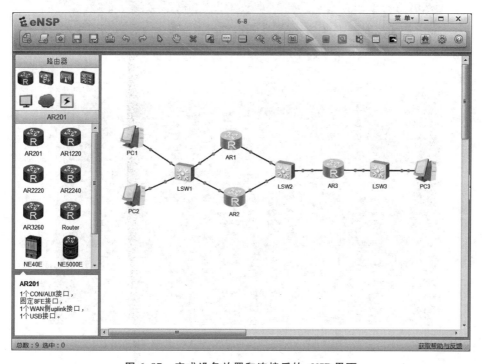

图 6.87　完成设备放置和连接后的 eNSP 界面

(2) 完成所有路由器各个接口的 IP 地址和子网掩码配置过程。完成路由器 AR1 和 AR2 VRRP 相关配置过程,为实现负载均衡,在 AR1 和 AR2 接口 GigabitEthernet0/0/0 中分别创建两个 VRRP 备份组,并通过配置优先级值,使得 AR1 成为编号为 1 的 VRRP 备份组的主路由器,AR2 成为编号为 2 的 VRRP 备份组的主路由器。为各个 VRRP 备份组配置虚拟 IP 地址。路由器 AR1 和 AR2 各个接口配置的 IP 地址和子网掩码以及 VRRP 相关信息分别如图 6.88 和图 6.89 所示,路由器 AR3 配置的 IP 地址和子网掩码如图 6.90 所示。

(3) 完成路由器 AR1、AR2 和 AR3 静态路由项配置过程,路由器 AR1、AR2 和 AR3 的路由表内容分别如图 6.91～图 6.93 所示。

```
E AR1                                                         凸凸  _  □  X
<Huawei>display ip interface brief
*down: administratively down
^down: standby
(l): loopback
(s): spoofing
The number of interface that is UP in Physical is 3
The number of interface that is DOWN in Physical is 0
The number of interface that is UP in Protocol is 3
The number of interface that is DOWN in Protocol is 0

Interface                       IP Address/Mask       Physical   Protocol
GigabitEthernet0/0/0            192.1.1.254/24        up         up
GigabitEthernet0/0/1            192.1.2.254/24        up         up
NULL0                           unassigned            up         up(s)
<Huawei>display vrrp brief
Total:3      Master:2     Backup:1     Non-active:0
VRID  State       Interface              Type     Virtual IP
-----------------------------------------------------------------
1     Master      GE0/0/0                Normal   192.1.1.250
2     Backup      GE0/0/0                Normal   192.1.1.251
3     Master      GE0/0/1                Normal   192.1.2.250
<Huawei>
```

图 6.88 AR1 的接口状态和 VRRP 信息

```
E AR2                                                         凸凸  _  □  X
<Huawei>display ip interface brief
*down: administratively down
^down: standby
(l): loopback
(s): spoofing
The number of interface that is UP in Physical is 3
The number of interface that is DOWN in Physical is 0
The number of interface that is UP in Protocol is 3
The number of interface that is DOWN in Protocol is 0

Interface                       IP Address/Mask       Physical   Protocol
GigabitEthernet0/0/0            192.1.1.253/24        up         up
GigabitEthernet0/0/1            192.1.2.253/24        up         up
NULL0                           unassigned            up         up(s)
<Huawei>display vrrp brief
Total:3      Master:1     Backup:2     Non-active:0
VRID  State       Interface              Type     Virtual IP
-----------------------------------------------------------------
1     Backup      GE0/0/0                Normal   192.1.1.250
2     Master      GE0/0/0                Normal   192.1.1.251
3     Backup      GE0/0/1                Normal   192.1.2.250
<Huawei>
```

图 6.89 AR2 的接口状态和 VRRP 信息

```
E AR3                                                         凸凸  _  □  X
The device is running!

<Huawei>display ip interface brief
*down: administratively down
^down: standby
(l): loopback
(s): spoofing
The number of interface that is UP in Physical is 3
The number of interface that is DOWN in Physical is 0
The number of interface that is UP in Protocol is 3
The number of interface that is DOWN in Protocol is 0

Interface                       IP Address/Mask       Physical   Protocol
GigabitEthernet0/0/0            192.1.2.252/24        up         up
GigabitEthernet0/0/1            192.1.3.254/24        up         up
NULL0                           unassigned            up         up(s)
<Huawei>
```

图 6.90 AR3 的接口状态

```
AR1                                                                  _  □  X
<Huawei>display ip routing-table
Route Flags: R - relay, D - download to fib
-----------------------------------------------------------------------------
Routing Tables: Public
         Destinations : 13       Routes : 13

Destination/Mask      Proto   Pre  Cost       Flags NextHop         Interface

       127.0.0.0/8    Direct  0    0            D   127.0.0.1       InLoopBack0
       127.0.0.1/32   Direct  0    0            D   127.0.0.1       InLoopBack0
127.255.255.255/32    Direct  0    0            D   127.0.0.1       InLoopBack0
     192.1.1.0/24     Direct  0    0            D   192.1.1.254     GigabitEthernet
0/0/0
   192.1.1.250/32     Direct  0    0            D   127.0.0.1       GigabitEthernet
0/0/0
   192.1.1.254/32     Direct  0    0            D   127.0.0.1       GigabitEthernet
0/0/0
   192.1.1.255/32     Direct  0    0            D   127.0.0.1       GigabitEthernet
0/0/0
     192.1.2.0/24     Direct  0    0            D   192.1.2.254     GigabitEthernet
0/0/1
   192.1.2.250/32     Direct  0    0            D   127.0.0.1       GigabitEthernet
0/0/1
   192.1.2.254/32     Direct  0    0            D   127.0.0.1       GigabitEthernet
0/0/1
   192.1.2.255/32     Direct  0    0            D   127.0.0.1       GigabitEthernet
0/0/1
     192.1.3.0/24     Static  60   0           RD   192.1.2.252     GigabitEthernet
0/0/1
255.255.255.255/32    Direct  0    0            D   127.0.0.1       InLoopBack0

<Huawei>
```

图 6.91　路由器 AR1 的路由表

```
AR2                                                                  _  □  X
<Huawei>display ip routing-table
Route Flags: R - relay, D - download to fib
-----------------------------------------------------------------------------
Routing Tables: Public
         Destinations : 12       Routes : 12

Destination/Mask      Proto   Pre  Cost       Flags NextHop         Interface

       127.0.0.0/8    Direct  0    0            D   127.0.0.1       InLoopBack0
       127.0.0.1/32   Direct  0    0            D   127.0.0.1       InLoopBack0
127.255.255.255/32    Direct  0    0            D   127.0.0.1       InLoopBack0
     192.1.1.0/24     Direct  0    0            D   192.1.1.253     GigabitEthernet
0/0/0
   192.1.1.251/32     Direct  0    0            D   127.0.0.1       GigabitEthernet
0/0/0
   192.1.1.253/32     Direct  0    0            D   127.0.0.1       GigabitEthernet
0/0/0
   192.1.1.255/32     Direct  0    0            D   127.0.0.1       GigabitEthernet
0/0/0
     192.1.2.0/24     Direct  0    0            D   192.1.2.253     GigabitEthernet
0/0/1
   192.1.2.253/32     Direct  0    0            D   127.0.0.1       GigabitEthernet
0/0/1
   192.1.2.255/32     Direct  0    0            D   127.0.0.1       GigabitEthernet
0/0/1
     192.1.3.0/24     Static  60   0           RD   192.1.2.252     GigabitEthernet
0/0/1
255.255.255.255/32    Direct  0    0            D   127.0.0.1       InLoopBack0

<Huawei>
```

图 6.92　路由器 AR2 的路由表

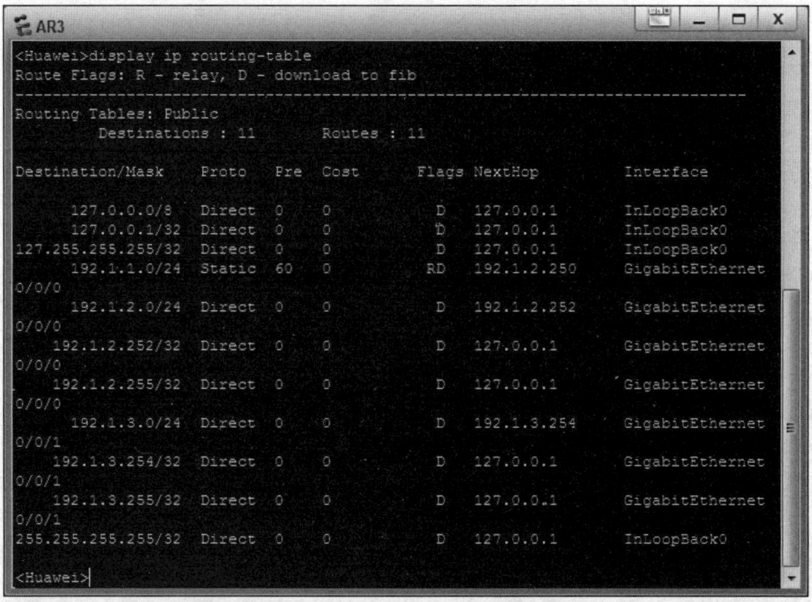

图 6.93　路由器 AR3 的路由表

（4）PC1 和 PC2 的默认网关地址分别是为编号为 1 和编号为 2 的 VRRP 备份组配置的 IP 地址，使得 PC1 选择 AR1 作为默认网关，PC2 选择 AR2 作为默认网关，以此实现负载均衡。PC1 和 PC2 配置的 IP 地址、子网掩码和默认网关地址分别如图 6.94 和图 6.95 所示。

图 6.94　PC1 配置的 IP 地址、子网掩码和默认网关地址

图 6.95　PC2 配置的 IP 地址、子网掩码和默认网关地址

（5）为了观察负载均衡过程，分别在路由器 AR1 和 AR2 连接 PC1 和 PC2 所在以太网的接口（接口 GigabitEthernet0/0/0）启动捕获报文功能。

（6）启动 PC1、PC2 与 PC3 之间的通信过程。AR1 接口 GigabitEthernet0/0/0 上捕获的报文序列如图 6.96 所示，报文序列中包含 PC1 至 PC3 的 IP 分组以及 PC3 至 PC1 和 PC2 的 IP 分组。AR2 接口 GigabitEthernet0/0/0 上捕获的报文序列如图 6.97 所示，报文序列中包含 PC2 至 PC3 的 IP 分组。

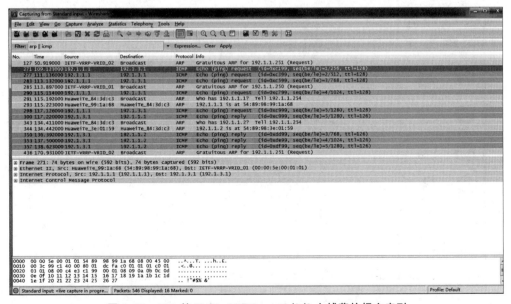

图 6.96　AR1 接口 GigabitEthernet0/0/0 上捕获的报文序列

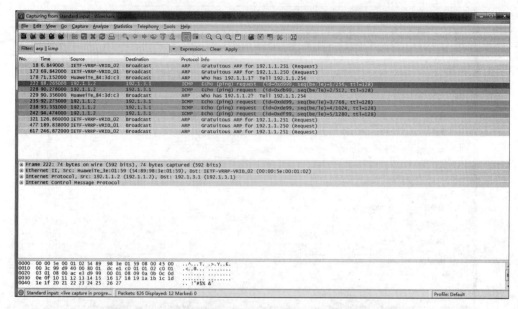

图 6.97   AR2 接口 GigabitEthernet0/0/0 上捕获的报文序列

（7）在如图 6.87 所示的拓扑结构基础上，删除路由器 AR1，删除路由器 AR1 后的拓扑结构如图 6.98 所示，路由器 AR2 成为编号为 1 的 VRRP 备份组的主路由器，PC1、PC2 与 PC3 之间传输的 IP 分组全部经过路由器 AR2，AR2 接口 GigabitEthernet0/0/0 上捕获的报文序列如图 6.99 所示。

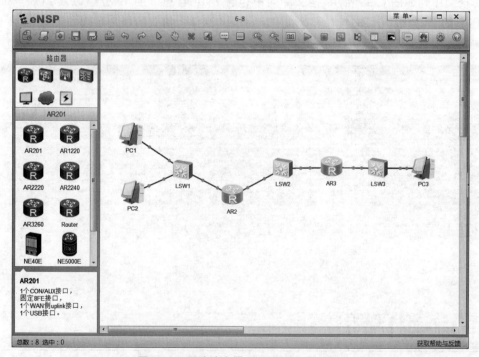

图 6.98   删除路由器 AR1 后的拓扑结构

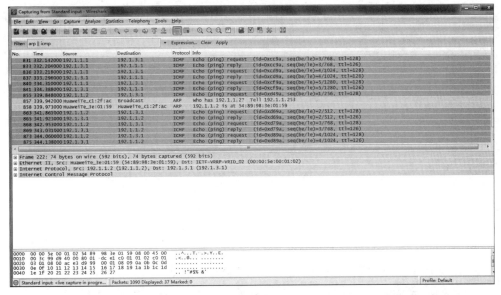

图 6.99　AR2 接口 GigabitEthernet0/0/0 上捕获的报文序列

（8）在如图 6.87 所示的拓扑结构基础上，删除路由器 AR2，删除路由器 AR2 后的拓扑结构如图 6.100 所示，路由器 AR1 成为编号为 2 的 VRRP 备份组的主路由器，PC1、PC2 与 PC3 之间传输的 IP 分组全部经过路由器 AR1，AR1 接口 GigabitEthernet0/0/0 上捕获的报文序列如图 6.101 所示。

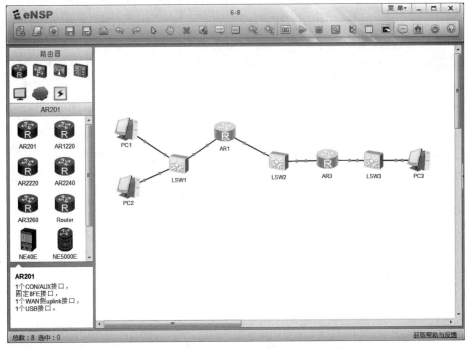

图 6.100　删除路由器 AR2 后的拓扑结构

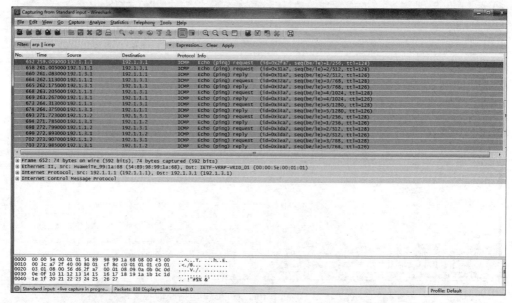

图 6.101　AR1 接口 GigabitEthernet0/0/0 上捕获的报文序列

6.8.6　命令行接口配置过程

1. 路由器 AR1 命令行接口配置过程

```
<Huawei>system-view
[Huawei]undo info-center enable
[Huawei]interface GigabitEthernet0/0/0
[Huawei-GigabitEthernet0/0/0]ip address 192.1.1.254 24
[Huawei-GigabitEthernet0/0/0]quit
[Huawei]interface GigabitEthernet0/0/1
[Huawei-GigabitEthernet0/0/1]ip address 192.1.2.254 24
[Huawei-GigabitEthernet0/0/1]quit
[Huawei]interface GigabitEthernet0/0/0
[Huawei-GigabitEthernet0/0/0]vrrp vrid 1 virtual-ip 192.1.1.250
[Huawei-GigabitEthernet0/0/0]vrrp vrid 1 priority 120
[Huawei-GigabitEthernet0/0/0]vrrp vrid 1 preempt-mode timer delay 20
[Huawei-GigabitEthernet0/0/0]vrrp vrid 2 virtual-ip 192.1.1.251
[Huawei-GigabitEthernet0/0/0]quit
[Huawei]interface GigabitEthernet0/0/1
[Huawei-GigabitEthernet0/0/1]vrrp vrid 3 virtual-ip 192.1.2.250
[Huawei-GigabitEthernet0/0/1]vrrp vrid 3 priority 120
[Huawei-GigabitEthernet0/0/1]vrrp vrid 3 preempt-mode timer delay 20
[Huawei-GigabitEthernet0/0/1]quit
[Huawei]ip route-static 192.1.3.0 24 192.1.2.252
```

2. 路由器 AR2 命令行接口配置过程

```
<Huawei>system-view
[Huawei]undo info-center enable
[Huawei]interface GigabitEthernet0/0/0
[Huawei-GigabitEthernet0/0/0]ip address 192.1.1.253 24
[Huawei-GigabitEthernet0/0/0]quit
[Huawei]interface GigabitEthernet0/0/1
[Huawei-GigabitEthernet0/0/1]ip address 192.1.2.253 24
[Huawei-GigabitEthernet0/0/1]quit
[Huawei]interface GigabitEthernet0/0/0
[Huawei-GigabitEthernet0/0/0]vrrp vrid 1 virtual-ip 192.1.1.250
[Huawei-GigabitEthernet0/0/0]vrrp vrid 2 virtual-ip 192.1.1.251
[Huawei-GigabitEthernet0/0/0]vrrp vrid 2 priority 120
[Huawei-GigabitEthernet0/0/0]vrrp vrid 2 preempt-mode timer delay 20
[Huawei-GigabitEthernet0/0/0]quit
[Huawei]interface GigabitEthernet0/0/1
[Huawei-GigabitEthernet0/0/1]vrrp vrid 3 virtual-ip 192.1.2.250
[Huawei-GigabitEthernet0/0/1]quit
[Huawei]ip route-static 192.1.3.0 24 192.1.2.252
```

3. 路由器 AR3 命令行接口配置过程

```
<Huawei>system-view
[Huawei]undo info-center enable
[Huawei]interface GigabitEthernet0/0/0
[Huawei-GigabitEthernet0/0/0]ip address 192.1.2.252 24
[Huawei-GigabitEthernet0/0/0]quit
[Huawei]interface GigabitEthernet0/0/1
[Huawei-GigabitEthernet0/0/1]ip address 192.1.3.254 24
[Huawei-GigabitEthernet0/0/1]quit
[Huawei]ip route-static 192.1.1.0 24 192.1.2.250
```

4. 命令列表

路由器命令行接口配置过程中使用的命令及功能和参数说明如表 6.11 所示。

表 6.11　命令列表

命 令 格 式	功能和参数说明
vrrp vrid *virtual-router-id* **virtual-ip** *virtual-address*	在指定接口中创建编号为 *virtual-router-id* 的 VRRP 备份组，并为该 VRRP 备份组分配虚拟 IP 地址。参数 *virtual-address* 是虚拟 IP 地址
vrrp vrid *virtual-router-id* **priority** *priority-value*	在编号为 *virtual-router-id* 的 VRRP 备份组中，为设备配置优先级值 *priority-value*。优先级值越大，设备的优先级越高
vrrp vrid *virtual-router-id* **preempt-mode timer delay** *delay-value*	配置设备在编号为 *virtual-router-id* 的 VRRP 备份组中的抢占延迟时间。参数 *delay-value* 是抢占延迟时间
display vrrp brief	简要显示设备有关 VRRP 信息

第 7 章

虚拟专用网络实验

虚拟专用网络(Virtual Private Network,VPN)实验主要解决三个问题:一是通过在内部网络各个子网之间建立点对点 IP 隧道,解决由互联网互联的内部网络各个子网之间的通信问题;二是通过在点对点 IP 隧道两端之间建立安全关联,解决内部网络各个子网之间的安全通信问题;三是通过 VPN 接入技术解决远程终端像内部网络中的终端一样访问内部网络中资源的问题。

7.1　点对点 IP 隧道实验

7.1.1　实验内容

VPN 物理结构如图 7.1(a)所示。路由器 R4、R5 和 R6 构成公共网络,边缘路由器 R1、R2 和 R3 一端连接内部子网,一端连接公共网络。由于公共网络无法传输以私有 IP 地址(私有 IP 地址也称为本地 IP 地址)为源和目的 IP 地址的 IP 分组,因此,由公共网络互联的多个分配私有 IP 地址的内部子网之间无法直接进行通信。为了实现被公共网络分隔的多个内部子网之间的通信过程,需要建立以边缘路由器连接公共网络的接口为两端的点对点 IP 隧道,并为点对点 IP 隧道两端分配私有 IP 地址。以此将如图 7.1(a)所示的物理结构转换为如图 7.1(b)所示的逻辑结构,点对点 IP 隧道成为互连边缘路由器的虚拟点对点链路,边缘路由器之间能够通过点对点 IP 隧道直接传输以私有 IP 地址为源和目的 IP 地址的 IP 分组。由于点对点 IP 隧道经过公共网络,因此,需要通过隧道技术完成以私有 IP 地址为源和目的 IP 地址的 IP 分组经过公共网络传输的过程。

7.1.2　实验目的

(1) 掌握 VPN 设计过程。

(2) 掌握点对点 IP 隧道配置过程。

(3) 掌握公共网络路由项建立过程。

(4) 掌握内部网络路由项建立过程。

(5) 验证公共网络隧道两端之间的传输路径的建立过程。

(6) 验证基于隧道实现的内部子网之间 IP 分组传输过程。

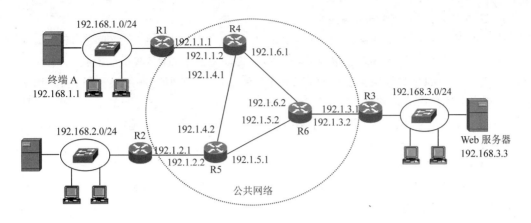

(a) 网络物理结构

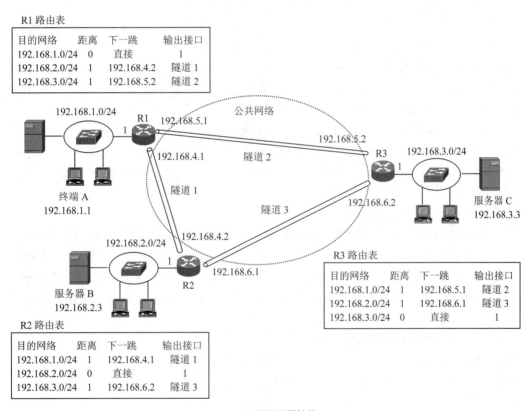

(b) 网络逻辑结构

图 7.1　VPN 结构

7.1.3　实验原理

以下步骤是通过隧道技术完成以私有 IP 地址为源和目的 IP 地址的 IP 分组经过公共网络传输的过程的前提。

1. 建立公共网络端到端传输路径

建立如图 7.1(a)所示的路由器 R1、R2 和 R3 连接公共网络的接口之间的 IP 传输路径是建立路由器 R1、R2 和 R3 连接公共网络接口之间的点对点 IP 隧道的前提。

图 7.1(a)中的公共网络包含路由器 R4、R5 和 R6 连接的所有网络,以及边缘路由器 R1、R2 和 R3 连接公共网络的接口,可以将上述范围的公共网络定义为单个 OSPF 区域,通过 OSPF 在各个路由器中建立用于指明边缘路由器 R1、R2 和 R3 连接公共网络的接口之间的 IP 传输路径的路由项。

2. 建立点对点 IP 隧道

实现分配私有 IP 地址的内部子网之间互联的 VPN 逻辑结构如图 7.1(b)所示,关键是创建实现边缘路由器 R1、R2 和 R3 之间两两互连的点对点 IP 隧道。由于每一条点对点 IP 隧道的两端是边缘路由器连接公共网络的接口,因此,边缘路由器连接公共网络的接口分配的全球 IP 地址也成为每一条点对点 IP 隧道两端的全球 IP 地址。

点对点 IP 隧道完成以私有 IP 地址为源和目的 IP 地址的 IP 分组两个边缘路由器之间传输的过程如下:点对点 IP 隧道一端的边缘路由器将以私有 IP 地址为源和目的 IP 地址的 IP 分组作为净荷,重新封装成以点对点 IP 隧道两端的全球 IP 地址为源和目的 IP 地址的 IP 分组;以点对点 IP 隧道两端的全球 IP 地址为源和目的 IP 地址的 IP 分组沿着通过 OSPF 建立的路由器 R1、R2 和 R3 连接公共网络的接口之间的 IP 传输路径从点对点 IP 隧道的一端传输到点对点 IP 隧道的另一端;点对点 IP 隧道另一端的边缘路由器从以点对点 IP 隧道两端的全球 IP 地址为源和目的 IP 地址的 IP 分组中分离出以私有 IP 地址为源和目的 IP 地址的 IP 分组,以此完成以私有 IP 地址为源和目的 IP 地址的 IP 分组经过点对点 IP 隧道传输的过程。

3. 建立内部子网之间的传输路径

对于内部子网,公共网络是不可见的,实现边缘路由器之间互连的是两端分配私有 IP 地址的虚拟点对点链路(点对点 IP 隧道)。实现内部子网互联的 VPN 逻辑结构如图 7.1(b)所示。每一个边缘路由器的路由表中建立用于指明通往所有内部子网的传输路径的路由项。每一个边缘路由器通过 RIP 创建用于指明通往没有与该边缘路由器直接连接的内部子网的传输路径的路由项。

4. 建立边缘路由器完整路由表

边缘路由器一是需要配置两种类型的路由进程:一种是 OSPF 路由进程,用于创建边缘路由器连接公共网络接口之间的传输路径,这些传输路径是建立点对点 IP 隧道的基础;另一种是 RIP 路由进程,该路由进程基于边缘路由器之间的点对点 IP 隧道创建内部子网之间的传输路径。

二是路由表中存在多种类型的路由项:第一种是直连路由项,包括物理接口直接连接的网络(如路由器 R1 两个物理接口直接连接的网络 192.168.1.0/24 和 192.1.1.0/24)和隧道接口直接连接的网络(如路由器 R1 隧道 1 连接的网络 192.168.4.0/24 和隧道 2 连接的网络 192.168.5.0/24);第二种是 OSPF 创建的动态路由项,用于指明通往公共网络中各个子网的传输路径;第三种是 RIP 创建的动态路由项,用于指明通往内部网络中各个子网的传输路径。

7.1.4　关键命令说明

1. 定义隧道

```
[Huawei]interface tunnel 0/0/1
[Huawei-Tunnel0/0/1]tunnel-protocol gre
[Huawei-Tunnel0/0/1]source GigabitEthernet0/0/1
[Huawei-Tunnel0/0/1]destination 192.1.2.1
[Huawei-Tunnel0/0/1]quit
```

interface tunnel 0/0/1 是系统视图下使用的命令,该命令的作用是创建编号为 0/0/1 的隧道接口,并进入隧道接口视图。编号格式为槽位号/卡号/端口号,槽位号和卡号取值与设备有关,这里是 0/0,端口号取值范围是 0～255。

tunnel-protocol gre 是隧道接口视图下使用的命令,该命令的作用是指定通用路由封装(Generic Routing Encapsulation,GRE)协议作为隧道接口使用的隧道协议。

source GigabitEthernet0/0/1 是隧道接口视图下使用的命令,该命令的作用是指定接口 GigabitEthernet0/0/1 为隧道源端,即指定接口 GigabitEthernet0/0/1 的全球 IP 地址为隧道源端的 IP 地址。

destination 192.1.2.1 是隧道接口视图下使用的命令,该命令的作用是指定全球 IP 地址 192.1.2.1 为隧道目的端的 IP 地址。

2. 配置隧道接口

对于内部网络,隧道等同于互联内部网络中各个子网的点对点链路,需要为隧道两端的隧道接口配置内部网络的私有 IP 地址。

```
[Huawei]interface tunnel 0/0/1
[Huawei-Tunnel0/0/1]ip address 192.168.4.1 24
[Huawei-Tunnel0/0/1]keepalive
[Huawei-Tunnel0/0/1]quit
```

ip address 192.168.4.1 24 是隧道接口视图下使用的命令,该命令的作用是为当前隧道接口(编号为 0/0/1 的隧道接口)配置 IP 地址 192.168.4.1 和子网掩码 255.255.255.0(24 位网络前缀)。

keepalive 是隧道接口视图下使用的命令,该命令的作用是启动隧道两端接口之间保持连接的功能。

7.1.5　实验步骤

(1)启动 eNSP,按照如图 7.1(a)所示的网络拓扑结构放置和连接设备,完成设备放置和连接后的 eNSP 界面如图 7.2 所示。启动所有设备。

(2)完成路由器 AR4、AR5 和 AR6 各个接口全球 IP 地址和子网掩码配置过程。完成路由器 AR1、AR2 和 AR3 连接公共网络的接口全球 IP 地址和子网掩码配置过程,连接内部网络的接口私有 IP 地址和子网掩码配置过程。完成路由器 AR1～AR6 有关 OSPF 配置过程,路由器 AR1、AR2 和 AR3 中只有配置全球 IP 地址的接口参与 OSPF 创

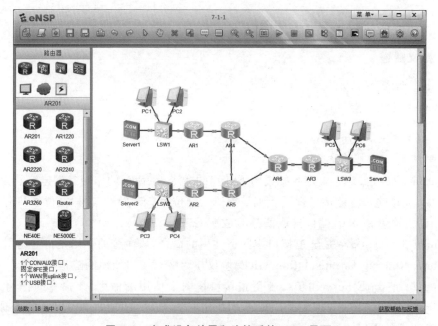

图 7.2　完成设备放置和连接后的 eNSP 界面

建路由项过程。路由器 AR4 路由表如图 7.3 所示,路由表中没有用于指明通往内部网络中各个子网的传输路径的路由项。

图 7.3　路由器 AR4 的路由表

（3）完成路由器 AR1、AR2 和 AR3 隧道配置过程，路由器 AR1、AR2 和 AR3 有关隧道的信息分别如图 7.4～图 7.6 所示。

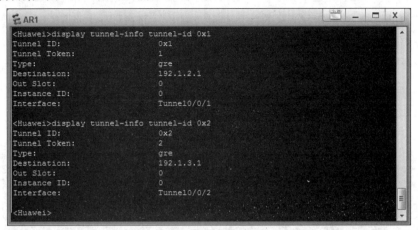

图 7.4　路由器 AR1 有关隧道的信息

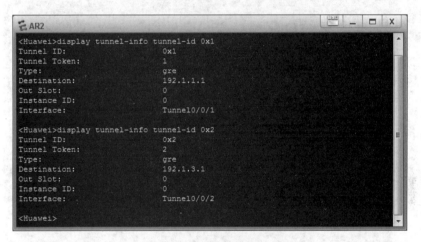

图 7.5　路由器 AR2 有关隧道的信息

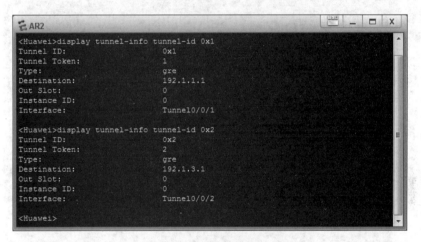

图 7.6　路由器 AR3 有关隧道的信息

（4）用隧道互联内部网络各个子网，为隧道接口配置私有 IP 地址，完成路由器 AR1、AR2 和 AR3 RIP 配置过程，参与 RIP 创建动态路由项的网络是内部网络的各个子网，路由器接口包括连接内部网络子网的接口和隧道接口。路由器 AR1、AR2 和 AR3 的完整路由表分别如图 7.7～图 7.9 所示。路由表中包含两种类型的路由项：一是用于指明通往内部网络中各个子网的传输路径的路由项，这种类型的路由项由直连路由项和 RIP 生成的动态路由项组成；二是用于指明通往公共网络中各个子网的传输路径的路由项，这种类型的路由项由直连路由项和 OSPF 生成的动态路由项组成。

```
AR1                                                        □ _ □ X

<Huawei>display ip routing-table
Route Flags: R - relay, D - download to fib
------------------------------------------------------------------
Routing Tables: Public
         Destinations : 24       Routes : 25

Destination/Mask    Proto   Pre  Cost      Flags NextHop        Interface

     127.0.0.0/8    Direct  0    0          D    127.0.0.1      InLoopBack0
     127.0.0.1/32   Direct  0    0          D    127.0.0.1      InLoopBack0
127.255.255.255/32  Direct  0    0          D    127.0.0.1      InLoopBack0
     192.1.1.0/24   Direct  0    0          D    192.1.1.1      GigabitEthernet
0/0/1
     192.1.1.1/32   Direct  0    0          D    127.0.0.1      GigabitEthernet
0/0/1
   192.1.1.255/32   Direct  0    0          D    127.0.0.1      GigabitEthernet
0/0/1
     192.1.2.0/24   OSPF    10   3          D    192.1.1.2      GigabitEthernet
0/0/1
     192.1.3.0/24   OSPF    10   3          D    192.1.1.2      GigabitEthernet
0/0/1
     192.1.4.0/24   OSPF    10   2          D    192.1.1.2      GigabitEthernet
0/0/1
     192.1.5.0/24   OSPF    10   3          D    192.1.1.2      GigabitEthernet
0/0/1
     192.1.6.0/24   OSPF    10   2          D    192.1.1.2      GigabitEthernet
0/0/1
   192.168.1.0/24   Direct  0    0          D    192.168.1.254  GigabitEthernet
0/0/0
 192.168.1.254/32   Direct  0    0          D    127.0.0.1      GigabitEthernet
0/0/0
 192.168.1.255/32   Direct  0    0          D    127.0.0.1      GigabitEthernet
0/0/0
   192.168.2.0/24   RIP     100  1          D    192.168.4.2    Tunnel0/0/1
   192.168.3.0/24   RIP     100  1          D    192.168.5.2    Tunnel0/0/2
   192.168.4.0/24   Direct  0    0          D    192.168.4.1    Tunnel0/0/1
   192.168.4.1/32   Direct  0    0          D    127.0.0.1      Tunnel0/0/1
 192.168.4.255/32   Direct  0    0          D    127.0.0.1      Tunnel0/0/1
   192.168.5.0/24   Direct  0    0          D    192.168.5.1    Tunnel0/0/2
   192.168.5.1/32   Direct  0    0          D    127.0.0.1      Tunnel0/0/2
 192.168.5.255/32   Direct  0    0          D    127.0.0.1      Tunnel0/0/2
   192.168.6.0/24   RIP     100  1          D    192.168.5.2    Tunnel0/0/2
                    RIP     100  1          D    192.168.4.2    Tunnel0/0/1
255.255.255.255/32  Direct  0    0          D    127.0.0.1      InLoopBack0
```

图 7.7　路由器 AR1 的完整路由表

（5）完成内部网络中各个 PC 和服务器网络信息配置过程，PC1 配置的网络信息如图 7.10 所示。验证内部网络中各个子网之间的通信过程。如图 7.11 所示是 PC1 与 PC5 之间的通信过程。

```
AR2                                                                    _  □  X

<Huawei>display ip routing-table
Route Flags: R - relay, D - download to fib
------------------------------------------------------------------------
Routing Tables: Public
         Destinations : 24        Routes : 25

Destination/Mask    Proto   Pre  Cost     Flags NextHop         Interface

        127.0.0.0/8    Direct  0    0          D    127.0.0.1      InLoopBack0
        127.0.0.1/32   Direct  0    0          D    127.0.0.1      InLoopBack0
127.255.255.255/32    Direct  0    0          D    127.0.0.1      InLoopBack0
        192.1.1.0/24   OSPF    10   3          D    192.1.2.2      GigabitEthernet
0/0/1
        192.1.2.0/24   Direct  0    0          D    192.1.2.1      GigabitEthernet
0/0/1
        192.1.2.1/32   Direct  0    0          D    127.0.0.1      GigabitEthernet
0/0/1
     192.1.2.255/32    Direct  0    0          D    127.0.0.1      GigabitEthernet
0/0/1
        192.1.3.0/24   OSPF    10   3          D    192.1.2.2      GigabitEthernet
0/0/1
        192.1.4.0/24   OSPF    10   2          D    192.1.2.2      GigabitEthernet
0/0/1
        192.1.5.0/24   OSPF    10   2          D    192.1.2.2      GigabitEthernet
0/0/1
        192.1.6.0/24   OSPF    10   3          D    192.1.2.2      GigabitEthernet
0/0/1
     192.168.1.0/24    RIP     100  1          D    192.168.4.1    Tunnel0/0/1
     192.168.2.0/24    Direct  0    0          D    192.168.2.254  GigabitEthernet
0/0/0
   192.168.2.254/32    Direct  0    0          D    127.0.0.1      GigabitEthernet
0/0/0
   192.168.2.255/32    Direct  0    0          D    127.0.0.1      GigabitEthernet
0/0/0
     192.168.3.0/24    RIP     100  1          D    192.168.6.2    Tunnel0/0/2
     192.168.4.0/24    Direct  0    0          D    192.168.4.2    Tunnel0/0/1
     192.168.4.2/32    Direct  0    0          D    127.0.0.1      Tunnel0/0/1
   192.168.4.255/32    Direct  0    0          D    127.0.0.1      Tunnel0/0/1
     192.168.5.0/24    RIP     100  1          D    192.168.6.2    Tunnel0/0/2
                       RIP     100  1          D    192.168.4.1    Tunnel0/0/1
     192.168.6.0/24    Direct  0    0          D    192.168.6.1    Tunnel0/0/2
     192.168.6.1/32    Direct  0    0          D    127.0.0.1      Tunnel0/0/2
   192.168.6.255/32    Direct  0    0          D    127.0.0.1      Tunnel0/0/2
255.255.255.255/32    Direct  0    0          D    127.0.0.1      InLoopBack0
```

图 7.8　路由器 AR2 的完整路由表

（6）为了验证 PC1 与 PC5 之间传输的 IP 分组经过隧道传输时的封装格式，启动路由器 AR1 连接内部网络的接口和路由器 AR4 连接路由器 AR1 的接口的报文捕获功能。在完成如图 7.11 所示的 PC1 与 PC5 之间的通信过程中，路由器 AR1 连接内部网络的接口捕获的报文序列如图 7.12 所示，PC1 至 PC5 的 IP 分组的源 IP 地址是 PC1 的私有 IP 地址 192.168.1.1、目的 IP 地址是 PC5 的私有 IP 地址 192.168.3.1。路由器 AR4 连接路由器 AR1 的接口捕获的报文序列如图 7.13 所示。PC1 至 PC5 的 IP 分组作为内层 IP 分组被封装成 GRE 报文，GRE 报文被封装成以隧道两端全球 IP 地址为源和目的 IP 地址的外层 IP 分组。这里，外层 IP 分组的源 IP 地址是隧道路由器 AR1 一端的全球 IP 地址 192.1.1.1、目的 IP 地址是隧道路由器 AR3 一端的全球 IP 地址 192.1.3.1。

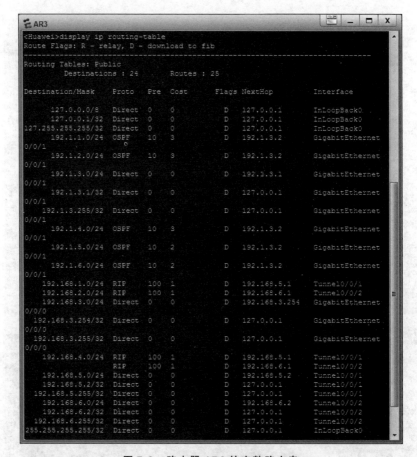

图 7.9　路由器 AR3 的完整路由表

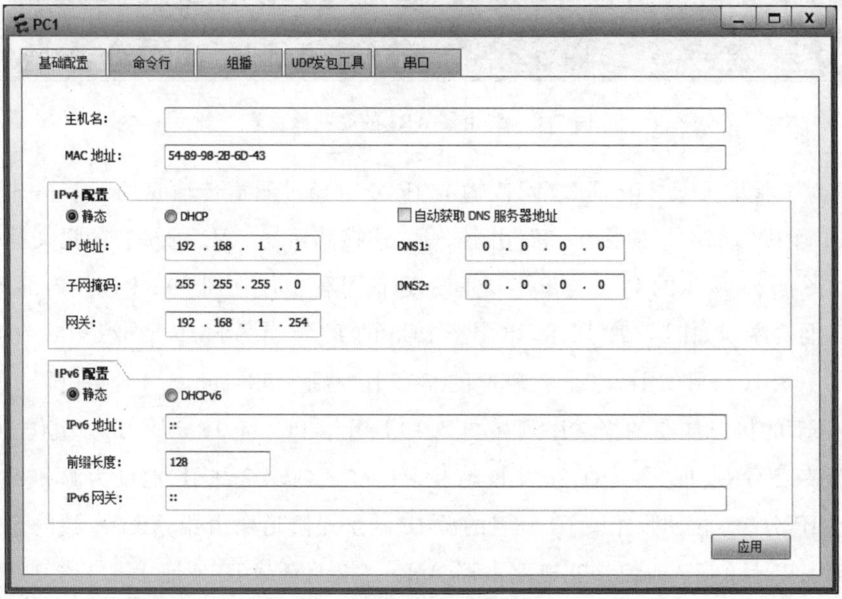

图 7.10　PC1 配置的网络信息

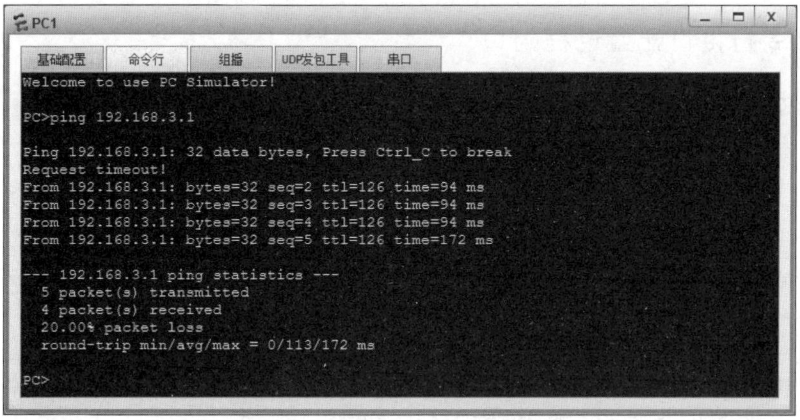

图 7.11　PC1 与 PC5 之间的通信过程

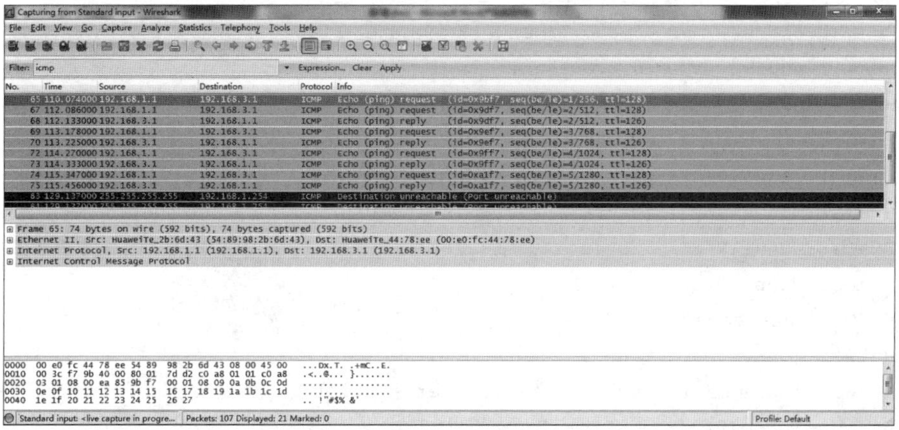

图 7.12　路由器 AR1 连接内部网络的接口捕获的报文序列

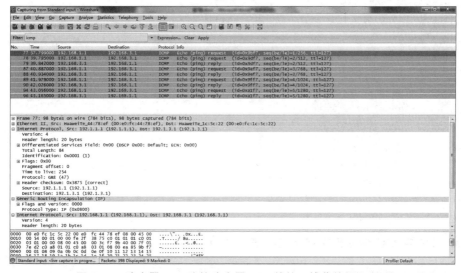

图 7.13　路由器 AR4 连接路由器 AR1 的接口捕获的报文序列

7.1.6　命令行接口配置过程

1. 路由器 AR1 命令行接口配置过程

```
<Huawei>system-view
[Huawei]undo info-center enable
[Huawei]interface GigabitEthernet0/0/0
[Huawei-GigabitEthernet0/0/0]ip address 192.168.1.254 24
[Huawei-GigabitEthernet0/0/0]quit
[Huawei]interface GigabitEthernet0/0/1
[Huawei-GigabitEthernet0/0/1]ip address 192.1.1.1 24
[Huawei-GigabitEthernet0/0/1]quit
[Huawei]ospf 1
[Huawei-ospf-1]area 1
[Huawei-ospf-1-area-0.0.0.1]network 192.1.1.0 0.0.0.255
[Huawei-ospf-1-area-0.0.0.1]quit
[Huawei-ospf-1]quit
[Huawei]interface tunnel 0/0/1
[Huawei-Tunnel0/0/1]tunnel-protocol gre
[Huawei-Tunnel0/0/1]source GigabitEthernet0/0/1
[Huawei-Tunnel0/0/1]destination 192.1.2.1
[Huawei-Tunnel0/0/1]quit
[Huawei]interface tunnel 0/0/2
[Huawei-Tunnel0/0/2]tunnel-protocol gre
[Huawei-Tunnel0/0/2]source GigabitEthernet0/0/1
[Huawei-Tunnel0/0/2]destination 192.1.3.1
[Huawei-Tunnel0/0/2]quit
[Huawei]interface tunnel 0/0/1
[Huawei-Tunnel0/0/1]ip address 192.168.4.1 24
[Huawei-Tunnel0/0/1]keepalive
[Huawei-Tunnel0/0/1]quit
[Huawei]interface tunnel 0/0/2
[Huawei-Tunnel0/0/2]ip address 192.168.5.1 24
[Huawei-Tunnel0/0/2]keepalive
[Huawei-Tunnel0/0/2]quit
[Huawei]rip 1
[Huawei-rip-1]network 192.168.1.0
[Huawei-rip-1]network 192.168.4.0
[Huawei-rip-1]network 192.168.5.0
[Huawei-rip-1]quit
```

2. 路由器 AR2 命令行接口配置过程

```
<Huawei>system-view
[Huawei]undo info-center enable
```

```
[Huawei]interface GigabitEthernet0/0/0
[Huawei-GigabitEthernet0/0/0]ip address 192.168.2.254 24
[Huawei-GigabitEthernet0/0/0]quit
[Huawei]interface GigabitEthernet0/0/1
[Huawei-GigabitEthernet0/0/1]ip address 192.1.2.1 24
[Huawei-GigabitEthernet0/0/1]quit
[Huawei]ospf 2
[Huawei-ospf-2]area 1
[Huawei-ospf-2-area-0.0.0.1]network 192.1.2.0 0.0.0.255
[Huawei-ospf-2-area-0.0.0.1]quit
[Huawei-ospf-2]quit
[Huawei]interface tunnel 0/0/1
[Huawei-Tunnel0/0/1]tunnel-protocol gre
[Huawei-Tunnel0/0/1]source GigabitEthernet0/0/1
[Huawei-Tunnel0/0/1]destination 192.1.1.1
[Huawei-Tunnel0/0/1]quit
[Huawei]interface tunnel 0/0/2
[Huawei-Tunnel0/0/2]tunnel-protocol gre
[Huawei-Tunnel0/0/2]source GigabitEthernet0/0/1
[Huawei-Tunnel0/0/2]destination 192.1.3.1
[Huawei-Tunnel0/0/2]quit
[Huawei]interface tunnel 0/0/1
[Huawei-Tunnel0/0/1]ip address 192.168.4.2 24
[Huawei-Tunnel0/0/1]keepalive
[Huawei-Tunnel0/0/1]quit
[Huawei]interface tunnel 0/0/2
[Huawei-Tunnel0/0/2]ip address 192.168.6.1 24
[Huawei-Tunnel0/0/2]keepalive
[Huawei-Tunnel0/0/2]quit
[Huawei]rip 2
[Huawei-rip-2]network 192.168.2.0
[Huawei-rip-2]network 192.168.4.0
[Huawei-rip-2]network 192.168.6.0
[Huawei-rip-2]quit
```

3. 路由器 AR3 命令行接口配置过程

```
<Huawei>system-view
[Huawei]undo info-center enable
[Huawei]interface GigabitEthernet0/0/0
[Huawei-GigabitEthernet0/0/0]ip address 192.168.3.254 24
[Huawei-GigabitEthernet0/0/0]quit
[Huawei]interface GigabitEthernet0/0/1
[Huawei-GigabitEthernet0/0/1]ip address 192.1.3.1 24
[Huawei-GigabitEthernet0/0/1]quit
```

```
[Huawei]ospf 3
[Huawei-ospf-3]area 1
[Huawei-ospf-3-area-0.0.0.1]network 192.1.3.0 0.0.0.255
[Huawei-ospf-3-area-0.0.0.1]quit
[Huawei-ospf-3]quit
[Huawei]interface tunnel 0/0/1
[Huawei-Tunnel0/0/1]tunnel-protocol gre
[Huawei-Tunnel0/0/1]source GigabitEthernet0/0/1
[Huawei-Tunnel0/0/1]destination 192.1.1.1
[Huawei-Tunnel0/0/1]quit
[Huawei]interface tunnel 0/0/2
[Huawei-Tunnel0/0/2]tunnel-protocol gre
[Huawei-Tunnel0/0/2]source GigabitEthernet0/0/1
[Huawei-Tunnel0/0/2]destination 192.1.2.1
[Huawei-Tunnel0/0/2]quit
[Huawei]interface tunnel 0/0/1
[Huawei-Tunnel0/0/1]ip address 192.168.5.2 24
[Huawei-Tunnel0/0/1]keepalive
[Huawei-Tunnel0/0/1]quit
[Huawei]interface tunnel 0/0/2
[Huawei-Tunnel0/0/2]ip address 192.168.6.2 24
[Huawei-Tunnel0/0/2]keepalive
[Huawei-Tunnel0/0/2]quit
[Huawei]rip 3
[Huawei-rip-2]network 192.168.3.0
[Huawei-rip-2]network 192.168.5.0
[Huawei-rip-2]network 192.168.6.0
[Huawei-rip-2]quit
```

4. 路由器 AR4 命令行接口配置过程

```
<Huawei>system-view
[Huawei]undo info-center enable
[Huawei]interface GigabitEthernet0/0/0
[Huawei-GigabitEthernet0/0/0]ip address 192.1.1.2 24
[Huawei-GigabitEthernet0/0/0]quit
[Huawei]interface GigabitEthernet0/0/1
[Huawei-GigabitEthernet0/0/1]ip address 192.1.4.1 24
[Huawei-GigabitEthernet0/0/1]quit
[Huawei]interface GigabitEthernet2/0/0
[Huawei-GigabitEthernet2/0/0]ip address 192.1.6.1 24
[Huawei-GigabitEthernet2/0/0]quit
[Huawei]ospf 4
[Huawei-ospf-4]area 1
[Huawei-ospf-4-area-0.0.0.1]network 192.1.1.0 0.0.0.255
```

```
[Huawei-ospf-4-area-0.0.0.1]network 192.1.4.0 0.0.0.255
[Huawei-ospf-4-area-0.0.0.1]network 192.1.6.0 0.0.0.255
[Huawei-ospf-4-area-0.0.0.1]quit
[Huawei-ospf-4]quit
```

路由器 AR5 和 AR6 命令行接口配置过程与路由器 AR4 相似,这里不再赘述。

5. 命令列表

路由器命令行接口配置过程中使用的命令及功能和参数说明如表 7.1 所示。

表 7.1 命令列表

命 令 格 式	功能和参数说明
interface tunnel *interface-number*	创建编号为 *interface-number* 的隧道接口,并进入隧道接口视图。编号格式为槽位号/卡号/端口号,槽位号和卡号取值与设备有关,端口号取值范围是 0～255
tunnel-protocol〈**gre**｜**ipsec**｜**ipv6-ipv4**｜**ipv4-ipv6**〉	指定隧道接口使用的隧道协议。隧道协议可以是 gre、ipsec、ipv6-ipv4 和 ipv4-ipv6 等
source *interface-type interface-number*	指定作为隧道源端的接口。参数 *interface-type* 是接口类型,参数 *interface-number* 是接口编号,接口类型和接口编号一起指定接口
destination *dest-ip-address*	指定隧道目的端的 IP 地址。参数 *dest-ip-address* 是 IP 地址
keepalive〔**period** *period*〔**retry-times** *retry-times*〕〕	启动隧道两端之间保持连接功能。参数 *period* 指定发送存活报文的周期,默认值是 5 秒。参数 *retry-times* 用于指定发送失败的存活报文上限,默认值是 3
display tunnel-info〈**tunnel-id** *tunnel-id*｜**all**〉	显示隧道信息,参数 *tunnel-id* 是隧道标识符。all 表明显示所有隧道的信息

7.2 IPSec VPN 手工方式实验

7.2.1 实验内容

IPSec VPN 结构如图 7.14 所示,建立路由器 R1、R2 和 R3 连接公共接口之间的 IPSec 隧道,内部网络各个子网之间传输的 IP 分组封装成以内部网络私有 IP 地址为源和目的 IP 地址的 IP 分组,该 IP 分组经过 IPSec 隧道传输时,作为封装安全净荷 (Encapsulating Security Payload,ESP) 报文的净荷。根据建立 IPSec 隧道两端之间的安全关联时约定的加密和鉴别算法,完成 ESP 报文的加密过程和消息鉴别码 (Message Authentication Code,MAC) 的计算过程。手工方式是指通过手工配置建立 IPSec 隧道两端的安全关联,并手工配置该安全关联相关的参数。

内部网络中的各个子网对于完全属于公共网络的路由器 R4、R5 和 R6 是透明的,因此,在成功建立如图 7.14(b) 所示的 IPSec 隧道及 IPSec 隧道两端之间的 IPSec 安全关联前,内部网络各个子网之间是无法正常通信的。

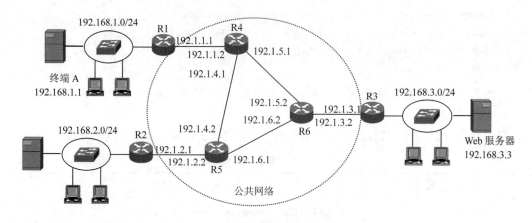

(a) 网络物理结构

R1 路由表

目的网络	距离	下一跳	输出接口
192.168.1.0/24	0	直接	1
192.168.2.0/24	1	192.1.1.2	2
192.168.3.0/24	1	192.1.1.2	2

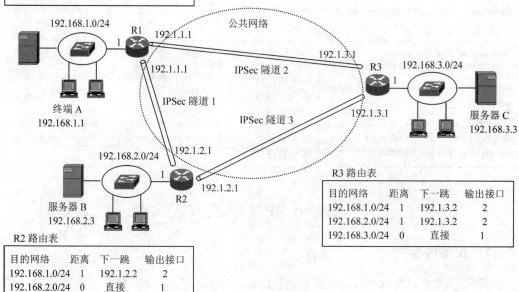

R3 路由表

目的网络	距离	下一跳	输出接口
192.168.1.0/24	1	192.1.3.2	2
192.168.2.0/24	1	192.1.3.2	2
192.168.3.0/24	0	直接	1

R2 路由表

目的网络	距离	下一跳	输出接口
192.168.1.0/24	1	192.1.2.2	2
192.168.2.0/24	0	直接	1
192.168.3.0/24	1	192.1.2.2	2

(b) 网络逻辑结构

图 7.14　IPSec VPN 结构

7.2.2　实验目的

（1）验证 IPSec VPN 的工作机制。

（2）掌握 IPSec 参数配置过程。

（3）验证 IPSec 安全关联建立过程。

（4）验证封装安全净荷（ESP）报文的封装过程。

（5）验证基于 IPSec VPN 的数据传输过程。

7.2.3 实验原理

1. 手工建立 IPSec 隧道两端之间的安全关联

对应路由器 R1、R2 和 R3 连接公共网络的接口，通过手工配置建立两两之间的安全关联，并手工配置安全关联相关的参数，如指定安全协议 ESP、ESP 报文加密算法、ESP 报文鉴别算法和完成 ESP 报文加密及 ESP 报文 MAC 计算时使用的密钥。

2. 指定通过 IPSec 隧道传输的信息流

通过分类规则，指定经过 IPSec 隧道传输的是内部网络各个子网之间传输的 IP 分组，即源和目的 IP 地址为内部网络私有 IP 地址的 IP 分组。

3. 配置静态路由项

在路由器 R1、R2 和 R3 中配置静态路由项，静态路由项将目的网络是这些路由器非直接连接的内部网络子网的 IP 分组转发给这些路由器公共网络上的下一跳，路由器 R1、R2 和 R3 公共网络上的下一跳分别是路由器 R4、R5 和 R6。这样做的目的是使得路由器 R1、R2 和 R3 连接公共网络的接口成为内部网络各个子网间传输的 IP 分组的输出接口。

4. 路由器 R1、R2 和 R3 连接公共网络的接口配置 IPSec 策略

在路由器 R1、R2 和 R3 连接公共网络的接口配置 IPSec 策略，IPSec 策略要求将所有内部网络各个子网间传输的 IP 分组封装成 ESP 报文隧道模式，隧道模式外层 IP 首部中的源和目的 IP 地址分别是 IPSec 隧道两端的全球 IP 地址。内部网络各个子网间传输的 IP 分组作为 ESP 报文的净荷，根据手工配置的 IPSec 隧道两端之间安全关联的相关参数，完成 ESP 报文加密和 MAC 计算过程。

7.2.4 关键命令说明

1. 配置 IPSec 安全提议

IPSec 安全提议是指建立 IPSec 安全关联时，双方通过协商取得一致的安全协议、加密算法、鉴别算法、封装模式等。

```
[Huawei]ipsec proposal r1
[Huawei-ipsec-proposal-r1]esp authentication-algorithm sha2-256
[Huawei-ipsec-proposal-r1]esp encryption-algorithm aes-128
[Huawei-ipsec-proposal-r1]quit
```

ipsec proposal r1 是系统视图下使用的命令，该命令的作用是创建名为 r1 的 IPSec 安全提议，并进入 IPSec 安全提议视图。

esp authentication-algorithm sha2-256 是 IPSec 安全提议视图下使用的命令，该命令的作用是指定 sha2-256 作为 ESP 使用的鉴别算法。

esp encryption-algorithm aes-128 是 IPSec 安全提议视图下使用的命令，该命令的作用是指定 aes-128 作为 ESP 使用的加密算法。

需要说明的是，默认状态下指定的安全协议是 ESP，封装模式是隧道模式。

2. 配置 IPSec 安全策略

IPSec 安全策略是指建立 IPSec 安全关联时需要使用的信息,如 IPSec 安全关联相关的 IPSec 安全提议、需要安全保护的信息流的分类规则、IPSec 安全关联两端的 IP 地址、IPSec 安全关联输入输出方向的 SPI、安全协议使用的密钥等。

```
[Huawei]ipsec policy r1 10 manual
[Huawei-ipsec-policy-manual-r1-10]security acl 3000
[Huawei-ipsec-policy-manual-r1-10]proposal r1
[Huawei-ipsec-policy-manual-r1-10]tunnel remote 192.1.2.1
[Huawei-ipsec-policy-manual-r1-10]tunnel local 192.1.1.1
[Huawei-ipsec-policy-manual-r1-10]sa spi outbound esp 10000
[Huawei-ipsec-policy-manual-r1-10]sa spi inbound esp 20000
[Huawei-ipsec-policy-manual-r1-10]sa string-key outbound esp cipher 12345678
[Huawei-ipsec-policy-manual-r1-10]sa string-key inbound esp cipher 12345678
[Huawei-ipsec-policy-manual-r1-10]quit
```

ipsec policy r1 10 manual 是系统视图下使用的命令,该命令的作用是创建名为 r1 的手工方式(manual)的 IPSec 安全策略,并进入 IPSec 安全策略视图。10 是 IPSec 安全策略序号。允许定义多个名称相同,但序号不同的安全策略。

security acl 3000 是 IPSec 安全策略视图下使用的命令,该命令的作用是指定编号为 3000 的 ACL 作为 IPSec 安全策略引用的 ACL。编号为 3000 的 ACL 用于分类需要实施 IPSec 安全保护的信息流。

proposal r1 是 IPSec 安全策略视图下使用的命令,该命令的作用是指定名为 r1 的安全提议作为 IPSec 安全策略引用的安全提议。安全提议用于指定 IPSec 使用的安全协议、封装模式,安全协议使用的加密算法和鉴别算法等。

tunnel remote 192.1.2.1 是 IPSec 安全策略视图下使用的命令,该命令的作用是指定 192.1.2.1 作为 IPSec 隧道对端的 IP 地址。

tunnel local 192.1.1.1 是 IPSec 安全策略视图下使用的命令,该命令的作用是指定 192.1.1.1 作为 IPSec 隧道本端的 IP 地址。

sa spi outbound esp 10000 是 IPSec 安全策略视图下使用的命令,该命令的作用是指定 10000 作为安全关联输出方向的安全参数索引(Security Parameters Index,SPI)。

sa spi inbound esp 20000 是 IPSec 安全策略视图下使用的命令,该命令的作用是指定 20000 作为安全关联输入方向的安全参数索引(SPI)。

sa string-key outbound esp cipher 12345678 是 IPSec 安全策略视图下使用的命令,该命令的作用是指定字符串 12345678 作为安全关联输出方向的鉴别密钥。

sa string-key inbound esp cipher 12345678 是 IPSec 安全策略视图下使用的命令,该命令的作用是指定字符串 12345678 作为安全关联输入方向的鉴别密钥。

3. 应用 IPSec 安全策略

```
[Huawei]interface GigabitEthernet0/0/1
[Huawei-GigabitEthernet0/0/1]ipsec policy r1
```

[Huawei-GigabitEthernet0/0/1]quit

ipsec policy r1 是接口视图下使用的命令,该命令的作用是在当前接口(这里是接口 GigabitEthernet0/0/1)中应用名为 r1 的 IPSec 安全策略。

7.2.5 实验步骤

(1)启动 eNSP,按照如图 7.14(a)所示的网络拓扑结构放置和连接设备,完成设备放置和连接后的 eNSP 界面如图 7.15 所示。启动所有设备。

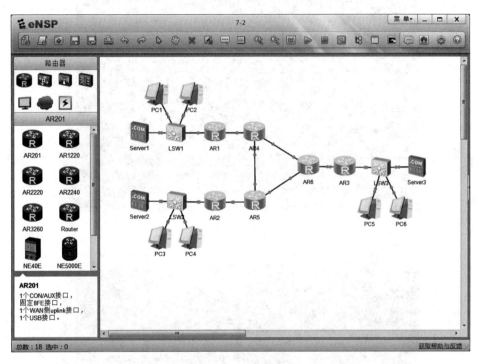

图 7.15 完成设备放置和连接后的 eNSP 界面

(2)配置所有路由器各个接口的 IP 地址和子网掩码,路由器 AR1、AR2 和 AR3 中分别存在连接内部网络子网的接口和连接公共网络的接口。完成各个路由器 RIP 配置过程,每一个路由器通过 RIP 建立用于指明通往公共网络中各个子网的传输路径的动态路由项。在路由器 AR1、AR2 和 AR3 中配置用于指明通往内部网络中各个子网的传输路径的静态路由项,配置这些静态路由项的目的是指定内部网络各个子网间传输的 IP 分组的输出接口。路由器 AR1、AR2 和 AR3 的完整路由表分别如图 7.16~图 7.18 所示。这些路由表中包含两种类型的路由项:一种是用于指明通往内部网络中各个子网的传输路径的路由项;另一种是用于指明通往公共网络中各个子网的传输路径的路由项。路由器 AR4 的完整路由表如图 7.19 所示,路由表中只包含用于指明通往公共网络中各个子网的传输路径的路由项。

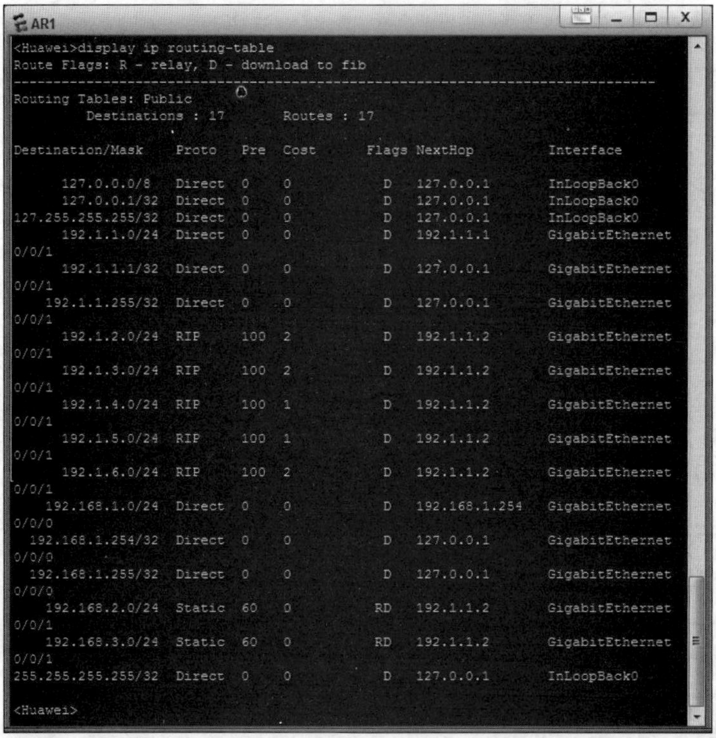

```
AR1                                                                    _ □ X

<Huawei>display ip routing-table
Route Flags: R - relay, D - download to fib
------------------------------------------------------------------------------
Routing Tables: Public
         Destinations : 17        Routes : 17

Destination/Mask     Proto  Pre  Cost      Flags NextHop         Interface

       127.0.0.0/8   Direct 0    0          D    127.0.0.1       InLoopBack0
       127.0.0.1/32  Direct 0    0          D    127.0.0.1       InLoopBack0
127.255.255.255/32   Direct 0    0          D    127.0.0.1       InLoopBack0
       192.1.1.0/24  Direct 0    0          D    192.1.1.1       GigabitEthernet
0/0/1
       192.1.1.1/32  Direct 0    0          D    127.0.0.1       GigabitEthernet
0/0/1
     192.1.1.255/32  Direct 0    0          D    127.0.0.1       GigabitEthernet
0/0/1
       192.1.2.0/24  RIP    100  2          D    192.1.1.2       GigabitEthernet
0/0/1
       192.1.3.0/24  RIP    100  2          D    192.1.1.2       GigabitEthernet
0/0/1
       192.1.4.0/24  RIP    100  1          D    192.1.1.2       GigabitEthernet
0/0/1
       192.1.5.0/24  RIP    100  1          D    192.1.1.2       GigabitEthernet
0/0/1
       192.1.6.0/24  RIP    100  2          D    192.1.1.2       GigabitEthernet
0/0/1
     192.168.1.0/24  Direct 0    0          D    192.168.1.254   GigabitEthernet
0/0/0
   192.168.1.254/32  Direct 0    0          D    127.0.0.1       GigabitEthernet
0/0/0
   192.168.1.255/32  Direct 0    0          D    127.0.0.1       GigabitEthernet
0/0/0
     192.168.2.0/24  Static 60   0          RD   192.1.1.2       GigabitEthernet
0/0/1
     192.168.3.0/24  Static 60   0          RD   192.1.1.2       GigabitEthernet
0/0/1
255.255.255.255/32   Direct 0    0          D    127.0.0.1       InLoopBack0

<Huawei>
```

图 7.16　路由器 AR1 的完整路由表

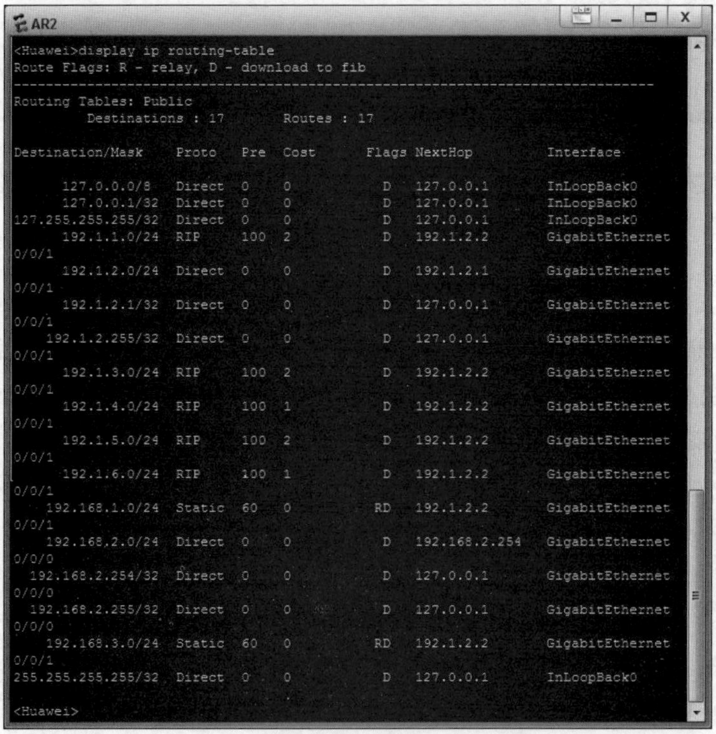

```
AR2                                                                    _ □ X

<Huawei>display ip routing-table
Route Flags: R - relay, D - download to fib
------------------------------------------------------------------------------
Routing Tables: Public
         Destinations : 17        Routes : 17

Destination/Mask     Proto  Pre  Cost      Flags NextHop         Interface

       127.0.0.0/8   Direct 0    0          D    127.0.0.1       InLoopBack0
       127.0.0.1/32  Direct 0    0          D    127.0.0.1       InLoopBack0
127.255.255.255/32   Direct 0    0          D    127.0.0.1       InLoopBack0
       192.1.1.0/24  RIP    100  2          D    192.1.2.2       GigabitEthernet
0/0/1
       192.1.2.0/24  Direct 0    0          D    192.1.2.1       GigabitEthernet
0/0/1
       192.1.2.1/32  Direct 0    0          D    127.0.0.1       GigabitEthernet
0/0/1
     192.1.2.255/32  Direct 0    0          D    127.0.0.1       GigabitEthernet
0/0/1
       192.1.3.0/24  RIP    100  2          D    192.1.2.2       GigabitEthernet
0/0/1
       192.1.4.0/24  RIP    100  1          D    192.1.2.2       GigabitEthernet
0/0/1
       192.1.5.0/24  RIP    100  2          D    192.1.2.2       GigabitEthernet
0/0/1
       192.1.6.0/24  RIP    100  1          D    192.1.2.2       GigabitEthernet
0/0/1
     192.168.1.0/24  Static 60   0          RD   192.1.2.2       GigabitEthernet
0/0/1
     192.168.2.0/24  Direct 0    0          D    192.168.2.254   GigabitEthernet
0/0/0
   192.168.2.254/32  Direct 0    0          D    127.0.0.1       GigabitEthernet
0/0/0
   192.168.2.255/32  Direct 0    0          D    127.0.0.1       GigabitEthernet
0/0/0
     192.168.3.0/24  Static 60   0          RD   192.1.2.2       GigabitEthernet
0/0/1
255.255.255.255/32   Direct 0    0          D    127.0.0.1       InLoopBack0

<Huawei>
```

图 7.17　路由器 AR2 的完整路由表

```
E AR3                                                    □□ _ □ X

<Huawei>display ip routing-table
Route Flags: R - relay, D - download to fib
------------------------------------------------------------
Routing Tables: Public
         Destinations : 17     Routes : 17

Destination/Mask    Proto   Pre  Cost    Flags NextHop       Interface

      127.0.0.0/8   Direct  0    0         D   127.0.0.1     InLoopBack0
      127.0.0.1/32  Direct  0    0         D   127.0.0.1     InLoopBack0
127.255.255.255/32  Direct  0    0         D   127.0.0.1     InLoopBack0
      192.1.1.0/24  RIP     100  2         D   192.1.3.2     GigabitEthernet
0/0/1
      192.1.2.0/24  RIP     100  2         D   192.1.3.2     GigabitEthernet
0/0/1
      192.1.3.0/24  Direct  0    0         D   192.1.3.1     GigabitEthernet
0/0/1
      192.1.3.1/32  Direct  0    0         D   127.0.0.1     GigabitEthernet
0/0/1
    192.1.3.255/32  Direct  0    0         D   127.0.0.1     GigabitEthernet
0/0/1
      192.1.4.0/24  RIP     100  2         D   192.1.3.2     GigabitEthernet
0/0/1
      192.1.5.0/24  RIP     100  1         D   192.1.3.2     GigabitEthernet
0/0/1
      192.1.6.0/24  RIP     100  1         D   192.1.3.2     GigabitEthernet
0/0/1
    192.168.1.0/24  Static  60   0         RD  192.1.3.2     GigabitEthernet
0/0/1
    192.168.2.0/24  Static  60   0         RD  192.1.3.2     GigabitEthernet
0/0/1
    192.168.3.0/24  Direct  0    0         D   192.168.3.254 GigabitEthernet
0/0/0
  192.168.3.254/32  Direct  0    0         D   127.0.0.1     GigabitEthernet
0/0/0
  192.168.3.255/32  Direct  0    0         D   127.0.0.1     GigabitEthernet
0/0/0
255.255.255.255/32  Direct  0    0         D   127.0.0.1     InLoopBack0

<Huawei>
```

图 7.18　路由器 AR3 的完整路由表

```
E AR4                                                    □□ _ □ X

<Huawei>display ip routing-table
Route Flags: R - relay, D - download to fib
------------------------------------------------------------
Routing Tables: Public
         Destinations : 16     Routes : 17

Destination/Mask    Proto   Pre  Cost    Flags NextHop       Interface

      127.0.0.0/8   Direct  0    0         D   127.0.0.1     InLoopBack0
      127.0.0.1/32  Direct  0    0         D   127.0.0.1     InLoopBack0
127.255.255.255/32  Direct  0    0         D   127.0.0.1     InLoopBack0
      192.1.1.0/24  Direct  0    0         D   192.1.1.2     GigabitEthernet
0/0/0
      192.1.1.2/32  Direct  0    0         D   127.0.0.1     GigabitEthernet
0/0/0
    192.1.1.255/32  Direct  0    0         D   127.0.0.1     GigabitEthernet
0/0/0
      192.1.2.0/24  RIP     100  1         D   192.1.4.2     GigabitEthernet
0/0/1
      192.1.3.0/24  RIP     100  1         D   192.1.5.2     GigabitEthernet
0/0/2
      192.1.4.0/24  Direct  0    0         D   192.1.4.1     GigabitEthernet
0/0/1
      192.1.4.1/32  Direct  0    0         D   127.0.0.1     GigabitEthernet
0/0/1
    192.1.4.255/32  Direct  0    0         D   127.0.0.1     GigabitEthernet
0/0/1
      192.1.5.0/24  Direct  0    0         D   192.1.5.1     GigabitEthernet
0/0/2
      192.1.5.1/32  Direct  0    0         D   127.0.0.1     GigabitEthernet
0/0/2
    192.1.5.255/32  Direct  0    0         D   127.0.0.1     GigabitEthernet
0/0/2
      192.1.6.0/24  RIP     100  1         D   192.1.4.2     GigabitEthernet
0/0/1
                    RIP     100  1         D   192.1.5.2     GigabitEthernet
0/0/2
255.255.255.255/32  Direct  0    0         D   127.0.0.1     InLoopBack0

<Huawei>
```

图 7.19　路由器 AR4 的完整路由表

（3）分别在路由器 AR1、AR2 和 AR3 中完成以下配置：一是用于指定需要受 IPSec 保护的信息流的 ACL；二是用于指定 IPSec 使用的安全协议、封装模式，安全协议使用的加密和鉴别算法的安全提议；三是用于指定 IPSec 隧道两端 IP 地址、需要受 IPSec 保护的信息流、安全关联引用的安全提议、安全关联输入输出方向的 SPI、安全关联输入输出方向的鉴别密钥等的 IPSec 安全策略；四是将 IPSec 安全策略作用到路由器 AR1、AR2 和 AR3 连接公共网络的接口。安全提议相关信息如图 7.20 所示，路由器 AR1、AR2 和 AR3 配置的安全策略分别如图 7.20～图 7.25 所示。

```
  AR1                                                  ⊟ _ □ X
<Huawei>display ipsec proposal name r1

IPSec proposal name: r1
 Encapsulation mode: Tunnel
 Transform        : esp-new
 ESP protocol     : Authentication SHA2-HMAC-256
                    Encryption     AES-128
<Huawei>display ipsec policy name r1

===================================================
IPSec policy group: "r1"
Using interface: GigabitEthernet0/0/1
===================================================

    Sequence number: 10
    Security data flow: 3000
    Tunnel local  address: 192.1.1.1
    Tunnel remote address: 192.1.2.1
    Qos pre-classify: Disable
    Proposal name:r1
    Inbound AH setting:
      AH SPI:
      AH string-key:
      AH authentication hex key:
    Inbound ESP setting:
      ESP SPI: 20000 (0x4e20)
      ESP string-key: O'W3[_\M"`#Q=^Q`MAF4<1!!
      ESP encryption hex key:
      ESP authentication hex key:
    Outbound AH setting:
      AH SPI:
      AH string-key:
      AH authentication hex key:
    Outbound ESP setting:
      ESP SPI: 10000 (0x2710)
      ESP string-key: O'W3[_\M"`#Q=^Q`MAF4<1!!
      ESP encryption hex key:
      ESP authentication hex key:
```

图 7.20　路由器 AR1 配置的安全提议和安全策略一

```
  AR1                                                  ⊟ _ □ X
    Sequence number: 20
    Security data flow: 3001
    Tunnel local  address: 192.1.1.1
    Tunnel remote address: 192.1.3.1
    Qos pre-classify: Disable
    Proposal name:r1
    Inbound AH setting:
      AH SPI:
      AH string-key:
      AH authentication hex key:
    Inbound ESP setting:
      ESP SPI: 30000 (0x7530)
      ESP string-key: O'W3[_\M"`#Q=^Q`MAF4<1!!
      ESP encryption hex key:
      ESP authentication hex key:
    Outbound AH setting:
      AH SPI:
      AH string-key:
      AH authentication hex key:
    Outbound ESP setting:
      ESP SPI: 10000 (0x2710)
      ESP string-key: O'W3[_\M"`#Q=^Q`MAF4<1!!
      ESP encryption hex key:
      ESP authentication hex key:
<Huawei>
```

图 7.21　路由器 AR1 配置的安全策略二

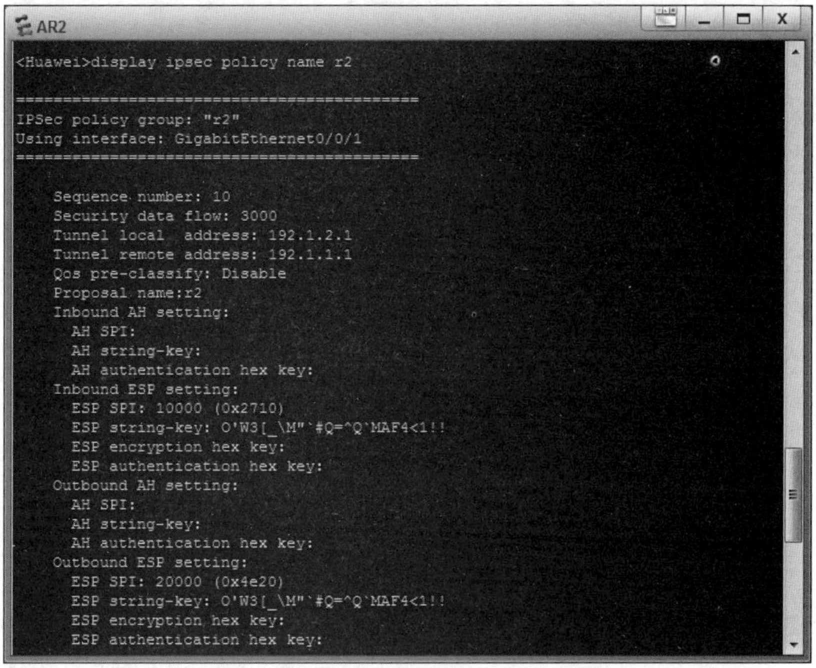

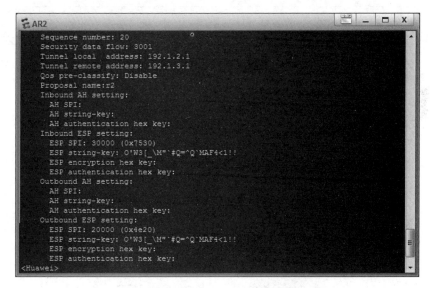

图 7.22 路由器 AR2 配置的安全策略一

图 7.23 路由器 AR2 配置的安全策略二

（4）完成各个 PC 和服务器网络信息配置过程，PC1 配置的网络信息如图 7.26 所示。验证内部网络各个子网之间的通信过程，PC1 与 PC3、PC5 之间的通信过程如图 7.27 所示。

（5）为了验证内部网络各个子网间传输的 IP 分组经过 IPSec 隧道传输时的封装格式，分别启动路由器 AR1 连接内部网络的接口和路由器 AR4 连接 AR1 的接口的报文捕

图 7.24　路由器 AR3 配置的安全策略一

图 7.25　路由器 AR3 配置的安全策略二

获功能。PC1 至 PC3 IP 分组传输过程中,路由器 AR1 连接内部网络的接口捕获的报文序列如图 7.28 所示,IP 分组的源 IP 地址是 PC1 的私有 IP 地址 192.168.1.1、目的 IP 地址是 PC3 的私有 IP 地址 192.168.2.1。路由器 AR4 连接 AR1 的接口捕获的报文序列如图 7.29 所示,PC1 至 PC3 IP 分组作为 ESP 报文的净荷,ESP 报文封装成以全球 IP 地址 192.1.1.1 为源 IP 地址、以全球 IP 地址 192.1.2.1 为目的 IP 地址的隧道模式。PC1

图 7.26　PC1 配置的网络信息

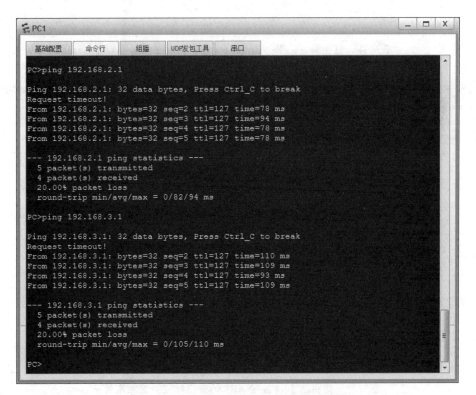

图 7.27　PC1 与 PC3、PC5 之间的通信过程

网络安全实验教程——基于华为 eNSP

至 PC5 IP 分组传输过程中,路由器 AR1 连接内部网络的接口捕获的报文序列如图 7.30 所示,IP 分组的源 IP 地址是 PC1 的私有 IP 地址 192.168.1.1、目的 IP 地址是 PC5 的私有 IP 地址 192.168.3.1。路由器 AR4 连接 AR1 的接口捕获的报文序列如图 7.31 所示,PC1 至 PC5 IP 分组作为 ESP 报文的净荷,ESP 报文封装成以全球 IP 地址 192.1.1.1 为源 IP 地址、以全球 IP 地址 192.1.3.1 为目的 IP 地址的隧道模式。

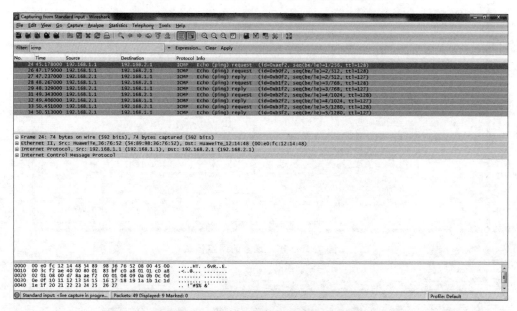

图 7.28　路由器 AR1 连接内部网络的接口捕获的报文序列一

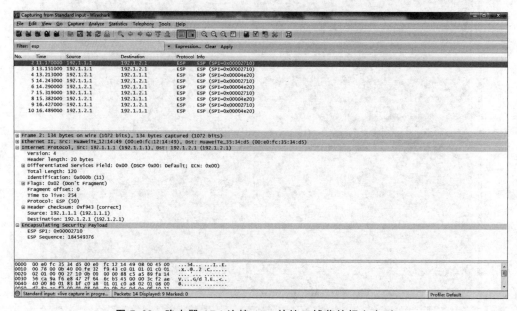

图 7.29　路由器 AR4 连接 AR1 的接口捕获的报文序列一

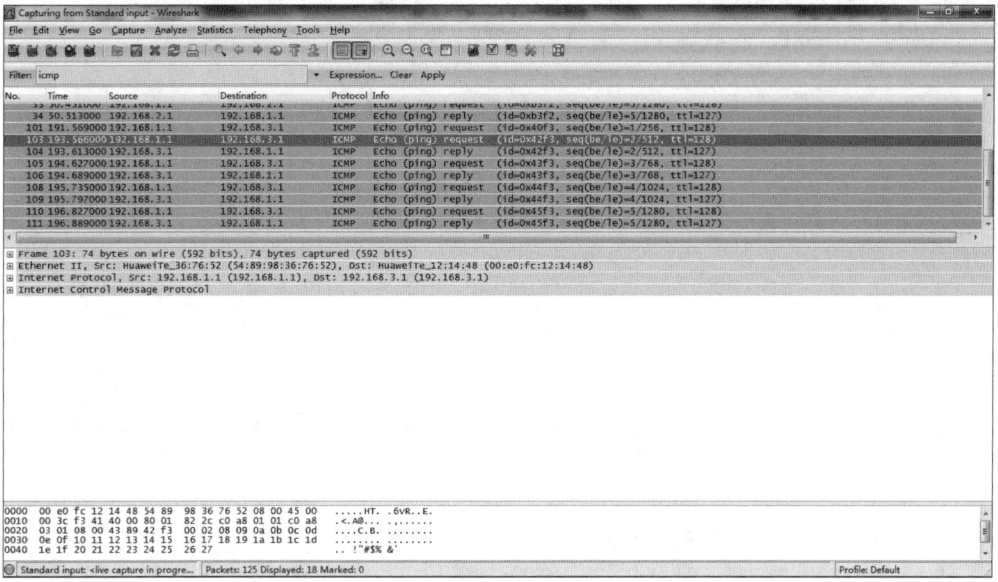

图 7.30 路由器 AR1 连接内部网络的接口捕获的报文序列二

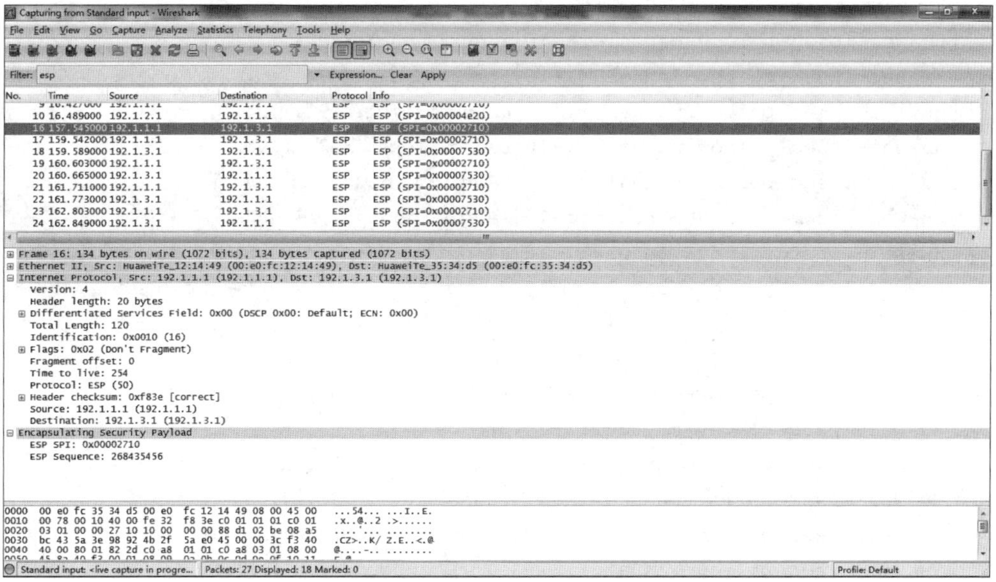

图 7.31 路由器 AR4 连接 AR1 的接口捕获的报文序列二

7.2.6 命令行接口配置过程

1. 路由器 AR1 命令行接口配置过程

```
<Huawei>system-view
[Huawei]undo info-center enable
[Huawei]interface GigabitEthernet0/0/0
```

```
[Huawei-GigabitEthernet0/0/0]ip address 192.168.1.254 24
[Huawei-GigabitEthernet0/0/0]quit
[Huawei]interface GigabitEthernet0/0/1
[Huawei-GigabitEthernet0/0/1]ip address 192.1.1.1 24
[Huawei-GigabitEthernet0/0/1]quit
[Huawei]ip route-static 192.168.2.0 24 192.1.1.2
[Huawei]ip route-static 192.168.3.0 24 192.1.1.2
[Huawei]acl 3000
[Huawei-acl-adv-3000]rule 10 permit ip source 192.168.1.0 0.0.0.255 destination
192.168.2.0 0.0.0.255
[Huawei-acl-adv-3000]quit
[Huawei]acl 3001
[Huawei-acl-adv-3001]rule 10 permit ip source 192.168.1.0 0.0.0.255 destination
192.168.3.0 0.0.0.255
[Huawei-acl-adv-3001]quit
[Huawei]ipsec proposal r1
[Huawei-ipsec-proposal-r1]esp authentication-algorithm sha2-256
[Huawei-ipsec-proposal-r1]esp encryption-algorithm aes-128
[Huawei-ipsec-proposal-r1]quit
[Huawei]ipsec policy r1 10 manual
[Huawei-ipsec-policy-manual-r1-10]security acl 3000
[Huawei-ipsec-policy-manual-r1-10]proposal r1
[Huawei-ipsec-policy-manual-r1-10]tunnel remote 192.1.2.1
[Huawei-ipsec-policy-manual-r1-10]tunnel local 192.1.1.1
[Huawei-ipsec-policy-manual-r1-10]sa spi outbound esp 10000
[Huawei-ipsec-policy-manual-r1-10]sa spi inbound esp 20000
[Huawei-ipsec-policy-manual-r1-10]sa string-key outbound esp cipher 12345678
[Huawei-ipsec-policy-manual-r1-10]sa string-key inbound esp cipher 12345678
[Huawei-ipsec-policy-manual-r1-10]quit
[Huawei]ipsec policy r1 20 manual
[Huawei-ipsec-policy-manual-r1-20]security acl 3001
[Huawei-ipsec-policy-manual-r1-20]proposal r1
[Huawei-ipsec-policy-manual-r1-20]tunnel remote 192.1.3.1
[Huawei-ipsec-policy-manual-r1-20]tunnel local 192.1.1.1
[Huawei-ipsec-policy-manual-r1-20]sa spi outbound esp 10000
[Huawei-ipsec-policy-manual-r1-20]sa spi inbound esp 30000
[Huawei-ipsec-policy-manual-r1-20]sa string-key outbound esp cipher 12345678
[Huawei-ipsec-policy-manual-r1-20]sa string-key inbound esp cipher 12345678
[Huawei-ipsec-policy-manual-r1-20]quit
[Huawei]interface GigabitEthernet0/0/1
[Huawei-GigabitEthernet0/0/1]ipsec policy r1
[Huawei-GigabitEthernet0/0/1]quit
[Huawei]rip 1
[Huawei-rip-1]network 192.1.1.0
[Huawei-rip-1]quit
```

2. 路由器 AR2 命令行接口配置过程

```
<Huawei>system-view
[Huawei]undo info-center enable
[Huawei]interface GigabitEthernet0/0/0
[Huawei-GigabitEthernet0/0/0]ip address 192.168.2.254 24
[Huawei-GigabitEthernet0/0/0]quit
[Huawei]interface GigabitEthernet0/0/1
[Huawei-GigabitEthernet0/0/1]ip address 192.1.2.1 24
[Huawei-GigabitEthernet0/0/1]quit
[Huawei]ip route-static 192.168.1.0 24 192.1.2.2
[Huawei]ip route-static 192.168.3.0 24 192.1.2.2
[Huawei]acl 3000
[Huawei-acl-adv-3000]rule 10 permit ip source 192.168.2.0 0.0.0.255 destination
192.168.1.0 0.0.0.255
[Huawei-acl-adv-3000]quit
[Huawei]acl 3001
[Huawei-acl-adv-3001]rule 10 permit ip source 192.168.2.0 0.0.0.255 destination
192.168.3.0 0.0.0.255
[Huawei-acl-adv-3001]quit
[Huawei]ipsec proposal r2
[Huawei-ipsec-proposal-r2]esp authentication-algorithm sha2-256
[Huawei-ipsec-proposal-r2]esp encryption-algorithm aes-128
[Huawei-ipsec-proposal-r2]quit
[Huawei]ipsec policy r2 10 manual
[Huawei-ipsec-policy-manual-r2-10]security acl 3000
[Huawei-ipsec-policy-manual-r2-10]proposal r2
[Huawei-ipsec-policy-manual-r2-10]tunnel remote 192.1.1.1
[Huawei-ipsec-policy-manual-r2-10]tunnel local 192.1.2.1
[Huawei-ipsec-policy-manual-r2-10]sa spi outbound esp 20000
[Huawei-ipsec-policy-manual-r2-10]sa spi inbound esp 10000
[Huawei-ipsec-policy-manual-r2-10]sa string-key outbound esp cipher 12345678
[Huawei-ipsec-policy-manual-r2-10]sa string-key inbound esp cipher 12345678
[Huawei-ipsec-policy-manual-r2-10]quit
[Huawei]ipsec policy r2 20 manual
[Huawei-ipsec-policy-manual-r2-20]security acl3001
[Huawei-ipsec-policy-manual-r2-20]proposal r2
[Huawei-ipsec-policy-manual-r2-20]tunnel remote 192.1.3.1
[Huawei-ipsec-policy-manual-r2-20]tunnel local 192.1.2.1
[Huawei-ipsec-policy-manual-r2-20]sa spi outbound esp 20000
[Huawei-ipsec-policy-manual-r2-20]sa spi inbound esp 30000
[Huawei-ipsec-policy-manual-r2-20]sa string-key outbound esp cipher 12345678
[Huawei-ipsec-policy-manual-r2-20]sa string-key inbound esp cipher 12345678
[Huawei-ipsec-policy-manual-r2-20]quit
[Huawei]interface GigabitEthernet0/0/1
[Huawei-GigabitEthernet0/0/1]ipsec policy r2
```

```
[Huawei-GigabitEthernet0/0/1]quit
[Huawei]rip 2
[Huawei-rip-2]network 192.1.2.0
[Huawei-rip-2]quit
```

3. 路由器 AR3 命令行接口配置过程

```
<Huawei>system-view
[Huawei]undo info-center enable
[Huawei]interface GigabitEthernet0/0/0
[Huawei-GigabitEthernet0/0/0]ip address 192.168.3.254 24
[Huawei-GigabitEthernet0/0/0]quit
[Huawei]interface GigabitEthernet0/0/1
[Huawei-GigabitEthernet0/0/1]ip address 192.1.3.1 24
[Huawei-GigabitEthernet0/0/1]quit
[Huawei]ip route-static 192.168.1.0 24 192.1.3.2
[Huawei]ip route-static 192.168.2.0 24 192.1.3.2
[Huawei]acl 3000
[Huawei-acl-adv-3000]rule 10 permit ip source 192.168.3.0 0.0.0.255
destination 192.168.1.0 0.0.0.255
[Huawei-acl-adv-3000]quit
[Huawei]acl 3001
[Huawei-acl-adv-3001]rule 10 permit ip source 192.168.3.0 0.0.0.255
destination 192.168.2.0 0.0.0.255
[Huawei-acl-adv-3001]quit
[Huawei]ipsec proposal r3
[Huawei-ipsec-proposal-r3]esp authentication-algorithm sha2-256
[Huawei-ipsec-proposal-r3]esp encryption-algorithm aes-128
[Huawei-ipsec-proposal-r3]quit
[Huawei]ipsec policy r3 10 manual
[Huawei-ipsec-policy-manual-r3-10]security acl 3000
[Huawei-ipsec-policy-manual-r3-10]proposal r3
[Huawei-ipsec-policy-manual-r3-10]tunnel remote 192.1.1.1
[Huawei-ipsec-policy-manual-r3-10]tunnel local 192.1.3.1
[Huawei-ipsec-policy-manual-r3-10]sa spi outbound esp 30000
[Huawei-ipsec-policy-manual-r3-10]sa spi inbound esp 10000
[Huawei-ipsec-policy-manual-r3-10]sa string-key outbound esp cipher 12345678
[Huawei-ipsec-policy-manual-r3-10]sa string-key inbound esp cipher 12345678
[Huawei-ipsec-policy-manual-r3-10]quit
[Huawei]ipsec policy r3 20 manual
[Huawei-ipsec-policy-manual-r3-20]security acl 3001
[Huawei-ipsec-policy-manual-r3-20]proposal r3
[Huawei-ipsec-policy-manual-r3-20]tunnel remote 192.1.2.1
[Huawei-ipsec-policy-manual-r3-20]tunnel local 192.1.3.1
[Huawei-ipsec-policy-manual-r3-20]sa spi outbound esp 30000
[Huawei-ipsec-policy-manual-r3-20]sa spi inbound esp 20000
```

```
[Huawei-ipsec-policy-manual-r3-20]sa string-key outbound esp cipher 12345678
[Huawei-ipsec-policy-manual-r3-20]sa string-key inbound esp cipher 12345678
[Huawei-ipsec-policy-manual-r3-20]quit
[Huawei]interface GigabitEthernet0/0/1
[Huawei-GigabitEthernet0/0/1]ipsec policy r3
[Huawei-GigabitEthernet0/0/1]quit
[Huawei]rip 3
[Huawei-rip-3]network 192.1.3.0
[Huawei-rip-3]quit
```

4. 路由器 AR4 命令行接口配置过程

```
<Huawei>system-view
[Huawei]undo info-center enable
[Huawei]interface GigabitEthernet0/0/0
[Huawei-GigabitEthernet0/0/0]ip address 192.1.1.2 24
[Huawei-GigabitEthernet0/0/0]quit
[Huawei]interface GigabitEthernet0/0/1
[Huawei-GigabitEthernet0/0/1]ip address 192.1.4.1 24
[Huawei-GigabitEthernet0/0/1]quit
[Huawei]interface GigabitEthernet0/0/2
[Huawei-GigabitEthernet0/0/2]ip address 192.1.5.1 24
[Huawei-GigabitEthernet0/0/2]quit
[Huawei]rip 4
[Huawei-rip-4]network 192.1.1.0
[Huawei-rip-4]network 192.1.4.0
[Huawei-rip-4]network 192.1.5.0
[Huawei-rip-4]quit
[Huawei]quit
```

路由器 AR5 和 AR6 的命令行接口配置过程与路由器 AR4 相似,这里不再赘述。

5. 命令列表

路由器命令行接口配置过程中使用的命令及功能和参数说明如表 7.2 所示。

表 7.2 命令列表

命 令 格 式	功能和参数说明
ipsec proposal *proposal-name*	创建 IPSec 安全提议,并进入 IPSec 安全提议视图。参数 *proposal-name* 是 IPSec 安全提议名称
esp authentication-algorithm ﹛**md5** ∣ **sha1** ∣ **sha2-256** ∣ **sha2-384** ∣ **sha2-512** ∣ **sm3**﹜	指定 ESP 协议使用的鉴别算法。md5、sha1、sha2-256、sha2-384、sha2-512 和 sm3 等是鉴别算法
esp encryption-algorithm ﹛**des** ∣ **3des** ∣ **aes-128** ∣ **aes-192** ∣ **aes-256** ∣ **sm1** ∣ **sm4**﹜	指定 ESP 协议使用的加密算法。des、3des、aes-128、aes-192、aes-256、sm1 和 sm4 等是加密算法

续表

命 令 格 式	功能和参数说明
ipsec policy *policy-name seq-number* 〔**manual**｜**isakmp**〕	创建 IPSec 安全策略,并进入 IPSec 安全策略视图。参数 *policy-name* 是 IPSec 安全策略名称,参数 *seq-number* 是 IPSec 安全策略序号,同一名称下,可以定义多个序号不同的安全策略。manual 表明创建一个手工方式的安全策略。isakmp 表明创建一个 isakmp 方式的安全策略
security acl *acl-number*	指定 IPSec 安全策略所引用的 ACL。参数 *acl-number* 是 ACL 编号
proposal *proposal-name*	指定 IPSec 安全策略所引用的 IPSec 安全提议。参数 *proposal-name* 是 IPSec 安全提议名称
tunnel remote *ip-address*	指定 IPSec 隧道对端的 IP 地址。参数 *ip-address* 是对端 IP 地址
tunnel local *ip-address*	指定 IPSec 隧道本端的 IP 地址。参数 *ip-address* 是本端 IP 地址
sa spi｛**inbound**｜**outbound**｝｛**ah**｜**esp**｝ *spi-number*	指定 IPSec 安全关联的安全参数索引(SPI)。ah 表明是使用 AH 的安全关联,esp 表明是使用 ESP 的安全关联。inbound 表明是输入方向的 SPI,outbound 表明是输出方向的 SPI。参数 *spi-number* 是 SPI
sa string-key｛**inbound**｜**outbound**｝｛**ah**｜**esp**｝｛**simple**｜**cipher**｝ *string-key*	指定 IPSec 安全关联的鉴别密钥。ah 表明是使用 AH 的安全关联,esp 表明是使用 ESP 的安全关联。inbound 表明是输入方向的鉴别密钥,outbound 表明是输出方向的鉴别密钥。simple 表明以明文方式存储鉴别密钥,cipher 表明以密文方式存储鉴别密钥。参数 *string-key* 是字符串形式的鉴别密钥
ipsec policy *policy-name*	将 IPSec 安全策略应用在当前接口中。参数 *policy-name* 是 IPSec 安全策略名称
display ipsec proposal 〔**brief**｜**name** *proposal-name*〕	显示 IPSec 安全提议的配置信息。brief 表明查看 IPSec 安全提议的摘要信息,参数 *proposal-name* 是 IPSec 安全提议名称。通过指定 IPSec 安全提议名称显示指定 IPSec 安全提议的配置信息
display ipsec policy 〔**brief**｜**name** *policy-name* 〔*seq-number*〕〕	显示 IPSec 安全策略的配置信息,brief 表明查看 IPSec 安全策略的摘要信息,参数 *policy-name* 是安全策略名称,参数 *seq-number* 是安全策略序号。通过指定 IPSec 安全策略名称显示指定 IPSec 安全策略的配置信息。通过指定 IPSec 安全策略名称和序号显示指定名称和序号的 IPSec 安全策略的配置信息

7.3　IPSec VPN IKE 自动协商方式实验

7.3.1　实验内容

　　IPSec VPN 结构如图 7.32 所示,建立路由器 R1、R2 和 R3 连接公共接口之间的 IPSec 隧道,内部网络子网之间传输的 IP 分组封装成以内部网络私有 IP 地址为源和目的

IP 地址的 IP 分组,该 IP 分组经过 IPSec 隧道传输时,作为 ESP 报文的净荷。根据建立 IPSec 隧道两端之间的安全关联时约定的加密和鉴别算法,完成 ESP 报文的加密过程和 MAC 计算过程。Internet 密钥交换协议(Internet Key Exchange Protocol,IKE)自动协商方式是指通过 IKE 自动建立 IPSec 隧道两端的安全关联,并在建立 IPSec 安全关联过程中通过协商确定与 IPSec 安全关联相关的参数。

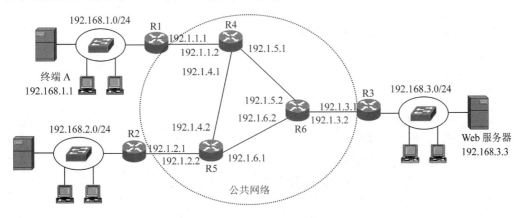

(a) 网络物理结构

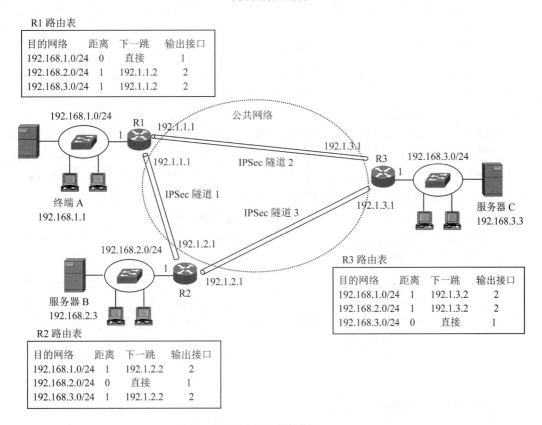

(b) 网络逻辑结构

图 7.32　IPSec VPN 结构

7.3.2　实验目的

（1）验证 IKE 工作机制。

（2）掌握 IKE 参数配置过程。

（3）了解 IKE 安全关联与 IPSec 安全关联之间的区别。

（4）验证 IKE 自动建立 IPSec 安全关联的过程。

（5）验证 IPSec VPN 的工作机制。

（6）验证基于 IPSec VPN 的数据传输过程。

7.3.3　实验原理

1. 建立 IKE 安全关联

IKE 首先建立 IPSec 隧道两端之间的安全传输通道，为了建立 IPSec 隧道两端之间的安全传输通道，IPSec 隧道两端之间需要协商安全传输通道使用的加密算法、鉴别算法和密钥生成机制，这种协商过程，就是 IKE 安全关联建立过程。

2. 建立 IPSec 安全关联

IKE 在成功建立 IPSec 隧道两端之间的安全传输通道后，自动完成 IPSec 隧道两端之间安全传输数据时使用的安全协议、SPI、加密算法、鉴别算法等协商过程，这种协商过程，就是 IPSec 安全关联建立过程。

3. 指定通过 IPSec 隧道传输的信息流

通过分类规则，指定经过 IPSec 隧道传输的是内部网络子网之间传输的 IP 分组，即源和目的 IP 地址为内部网络私有 IP 地址的 IP 分组。

4. 配置静态路由项

在路由器 R1、R2 和 R3 中配置静态路由项，静态路由项将目的网络是非直接连接的内部网络子网的 IP 分组转发给这些路由器公共网络上的下一跳，路由器 R1、R2 和 R3 公共网络上的下一跳分别是路由器 R4、R5 和 R6。这样做的目的是使得路由器 R1、R2 和 R3 连接公共网络的接口成为内部网络子网间传输的 IP 分组的输出接口。

5. 路由器 R1、R2 和 R3 连接公共网络的接口配置 IPSec 策略

在路由器 R1、R2 和 R3 连接公共网络的接口配置 IPSec 策略，IPSec 策略要求由 IKE 自动完成 IPSec 隧道两端之间安全关联的建立过程，将所有内部网络子网间传输的 IP 分组封装成 ESP 报文隧道模式，隧道模式外层 IP 首部中的源和目的 IP 地址分别是 IPSec 隧道两端的全球 IP 地址。内部网络子网间传输的 IP 分组作为 ESP 报文的净荷，由建立 IPSec 安全关联时确定的加密算法、鉴别算法和密钥生成机制生成的加密密钥和鉴别密钥完成对 ESP 报文的加密过程和 MAC 计算过程。

7.3.4　关键命令说明

1. 配置 IKE 安全提议

IKE 安全提议是指建立 IKE 安全关联时，IKE 安全关联两端通过协商取得一致的身份鉴别方法、加密算法、鉴别算法和密钥生成算法等。

```
[Huawei]ike proposal 5
[Huawei-ike-proposal-5]authentication-method pre-share
[Huawei-ike-proposal-5]authentication-algorithm sha1
[Huawei-ike-proposal-5]encryption-algorithm aes-cbc-128
[Huawei-ike-proposal-5]dh group14
[Huawei-ike-proposal-5]quit
```

ike proposal 5 是系统视图下使用的命令,该命令的作用是创建一个优先级值为 5 的 IKE 安全提议,并进入 IKE 安全提议视图。优先级值的范围是 1～99,优先级值越小,优先级越高。

authentication-method pre-share 是 IKE 安全提议视图下使用的命令,该命令的作用是指定预共享密钥(pre-share)作为建立 IKE 安全关联时的身份鉴别方法。

authentication-algorithm sha1 是 IKE 安全提议视图下使用的命令,该命令的作用是指定 sha1 作为 IKE 安全关联使用的鉴别算法。

encryption-algorithm aes-cbc-128 是 IKE 安全提议视图下使用的命令,该命令的作用是指定 aes-cbc-128 作为 IKE 安全关联使用的加密算法。

dh group14 是 IKE 安全提议视图下使用的命令,该命令的作用是指定 IKE 用 DH(Diffie-Hellman)协商密钥,并用 group14 作为 DH 协商密钥时使用的 DH 组。

2. 配置 IKE 对等体

IKE 对等体是指建立 IKE 安全关联时需要使用的信息,如 IKE 安全关联相关的 IKE 安全提议、用于鉴别身份的预共享密钥、IKE 安全关联对端的 IP 地址等。

```
[Huawei]ike peer r12 v2
[Huawei-ike-peer-r12]ike-proposal 5
[Huawei-ike-peer-r12]pre-shared-key cipher 1234567890
[Huawei-ike-peer-r12]remote-address 192.1.2.1
[Huawei-ike-peer-r12]quit
```

ike peer r12 v2 是系统视图下使用的命令,该命令的作用是创建名为 r12 的 IKE 对等体,并进入 IKE 对等体视图。v2 表明该对等体只作用于 IKEv2 安全关联建立过程。

ike-proposal 5 是 IKE 对等体视图下使用的命令,该命令的作用是指定优先级值为 5 的 IKE 安全提议作为 IKE 对等体使用的 IKE 安全提议。

pre-shared-key cipher 1234567890 是 IKE 对等体视图下使用的命令,该命令的作用是在指定预共享密钥方法作为建立 IKE 安全关联时使用的身份鉴别方法后,将字符串 1234567890 作为 IKE 对等体使用的预共享密钥。

remote-address 192.1.2.1 是 IKE 对等体视图下使用的命令,该命令的作用是指定 192.1.2.1 作为建立 IKE 安全关联时的对端 IP 地址。

3. 配置 IPSec 安全策略

IPSec 安全策略是指建立 IPSec 安全关联时需要使用的信息,如用于建立 IKE 安全关联的 IKE 对等体、IPSec 安全关联相关的 IPSec 安全提议、需要安全保护的信息流的分类规则等。

```
[Huawei]ipsec policy r1 10 isakmp
[Huawei-ipsec-policy-isakmp-r1-10]ike-peer r12
[Huawei-ipsec-policy-isakmp-r1-10]proposal r1
[Huawei-ipsec-policy-isakmp-r1-10]security acl 3000
[Huawei-ipsec-policy-isakmp-r1-10]quit
```

ipsec policy r1 10 isakmp 是系统视图下使用的命令，该命令的作用是创建名为 r1 的 IKE 自动协商方式（isakmp）的 IPSec 安全策略，并进入 IPSec 安全策略视图。10 是 IPSec 安全策略序号。允许定义多个名称相同，但序号不同的安全策略。

ike-peer r12 是 IPSec 安全策略视图下使用的命令，该命令的作用是指定名为 r12 的 IKE 对等体作为 IPSec 安全策略引用的 IKE 对等体，即通过名为 r12 的 IKE 对等体完成 IKE 安全关联建立过程，并基于该 IKE 安全关联完成 IPSec 安全关联建立过程。

7.3.5　实验步骤

（1）启动 eNSP，按照如图 7.32(a)所示的网络拓扑结构放置和连接设备，完成设备放置和连接后的 eNSP 界面如图 7.33 所示。启动所有设备。

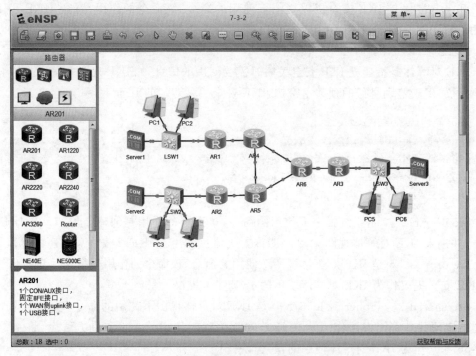

图 7.33　完成设备放置和连接后的 eNSP 界面

（2）完成所有路由器各个接口的 IP 地址和子网掩码配置过程，路由器 AR1、AR2 和 AR3 中分别存在连接内部网络子网的接口和连接公共网络的接口。完成各个路由器 RIP 配置过程，每一个路由器通过 RIP 建立用于指明通往公共网络中各个子网的传输路径的动态路由项。在路由器 AR1、AR2 和 AR3 中配置用于指明通往内部网络中各个子网的传输路径的静态路由项，配置这些静态路由项的目的是指定内部网络各个子网间传输的 IP 分组的输出接口。

（3）完成路由器 AR1、AR2 和 AR3 IKE 安全提议和 IPSec 安全提议配置过程，IKE 安全提议在建立 IKE 安全关联时，用于协商 IKE 安全关联两端所使用的身份鉴别方法、加密算法、鉴别算法和密钥生成机制等。IPSec 安全提议在建立 IPSec 安全关联时，用于协商 IPSec 安全关联两端所使用的安全协议、封装模式、加密算法和鉴别算法等。路由器 AR1 配置的 IKE 安全提议如图 7.34 所示，路由器 AR1 配置的 IPSec 安全提议如图 7.35 所示。

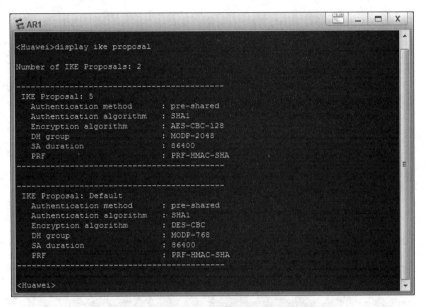

图 7.34　路由器 AR1 配置的 IKE 安全提议

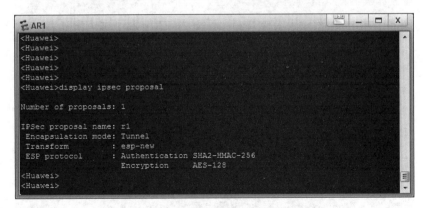

图 7.35　路由器 AR1 配置的 IPSec 安全提议

（4）完成路由器 AR1、AR2 和 AR3 IKE 对等体配置过程，IKE 对等体中给出建立 IKE 安全关联时使用的相关信息，如 IKE 安全关联两端的 IP 地址、用于双方协商的 IKE 安全提议、用于相互鉴别对端身份的预共享密钥等。完成路由器 AR1、AR2 和 AR3 IPSec 安全策略配置过程，IPSec 安全策略中给出建立 IPSec 安全关联时使用的相关信息，如用于建立 IKE 安全关联的 IKE 对等体、用于双方协商的 IPSec 安全提议、用于分类受 IPSec 隧道保护的信息流的 ACL 等。将 IPSec 安全策略作用到路由器 AR1、AR2 和 AR3 连接公共网络的接口。路由器 AR1、AR2 和 AR3 连接公共网络的接口之间自动建立 IKE 安全关联和 IPSec 安全关联。路由器 AR1 建立的 IKE 安全关联如图 7.36 所示，IPSec 安全关联如图 7.37 和图 7.38 所示。路由器 AR2 建立的 IKE 安全关联如图 7.39 所示，IPSec 安全关联如图 7.40 和图 7.41 所示。路由器 AR3 建立的 IKE 安全关联如图 7.42 所示，IPSec 安全关联如图 7.43 和图 7.44 所示。

```
AR1
<Huawei>display ike sa v2
    Conn-ID  Peer              VPN   Flag(s)                  Phase
  ---------------------------------------------------------------
       3     192.1.2.1         0     RD|ST                    2
       1     192.1.2.1         0     RD|ST                    1
       6     192.1.3.1         0     RD|ST                    2
       4     192.1.3.1         0     RD|ST                    1

  Flag Description:
  RD--READY   ST--STAYALIVE   RL--REPLACED   FD--FADING   TO--TIMEOUT
  HRT--HEARTBEAT   LKG--LAST KNOWN GOOD SEQ NO.   BCK--BACKED UP

<Huawei>
<Huawei>
<Huawei>
```

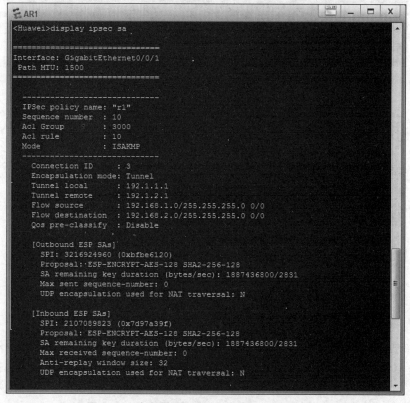

图 7.36　路由器 AR1 建立的 IKE 安全关联

```
AR1
<Huawei>display ipsec sa

===============================
Interface: GigabitEthernet0/0/1
 Path MTU: 1500
===============================

  -----------------------------
  IPSec policy name: "r1"
  Sequence number  : 10
  Acl Group        : 3000
  Acl rule         : 10
  Mode             : ISAKMP
  -----------------------------
    Connection ID     : 3
    Encapsulation mode: Tunnel
    Tunnel local      : 192.1.1.1
    Tunnel remote     : 192.1.2.1
    Flow source       : 192.168.1.0/255.255.255.0 0/0
    Flow destination  : 192.168.2.0/255.255.255.0 0/0
    Qos pre-classify  : Disable

    [Outbound ESP SAs]
      SPI: 3216924960 (0xbfbe6120)
      Proposal: ESP-ENCRYPT-AES-128 SHA2-256-128
      SA remaining key duration (bytes/sec): 1887436800/2831
      Max sent sequence-number: 0
      UDP encapsulation used for NAT traversal: N

    [Inbound ESP SAs]
      SPI: 2107089823 (0x7d97a39f)
      Proposal: ESP-ENCRYPT-AES-128 SHA2-256-128
      SA remaining key duration (bytes/sec): 1887436800/2831
      Max received sequence-number: 0
      Anti-replay window size: 32
      UDP encapsulation used for NAT traversal: N
```

图 7.37　路由器 AR1 建立的 IPSec 安全关联一

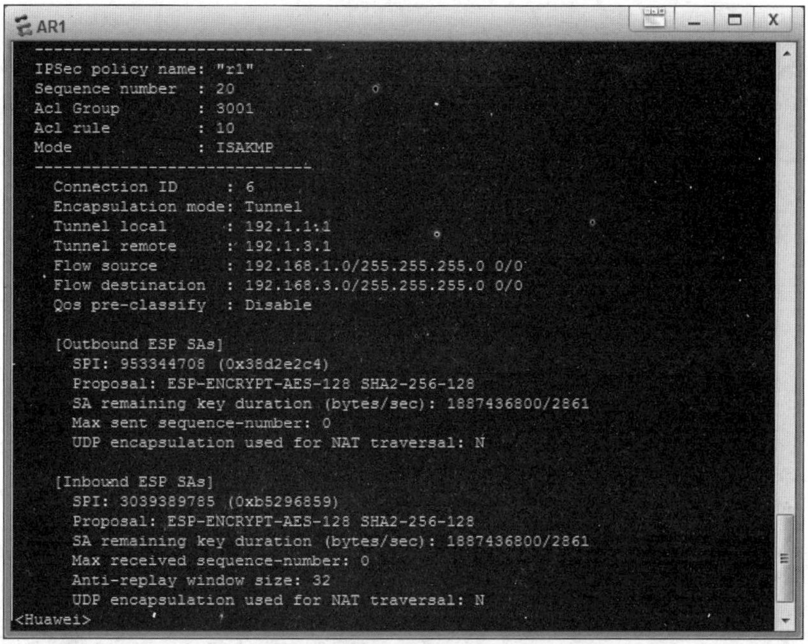

图 7.38 路由器 AR1 建立的 IPSec 安全关联二

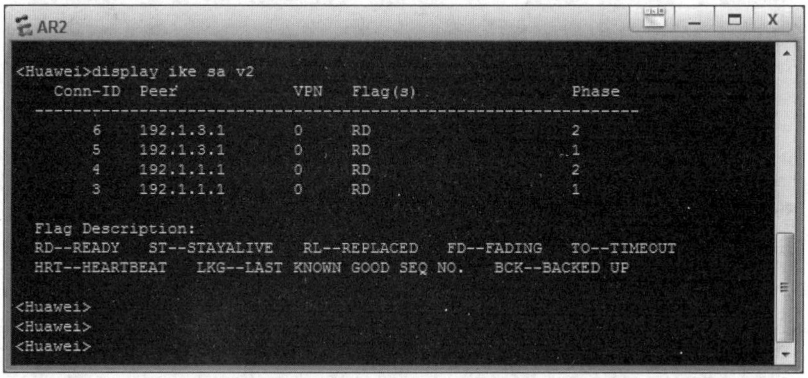

图 7.39 路由器 AR2 建立的 IKE 安全关联

（5）完成各个 PC 和服务器网络信息配置过程，PC1 配置的网络信息如图 7.45 所示。成功建立路由器 AR1、AR2 和 AR3 连接公共网络的接口之间的 IPSec 安全关联后，内部网络各个子网之间可以相互通信，如图 7.46 所示是 PC1 与 PC3、PC5 之间的通信过程。

（6）为了验证内部网络各个子网间传输的 IP 分组经过 IPSec 隧道传输时的封装格式，分别启动路由器 AR1 连接内部网络的接口和路由器 AR4 连接 AR1 的接口的报文捕获功能。PC1 至 PC3 IP 分组传输过程中，路由器 AR1 连接内部网络的接口捕获的报文序列如图 7.47 所示。IP 分组的源 IP 地址是 PC1 的私有 IP 地址 192.168.1.1、目的 IP 地址是 PC3 的私有 IP 地址 192.168.2.1。路由器 AR4 连接 AR1 的接口捕获的报文序列如图 7.48 所示，PC1 至 PC3 IP 分组作为 ESP 报文的净荷，ESP 报文封装成以全球 IP

```
AR2                                                                    _ □ X

<Huawei>display ipsec sa

===============================
Interface: GigabitEthernet0/0/1
 Path MTU: 1500
===============================

  -----------------------------
  IPSec policy name: "r2"
  Sequence number  : 10
  Acl Group        : 3000
  Acl rule         : 10
  Mode             : ISAKMP
  -----------------------------
    Connection ID    : 4
    Encapsulation mode: Tunnel
    Tunnel local     : 192.1.2.1
    Tunnel remote    : 192.1.1.1
    Flow source      : 192.168.2.0/255.255.255.0 0/0
    Flow destination : 192.168.1.0/255.255.255.0 0/0
    Qos pre-classify : Disable

    [Outbound ESP SAs]
     SPI: 2107089823 (0x7d97a39f)
     Proposal: ESP-ENCRYPT-AES-128 SHA2-256-128
     SA remaining key duration (bytes/sec): 1887436800/2444
     Max sent sequence-number: 0
     UDP encapsulation used for NAT traversal: N

    [Inbound ESP SAs]
     SPI: 3216924960 (0xbfbe6120)
     Proposal: ESP-ENCRYPT-AES-128 SHA2-256-128
     SA remaining key duration (bytes/sec): 1887436800/2444
     Max received sequence-number: 0
     Anti-replay window size: 32
     UDP encapsulation used for NAT traversal: N
```

图 7.40 路由器 AR2 建立的 IPSec 安全关联一

```
AR2                                                                    _ □ X

  -----------------------------
  IPSec policy name: "r2"
  Sequence number  : 20
  Acl Group        : 3001
  Acl rule         : 10
  Mode             : ISAKMP
  -----------------------------
    Connection ID    : 6
    Encapsulation mode: Tunnel
    Tunnel local     : 192.1.2.1
    Tunnel remote    : 192.1.3.1
    Flow source      : 192.168.2.0/255.255.255.0 0/0
    Flow destination : 192.168.3.0/255.255.255.0 0/0
    Qos pre-classify : Disable

    [Outbound ESP SAs]
     SPI: 213411363 (0xcb86623)
     Proposal: ESP-ENCRYPT-AES-128 SHA2-256-128
     SA remaining key duration (bytes/sec): 1887436800/2476
     Max sent sequence-number: 0
     UDP encapsulation used for NAT traversal: N

    [Inbound ESP SAs]
     SPI: 663791377 (0x2790a711)
     Proposal: ESP-ENCRYPT-AES-128 SHA2-256-128
     SA remaining key duration (bytes/sec): 1887436800/2476
     Max received sequence-number: 0
     Anti-replay window size: 32
     UDP encapsulation used for NAT traversal: N
<Huawei>
```

图 7.41 路由器 AR2 建立的 IPSec 安全关联二

图 7.42 路由器 AR3 建立的 IKE 安全关联

图 7.43 路由器 AR3 建立的 IPSec 安全关联一

```
E AR3                                                    [×] _ □ X
---------------------------------
IPSec policy name: "r3"
Sequence number  : 20
Acl Group        : 3001
Acl rule         : 10
Mode             : ISAKMP
---------------------------------
  Connection ID    : 6
  Encapsulation mode: Tunnel
  Tunnel local     : 192.1.3.1
  Tunnel remote    : 192.1.2.1
  Flow source      : 192.168.3.0/255.255.255.0 0/0
  Flow destination : 192.168.2.0/255.255.255.0 0/0
  Qos pre-classify : Disable

  [Outbound ESP SAs]
   SPI: 663791377 (0x2790a711)
   Proposal: ESP-ENCRYPT-AES-128 SHA2-256-128
   SA remaining key duration (bytes/sec): 1887436800/2273
   Max sent sequence-number: 0
   UDP encapsulation used for NAT traversal: N

  [Inbound ESP SAs]
   SPI: 213411363 (0xcb86623)
   Proposal: ESP-ENCRYPT-AES-128 SHA2-256-128
   SA remaining key duration (bytes/sec): 1887436800/2273
   Max received sequence-number: 0
   Anti-replay window size: 32
   UDP encapsulation used for NAT traversal: N
<Huawei>
```

图 7.44   路由器 AR3 建立的 IPSec 安全关联二

```
E PC1                                                    _ □ X

 基础配置    命令行    组播    UDP发包工具    串口

    主机名:     [                                        ]

    MAC 地址:   [ 54-89-98-E5-04-B3                      ]

    IPv4 配置
    ● 静态      ○ DHCP              □ 自动获取 DNS 服务器地址

    IP 地址:    [ 192 . 168 . 1 . 1 ]    DNS1:  [ 0 . 0 . 0 . 0 ]

    子网掩码:   [ 255 . 255 . 255 . 0 ]  DNS2:  [ 0 . 0 . 0 . 0 ]

    网关:      [ 192 . 168 . 1 . 254 ]

    IPv6 配置
    ● 静态      ○ DHCPv6

    IPv6 地址:  [ ::                                     ]

    前缀长度:   [ 128 ]

    IPv6网关:   [ ::                                     ]

                                              [ 应用 ]
```

图 7.45   PC1 配置的网络信息

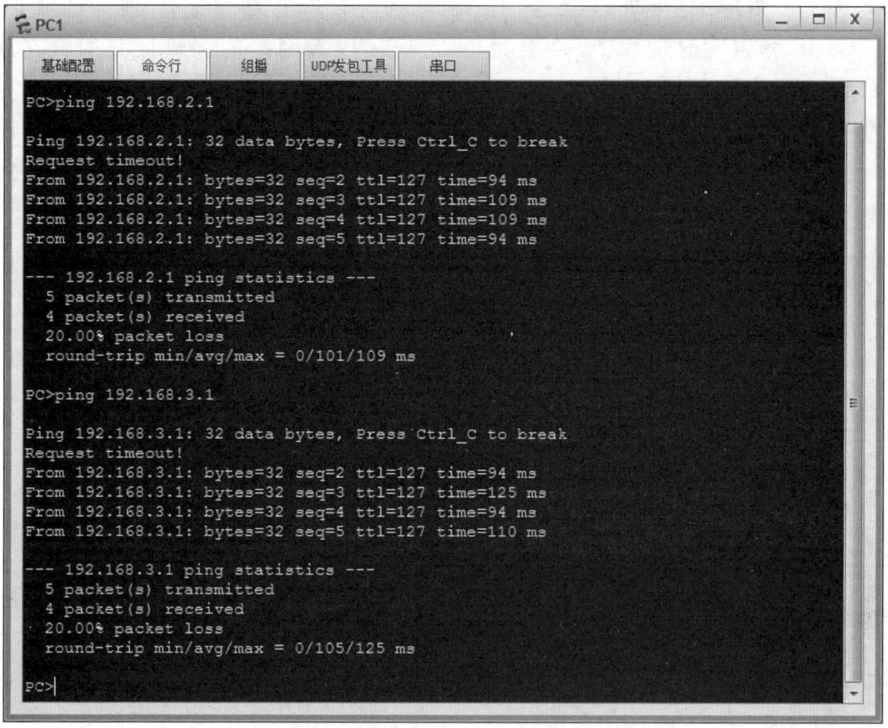

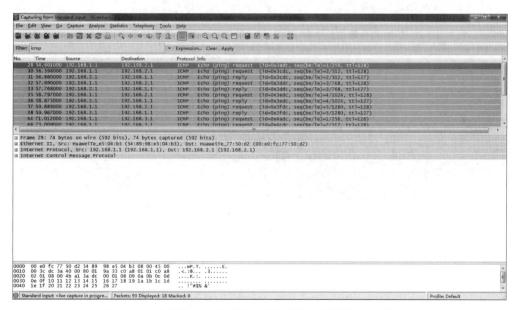

图 7.46　PC1 与 PC3、PC5 之间的通信过程

图 7.47　路由器 AR1 连接内部网络的接口捕获的报文序列一

地址 192.1.1.1 为源 IP 地址、以全球 IP 地址 192.1.2.1 为目的 IP 地址的隧道模式。
PC1 至 PC5 IP 分组传输过程中,路由器 AR1 连接内部网络的接口捕获的报文序列如
图 7.49 所示,IP 分组的源 IP 地址是 PC1 的私有 IP 地址 192.168.1.1、目的 IP 地址是
PC5 的私有 IP 地址 192.168.3.1。路由器 AR4 连接 AR1 的接口捕获的报文序列如
图 7.50 所示,PC1 至 PC5 IP 分组作为 ESP 报文的净荷,ESP 报文封装成以全球 IP 地址
192.1.1.1 为源 IP 地址、以全球 IP 地址 192.1.3.1 为目的 IP 地址的隧道模式。

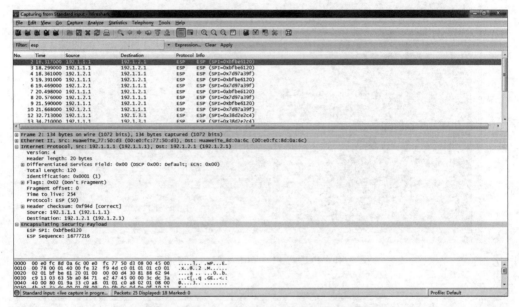

图 7.48　路由器 AR4 连接 AR1 的接口捕获的报文序列一

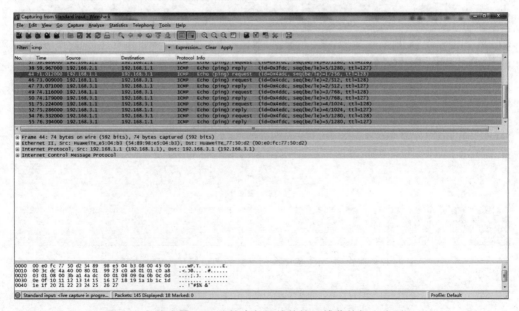

图 7.49　路由器 AR1 连接内部网络的接口捕获的报文序列二

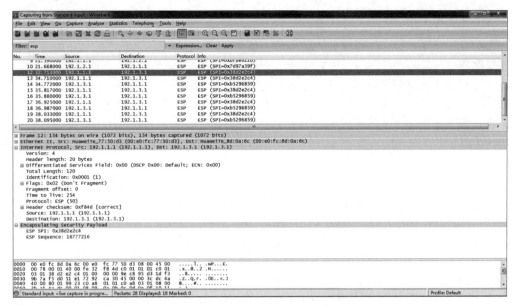

图 7.50 路由器 AR4 连接 AR1 的接口捕获的报文序列二

7.3.6 命令行接口配置过程

1. 路由器 AR1 命令行接口配置过程

```
<Huawei>system-view
[Huawei]undo info-center enable
[Huawei]interface GigabitEthernet0/0/0
[Huawei-GigabitEthernet0/0/0]ip address 192.168.1.254 24
[Huawei-GigabitEthernet0/0/0]quit
[Huawei]interface GigabitEthernet0/0/1
[Huawei-GigabitEthernet0/0/1]ip address 192.1.1.1 24
[Huawei-GigabitEthernet0/0/1]quit
[Huawei]ip route-static 192.168.2.0 24 192.1.1.2
[Huawei]ip route-static 192.168.3.0 24 192.1.1.2
[Huawei]rip 1
[Huawei-rip-1]network 192.1.1.0
[Huawei-rip-1]quit
[Huawei]acl 3000
[Huawei-acl-adv-3000]rule 10 permit ip source 192.168.1.0 0.0.0.255 destination
192.168.2.0 0.0.0.255
[Huawei-acl-adv-3000]quit
[Huawei]acl 3001
[Huawei-acl-adv-3001]rule 10 permit ip source 192.168.1.0 0.0.0.255 destination
192.168.3.0 0.0.0.255
[Huawei-acl-adv-3001]quit
```

```
[Huawei]ipsec proposal r1
[Huawei-ipsec-proposal-r1]esp authentication-algorithm sha2-256
[Huawei-ipsec-proposal-r1]esp encryption-algorithm aes-128
[Huawei-ipsec-proposal-r1]quit
[Huawei]ike proposal 5
[Huawei-ike-proposal-5]authentication-method pre-share
[Huawei-ike-proposal-5]authentication-algorithm sha1
[Huawei-ike-proposal-5]encryption-algorithm aes-cbc-128
[Huawei-ike-proposal-5]dh group14
[Huawei-ike-proposal-5]quit
[Huawei]ike peer r12 v2
[Huawei-ike-peer-r12]ike-proposal 5
[Huawei-ike-peer-r12]pre-shared-key cipher 1234567890
[Huawei-ike-peer-r12]remote-address 192.1.2.1
[Huawei-ike-peer-r12]quit
[Huawei]ike peer r13 v2
[Huawei-ike-peer-r13]ike-proposal 5
[Huawei-ike-peer-r13]pre-shared-key cipher 1234567890
[Huawei-ike-peer-r13]remote-address 192.1.3.1
[Huawei-ike-peer-r13]quit
[Huawei]ipsec policy r1 10 isakmp
[Huawei-ipsec-policy-isakmp-r1-10]ike-peer r12
[Huawei-ipsec-policy-isakmp-r1-10]proposal r1
[Huawei-ipsec-policy-isakmp-r1-10]security acl 3000
[Huawei-ipsec-policy-isakmp-r1-10]quit
[Huawei]ipsec policy r1 20 isakmp
[Huawei-ipsec-policy-isakmp-r1-20]ike-peer r13
[Huawei-ipsec-policy-isakmp-r1-20]proposal r1
[Huawei-ipsec-policy-isakmp-r1-20]security acl 3001
[Huawei-ipsec-policy-isakmp-r1-20]quit
[Huawei]interface GigabitEthernet0/0/1
[Huawei-GigabitEthernet0/0/1]ipsec policy r1
[Huawei-GigabitEthernet0/0/1]quit
```

2. 路由器 AR2 命令行接口配置过程

```
<Huawei>system-view
[Huawei]undo info-center enable
[Huawei]interface GigabitEthernet0/0/0
[Huawei-GigabitEthernet0/0/0]ip address 192.168.2.254 24
[Huawei-GigabitEthernet0/0/0]quit
[Huawei]interface GigabitEthernet0/0/1
[Huawei-GigabitEthernet0/0/1]ip address 192.1.2.1 24
[Huawei-GigabitEthernet0/0/1]quit
[Huawei]ip route-static 192.168.1.0 24 192.1.2.2
```

```
[Huawei]ip route-static 192.168.3.0 24 192.1.2.2
[Huawei]rip 2
[Huawei-rip-2]network 192.1.2.0
[Huawei-rip-2]quit
[Huawei]acl 3000
[Huawei-acl-adv-3000]rule 10 permit ip source 192.168.2.0 0.0.0.255
destination 192.168.1.0 0.0.0.255
[Huawei-acl-adv-3000]quit
[Huawei]acl 3001
[Huawei-acl-adv-3001]rule 10 permit ip source 192.168.2.0 0.0.0.255
destination 192.168.3.0 0.0.0.255
[Huawei-acl-adv-3001]quit
[Huawei]ipsec proposal r2
[Huawei-ipsec-proposal-r2]esp authentication-algorithm sha2-256
[Huawei-ipsec-proposal-r2]esp encryption-algorithm aes-128
[Huawei-ipsec-proposal-r2]quit
[Huawei]ike proposal 5
[Huawei-ike-proposal-5]authentication-method pre-share
[Huawei-ike-proposal-5]authentication-algorithm sha1
[Huawei-ike-proposal-5]encryption-algorithm aes-cbc-128
[Huawei-ike-proposal-5]dh group14
[Huawei-ike-proposal-5]quit
[Huawei]ike peer r21 v2
[Huawei-ike-peer-r21]ike-proposal 5
[Huawei-ike-peer-r21]pre-shared-key cipher 1234567890
[Huawei-ike-peer-r21]remote-address 192.1.1.1
[Huawei-ike-peer-r21]quit
[Huawei]ike peer r23 v2
[Huawei-ike-peer-r23]ike-proposal 5
[Huawei-ike-peer-r23]pre-shared-key cipher 1234567890
[Huawei-ike-peer-r23]remote-address 192.1.3.1
[Huawei-ike-peer-r23]quit
[Huawei]ipsec policy r2 10 isakmp
[Huawei-ipsec-policy-isakmp-r2-10]ike-peer r21
[Huawei-ipsec-policy-isakmp-r2-10]proposal r2
[Huawei-ipsec-policy-isakmp-r2-10]security acl 3000
[Huawei-ipsec-policy-isakmp-r2-10]quit
[Huawei]ipsec policy r2 20 isakmp
[Huawei-ipsec-policy-isakmp-r2-20]ike-peer r23
[Huawei-ipsec-policy-isakmp-r2-20]proposal r2
[Huawei-ipsec-policy-isakmp-r2-20]security acl 3001
[Huawei-ipsec-policy-isakmp-r2-20]quit
[Huawei]interface GigabitEthernet0/0/1
[Huawei-GigabitEthernet0/0/1]ipsec policy r2
```

```
[Huawei-GigabitEthernet0/0/1]quit
```

3. 路由器 AR3 命令行接口配置过程

```
<Huawei>system-view
[Huawei]undo info-center enable
[Huawei]interface GigabitEthernet0/0/0
[Huawei-GigabitEthernet0/0/0]ip address 192.168.3.254 24
[Huawei-GigabitEthernet0/0/0]quit
[Huawei]interface GigabitEthernet0/0/1
[Huawei-GigabitEthernet0/0/1]ip address 192.1.3.1 24
[Huawei-GigabitEthernet0/0/1]quit
[Huawei]ip route-static 192.168.1.0 24 192.1.3.2
[Huawei]ip route-static 192.168.2.0 24 192.1.3.2
[Huawei]rip 3
[Huawei-rip-3]network 192.1.3.0
[Huawei-rip-3]quit
[Huawei]acl 3000
[Huawei-acl-adv-3000]rule 10 permit ip source 192.168.3.0 0.0.0.255
destination 192.168.1.0 0.0.0.255
[Huawei-acl-adv-3000]quit
[Huawei]acl 3001
[Huawei-acl-adv-3001]rule 10 permit ip source 192.168.3.0 0.0.0.255
destination 192.168.2.0 0.0.0.255
[Huawei-acl-adv-3001]quit
[Huawei]ipsec proposal r3
[Huawei-ipsec-proposal-r3]esp authentication-algorithm sha2-256
[Huawei-ipsec-proposal-r3]esp encryption-algorithm aes-128
[Huawei-ipsec-proposal-r3]quit
[Huawei]ike proposal 5
[Huawei-ike-proposal-5]authentication-method pre-share
[Huawei-ike-proposal-5]authentication-algorithm sha1
[Huawei-ike-proposal-5]encryption-algorithm aes-cbc-128
[Huawei-ike-proposal-5]dh group14
[Huawei-ike-proposal-5]quit
[Huawei]ike peer r31 v2
[Huawei-ike-peer-r31]ike-proposal 5
[Huawei-ike-peer-r31]pre-shared-key cipher 1234567890
[Huawei-ike-peer-r31]remote-address 192.1.1.1
[Huawei-ike-peer-r31]quit
[Huawei]ike peer r32 v2
[Huawei-ike-peer-r32]ike-proposal 5
[Huawei-ike-peer-r32]pre-shared-key cipher 1234567890
[Huawei-ike-peer-r32]remote-address 192.1.2.1
[Huawei-ike-peer-r32]quit
```

```
[Huawei]ipsec policy r3 10 isakmp
[Huawei-ipsec-policy-isakmp-r3-10]ike-peer r31
[Huawei-ipsec-policy-isakmp-r3-10]proposal r3
[Huawei-ipsec-policy-isakmp-r3-10]security acl 3000
[Huawei-ipsec-policy-isakmp-r3-10]quit
[Huawei]ipsec policy r3 20 isakmp
[Huawei-ipsec-policy-isakmp-r3-20]ike-peer r32
[Huawei-ipsec-policy-isakmp-r3-20]proposal r3
[Huawei-ipsec-policy-isakmp-r3-20]security acl 3001
[Huawei-ipsec-policy-isakmp-r3-20]quit
[Huawei]interface GigabitEthernet0/0/1
[Huawei-GigabitEthernet0/0/1]ipsec policy r3
[Huawei-GigabitEthernet0/0/1]quit
```

4. 路由器 AR4 命令行接口配置过程

```
<Huawei>system-view
[Huawei]undo info-center enable
[Huawei]interface GigabitEthernet0/0/0
[Huawei-GigabitEthernet0/0/0]ip address 192.1.1.2 24
[Huawei-GigabitEthernet0/0/0]quit
[Huawei]interface GigabitEthernet0/0/1
[Huawei-GigabitEthernet0/0/1]ip address 192.1.4.1 24
[Huawei-GigabitEthernet0/0/1]quit
[Huawei]interface GigabitEthernet0/0/2
[Huawei-GigabitEthernet0/0/2]ip address 192.1.5.1 24
[Huawei-GigabitEthernet0/0/2]quit
[Huawei]rip 4
[Huawei-rip-4]network 192.1.1.0
[Huawei-rip-4]network 192.1.4.0
[Huawei-rip-4]network 192.1.5.0
[Huawei-rip-4]quit
```

路由器 AR5 和 AR6 的命令行接口配置过程与路由器 AR4 相似,这里不再赘述。

5. 命令列表

路由器命令行接口配置过程中使用的命令及功能和参数说明如表 7.3 所示。

表 7.3 命令列表

命 令 格 式	功能和参数说明
ike proposal *proposal-number*	创建 IKE 安全提议,并进入 IKE 安全提议视图。参数 *proposal-number* 是 IKE 安全提议优先级值,优先级值越小,优先级越高

续表

命 令 格 式	功能和参数说明
authentication-method〔**pre-share**｜**rsa-signature**｜**digital-envelope**〕	指定身份鉴别方法。预共享密钥(pre-share)、RSA 数字签名(rsa-signature)和数字信封(digital-envelope)是三种身份鉴别方法
authentication-algorithm〔**md5**｜**sha1**｜**sha2-256**｜**sha2-384**｜**sha2-512**｜**sm3**〕	指定 IKE 安全关联使用的鉴别算法。md5、sha1、sha2-256、sha2-384、sha2-512 和 sm3 等是鉴别算法
encryption-algorithm〔**des**｜**3des**｜**aes-128**｜**aes-192**｜**aes-256**｜**sm1**｜**sm4**〕	指定 IKE 安全关联使用的加密算法。des、3des、aes-128、aes-192、aes-256、sm1 和 sm4 等是加密算法
dh〔**group1**｜**group2**｜**group5**｜**group14**〕	指定使用 DH(Diffie-Hellman)进行密钥协商时使用的 DH 组。group1、group2、group5 和 group14 是不同的 DH 组,组号越大,安全性越好
ike peer *peer-name*	创建 IKE 对等体,并进入 IKE 对等体视图。参数 *peer-name* 是 IKE 对等体名称
ike-proposal *proposal-number*	指定 IKE 对等体所引用的 IKE 安全提议。参数 *proposal-number* 是 IKE 安全提议优先级值
pre-shared-key〔**simple**｜**cipher**〕*key*	指定用于鉴别身份的预共享密钥。参数 *key* 是字符串形式的预共享密钥。simple 表明以明文方式存储预共享密钥,cipher 表明以密文方式存储预共享密钥
remote-address *ipv4-address*	指定 IKE 安全关联对端的 IP 地址。参数 *ipv4-address* 是对端的 IP 地址
ike-peer *peer-name*	指定 IPSec 安全策略引用的 IKE 对等体。参数 *peer-name* 是 IKE 对等体名称
display ike proposal〔**number** *proposal-number*〕	显示 IKE 安全提议的配置信息。参数 *proposal-number* 是 IKE 安全提议优先级值。通过指定 IKE 安全提议优先级值显示指定 IKE 安全提议的配置信息
display ike sa v2	显示 IKE 安全关联的相关信息
display ipsec sa〔**brief**〕	显示 IPSec 安全关联的相关信息。brief 表明查看 IPSec 安全关联的摘要信息

7.4 L2TP VPN 实验

7.4.1 实验内容

第二层隧道协议(Layer Two Tunneling Protocol,L2TP)用于建立远程终端与接入控制设备之间的虚拟点对点链路,接入控制设备基于与远程终端之间的虚拟点对点链路通过 PPP 完成远程终端的接入控制过程。本实验基于 L2TP 实现 L2TP 访问集中器(L2TP Access Concentrator,LAC)远程接入内部网络的过程。如图 7.51 所示,LAC 连接在 Internet 上,分配全球 IP 地址,L2TP 网络服务器(L2TP Network Server,LNS)一端连接内部网络,另一端连接 Internet。连接内部网络的接口分配私有 IP 地址,连接 Internet 的接口分配全球 IP 地址。由于内部网络及内部网络分配的私有 IP 地址对 Internet 是透明的,因此,LAC 无法直接访问内部网络。

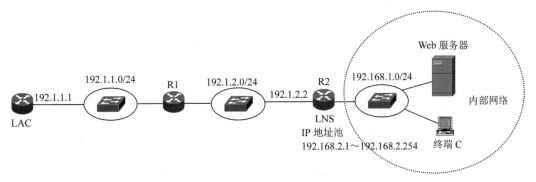

图 7.51　LAC 远程接入内部网络过程

　　LAC 为了访问内部网络,建立与 LNS 之间的 L2TP 隧道,基于 L2TP 隧道完成接入内部网络过程,在接入内部网络过程中,由 LNS 为 LAC 分配私有 IP 地址。LAC 发送的以私有 IP 地址为源和目的 IP 地址的 IP 分组,封装成 L2TP 隧道格式后,基于 LAC 与 LNS 之间的 L2TP 隧道完成 LAC 至 LNS 的传输过程。

7.4.2　实验目的

　　(1) 验证 LAC 配置过程。
　　(2) 验证 LNS 配置过程。
　　(3) 验证 L2TP 隧道建立过程。
　　(4) 验证 LAC 接入内部网络过程。
　　(5) 验证通过 LAC 与 LNS 之间隧道完成以私有 IP 地址为源和目的 IP 地址的 IP 分组 LAC 至 LNS 的传输过程。
　　(6) 验证 L2TP 隧道格式封装过程。

7.4.3　实验原理

　　建立 LAC 与 LNS 之间的 L2TP 隧道,基于 L2TP 隧道建立 PPP 链路,由 LNS 通过 PPP 完成 LAC 的接入控制过程,为 LAC 分配私有 IP 地址。为了建立 LAC 与 LNS 之间的 L2TP 隧道,LAC 需要配置目的网络是 192.1.2.2/32 的静态路由项,同样,LNS 需要配置目的网络是 192.1.1.1/32 的静态路由项。192.1.1.1 是 L2TP 隧道 LAC 一端的全球 IP 地址,192.1.2.2 是 L2TP 隧道 LNS 一端的全球 IP 地址。
　　LAC 为了能够访问内部网络,需要配置目的网络是 192.168.1.0/24,输出接口是连接 L2TP 隧道的虚拟接口的静态路由项。
　　LAC 发送给内部网络的 IP 分组是以 LNS 分配给 LAC 的私有 IP 地址为源 IP 地址、内部网络私有 IP 地址为目的 IP 地址的 IP 分组。该 IP 分组经过 L2TP 隧道完成 LAC

至 LNS 的传输过程。

7.4.4 关键命令说明

1. LAC 配置命令

（1）配置 L2TP 隧道命令

```
[lac]l2tp enable
[lac]l2tp-group 1
[lac-l2tp1]tunnel name lac
[lac-l2tp1]start l2tp ip 192.1.2.2 fullusername huawei
[lac-l2tp1]tunnel authentication
[lac-l2tp1]tunnel password cipher huawei
[lac-l2tp1]quit
```

l2tp enable 是系统视图下使用的命令，该命令的作用是启动 LAC 设备的 L2TP 功能。

l2tp-group 1 是系统视图下使用的命令，该命令的作用是创建一个 L2TP 组，并进入 L2TP 组视图。L2TP 组视图下配置的参数是建立 LAC 与 LNS 之间 L2TP 隧道时相互协商的参数。

tunnel name lac 是 L2TP 组视图下使用的命令，该命令的作用是指定 L2TP 隧道一端（这里是 LAC 一端）的名字。其中 lac 是名字。

start l2tp ip 192.1.2.2 fullusername huawei 是 L2TP 组视图下使用的命令，该命令的作用有两个：一是指定 LNS 的 IP 地址，这里是 L2TP 隧道 LNS 一端的 IP 地址 192.1.2.2；二是指定 LAC 发起建立 L2TP 隧道的条件，这里是用户全名为 huawei 的用户请求接入 LNS。

tunnel authentication 是 L2TP 组视图下使用的命令，该命令的作用是启动 L2TP 隧道鉴别功能，一旦启动该功能，建立 L2TP 隧道时，需要鉴别 L2TP 隧道发起者的身份。

tunnel password cipher huawei 是 L2TP 组视图下使用的命令，该命令的作用是指定用于隧道鉴别的密钥。huawei 是指定的密钥。

（2）配置虚拟接口模板命令

```
[lac]interface virtual-template 1
[lac-Virtual-Template1]ppp chap user huawei
[lac-Virtual-Template1]ppp chap password cipher huawei
[lac-Virtual-Template1]ip address ppp-negotiate
[lac-Virtual-Template1]quit
```

interface virtual-template 1 是系统视图下使用的命令，该命令的作用是创建编号为 1 的虚拟接口模板，并进入虚拟接口模板视图。

ppp chap user huawei 是虚拟接口模板视图下使用的命令，该命令的作用是在选择 chap 作为鉴别协议后，指定 huawei 为发送给对端的用户名。

ppp chap password cipher huawei 是虚拟接口模板视图下使用的命令，该命令的作用是在选择 chap 作为鉴别协议后,指定 huawei 为发送给对端的口令。

ip address ppp-negotiate 是虚拟接口模板视图下使用的命令,该命令的作用是指定通过 PPP 协商获取接口的 IP 地址。

（3）配置自动发起建立 L2TP 隧道的命令

```
[lac]interface virtual-template 1
[lac-Virtual-Template1]l2tp-auto-client enable
[lac-Virtual-Template1]quit
```

l2tp-auto-client enable 是虚拟接口模板视图下使用的命令,该命令的作用是启动 LAC 自动发起建立 L2TP 隧道的功能。

（4）配置通往内部网络的静态路由项命令

```
[lac]ip route-static 192.168.1.0 24 virtual-template 1
```

ip route-static 192.168.1.0 24 virtual-template 1 是系统视图下使用的命令,该命令的作用是指定通往内部网络 192.168.1.0/24 的输出接口,virtual-template 1 是指定的输出接口。

2. LNS 配置命令

（1）创建授权用户

```
[lns]aaa
[lns-aaa]local-user huawei password cipher huawei
[lns-aaa]local-user huawei service-type ppp
[lns-aaa]quit
```

local-user huawei password cipher huawei 是 AAA 视图下使用的命令,该命令的作用是创建一个用户名为 huawei、口令为 huawei 的授权用户。

local-user huawei service-type ppp 是 AAA 视图下使用的命令,该命令的作用是指定 PPP 作为名为 huawei 的授权用户的接入类型。

（2）配置虚拟接口模板命令

```
[lns]interface virtual-template 1
[lns-Virtual-Template1]ppp authentication-mode chap
[lns-Virtual-Template1]remote address pool lns
[lns-Virtual-Template1]ip address 192.168.2.254 255.255.255.0
[lns-Virtual-Template1]quit
```

ppp authentication-mode chap 是虚拟接口模板视图下使用的命令,该命令的作用是在作为接入控制设备的 LNS 中指定 chap 为鉴别用户身份的鉴别协议。

remote address pool lns 是虚拟接口模板视图下使用的命令,该命令的作用是指定用名为 lns 的地址池中的 IP 地址作为分配给远程用户的 IP 地址。

ip address 192.168.2.254 255.255.255.0 是虚拟接口模板视图下使用的命令,该命令的作用是指定 IP 地址 192.168.2.254 和子网掩码 255.255.255.0 为虚拟接口的 IP 地

址和子网掩码。

（3）配置 L2TP 隧道命令

```
[lns-l2tp1]tunnel name lns
[lns-l2tp1]allow l2tp virtual-template 1 remote lac
[lns-l2tp1]quit
```

tunnel name lns 是 L2TP 组视图下使用的命令，该命令的作用是指定 L2TP 隧道一端（这里是 LNS 一端）的名字。其中 lns 是名字。

allow l2tp virtual-template 1 remote lac 是 L2TP 组视图下使用的命令，该命令的作用是在 LNS 端指定允许建立的 LAC 与 LNS 之间 L2TP 隧道 LAC 一端的名字和建立 L2TP 隧道时使用的虚拟接口模板。其中 lac 是 L2TP 隧道 LAC 端的名字，1 是虚拟接口模板编号。

7.4.5　实验步骤

（1）启动 eNSP，按照如图 7.51 所示的网络拓扑结构放置和连接设备，完成设备放置和连接后的 eNSP 界面如图 7.52 所示。启动所有设备。

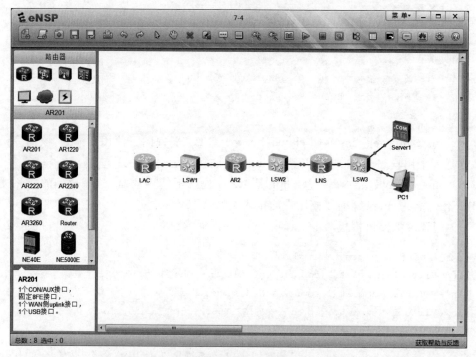

图 7.52　完成设备放置和连接后的 eNSP 界面

（2）完成 LAC、AR2 和 LNS 各个接口的 IP 地址和子网掩码配置过程。在 LAC 和 LNS 中完成用于指明 LAC 与 LNS 之间传输路径的静态路由项的配置过程。LAC、AR2 和 LNS 各个接口的状态分别如图 7.53～图 7.55 所示。LAC、AR2 和 LNS 的路由表分别如图 7.56～图 7.58 所示。

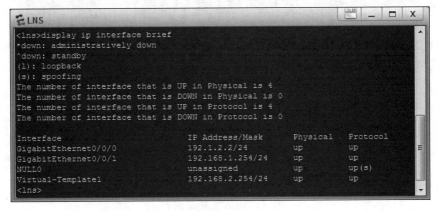

图 7.53 LAC 各个接口的状态

```
<lac>display ip interface brief
*down: administratively down
^down: standby
(l): loopback
(s): spoofing
The number of interface that is UP in Physical is 3
The number of interface that is DOWN in Physical is 1
The number of interface that is UP in Protocol is 3
The number of interface that is DOWN in Protocol is 1

Interface                IP Address/Mask      Physical    Protocol
GigabitEthernet0/0/0     192.1.1.1/24         up          up
GigabitEthernet0/0/1     unassigned           down        down
NULL0                    unassigned           up          up(s)
Virtual-Template1        192.168.2.253/32     up          up
<lac>
```

图 7.54 AR2 各个接口的状态

```
The device is running!

<Huawei>display ip interface brief
*down: administratively down
^down: standby
(l): loopback
(s): spoofing
The number of interface that is UP in Physical is 3
The number of interface that is DOWN in Physical is 0
The number of interface that is UP in Protocol is 3
The number of interface that is DOWN in Protocol is 0

Interface                IP Address/Mask      Physical    Protocol
GigabitEthernet0/0/0     192.1.1.2/24         up          up
GigabitEthernet0/0/1     192.1.2.1/24         up          up
NULL0                    unassigned           up          up(s)
<Huawei>
```

图 7.55 LNS 各个接口的状态

```
<lns>display ip interface brief
*down: administratively down
^down: standby
(l): loopback
(s): spoofing
The number of interface that is UP in Physical is 4
The number of interface that is DOWN in Physical is 0
The number of interface that is UP in Protocol is 4
The number of interface that is DOWN in Protocol is 0

Interface                IP Address/Mask      Physical    Protocol
GigabitEthernet0/0/0     192.1.2.2/24         up          up
GigabitEthernet0/0/1     192.168.1.254/24     up          up
NULL0                    unassigned           up          up(s)
Virtual-Template1        192.168.2.254/24     up          up
<lns>
```

```
LAC                                                                          X

<lac>display ip routing-table
Route Flags: R - relay, D - download to fib
------------------------------------------------------------------------------
Routing Tables: Public
         Destinations : 11        Routes : 11

Destination/Mask     Proto   Pre  Cost      Flags NextHop        Interface

      127.0.0.0/8    Direct  0    0          D    127.0.0.1      InLoopBack0
      127.0.0.1/32   Direct  0    0          D    127.0.0.1      InLoopBack0
127.255.255.255/32   Direct  0    0          D    127.0.0.1      InLoopBack0
      192.1.1.0/24   Direct  0    0          D    192.1.1.1      GigabitEthernet
0/0/0
      192.1.1.1/32   Direct  0    0          D    127.0.0.1      GigabitEthernet
0/0/0
    192.1.1.255/32   Direct  0    0          D    127.0.0.1      GigabitEthernet
0/0/0
      192.1.2.2/32   Static  60   0          RD   192.1.1.2      GigabitEthernet
0/0/0
    192.168.1.0/24   Static  60   0          D    192.168.2.253  Virtual-Templat
e1
  192.168.2.253/32   Direct  0    0          D    127.0.0.1      Virtual-Templat
e1
  192.168.2.254/32   Direct  0    0          D    192.168.2.254  Virtual-Templat
e1
255.255.255.255/32   Direct  0    0          D    127.0.0.1      InLoopBack0

<lac>
```

图 7.56   LAC 的路由表

```
AR2                                                                          X

<Huawei>display ip routing-table
Route Flags: R - relay, D - download to fib
------------------------------------------------------------------------------
Routing Tables: Public
         Destinations : 10        Routes : 10

Destination/Mask     Proto   Pre  Cost      Flags NextHop        Interface

      127.0.0.0/8    Direct  0    0          D    127.0.0.1      InLoopBack0
      127.0.0.1/32   Direct  0    0          D    127.0.0.1      InLoopBack0
127.255.255.255/32   Direct  0    0          D    127.0.0.1      InLoopBack0
      192.1.1.0/24   Direct  0    0          D    192.1.1.2      GigabitEthernet
0/0/0
      192.1.1.2/32   Direct  0    0          D    127.0.0.1      GigabitEthernet
0/0/0
    192.1.1.255/32   Direct  0    0          D    127.0.0.1      GigabitEthernet
0/0/0
      192.1.2.0/24   Direct  0    0          D    192.1.2.1      GigabitEthernet
0/0/1
      192.1.2.1/32   Direct  0    0          D    127.0.0.1      GigabitEthernet
0/0/1
    192.1.2.255/32   Direct  0    0          D    127.0.0.1      GigabitEthernet
0/0/1
255.255.255.255/32   Direct  0    0          D    127.0.0.1      InLoopBack0

<Huawei>
```

图 7.57   AR2 的路由表

图 7.58 LNS 的路由表

（3）在 LAC 和 LNS 中完成与 L2TP 隧道有关的配置过程，成功建立 LAC 与 LNS 之间的 L2TP 隧道。LAC 中显示的 L2TP 隧道信息如图 7.59 所示，LNS 中显示的 L2TP 隧道信息如图 7.60 所示。

图 7.59 LAC 中显示的 L2TP 隧道信息

（4）LAC 与 LNS 之间的 L2TP 隧道等同于点对点链路，LNS 基于 PPP 完成对 LAC 的接入控制过程，为 LAC 分配 IP 地址和默认网关地址，IP 地址属于地址池中的私有 IP

图 7.60　LNS 中显示的 L2TP 隧道信息

地址 192.168.2.0/24，默认网关地址是 LNS 连接与 LAC 之间的虚拟点对点链路的虚拟接口的 IP 地址，这里是 192.168.2.254。LNS 地址池中信息如图 7.61 所示。对于 LNS，LAC 直接通过虚拟点对点链路连接，因此，针对 LAC 的私有 IP 地址的路由项，路由项类型是直接（Direct），如图 7.58 中目的网络（Destination/Mask）为 192.168.2.253/32、协议类型（Proto）为 Direct 的路由项。

图 7.61　LNS 地址池中信息

（5）PC1 分配内部网络的私有 IP 地址，PC1 分配的私有 IP 地址、子网掩码和默认网关地址如图 7.62 所示。LAC 成功接入内部网络后，等同于直接通过虚拟点对点链路连接 LNS，因此，LAC 中用于指明通往内部网络的传输路径的路由项的输出接口是 LAC 连接与 LNS 之间虚拟点对点链路的虚拟接口，如图 7.56 中目的网络（Destination/Mask）为 192.168.1.0/24、协议类型（Proto）为 Static、输出接口（Interface）为 Virtual-Template1 的路由项。

（6）LAC 成功接入内部网络后，可以用 LNS 分配的私有 IP 地址访问内部网络，如图 7.63 所示是 LAC 执行 ping 操作界面。LAC 发送给 PC1 的 ICMP ECHO 请求报文封装成以 LAC 的私有 IP 地址 192.168.2.253 为源 IP 地址、以 PC1 的私有 IP 地址 192.168.

图 7.62　PC1 分配的私有 IP 地址、子网掩码和默认网关地址

1.1 为目的 IP 地址的 IP 分组，图 7.64 所示是 LNS 连接内部网络的接口捕获的报文序列。该 IP 分组经过 LAC 与 LNS 之间 L2TP 隧道传输时，首先被封装成 PPP 帧，PPP 帧被封装成 L2TP 数据消息格式，L2TP 数据消息被封装成目的端口号为 1701 的 UDP 报文，UDP 报文被封装成以 LAC 连接 Internet 一端的全球 IP 地址 192.1.1.1 为源 IP 地址、以 LNS 连接 Internet 一端的全球 IP 地址 192.1.2.2 为目的 IP 地址的 IP 分组，图 7.65 所示是路由器 AR2 捕获的报文序列。

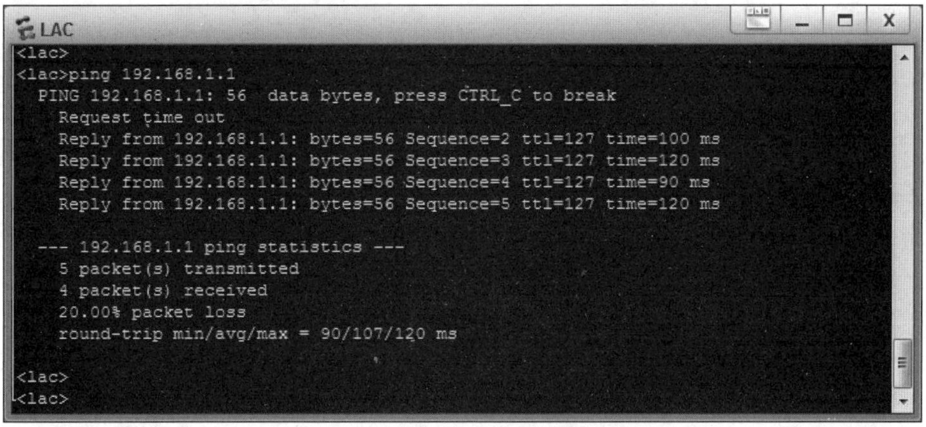

图 7.63　LAC 执行 ping 操作界面

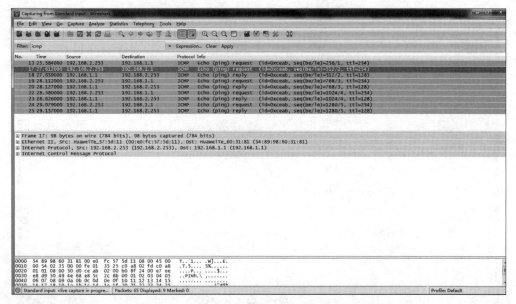

图 7.64　LNS 连接内部网络的接口捕获的报文序列

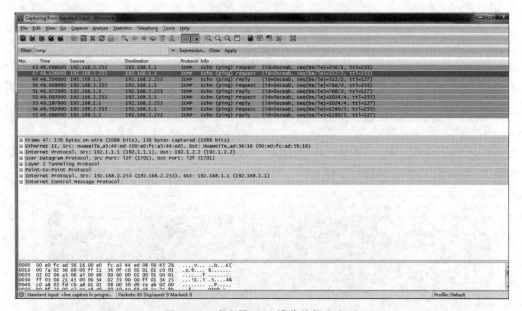

图 7.65　路由器 AR2 捕获的报文序列

7.4.6　命令行接口配置过程

1. LAC 命令行接口配置过程

```
<Huawei>system-view
[Huawei]sysname lac
[lac]undo info-center enable
```

```
[lac]interface GigabitEthernet0/0/0
[lac-GigabitEthernet0/0/0]ip address 192.1.1.1 24
[lac-GigabitEthernet0/0/0]quit
[lac]ip route-static 192.1.2.2 32 192.1.1.2
[lac]l2tp enable
[lac]l2tp-group 1
[lac-l2tp1]tunnel name lac
[lac-l2tp1]start l2tp ip 192.1.2.2 fullusername huawei
[lac-l2tp1]tunnel authentication
[lac-l2tp1]tunnel password cipher huawei
[lac-l2tp1]quit
[lac]interface virtual-template 1
[lac-Virtual-Template1]ppp chap user huawei
[lac-Virtual-Template1]ppp chap password cipher huawei
[lac-Virtual-Template1]ip address ppp-negotiate
[lac-Virtual-Template1]quit
[lac]interface virtual-template 1
[lac-Virtual-Template1]l2tp-auto-client enable
[lac-Virtual-Template1]quit
[lac]ip route-static 192.168.1.0 24 virtual-template 1
```

2. AR2 命令行接口配置过程

```
<Huawei>system-view
[Huawei]undo info-center enable
[Huawei]interface GigabitEthernet0/0/0
[Huawei-GigabitEthernet0/0/0]ip address 192.1.1.2 24
[Huawei-GigabitEthernet0/0/0]quit
[Huawei]interface GigabitEthernet0/0/1
[Huawei-GigabitEthernet0/0/1]ip address 192.1.2.1 24
[Huawei-GigabitEthernet0/0/1]quit
```

3. LNS 命令行接口配置过程

```
<Huawei>system-view
[Huawei]undo info-center enable
[Huawei]sysname lns
[lns]interface GigabitEthernet0/0/0
[lns-GigabitEthernet0/0/0]ip address 192.1.2.2 24
[lns-GigabitEthernet0/0/0]quit
[lns]interface GigabitEthernet0/0/1
[lns-GigabitEthernet0/0/1]ip address 192.168.1.254 24
[lns-GigabitEthernet0/0/1]quit
[lns]ip route-static 192.1.1.1 32 192.1.2.1
```

```
[lns]aaa
[lns-aaa]local-user huawei password cipher huawei
[lns-aaa]local-user huawei service-type ppp
[lns-aaa]quit
[lns]ip pool lns
[lns-ip-pool-lns]network 192.168.2.0 mask 24
[lns-ip-pool-lns]gateway-list 192.168.2.254
[lns-ip-pool-lns]quit
[lns]interface virtual-template 1
[lns-Virtual-Template1]ppp authentication-mode chap
[lns-Virtual-Template1]remote address pool lns
[lns-Virtual-Template1]ip address 192.168.2.254 255.255.255.0
[lns-Virtual-Template1]quit
[lns]l2tp enable
[lns]l2tp-group 1
[lns-l2tp1]tunnel name lns
[lns-l2tp1]allow l2tp virtual-template 1 remote lac
[lns-l2tp1]tunnel authentication
[lns-l2tp1]tunnel password cipher huawei
[lns-l2tp1]quit
```

4. 命令列表

LAC 和 LNS 命令行接口配置过程中使用的命令及功能和参数说明如表 7.4 所示。

表 7.4　命令列表

命 令 格 式	功能和参数说明
l2tp enable	启动设备的 L2TP 功能
l2tp-group *group-number*	创建 L2TP 组,进入 L2TP 组视图。参数 *group-number* 是 L2TP 组编号
tunnel name *tunnel-name*	指定 L2TP 隧道本端的名称。参数 *tunnel-name* 是名称
start l2tp ip *ip-address* 〈**domain** *domain-name* | **fullusername** *user-name*〉	指定 LAC 发起建立 L2TP 隧道的条件。参数 *ip-address* 是 L2TP 隧道 LNS 一端的 IP 地址,参数 *domain-name* 是域名,参数 *user-name* 是用户名。域名指定发起建立 L2TP 隧道的用户所属的用户域。用户名指定发起建立 L2TP 隧道的用户
tunnel authentication	启动 L2TP 隧道的身份鉴别功能
tunnel password 〈**simple** | **cipher**〉 *password*	指定用于 L2TP 隧道身份鉴别的口令。simple 表明以明文方式存储口令,cipher 表明以密文方式存储口令。参数 *password* 是口令
l2tp-auto-client enable	启动 LAC 自动发起建立 LAC 与 LNS 之间 L2TP 隧道的功能

命 令 格 式	功能和参数说明
allow l2tp virtual-template *virtual-template-number* **remote** *remote-name*	在 LNS 端指定建立 L2TP 隧道时使用的虚拟接口模板,允许建立的 L2TP 隧道 LAC 端的名称。参数 *virtual-template-number* 是虚拟接口模板编号,参数 *remote-name* 是 L2TP 隧道 LAC 端名称
ppp　authentication-mode〈**chap** | **pap**〉	指定用于鉴别接入用户身份的鉴别协议,CHAP 和 PAP 是两种鉴别协议。采用默认鉴别域指定的鉴别机制,默认鉴别域指定的鉴别机制通常为本地鉴别机制
display l2tp tunnel	显示已经建立的 L2TP 隧道的信息
display ip pool	显示已经配置的 IP 地址池的信息

第 8 章

防火墙实验

华为防火墙分为两类：一类是专业防火墙，如 USG6000V；一类是具有防火墙功能的路由器。路由器通常支持无状态分组过滤器和基于分区的防火墙等安全功能，基于分区的防火墙支持有状态检测。USG6000V 在分区的基础上，支持安全策略等安全功能。

8.1 无状态分组过滤器实验

8.1.1 实验内容

互联网结构如图 8.1 所示，分别在路由器 R1 接口 1 输入方向和路由器 R2 接口 2 输入方向设置无状态分组过滤器，实现只允许终端 A 访问 Web 服务器，终端 B 访问 FTP 服务器，禁止其他一切网络间通信过程的访问控制策略。

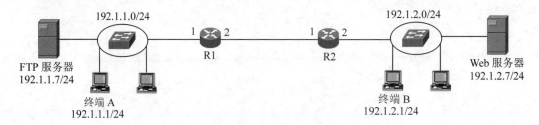

192.1.1.0/24

192.1.2.0/24

FTP 服务器
192.1.1.7/24

终端 A
192.1.1.1/24

R1 R2

终端 B
192.1.2.1/24

Web 服务器
192.1.2.7/24

图 8.1 互联网结构

8.1.2 实验目的

（1）验证无状态分组过滤器配置过程。

（2）验证无状态分组过滤器实现访问控制策略的过程。

（3）验证过滤规则设置原则和方法。

（4）验证过滤规则作用过程。

8.1.3 实验原理

路由器 R1 接口 1 输入方向的过滤规则集如下。

① 协议类型＝TCP，源 IP 地址＝192.1.1.1/32，源端口号＝＊，目的 IP 地址＝192.1.2.7/32，目的端口号＝80；正常转发。

② 协议类型＝TCP，源 IP 地址＝192.1.1.7/32，源端口号＝21，目的 IP 地址＝192.1.2.1/32，目的端口号＝＊；正常转发。

③ 协议类型＝TCP，源 IP 地址＝192.1.1.7/32，源端口号＞1024，目的 IP 地址＝192.1.2.1/32，目的端口号＝＊；正常转发。

④ 协议类型＝＊，源 IP 地址＝any，目的 IP 地址＝any；丢弃。

路由器 R2 接口 2 输入方向的过滤规则集如下。

① 协议类型＝TCP，源 IP 地址＝192.1.2.1/32，源端口号＝＊，目的 IP 地址＝192.1.1.7/32，目的端口号＝21；正常转发。

② 协议类型＝TCP，源 IP 地址＝192.1.2.1/32，源端口号＝＊，目的 IP 地址＝192.1.1.7/32，目的端口号＞1024；正常转发。

③ 协议类型＝TCP，源 IP 地址＝192.1.2.7/32，源端口号＝80，目的 IP 地址＝192.1.1.1/32，目的端口号＝＊；正常转发。

④ 协议类型＝＊，源 IP 地址＝any，目的 IP 地址＝any；丢弃。

条件"协议类型＝＊"是指 IP 分组首部中的协议字段值可以是任意值。"源端口号＝＊"是指源端口号可以是任意值。

路由器 R1 接口 1 输入方向过滤规则①表明只允许正常转发终端 A 以 HTTP 访问 Web 服务器的 TCP 报文。过滤规则②表明只允许正常转发属于 FTP 服务器和终端 B 之间控制连接的 TCP 报文。过滤规则③表明只允许正常转发属于 FTP 服务器和终端 B 之间数据连接的 TCP 报文。由于 FTP 服务器是被动打开的，因此，FTP 服务器一端的数据连接端口号是不确定的，在大于 1024 的端口号中随机选择一个端口号作为数据连接的端口号。过滤规则④表明丢弃所有不符合上述过滤规则的 IP 分组。路由器 R2 接口 2 输入方向过滤规则集的作用与此相似。

8.1.4 关键命令说明

1. 配置无状态分组过滤器规则集

```
[Huawei]acl 3001
[Huawei-acl-adv-3001]rule 10 permit tcp source 192.1.1.1 0.0.0.0 destination
192.1.2.7 0.0.0.0 destination-port eq 80
[Huawei-acl-adv-3001]rule 20 permit tcp source 192.1.1.7 0.0.0.0 source-port eq
21 destination 192.1.2.1 0.0.0.0
[Huawei-acl-adv-3001]rule 30 permit tcp source 192.1.1.7 0.0.0.0 source-port gt
1024 destination 192.1.2.1 0.0.0.0
[Huawei-acl-adv-3001]rule 40 deny ip source any destination any
[Huawei-acl-adv-3001]quit
```

acl 3001 是系统视图下使用的命令，该命令的作用是创建一个编号为 3001 的规则集，并进入 acl 视图。编号 3000～3999 对应高级 acl，高级 acl 中定义的规则集可以根据源和目的 IP 地址、协议类型、源和目的端口号（协议类型为 TCP 或 UDP 的情况）等分类 IP 分组。

rule 10 permit tcp source 192.1.1.1 0.0.0.0 destination 192.1.2.7 0.0.0.0 destination-port eq 80 是 acl 视图下使用的命令,该命令的作用是定义一条对应"协议类型=TCP,源 IP 地址=192.1.1.1/32,源端口号=∗,目的 IP 地址=192.1.2.7/32,目的端口号=80;正常转发"的规则,10 是规则序号,过滤 IP 分组时,按照规则序号顺序匹配规则。permit 是规则指定的动作,表示允许与该规则匹配的 IP 分组输入或输出。tcp 是 IP 分组首部中的协议类型,表示 IP 分组净荷是 TCP 报文。source 192.1.1.1 0.0.0.0 表示源 IP 地址范围是符合以下条件的所有 IP 地址。IP 地址‖0.0.0.0=192.1.1.1‖0.0.0.0,这里的符号 ‖是"或"运算符。显然,符合条件"IP 地址‖0.0.0.0=192.1.1.1‖0.0.0.0"的 IP 地址只有一个,即 192.1.1.1。因此,source 192.1.1.1 0.0.0.0 表示源 IP 地址只能是 192.1.1.1。同理,destination 192.1.2.7 0.0.0.0 表示目的 IP 地址只能是 192.1.2.7。destination-port eq 80 表示目的端口号等于 80,eq 是等于号。

rule 20 permit tcp source 192.1.1.7 0.0.0.0 source-port eq 21 destination 192.1.2.1 0.0.0.0 是 acl 视图下使用的命令,该命令的作用是定义一条对应"协议类型=TCP,源 IP 地址=192.1.1.7/32,源端口号=21,目的 IP 地址=192.1.2.1/32,目的端口号=∗;正常转发"的规则。

rule 30 permit tcp source 192.1.1.7 0.0.0.0 source-port gt 1024 destination 192.1.2.1 0.0.0.0 是 acl 视图下使用的命令,该命令的作用是定义一条对应"协议类型=TCP,源 IP 地址=192.1.1.7/32,源端口号＞1024,目的 IP 地址=192.1.2.1/32,目的端口号=∗;正常转发"的规则。

rule 40 deny ip source any destination any 是 acl 视图下使用的命令,该命令的作用是定义一条对应"协议类型=∗,源 IP 地址=any,目的 IP 地址=any;丢弃"的规则,∗表示任意协议类型,any 表示任意值。

2. 将规则集作用到指定接口

```
[Huawei]interface GigabitEthernet0/0/0
[Huawei-GigabitEthernet0/0/0]traffic-filter inbound acl 3001
[Huawei-GigabitEthernet0/0/0]quit
```

traffic-filter inbound acl 3001 是接口视图下使用的命令,该命令的作用是指定以下功能:在当前接口(这里是接口 GigabitEthernet0/0/0)的输入方向(inbound)上,根据编号为 3001 的规则集对 IP 分组实施过滤。

8.1.5　实验步骤

(1) 启动 eNSP,按照如图 8.1 所示的网络拓扑结构放置和连接设备,完成设备放置和连接后的 eNSP 界面如图 8.2 所示。启动所有设备。

(2) 完成路由器 AR1 和 AR2 各个接口的 IP 地址和子网掩码配置过程,路由器 AR1 和 AR2 各个接口的状态分别如图 8.3 和图 8.4 所示。完成路由器 AR1 和 AR2 RIP 配置过程,路由器 AR1 和 AR2 的完整路由表分别如图 8.5 和图 8.6 所示。

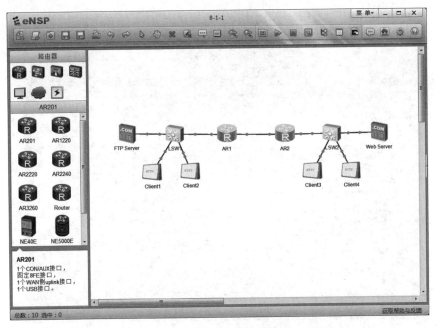

图 8.2　完成设备放置和连接后的 eNSP 界面

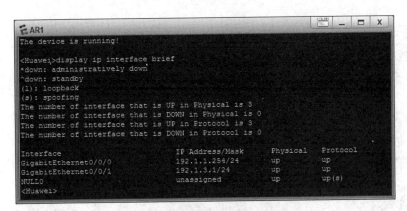

图 8.3　路由器 AR1 各个接口的状态

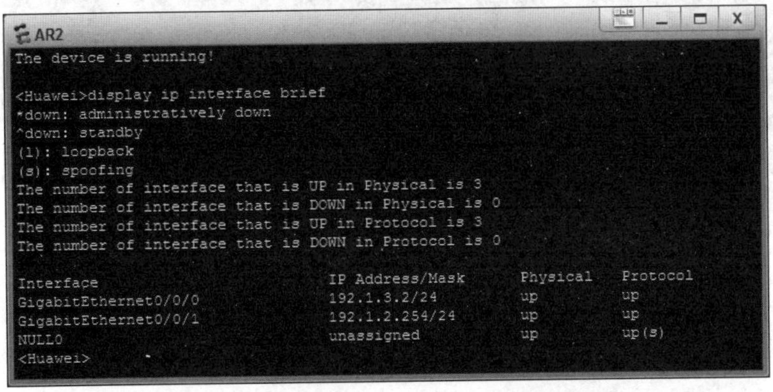

图 8.4　路由器 AR2 各个接口的状态

```
AR1                                                              _ □ X
<Huawei>display ip routing-table
Route Flags: R - relay, D - download to fib
------------------------------------------------------------------------
Routing Tables: Public
         Destinations : 11        Routes : 11

Destination/Mask     Proto    Pre   Cost      Flags NextHop        Interface

      127.0.0.0/8    Direct   0     0           D   127.0.0.1      InLoopBack0
      127.0.0.1/32   Direct   0     0           D   127.0.0.1      InLoopBack0
127.255.255.255/32   Direct   0     0           D   127.0.0.1      InLoopBack0
     192.1.1.0/24    Direct   0     0           D   192.1.1.254    GigabitEthernet
0/0/0
     192.1.1.254/32  Direct   0     0           D   127.0.0.1      GigabitEthernet
0/0/0
     192.1.1.255/32  Direct   0     0           D   127.0.0.1      GigabitEthernet
0/0/0
     192.1.2.0/24    RIP      100   1           D   192.1.3.2      GigabitEthernet
0/0/1
     192.1.3.0/24    Direct   0     0           D   192.1.3.1      GigabitEthernet
0/0/1
     192.1.3.1/32    Direct   0     0           D   127.0.0.1      GigabitEthernet
0/0/1
     192.1.3.255/32  Direct   0     0           D   127.0.0.1      GigabitEthernet
0/0/1
255.255.255.255/32   Direct   0     0           D   127.0.0.1      InLoopBack0

<Huawei>
```

图 8.5   路由器 AR1 的完整路由表

```
AR2                                                              _ □ X
<Huawei>display ip routing-table
Route Flags: R - relay, D - download to fib
------------------------------------------------------------------------
Routing Tables: Public
         Destinations : 11        Routes : 11

Destination/Mask     Proto    Pre   Cost      Flags NextHop        Interface

      127.0.0.0/8    Direct   0     0           D   127.0.0.1      InLoopBack0
      127.0.0.1/32   Direct   0     0           D   127.0.0.1      InLoopBack0
127.255.255.255/32   Direct   0     0           D   127.0.0.1      InLoopBack0
     192.1.1.0/24    RIP      100   1           D   192.1.3.1      GigabitEthernet
0/0/0
     192.1.2.0/24    Direct   0     0           D   192.1.2.254    GigabitEthernet
0/0/1
     192.1.2.254/32  Direct   0     0           D   127.0.0.1      GigabitEthernet
0/0/1
     192.1.2.255/32  Direct   0     0           D   127.0.0.1      GigabitEthernet
0/0/1
     192.1.3.0/24    Direct   0     0           D   192.1.3.2      GigabitEthernet
0/0/0
     192.1.3.2/32    Direct   0     0           D   127.0.0.1      GigabitEthernet
0/0/0
     192.1.3.255/32  Direct   0     0           D   127.0.0.1      GigabitEthernet
0/0/0
255.255.255.255/32   Direct   0     0           D   127.0.0.1      InLoopBack0

<Huawei>
```

图 8.6   路由器 AR2 的完整路由表

（3）完成各个客户端 IP 地址、子网掩码和默认网关地址配置过程。完成各个服务器基础配置过程和服务器功能配置过程。FTP 服务器的基础配置界面如图 8.7 所示，FTP 服务器的服务器功能配置界面如图 8.8 所示。Web 服务器的基础配置界面如图 8.9 所示，Web 服务器的服务器功能配置界面如图 8.10 所示。

图 8.7　FTP 服务器的基础配置界面

图 8.8　FTP 服务器的服务器功能配置界面

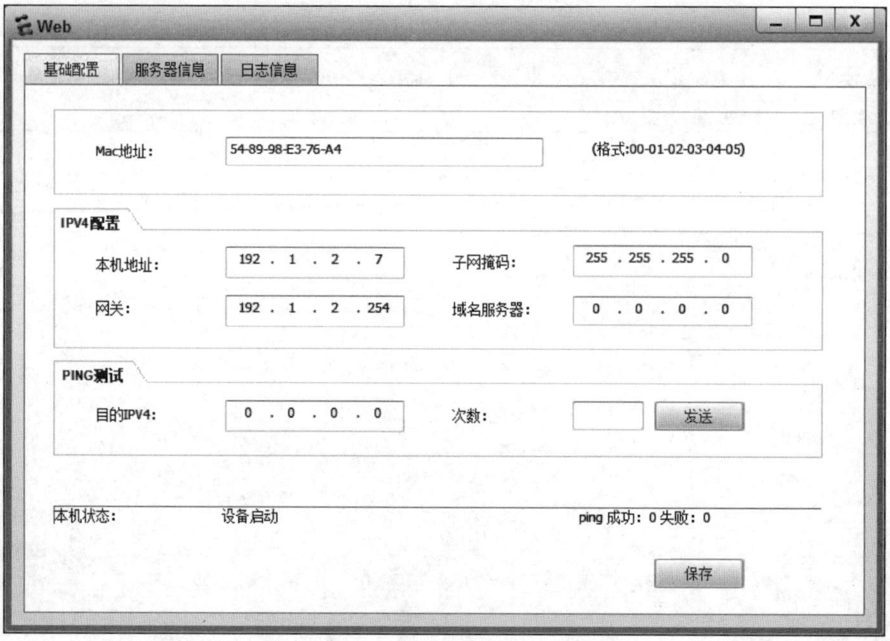

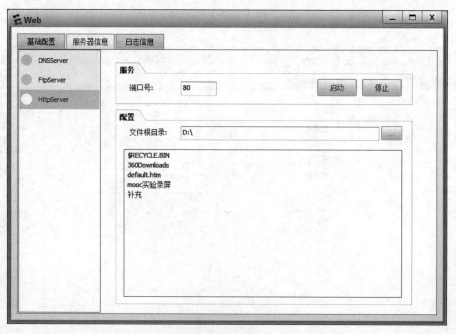

图 8.9　Web 服务器的基础配置界面

图 8.10　Web 服务器的服务器功能配置界面

（4）验证不同网络的客户端之间、客户端与服务器之间可以相互通信。如图 8.11 所示是客户端 Client1 与服务器 Web Server 之间成功进行 3 次 ICMP ECHO 请求和响应过程的界面。如图 8.12 所示是客户端 Client2 通过浏览器成功访问服务器 Web Server

的界面。如图 8.13 所示是客户端 Client3 与服务器 FTP Server 之间成功进行 3 次 ICMP ECHO 请求和响应过程的界面。如图 8.14 所示是客户端 Client4 通过 FTP 客户端成功访问服务器 FTP Server 的界面。

图 8.11　Client1 成功执行 ping 操作的界面

图 8.12　Client2 通过浏览器成功访问 Web Server 的界面

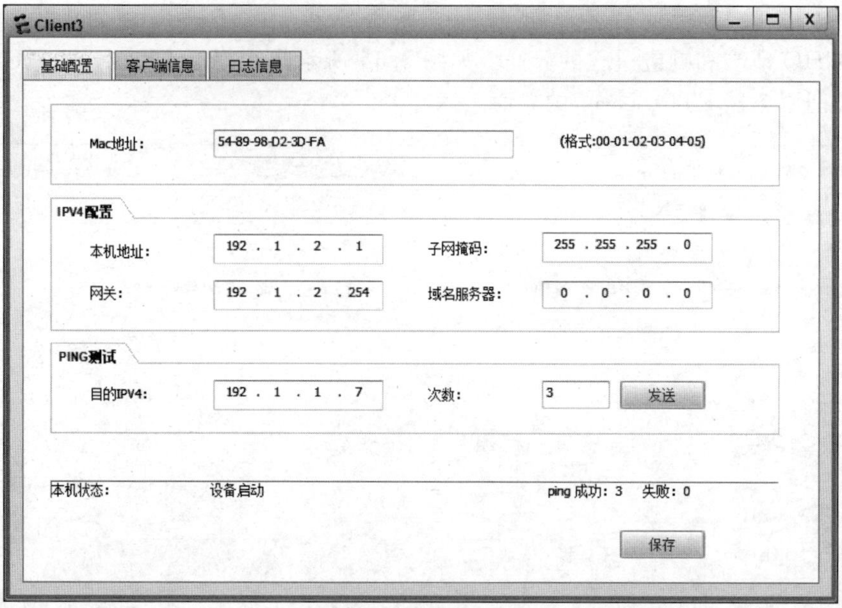

图 8.13　Client3 成功执行 ping 操作的界面

图 8.14　Client4 通过 FTP 客户端成功访问 FTP Server 的界面

（5）在路由器 AR1 和 AR2 中创建用于实施访问控制策略"只允许客户端 Client1 通过 HTTP 访问 Web Server，只允许 Client3 通过 FTP 访问 FTP Server，禁止其他一切网络间通信过程"的规则集，并将规则集作用到 AR1 连接交换机 LSW1 的接口的输入方向和 AR2 连接交换机 LSW2 的接口的输入方向。路由器 AR1 配置的规则集如图 8.15 所示，路由器 AR2 配置的规则集如图 8.16 所示。

```
AR1
The device is running!

<Huawei>display acl all
 Total quantity of nonempty ACL number is 1

Advanced ACL 3001, 4 rules
Acl's step is 5
 rule 10 permit tcp source 192.1.1.1 0 destination 192.1.2.7 0 destination-port
eq www
 rule 20 permit tcp source 192.1.1.7 0 source-port eq ftp destination 192.1.2.1
0
 rule 30 permit tcp source 192.1.1.7 0 source-port gt 1024 destination 192.1.2.1
0
 rule 40 deny ip (74 matches)

<Huawei>
```

图 8.15 路由器 AR1 配置的规则集

```
AR2
<Huawei>display acl all
 Total quantity of nonempty ACL number is 1

Advanced ACL 3001, 4 rules
Acl's step is 5
 rule 10 permit tcp source 192.1.2.1 0 destination 192.1.1.7 0 destination-port
eq ftp
 rule 20 permit tcp source 192.1.2.1 0 destination 192.1.1.7 0 destination-port
gt 1024
 rule 30 permit tcp source 192.1.2.7 0 source-port eq www destination 192.1.1.1
0
 rule 40 deny ip (119 matches)

<Huawei>
<Huawei>
<Huawei>
```

图 8.16 路由器 AR2 配置的规则集

（6）Client1 可以通过浏览器成功访问 Web Server，如图 8.17 所示。但 Client1 无法与 Web Server 之间成功进行 ICMP ECHO 请求和响应过程，如图 8.18 所示。Client2 也

图 8.17 Client1 通过浏览器成功访问 Web Server 的界面

图 8.18　Client1 ping Web Server 失败的界面

无法通过浏览器成功访问 Web Server,如图 8.19 所示。Client3 可以通过 FTP 客户端成功访问 FTP Server,如图 8.20 所示。但 Client3 无法与 FTP Server 之间成功进行 ICMP ECHO 请求和响应过程,如图 8.21 所示。Client4 也无法通过 FTP 客户端成功访问 FTP Server,如图 8.22 所示。

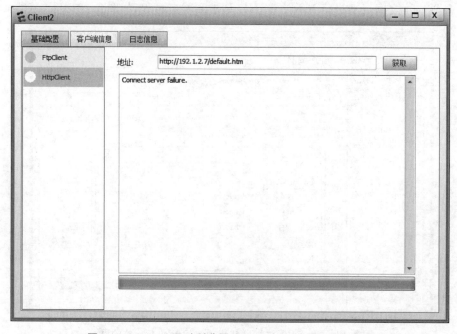

图 8.19　Client2 通过浏览器访问 Web Server 失败的界面

图 8.20 Client3 通过 FTP 客户端成功访问 FTP Server 的界面

图 8.21 Client3 ping FTP Server 失败的界面

图 8.22　Client4 通过 FTP 客户端访问 FTP Server 失败的界面

8.1.6　命令行接口配置过程

1. 路由器 AR1 命令行接口配置过程

```
<Huawei>system-view
[Huawei]undo info-center enable
[Huawei]interface GigabitEthernet0/0/0
[Huawei-GigabitEthernet0/0/0]ip address 192.1.1.254 24
[Huawei-GigabitEthernet0/0/0]quit
[Huawei]interface GigabitEthernet0/0/1
[Huawei-GigabitEthernet0/0/1]ip address 192.1.3.1 24
[Huawei-GigabitEthernet0/0/1]quit
[Huawei]rip 1
[Huawei-rip-1]version 2
[Huawei-rip-1]network 192.1.1.0
[Huawei-rip-1]network 192.1.3.0
[Huawei-rip-1]quit
```

注：以下命令序列在完成实验步骤(5)时执行。

```
[Huawei]acl 3001
[Huawei-acl-adv-3001]rule 10 permit tcp source 192.1.1.1 0.0.0.0 destination
192.1.2.7 0.0.0.0 destination-port eq 80
[Huawei-acl-adv-3001]rule 20 permit tcp source 192.1.1.7 0.0.0.0 source-port eq
```

21 destination 192.1.2.1 0.0.0.0

[Huawei-acl-adv-3001]rule 30 permit tcp source 192.1.1.7 0.0.0.0 source-port gt 1024 destination 192.1.2.1 0.0.0.0

[Huawei-acl-adv-3001]rule 40 deny ip source any destination any

[Huawei-acl-adv-3001]quit

[Huawei]interface GigabitEthernet0/0/0

[Huawei-GigabitEthernet0/0/0]traffic-filter inbound acl 3001

[Huawei-GigabitEthernet0/0/0]quit

2. 路由器 AR2 命令行接口配置过程

<Huawei>system-view

[Huawei]undo info-center enable

[Huawei]interface GigabitEthernet0/0/0

[Huawei-GigabitEthernet0/0/0]ip address 192.1.3.2 24

[Huawei-GigabitEthernet0/0/0]quit

[Huawei]interface GigabitEthernet0/0/1

[Huawei-GigabitEthernet0/0/1]ip address 192.1.2.254 24

[Huawei-GigabitEthernet0/0/1]quit

[Huawei]rip 2

[Huawei-rip-2]version 2

[Huawei-rip-2]network 192.1.2.0

[Huawei-rip-2]network 192.1.3.0

[Huawei-rip-2]quit

注：以下命令序列在完成实验步骤(5)时执行。

[Huawei]acl 3001

[Huawei-acl-adv-3001]rule 10 permit tcp source 192.1.2.1 0.0.0.0 destination 192.1.1.7 0.0.0.0 destination-port eq 21

[Huawei-acl-adv-3001]rule 20 permit tcp source 192.1.2.1 0.0.0.0 destination 192.1.1.7 0.0.0.0 destination-port gt 1024

[Huawei-acl-adv-3001]rule 30 permit tcp source 192.1.2.7 0.0.0.0 source-port eq 80 destination 192.1.1.1 0.0.0.0

[Huawei-acl-adv-3001]rule 40 deny ip source any destination any

[Huawei-acl-adv-3001]quit

[Huawei]interface GigabitEthernet0/0/1

[Huawei-GigabitEthernet0/0/1]traffic-filter inbound acl 3001

[Huawei-GigabitEthernet0/0/1]quit

3. 命令列表
路由器命令行接口配置过程中使用的命令及功能和参数说明如表8.1所示。

表 8.1　命令列表

命 令 格 式	功能和参数说明
acl *acl-number*	创建规则集,并进入 acl 视图。参数 *acl-number* 是规则集编号
rule〔*rule-id*〕{**deny** | **permit**} **tcp**〔**destination** {*destination-address destination-wildcard* | **any**} | **destination-port** {**eq** *port* | **gt** *port* | **lt** *port*} | **source** {*source-address source-wildcard* | **any**} | **source-port** {**eq** *port* | **gt** *port* | **lt** *port*} 〕	配置规则。参数 *rule-id* 是规则序号。deny 表示拒绝符合条件的 IP 分组通过,permit 表示允许符合条件的 IP 分组通过。参数 *destination-address* 和 *destination-wildcard* 表示目的 IP 地址范围,其中参数 *destination-address* 是目的 IP 地址,参数 *destination-wildcard* 是反掩码,反掩码是子网掩码的反码。参数 *source-address* 和 *source-wildcard* 表示源 IP 地址范围,其中参数 *source-address* 是源 IP 地址,参数 *source-wildcard* 是反掩码。any 表示任意 IP 地址。参数 *port* 是端口号,eq 表示等于,gt 表示大于,lt 表示小于
traffic-filter {**inbound** | **outbound**} **acl** *acl-number*	将编号为 *acl-number* 的规则集作用到指定路由器接口的输入方向(inbound),或输出方向(outbound)
display acl {*acl-number* | **name** *acl-name* | **all**}	显示 acl 配置信息。参数 *acl-number* 是 acl 编号,参数 *acl-name* 是 acl 名称,如果指定 acl 编号或名称,显示指定 acl 的配置信息。all 表明显示所有 acl 的配置信息

8.2　有状态分组过滤器实验

8.2.1　实验内容

　　互联网结构如图 8.23 所示,分别在路由器 R 接口 1 和接口 2 设置有状态分组过滤器,实现只允许终端 A 访问 Web 服务器,终端 B 访问 FTP 服务器,禁止其他一切网络间通信过程的访问控制策略。

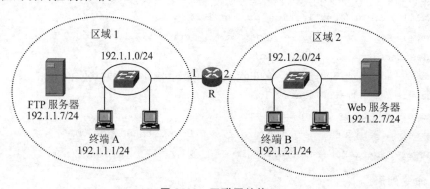

图 8.23　互联网结构

8.2.2 实验目的

（1）验证有状态分组过滤器配置过程。

（2）验证有状态分组过滤器实现访问控制策略的过程。

（3）验证过滤规则设置原则和方法。

（4）验证过滤规则作用过程。

（5）验证基于会话的信息交换控制机制。

（6）验证区域配置过程。

（7）验证控制区域间信息交换的过程。

8.2.3 实验原理

如图 8.23 所示，在定义区域 1 和区域 2 后，如果区域 1 的优先级高于区域 2，则只允许区域 1 内的终端和服务器发起访问区域 2 内的终端和服务器，即区域 2 内的终端和服务器无法主动与区域 1 内的终端和服务器进行通信，只有在区域 1 内的终端和服务器发出访问区域 2 内的终端和服务器的访问请求后，区域 2 内的终端和服务器才允许向区域 1 内的终端和服务器发送该访问请求对应的访问响应。

为了实现只允许终端 A 访问 Web 服务器，终端 B 访问 FTP 服务器，禁止其他一切网络间通信过程的访问控制策略，应满足以下条件。

区域 1 至区域 2 方向只允许传输终端 A 发送给 Web 服务器的 TCP 请求报文，且只有在区域 1 至区域 2 方向已经传输终端 A 发送给 Web 服务器的 TCP 请求报文后，区域 2 至区域 1 方向才允许传输 Web 服务器发送给终端 A 的 TCP 响应报文。

完成区域 1 和区域 2 配置过程后，由于区域 2 的优先级低于区域 1 的优先级，因此，区域 2 内的终端和服务器无法主动向区域 1 内的终端和服务器发送 TCP 请求报文。为了允许终端 B 发起访问 FTP 服务器，需要允许区域 2 至区域 1 方向传输终端 B 发送给 FTP 服务器的 TCP 请求报文，且只有在区域 2 至区域 1 方向已经传输终端 B 发送给 FTP 服务器的 TCP 请求报文后，区域 1 至区域 2 方向才允许传输 FTP 服务器发送给终端 B 的 TCP 响应报文。

为此需要在区域 1 至区域 2 方向定义如下过滤规则集。

① 协议类型＝TCP，源 IP 地址＝192.1.1.1/32，源端口号＝*，目的 IP 地址＝192.1.2.7/32，目的端口号＝80；正常转发。

② 协议类型＝*，源 IP 地址＝any，目的 IP 地址＝any；丢弃。

需要在区域 2 至区域 1 方向定义如下过滤规则集。

① 协议类型＝TCP，源 IP 地址＝192.1.2.1/32，源端口号＝*，目的 IP 地址＝192.1.1.7/32，目的端口号＝21；正常转发。

② 协议类型＝TCP，源 IP 地址＝192.1.2.1/32，源端口号＝*，目的 IP 地址＝192.1.1.7/32，目的端口号＞1024；正常转发。

③ 协议类型＝*，源 IP 地址＝any，目的 IP 地址＝any；丢弃。

在区域 2 至区域 1 方向定义的过滤规则集中设置过滤规则②的目的是为了允许建立

FTP 服务器与终端 B 之间的数据连接,但结果是几乎开放了所有 FTP 服务器与终端 B 之间的 TCP 连接。为了解决这一问题,华为路由器引进了深度检测,通过检测经过 FTP 服务器与终端 B 之间的控制连接传输的命令,确定 FTP 服务器与终端 B 之间的数据连接所使用的两端端口号,从而自动生成允许建立 FTP 服务器与终端 B 之间的数据连接的过滤规则,且在该过滤规则中指定 FTP 服务器与终端 B 之间的数据连接所使用的两端端口号。

为此,只需要在区域 2 至区域 1 方向定义如下过滤规则集。

① 协议类型＝TCP,源 IP 地址＝192.1.2.1/32,源端口号＝＊,目的 IP 地址＝192.1.1.7/32,目的端口号＝21;正常转发。

② 协议类型＝＊,源 IP 地址＝any,目的 IP 地址＝any;丢弃。

同时在两个区域间传输过程中引入深度检测功能。

8.2.4　关键命令说明

1. 创建安全区域并为安全区域配置优先级

```
[Huawei]firewall zone trust
[Huawei-zone-trust]priority 14
[Huawei-zone-trust]quit
```

firewall zone trust 是系统视图下使用的命令,该命令的作用是创建名为 trust 的安全区域,并进入安全区域视图。

priority 14 是安全区域视图下使用的命令,该命令的作用是将当前安全区域(这里是名为 trust 的安全区域)的优先级值设置为 14,优先级值越高,优先级越高。不同类型路由器,有着不同的优先级值范围。

2. 创建安全域间并启动安全域间的防火墙功能

```
[Huawei]firewall interzone trust untrust
[Huawei-interzone-trust-untrust]firewall enable
[Huawei-interzone-trust-untrust]quit
```

firewall interzone trust untrust 是系统视图下使用的命令,该命令的作用是创建名为 trust 和名为 untrust 这两个安全区域之间的安全域间,并进入安全域间视图。

firewall enable 是安全域间视图下使用的命令,该命令的作用是启动当前安全域间的防火墙功能。

3. 将路由器接口加入到安全区域中

```
[Huawei]interface GigabitEthernet0/0/0
[Huawei-GigabitEthernet0/0/0]zone trust
[Huawei-GigabitEthernet0/0/0]quit
```

zone trust 是接口视图下使用的命令,该命令的作用是将当前接口(这里是接口 GigabitEthernet0/0/0)加入到名为 trust 的安全区域中。

4. 启动安全域间分组过滤功能

```
[Huawei]firewall interzone trust untrust
[Huawei-interzone-trust-untrust]packet-filter 3001 inbound
```

[Huawei-interzone-trust-untrust]packet-filter 3002 outbound
[Huawei-interzone-trust-untrust]quit

packet-filter 3001 inbound 是安全域间视图下使用的命令,该命令的作用是将编号为 3001 的过滤规则集作用到当前安全域间的输入方向,安全域间的输入方向是指低优先级安全区域至高优先级安全区域的传输方向。

packet-filter 3002 outbound 是安全域间视图下使用的命令,该命令的作用是将编号为 3002 的过滤规则集作用到当前安全域间的输出方向,安全域间的输出方向是指高优先级安全区域至低优先级安全区域的传输方向。

5. 启动安全域间深度检测功能

[Huawei]firewall interzone trust untrust
[Huawei-interzone-trust-untrust]detect aspf ftp
[Huawei-interzone-trust-untrust]quit

detect aspf ftp 是安全域间视图下使用的命令,该命令的作用是启动针对应用层协议 FTP 的深度检测功能。启动针对 FTP 的深度检测功能后,通过检测经过控制连接传输的命令,确定数据连接两端的端口号,在安全域间过滤规则集中自动添加允许数据连接建立的过滤规则。

8.2.5 实验步骤

(1) 启动 eNSP,按照如图 8.23 所示的网络拓扑结构放置和连接设备,完成设备放置和连接后的 eNSP 界面如图 8.24 所示。启动所有设备。

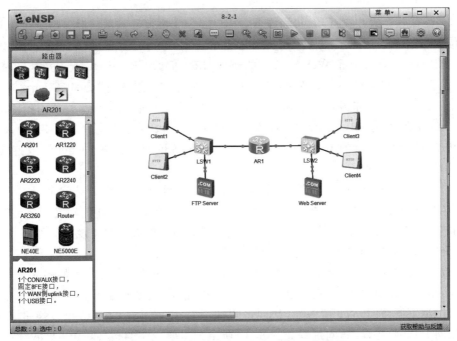

图 8.24 完成设备放置和连接后的 eNSP 界面

（2）完成路由器 AR1 各个接口 IP 地址和子网掩码配置过程。创建两个名称分别为 trust 和 untrust 的安全区域，分别将路由器接口加入到对应的安全区域，启动安全域间的防火墙功能。有关路由器 AR1 安全区域和安全域间的信息如图 8.25 所示。值得注意的是，trust（高优先级安全区域）至 untrust（低优先级安全区域）方向，默认配置是允许传输所有 IP 分组，untrust（低优先级安全区域）至 trust（高优先级安全区域）方向，默认配置是禁止传输所有 IP 分组。

```
<Huawei>display firewall zone
zone untrust
 priority is 1
 interface of the zone is (total number 1):
 GigabitEthernet0/0/1

zone trust
 priority is 14
 interface of the zone is (total number 1):
 GigabitEthernet0/0/0

zone Local
 priority is 15
 interface of the zone is (total number 0):

 total number is : 3
<Huawei>display firewall interzone
interzone trust untrust
firewall enable
 packet-filter default deny inbound
 packet-filter default permit outbound

 total number is : 1
<Huawei>
```

图 8.25　有关路由器 AR1 安全区域和安全域间的信息

（3）完成各个客户端（Client）和服务器 IP 地址、子网掩码和默认网关地址配置过程。允许位于 trust 安全区域内的 Client1、Client2 和 FTP Server 发起对位于 untrust 安全区域内的 Client3、Client4 和 Web Server 的访问过程，但禁止位于 untrust 安全区域内的 Client3、Client4 和 Web Server 发起对位于 trust 安全区域内的 Client1、Client2 和 FTP Server 的访问过程。如图 8.26 所示是 Client1 对 Client3 进行的 ping 操作，操作结果表明 Client1 能够发起对 Client3 的 ICMP ECHO 请求和响应过程。如图 8.27 所示是 Client3 对 Client1 进行的 ping 操作，操作结果表明 Client3 无法对 Client1 发起 ICMP ECHO 请求和响应过程。

（4）trust 至 untrust 方向配置只允许传输与 Client1 通过 HTTP 访问 Web Server 有关的 TCP 报文的过滤规则集。untrust 至 trust 方向配置只允许传输与 Client3 通过 FTP 访问 FTP Server 有关的 TCP 报文的过滤规则集。配置的过滤规则集如图 8.28 所示，安全域间不同方向作用的过滤规则集如图 8.29 所示。

（5）完成 FTP Server 有关 FTP 服务器功能的配置过程，配置界面如图 8.30 所示。完成 Web Server 有关 Web 服务器功能的配置过程，配置界面如图 8.31 所示。Client1 可以通过浏览器访问 Web 服务器，访问过程如图 8.32 所示。Client3 可以通过 FTP 客户端访问 FTP 服务器，访问过程如图 8.33 所示。需要说明的是，Client3 只能登录 FTP 服务器，但无法查看 FTP 服务器中的文件目录。原因是 untrust 至 trust 方向配置的过

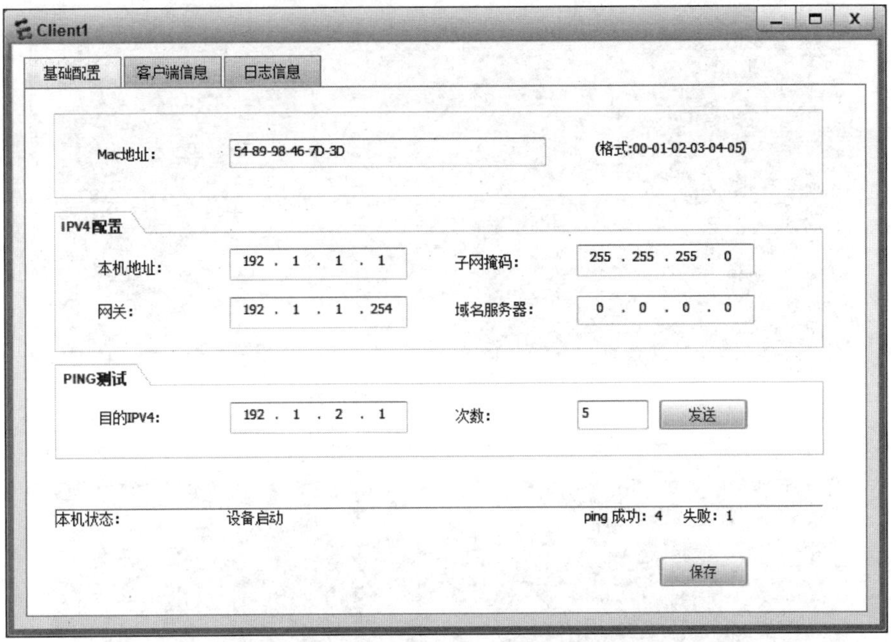

图 8.26 Client1 对 Client3 进行的 ping 操作

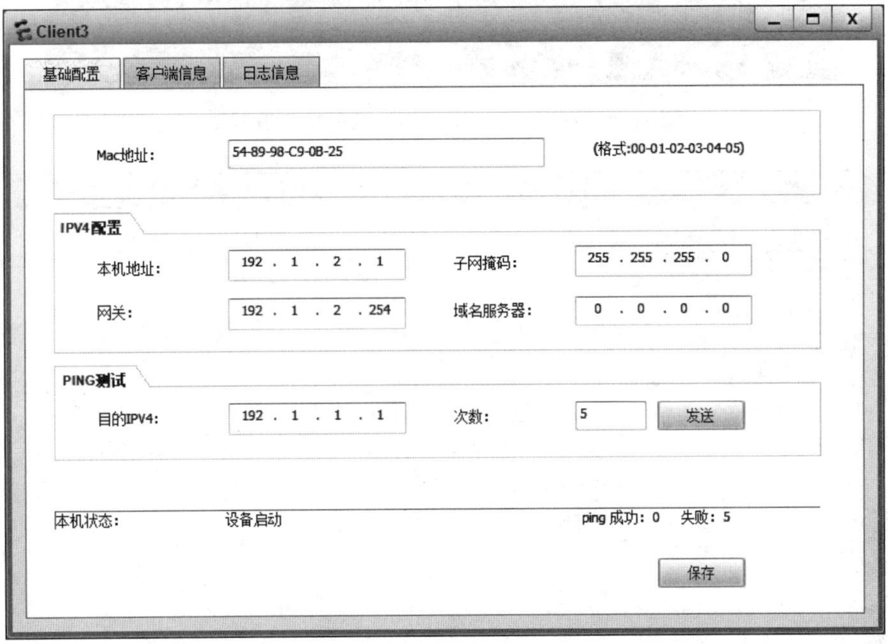

图 8.27 Client3 对 Client1 进行的 ping 操作

滤规则集只允许传输与建立 Client3 和 FTP Server 之间控制连接有关的 TCP 报文,使得 Client3 无法建立与 FTP Server 之间的数据连接,导致 Client3 只能登录 FTP 服务器,但无法查看 FTP 服务器中的文件目录。

```
<Huawei>display acl all
 Total quantity of nonempty ACL number is 2

Advanced ACL 3001, 2 rules
Acl's step is 5
 rule 10 permit tcp source 192.1.2.1 0 destination 192.1.1.7 0 destination-port
eq ftp
 rule 20 deny ip

Advanced ACL 3002, 2 rules
Acl's step is 5
 rule 10 permit tcp source 192.1.1.1 0 destination 192.1.2.7 0 destination-port
eq www
 rule 20 deny ip

<Huawei>
```

图 8.28　配置的过滤规则集

```
The device is running!

<Huawei>display firewall interzone
interzone trust untrust
 firewall enable
 packet-filter default deny inbound
 packet-filter default permit outbound
 packet-filter 3001 inbound
 packet-filter 3002 outbound

 total number is : 1
<Huawei>
```

图 8.29　安全域间不同方向作用的过滤规则集

图 8.30　有关 FTP 服务器功能的配置界面

图 8.31 有关 Web 服务器功能的配置界面

图 8.32 Client1 通过浏览器访问 Web 服务器的过程

（6）除了允许 Client1 通过 HTTP 发起访问 Web 服务器的过程和 Client3 通过 FTP 发起访问 FTP 服务器的过程外，禁止其他一切两个安全区域间的通信过程。如图 8.34 所示是 Client1 无法发起对 Client3 的 ICMP ECHO 请求和响应过程的界面。如图 8.35

图 8.33　Client3 通过 FTP 客户端访问 FTP 服务器的过程

所示是 Client1 无法发起对 Web 服务器的 ICMP ECHO 请求和响应过程的界面。如图 8.36所示是 Client3 无法发起对 FTP 服务器的 ICMP ECHO 请求和响应过程的界面。

图 8.34　Client1 对 Client3 进行的 ping 操作

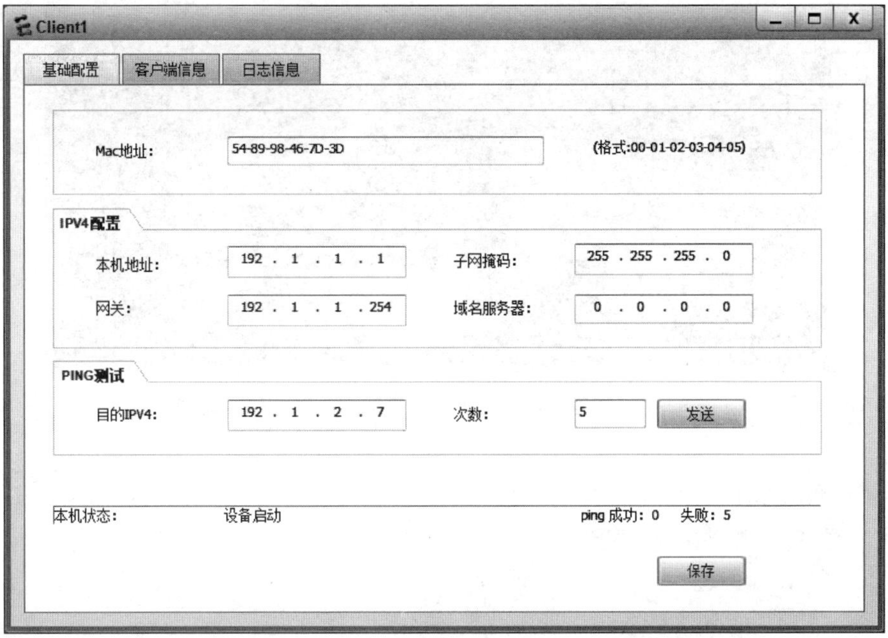

图 8.35　Client1 对 Web Server 进行的 ping 操作

图 8.36　Client3 对 FTP Server 进行的 ping 操作

（7）在安全域间启动针对 FTP 的深度检测功能，安全域间作用的过滤规则集和深度检测功能如图 8.37 所示。这种情况下，Client3 不仅可以登录 FTP Server，还可以访问 FTP Server 中的文件目录，如图 8.38 所示。

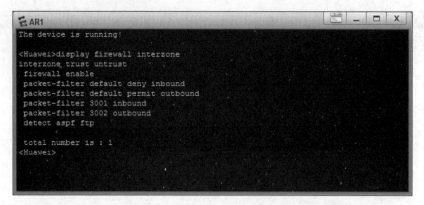

图 8.37　安全域间作用的过滤规则集和深度检测功能

图 8.38　Client3 访问 FTP Server 的过程

8.2.6　命令行接口配置过程

1. 路由器 AR1 命令行接口配置过程

```
<Huawei>system-view
[Huawei]undo info-center enable
[Huawei]firewall zone trust
[Huawei-zone-trust]priority 14
[Huawei-zone-trust]quit
[Huawei]firewall zone untrust
[Huawei-zone-untrust]priority 1
```

```
[Huawei-zone-untrust]quit
[Huawei]firewall interzone trust untrust
[Huawei-interzone-trust-untrust]firewall enable
[Huawei-interzone-trust-untrust]quit
[Huawei]interface GigabitEthernet0/0/0
[Huawei-GigabitEthernet0/0/0]ip address 192.1.1.254 24
[Huawei-GigabitEthernet0/0/0]zone trust
[Huawei-GigabitEthernet0/0/0]quit
[Huawei]interface GigabitEthernet0/0/1
[Huawei-GigabitEthernet0/0/1]ip address 192.1.2.254 24
[Huawei-GigabitEthernet0/0/1]zone untrust
[Huawei-GigabitEthernet0/0/1]quit
```

注：以下命令序列在完成实验步骤(4)时执行。

```
[Huawei]acl 3001
[Huawei-acl-adv-3001]rule 10 permit tcp source 192.1.2.1 0.0.0.0 destination
192.1.1.7 0.0.0.0 destination-port eq 21
[Huawei-acl-adv-3001]rule 20 deny ip
[Huawei-acl-adv-3001]quit
[Huawei]acl 3002
[Huawei-acl-adv-3002]rule 10 permit tcp source 192.1.1.1 0.0.0.0 destination
192.1.2.7 0.0.0.0 destination-port eq 80
[Huawei-acl-adv-3002]rule 20 deny ip
[Huawei-acl-adv-3002]quit
[Huawei]firewall interzone trust untrust
[Huawei-interzone-trust-untrust]packet-filter 3001 inbound
[Huawei-interzone-trust-untrust]packet-filter 3002 outbound
[Huawei-interzone-trust-untrust]quit
```

注：以下命令序列在完成实验步骤(7)时执行。

```
[Huawei]firewall interzone trust untrust
[Huawei-interzone-trust-untrust]detect aspf ftp
[Huawei-interzone-trust-untrust]quit
```

2. 命令列表

路由器命令行接口配置过程中使用的命令及功能和参数说明如表 8.2 所示。

表 8.2　命令列表

命 令 格 式	功能和参数说明
firewall zone *zone-name*	创建一个安全区域，并进入安全区域视图。参数 *zone-name* 是安全区域名
priority *security-priority*	为当前安全区域配置优先级值。参数 *security-priority* 是优先级值。优先级值越大,优先级越高

续表

命 令 格 式	功能和参数说明
firewall interzone *zone-name1 zone-name2*	创建一个安全域间,并进入安全域间视图。参数 *zone-name1* 是构成安全域间的其中一个安全区域名称,参数 *zone-name2* 是构成安全域间的另一个安全区域名称
firewall enable	启动当前安全域间的防火墙功能
zone *zone-name*	将当前接口加入到安全区域中。参数 *zone-name* 是安全区域名称
packet-filter *acl-number* 〔**inbound** | **outbound**〕	将编号为 *acl-number* 的过滤规则集作用到当前安全域间的输入方向(inbound),或输出方向(outbound)
detect aspf 〔**ftp**|**rtsp**|**sip**〕	在当前安全域间启动针对某个应用层协议的深度检测功能
display firewall zone 〔*zone-name*〕	显示安全区域的配置信息。参数 *zone-name* 是安全区域名称。如果指定安全区域名称,则显示指定安全区域的配置信息
display firewall interzone 〔*zone-name1 zone-name2*〕	显示安全域间信息。参数 *zone-name1* 是构成安全域间的其中一个安全区域名称,参数 *zone-name2* 是构成安全域间的另一个安全区域名称。如果指定安全域间,则只显示指定安全域间的信息

8.3　USG6000V 安全策略实验

8.3.1　实验内容

互联网结构如图 8.39 所示,将防火墙接口 1 加入区域 trust,将防火墙接口 2 加入区域 untrust,在防火墙中配置安全策略,安全策略中分别配置区域 trust 至 untrust 方向和区域 untrust 至 trust 方向的过滤规则,实现只允许终端 A 访问 Web 服务器,终端 B 访问 FTP 服务器,禁止其他一切网络间通信过程的访问控制策略。

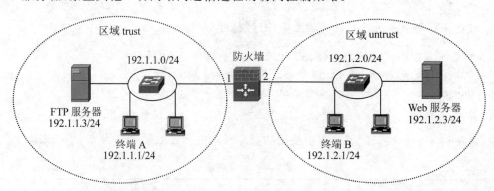

图 8.39　互联网结构

8.3.2　实验目的

(1) 验证安全策略配置过程。

（2）验证安全策略实现访问控制的过程。

（3）验证基于会话的信息交换控制机制。

（4）验证区域配置过程。

（5）验证控制区域间信息交换的过程。

（6）验证防火墙工作机制。

8.3.3　实验原理

防火墙中存在 4 个区域,分别是区域 trust、untrust、dmz 和 local,这些区域的优先级都是固定的。local 的优先级最高,随后依次是 trust、dmz 和 untrust。区域 local 中不能分配接口。在将防火墙接口 1 分配给区域 trust、防火墙接口 2 分配给区域 untrust 后,区域 trust 和区域 untrust 之间无法相互通信。

如图 8.39 所示,为了实现只允许终端 A 访问 Web 服务器,终端 B 访问 FTP 服务器,禁止其他一切网络间通信过程的访问控制策略,应满足以下条件。区域 trust 至区域 untrust 方向只允许传输终端 A 发送给 Web 服务器的 TCP 请求报文,且只有在区域 trust 至区域 untrust 方向已经传输终端 A 发送给 Web 服务器的 TCP 请求报文后,区域 untrust 至区域 trust 方向才允许传输 Web 服务器发送给终端 A 的 TCP 响应报文。

同样,区域 untrust 至区域 trust 方向只允许传输终端 B 发送给 FTP 服务器的 TCP 请求报文,且只有在区域 untrust 至区域 trust 方向已经传输终端 B 发送给 FTP 服务器的 TCP 请求报文后,区域 trust 至区域 untrust 方向才允许传输 FTP 服务器发送给终端 B 的 TCP 响应报文。终端 B 访问 FTP 服务器过程中,需要分别建立控制连接和数据连接,因此,需要允许区域 untrust 至区域 trust 方向传输用于分别发起建立控制连接和数据连接的 TCP 请求报文(这里为了对应路由器防火墙的有状态分组过滤器,设置允许区域 untrust 至区域 trust 方向传输用于分别发起建立控制连接和数据连接的 TCP 请求报文的安全策略,实际上,对于防火墙 USG6000V,只需要设置允许区域 untrust 至区域 trust 方向传输用于发起建立控制连接的 TCP 请求报文的安全策略)。

为此需要配置安全策略,安全策略中定义如下作用于区域 trust 至区域 untrust 方向的过滤规则。

① 源区域＝trust;

② 目的区域＝untrust;

③ 源 IP 地址＝192.1.1.1/32;

④ 目的 IP 地址＝192.1.2.3/32;

⑤ 协议类型＝TCP;

⑥ 目的端口号＝80;

⑦ 动作＝允许。

安全策略中定义如下两条作用于区域 untrust 至区域 trust 方向的过滤规则。

过滤规则 1

① 源区域＝untrust;

② 目的区域＝trust;

③ 源 IP 地址＝192.1.2.1/32；

④ 目的 IP 地址＝192.1.1.3/32；

⑤ 协议类型＝TCP；

⑥ 目的端口号＝21；

⑦ 动作＝允许。

过滤规则 2

① 源区域＝untrust；

② 目的区域＝trust；

③ 源 IP 地址＝192.1.2.1/32；

④ 目的 IP 地址＝192.1.1.3/32；

⑤ 协议类型＝TCP；

⑥ 目的端口号＞1024；

⑦ 动作＝允许。

8.3.4　关键命令说明

以下命令序列用于进入安全策略视图，并在安全策略视图下，完成实现区域 trust 至区域 untrust 方向只允许传输终端 A 发送给 Web 服务器的 TCP 请求报文的访问控制策略的过滤规则的配置过程。

```
[USG6000V1]security-policy
[USG6000V1-policy-security]rule name out
[USG6000V1-policy-security-rule-out]source-zone trust
[USG6000V1-policy-security-rule-out]destination-zone untrust
[USG6000V1-policy-security-rule-out]source-address 192.1.1.1 32
[USG6000V1-policy-security-rule-out]destination-address 192.1.2.3 32
[USG6000V1-policy-security-rule-out]service protocol tcp destination-port 80
[USG6000V1-policy-security-rule-out]action permit
[USG6000V1-policy-security-rule-out]quit
[USG6000V1-policy-security]quit
```

security-policy 是系统视图下使用的命令，该命令的作用是进入安全策略视图。

rule name out 是安全策略视图下使用的命令，该命令的作用是创建一条名为 out 的规则，并进入安全策略规则视图。out 是规则名称。

source-zone trust 是安全策略规则视图下使用的命令，该命令的作用是为当前规则（这里是名为 out 的规则）指定源安全区域。这里指定的源安全区域是区域 trust。

destination-zone untrust 是安全策略规则视图下使用的命令，该命令的作用是为当前规则（这里是名为 out 的规则）指定目的安全区域。这里指定的目的安全区域是区域 untrust。

source-address 192.1.1.1 32 是安全策略规则视图下使用的命令，该命令的作用是为当前规则（这里是名为 out 的规则）指定源 IP 地址。这里指定的源 IP 地址是唯一的 IP 地址 192.1.1.1（网络前缀长度为 32 位）。

destination-address 192.1.2.3 32 是安全策略规则视图下使用的命令，该命令的作用是为当前规则（这里是名为 out 的规则）指定目的 IP 地址。这里指定的目的 IP 地址是唯一的 IP 地址 192.1.2.3（网络前缀长度为 32 位）。

service protocol tcp destination-port 80 是安全策略规则视图下使用的命令，该命令的作用是为当前规则（这里是名为 out 的规则）指定协议类型、源和目的端口号。这里指定的协议类型是 TCP，即 IP 分组净荷是 TCP 报文，目的端口号是 80。没有指定源端口号，表明源端口号可以是任意端口号。

action permit 是安全策略规则视图下使用的命令，该命令的作用是为当前规则（这里是名为 out 的规则）指定动作。这里的动作是允许，即允许继续转发符合规则中所有条件的 IP 分组。

需要说明的是，对于实现允许终端 A 访问 Web 服务器的访问控制策略的规则，只需要在区域 trust 至区域 untrust 方向配置允许传输终端 A 发送给 Web 服务器的 TCP 请求报文的规则，无须在区域 untrust 至区域 trust 方向配置允许传输 Web 服务器发送给终端 A 的 TCP 响应报文的规则，这是有状态分组过滤器的特点，在区域 trust 至区域 untrust 方向已经传输终端 A 发送给 Web 服务器的 TCP 请求报文后，区域 untrust 至区域 trust 方向自动添加允许传输 Web 服务器发送给终端 A 的 TCP 响应报文的规则，且该规则的条件根据监测到的终端 A 发送给 Web 服务器的 TCP 请求报文的字段值产生。

8.3.5 实验步骤

（1）启动 eNSP，按照如图 8.39 所示的网络拓扑结构放置和连接设备，完成设备放置和连接后的 eNSP 界面如图 8.40 所示。启动所有设备。

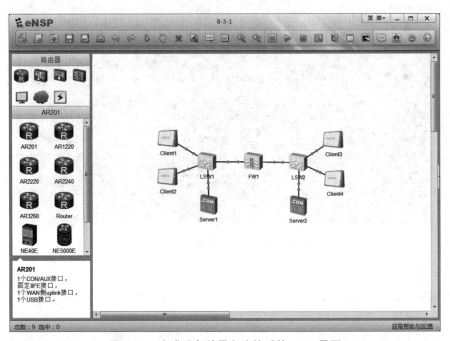

图 8.40 完成设备放置和连接后的 eNSP 界面

（2）完成防火墙各个接口的 IP 地址和子网掩码配置过程，防火墙各个接口的状态如图 8.41 所示，接口 GigabitEthernet0/0/0 是管理接口。

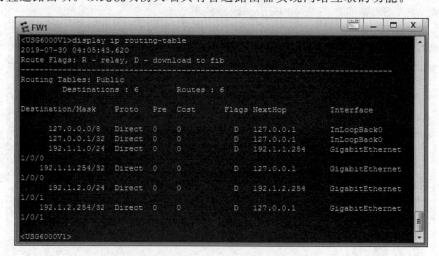

图 8.41　防火墙各个接口的状态

（3）完成防火墙各个接口 IP 地址和子网掩码配置过程后，防火墙自动生成如图 8.42 所示的直连路由项。以此说明防火墙具有普通路由器实现网络互联的功能。

图 8.42　防火墙自动生成的直连路由项

（4）将接口 GigabitEthernet1/0/0 加入到区域 trust，将接口 GigabitEthernet1/0/1 加入到区域 untrust，防火墙中各个区域及分配给各个区域的接口如图 8.43 所示。

（5）完成防火墙安全策略配置过程，安全策略中配置的规则如图 8.44 所示。

（6）完成各个客户端（Client）和服务器（Server）的配置过程。Server1 的基础配置界

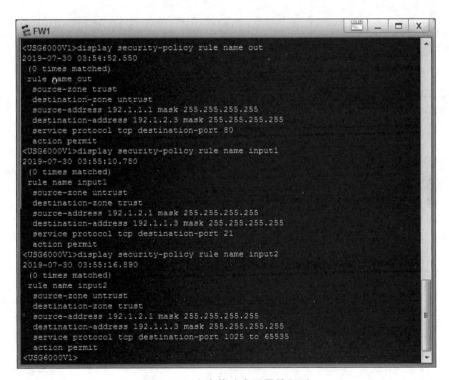

图 8.43 防火墙中各个区域及分配给各个区域的接口

图 8.44 安全策略中配置的规则

面如图 8.45 所示,配置 IP 地址和子网掩码 192.1.1.3/24,Server1 FTP 服务器功能配置界面如图 8.46 所示,将目录 D:\作为文件根目录。Server2 的基础配置界面如图 8.47 所示,配置 IP 地址和子网掩码 192.1.2.3/24,Server2 Web 服务器功能配置界面如图 8.48 所示,在目录 D:\下存储 default.htm。

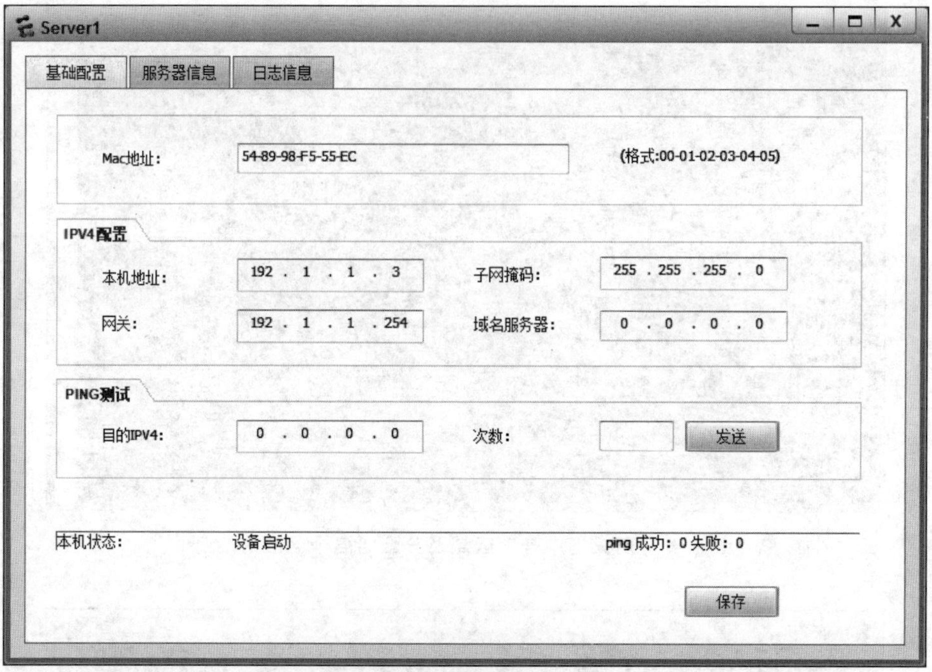

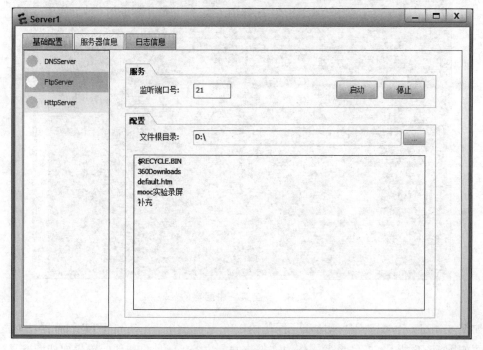

图 8.45　Server1 基础配置界面

图 8.46　Server1 FTP 服务器功能配置界面

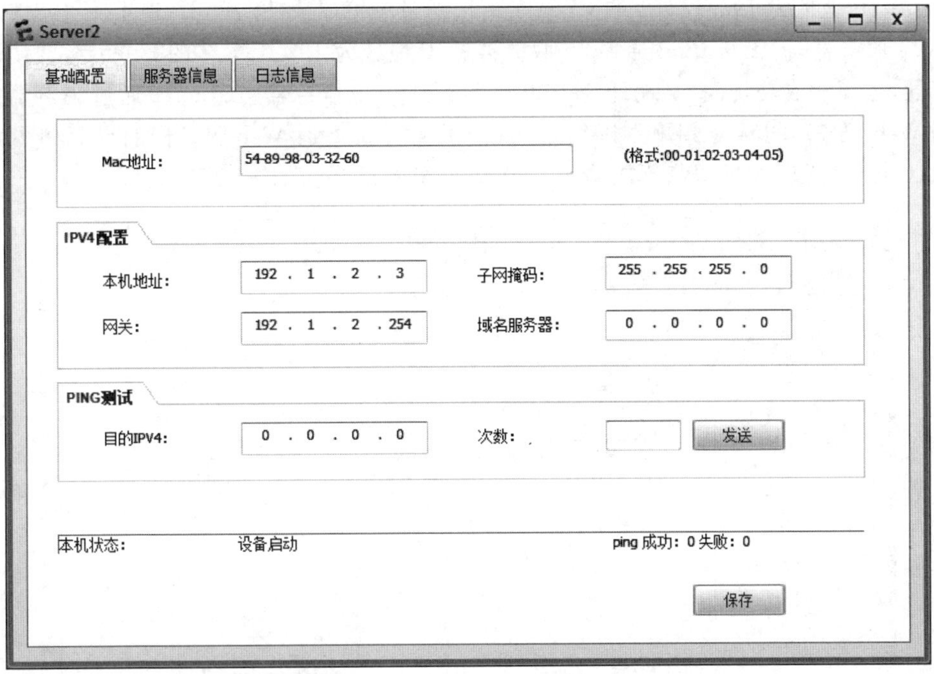

图 8.47　Server2 基础配置界面

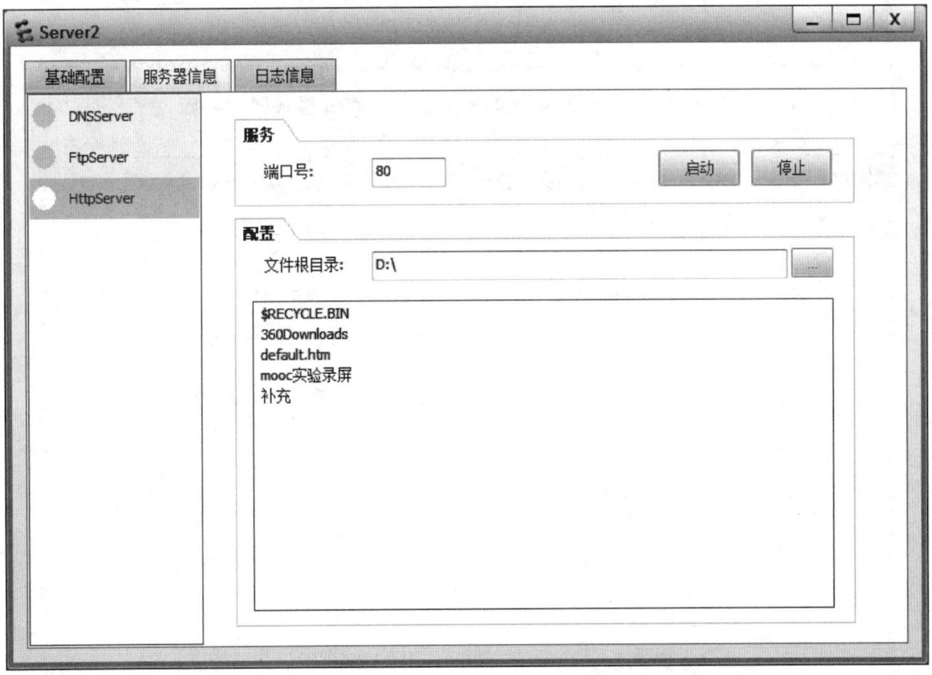

图 8.48　Server2 Web 服务器功能配置界面

(7) IP 地址为 192.1.1.1 的 Client1 可以通过浏览器成功访问 IP 地址为 192.1.2.3 的 Web 服务器,但无法 ping 通 Web 服务器。IP 地址为 192.1.1.2 的 Client2,即使通过浏览器,也无法成功访问 IP 地址为 192.1.2.3 的 Web 服务器。Client1 通过浏览器成功访问 Web 服务器的界面如图 8.49 所示,Client1 无法 ping 通 Web 服务器的界面如图 8.50 所示,Client2 无法通过浏览器成功访问 Web 服务器的界面如图 8.51 所示。

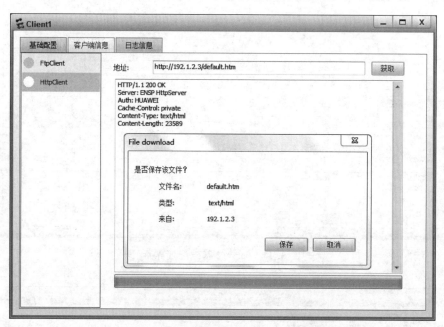

图 8.49   Client1 通过浏览器成功访问 Web 服务器的界面

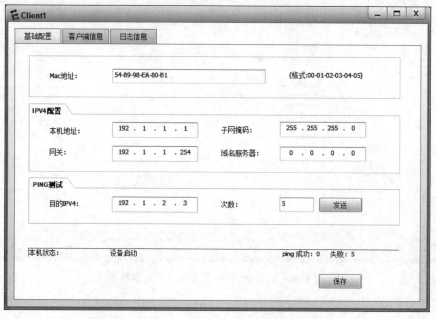

图 8.50   Client1 无法 ping 通 Web 服务器的界面

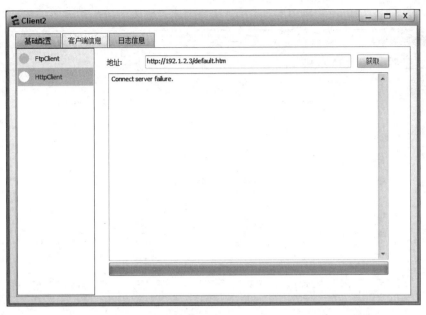

图 8.51 Client2 无法通过浏览器成功访问 Web 服务器的界面

(8) IP 地址为 192.1.2.1 的 Client3 可以通过 FTP 客户端成功访问 IP 地址为 192. 1.1.3 的 FTP 服务器,但无法 ping 通 FTP 服务器。IP 地址为 192.1.2.2 的 Client4,即 使通过 FTP 客户端,也无法成功访问 IP 地址为 192.1.1.3 的 FTP 服务器。Client3 通过 FTP 客户端成功访问 FTP 服务器的界面如图 8.52 所示,Client3 无法 ping 通 FTP 服务 器的界面如图 8.53 所示,Client4 无法通过 FTP 客户端成功访问 FTP 服务器的界面如 图 8.54 所示。

图 8.52 Client3 通过 FTP 客户端成功访问 FTP 服务器的界面

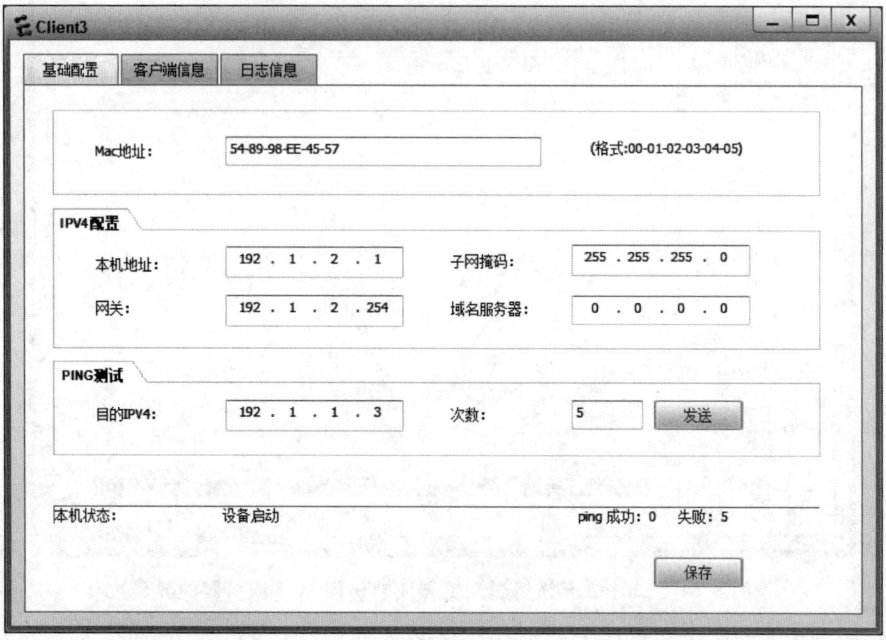

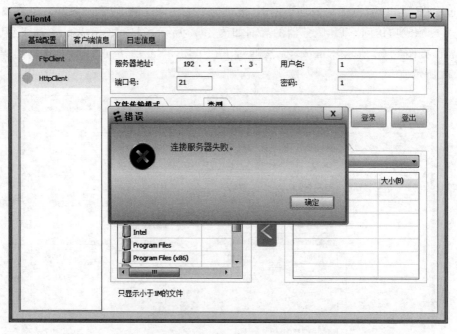

图 8.53　Client3 无法 ping 通 FTP 服务器的界面

图 8.54　Client4 无法通过 FTP 客户端成功访问 FTP 服务器的界面

8.3.6　命令行接口配置过程

1. USG6000V 命令行接口配置过程

```
Username:admin
Password:Admin@ 123(粗体是不可见的)
The password needs to be changed. Change now? [Y/N]: y
Please enter old password:Admin@ 123(粗体是不可见的)
Please enter new password:1234-a5678(粗体是不可见的)
Please confirm new password:1234-a5678(粗体是不可见的)
<USG6000V1>system-view
[USG6000V1]undo info-center enable
[USG6000V1]interface GigabitEthernet1/0/0
[USG6000V1-GigabitEthernet1/0/0]ip address 192.1.1.254 24
[USG6000V1-GigabitEthernet1/0/0]quit
[USG6000V1]interface GigabitEthernet1/0/1
[USG6000V1-GigabitEthernet1/0/1]ip address 192.1.2.254 24
[USG6000V1-GigabitEthernet1/0/1]quit
[USG6000V1]firewall zone trust
[USG6000V1-zone-trust]add interface GigabitEthernet1/0/0
[USG6000V1-zone-trust]quit
[USG6000V1]firewall zone untrust
[USG6000V1-zone-untrust]add interface GigabitEthernet1/0/1
[USG6000V1-zone-untrust]quit
[USG6000V1]security-policy
[USG6000V1-policy-security]rule name out
[USG6000V1-policy-security-rule-out]source-zone trust
[USG6000V1-policy-security-rule-out]destination-zone untrust
[USG6000V1-policy-security-rule-out]source-address 192.1.1.1 32
[USG6000V1-policy-security-rule-out]destination-address 192.1.2.3 32
[USG6000V1-policy-security-rule-out]service protocol tcp destination-port 80
[USG6000V1-policy-security-rule-out]action permit
[USG6000V1-policy-security-rule-out]quit
[USG6000V1-policy-security]rule name input1
[USG6000V1-policy-security-rule-input1]source-zone untrust
[USG6000V1-policy-security-rule-input1]destination-zone trust
[USG6000V1-policy-security-rule-input1]source-address 192.1.2.1 32
[USG6000V1-policy-security-rule-input1]destination-address 192.1.1.3 32
[USG6000V1-policy-security-rule-input1]service protocol tcp destination-
port 21
[USG6000V1-policy-security-rule-input1]action permit
[USG6000V1-policy-security-rule-input1]quit
[USG6000V1-policy-security]rule name input2
[USG6000V1-policy-security-rule-input2]source-zone untrust
```

```
[USG6000V1-policy-security-rule-input2]destination-zone trust
[USG6000V1-policy-security-rule-input2]source-address 192.1.2.1 32
[USG6000V1-policy-security-rule-input2]destination-address 192.1.1.3 32
[USG6000V1-policy-security-rule-input2]service protocol tcp destination-
port 1025 to 65535
[USG6000V1-policy-security-rule-input2]action permit
[USG6000V1-policy-security-rule-input2]quit
[USG6000V1-policy-security]quit
```

2. 命令列表

防火墙命令行接口配置过程中使用的命令及功能和参数说明如表 8.3 所示。

表 8.3　命令列表

命 令 格 式	功能和参数说明
security-policy	进入安全策略视图
rule name *rule-name*	创建安全策略规则，并进入安全策略规则视图。参数 *rule-name* 是安全策略规则名称
source-zone 〈*zone-name* | **any**〉	指定安全策略规则的源安全区域。参数 *zone-name* 是安全区域名称。any 表明是任意安全区域
destination-zone 〈*zone-name* | **any**〉	指定安全策略规则的目的安全区域。参数 *zone-name* 是安全区域名称。any 表明是任意安全区域
source-address *ipv4-address ipv4-mask-length*	指定安全策略规则的源 IP 地址。参数 *ipv4-address* 是 IP 地址。参数 *ipv4-mask-length* 是网络前缀长度
destination-address *ipv4-address ipv4-mask-length*	指定安全策略规则的目的 IP 地址。参数 *ipv4-address* 是 IP 地址。参数 *ipv4-mask-length* 是网络前缀长度
service protocol 〈〈**17**|**udp**〉|〈**6**|**tcp**〉〉 [**source-port** 〈*source-port* | *start-source-port* **to** *end-source-port*〉 **destination-port** 〈*destination-port* | *start-destination-port* **to** *end-destination-port*〉]	指定安全策略规则的协议类型、源和目的端口号。17 或 udp 表明协议类型是 udp，6 或 tcp 表明协议类型是 tcp。参数 *source-port* 是源端口号，如果是一组源端口号，参数 *start-source-port* 是起始源端口号，参数 *end-source-port* 是结束源端口号。参数 *destination-port* 是目的端口号，如果是一组目的端口号，参数 *start-destination-port* 是起始目的端口号，参数 *end-destination-port* 是结束目的端口号
display security-policy rule name *rule-name*	显示安全策略规则的配置信息。参数 *rule-name* 是安全策略规则名称

第9章

入侵检测系统实验

华为入侵防御系统(Intrusion Prevention System,IPS)首先是基于特征库的入侵检测系统,对安全区域间传输的信息流基于特征实施入侵检测,为了提高检测的有效性,可以通过配置特征过滤器过滤出需要检测的特征。华为 IPS 一旦检测出入侵行为,能够对实施入侵行为的信息流实施动作,实施的动作包括发送警告信息和阻断实施入侵行为的信息流等。本章实验分两步进行:一是构建一个实施入侵检测的应用环境,指定安全区域间传输的信息流类型;二是基于安全区域间传输的信息流类型,配置特征过滤器,并基于特征过滤器对安全区域间传输的信息流实施入侵检测。

9.1 IPS 应用环境实验

9.1.1 实验内容

实施入侵检测的应用环境如图 9.1 所示,由内部网络、DMZ 和 Internet 组成,内部网络分配私有 IP 地址,DMZ 和 Internet 分配全球 IP 地址。内部网络终端访问 Internet 和 DMZ 时,需要完成端口地址转换(Port Address Translation,PAT)过程。内部网络、DMZ 和 Internet 之间要求实施以下安全策略。

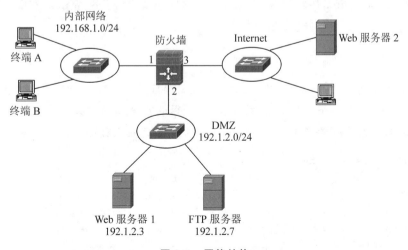

图 9.1 网络结构

（1）允许内部网络终端发起访问 Internet 中的 Web 服务器；

（2）允许内部网络终端发起访问 DMZ 中的 Web 服务器 1 和 FTP 服务器；

（3）允许 Internet 中的终端发起访问 DMZ 中的 Web 服务器 1 和 FTP 服务器；

（4）禁止其他通信过程。

9.1.2 实验目的

（1）验证防火墙安全策略配置过程。

（2）验证防火墙有状态分组过滤器的工作原理。

（3）验证通过防火墙实施安全策略的过程。

（4）验证防火墙 PAT 配置过程。

（5）验证防火墙实施 PAT 过程。

9.1.3 实验原理

创建三个安全区域，分别是 trust、dmz 和 untrust，分别将防火墙接口 1、接口 2 和接口 3 分配给安全区域 trust、dmz 和 untrust。在防火墙中配置如下安全策略。

（1）允许 trust 中终端发起访问 untrust 中的 Web 服务器。

（2）允许 trust 中终端发起访问 dmz 中的 Web 服务器和 FTP 服务器。

（3）允许 untrust 中终端发起访问 dmz 中的 Web 服务器和 FTP 服务器。

（4）禁止其他通信过程。

为了实施 PAT，在防火墙中配置如下网络地址转换（Network Address Translation，NAT）策略。

（1）在 trust 至 untrust 传输过程中，实施 PAT，即用防火墙分配给 untrust 安全区域的接口的全球 IP 地址替换内部网络终端的私有 IP 地址。

（2）在 trust 至 dmz 传输过程中，实施 PAT，即用防火墙分配给 dmz 安全区域的接口的全球 IP 地址替换内部网络终端的私有 IP 地址。

9.1.4 关键命令说明

以下命令序列用于在 NAT 策略视图下定义一个规则，该规则要求对与由 trust 安全区域中 IP 地址属于 192.168.1.0/24 的终端发起的、目的安全区域是安全区域 untrust 的访问过程有关的信息流，实施源地址 NAT 过程，转换后的源地址为输出接口的全球 IP 地址。

```
[USG6000V1]nat-policy
[USG6000V1-policy-nat]rule name trusttountrust
[USG6000V1-policy-nat-rule-trusttountrust]source-zone trust
[USG6000V1-policy-nat-rule-trusttountrust]destination-zone untrust
[USG6000V1-policy-nat-rule-trusttountrust]source-address 192.168.1.0 24
[USG6000V1-policy-nat-rule-trusttountrust]action source-nat easy-ip
[USG6000V1-policy-nat-rule-trusttountrust]quit
```

nat-policy 是系统视图下使用的命令，该命令的作用是进入 NAT 策略视图。

rule name trusttountrust 是 NAT 策略视图下使用的命令,该命令的作用是创建一个名为 trusttountrust 的 NAT 策略规则,并进入 NAT 策略规则视图。

action source-nat easy-ip 是 NAT 策略规则视图下使用的命令,该命令的作用是定义对符合匹配条件的信息流实施的动作。这里的动作是源 IP 地址转换,且转换后的源 IP 地址是输出接口的全球 IP 地址。

对上述 NAT 策略规则,需要做以下说明。

一是 NAT 策略规则只对安全策略允许通过的信息流作用。

二是规则需要给出匹配条件和动作,上述 NAT 策略规则给出的匹配条件是:

① 信息流的传输方向是 trust 安全区域至 untrust 安全区域;

② 信息流的源 IP 地址属于 192.168.1.0/24。

上述 NAT 策略规则给出的动作是源 IP 地址转换,且转换后的源 IP 地址是输出接口的全球 IP 地址。

三是 NAT 实施过程是双向的,由符合匹配条件的信息流引发源 IP 地址转换,对符合匹配条件的信息流对应的响应信息流,实施目的 IP 地址转换。即对符合匹配条件的信息流,实施源地址 NAT 过程,转换后的源地址为输出接口的全球 IP 地址。对符合匹配条件的信息流对应的响应信息流,实施目的 IP 地址转换,即用符合匹配条件的信息流的源 IP 地址取代响应信息流的目的 IP 地址。

9.1.5　实验步骤

(1) 启动 eNSP,按照如图 9.1 所示的网络拓扑结构放置和连接设备,完成设备放置和连接后的 eNSP 界面如图 9.2 所示。启动所有设备。

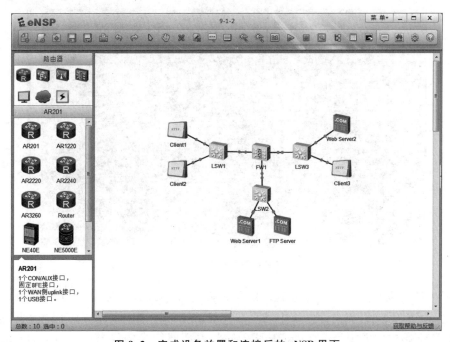

图 9.2　完成设备放置和连接后的 eNSP 界面

(2) 完成防火墙各个接口的 IP 地址和子网掩码配置过程,防火墙的接口状态如图 9.3 所示。

```
FW1                                                       _  □  X
<USG6000V1>display ip interface brief
2019-08-17 04:07:50.350
*down: administratively down
^down: standby
(1): loopback
(s): spoofing
(d): Dampening Suppressed
(E): E-Trunk down
The number of interface that is UP in Physical is 5
The number of interface that is DOWN in Physical is 5
The number of interface that is UP in Protocol is 5
The number of interface that is DOWN in Protocol is 5

Interface                       IP Address/Mask     Physical  Protocol
GigabitEthernet0/0/0            192.168.0.1/24      down      down
GigabitEthernet1/0/0            192.168.1.254/24    up        up
GigabitEthernet1/0/1            192.1.2.254/24      up        up
GigabitEthernet1/0/2            192.1.3.254/24      up        up
GigabitEthernet1/0/3            unassigned          down      down
GigabitEthernet1/0/4            unassigned          down      down
GigabitEthernet1/0/5            unassigned          down      down
GigabitEthernet1/0/6            unassigned          down      down
NULL0                           unassigned          up        up(s)
Virtual-if0                     unassigned          up        up(s)

<USG6000V1>
```

图 9.3   防火墙的接口状态

(3) 将连接内部网络的接口、连接 DMZ 的接口和连接 Internet 的接口分别分配给安全区域 trust、dmz 和 untrust,防火墙各个安全区域包含的接口如图 9.4 所示。

```
FW1                                                       _  □  X
<USG6000V1>display zone
2019-08-17 04:09:11.390
local
 priority is 100
 interface of the zone is (0):
#
trust
 priority is 85
 interface of the zone is (2):
    GigabitEthernet0/0/0
    GigabitEthernet1/0/0
#
untrust
 priority is 5
 interface of the zone is (1):
    GigabitEthernet1/0/2
#
dmz
 priority is 50
 interface of the zone is (1):
    GigabitEthernet1/0/1
#
<USG6000V1>
```

图 9.4   防火墙各个安全区域包含的接口

(4) 完成安全策略定义过程,安全策略中定义的规则如图 9.5 所示,规则 trusttountrust 只允许与内部网络中的终端发起访问 Internet 中的 Web 服务器的过程有关的信息流通过。规则 trusttodmz1 只允许与内部网络中的终端发起访问 DMZ 中的

Web 服务器的过程有关的信息流通过。规则 trusttodmz2 只允许与内部网络中的终端发起访问 DMZ 中的 FTP 服务器的过程有关的信息流通过。规则 untrusttodmz1 只允许与 Internet 中的终端发起访问 DMZ 中的 Web 服务器的过程有关的信息流通过。untrusttodmz2 只允许与 Internet 中的终端发起访问 DMZ 中的 FTP 服务器的过程有关的信息流通过。规则 trusttountrust 中的匹配条件和动作如图 9.6 所示。

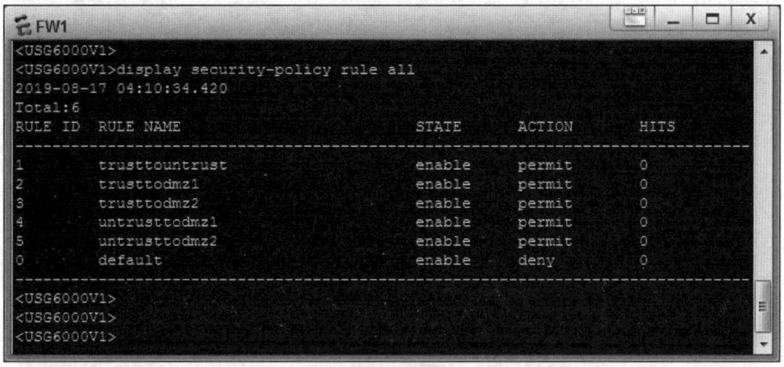

```
FW1
<USG6000V1>
<USG6000V1>display security-policy rule all
2019-08-17 04:10:34.420
Total:6
RULE ID  RULE NAME                         STATE      ACTION       HITS
-------------------------------------------------------------------------------
1        trusttountrust                    enable     permit       0
2        trusttodmz1                       enable     permit       0
3        trusttodmz2                       enable     permit       0
4        untrusttodmz1                     enable     permit       0
5        untrusttodmz2                     enable     permit       0
0        default                           enable     deny         0
-------------------------------------------------------------------------------
<USG6000V1>
<USG6000V1>
<USG6000V1>
```

图 9.5　安全策略中定义的规则

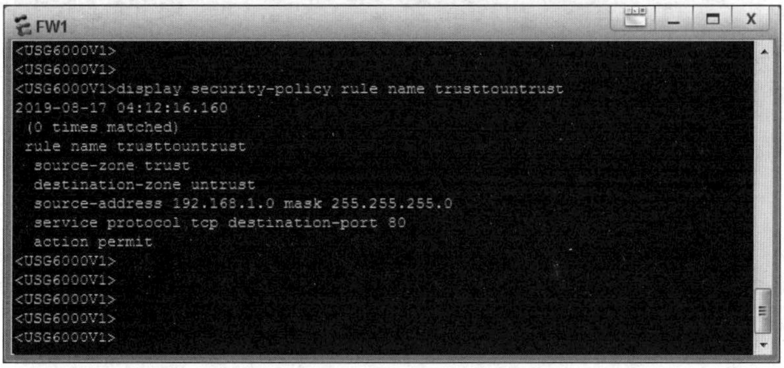

```
FW1
<USG6000V1>
<USG6000V1>
<USG6000V1>display security-policy rule name trusttountrust
2019-08-17 04:12:16.160
 (0 times matched)
 rule name trusttountrust
  source-zone trust
  destination-zone untrust
  source-address 192.168.1.0 mask 255.255.255.0
  service protocol tcp destination-port 80
  action permit
<USG6000V1>
<USG6000V1>
<USG6000V1>
<USG6000V1>
<USG6000V1>
```

图 9.6　规则 trusttountrust 中的匹配条件和动作

(5) 完成 NAT 策略定义过程，NAT 策略中定义的规则如图 9.7 所示，规则 trusttountrust 要求对与由 trust 安全区域中 IP 地址属于 192.168.1.0/24 的终端发起的、目的安全区域是安全区域 untrust 的访问过程有关的信息流，实施源地址 NAT 过程。规则 trusttodmz 要求对与由 trust 安全区域中 IP 地址属于 192.168.1.0/24 的终端发起的、目的安全区域是安全区域 dmz 的访问过程有关的信息流，实施源地址 NAT 过程。规则 trusttountrust 中的匹配条件和动作如图 9.8 所示。

(6) 完成 Web Server1 配置过程，Web Server1 的基础配置界面如图 9.9 所示，Web Server1 的服务器功能配置界面如图 9.10 所示，D 盘根目录下存储主页 default.htm。完成 FTP Server 配置过程，FTP Server 的基础配置界面如图 9.11 所示，FTP Server 的服务器功能配置界面如图 9.12 所示，D 盘根目录作为文件的根目录。完成 Web Server2 配置过程，Web Server2 的基础配置界面如图 9.13 所示，Web Server2 的服务器功能配置界面与 Web Server1 相同。

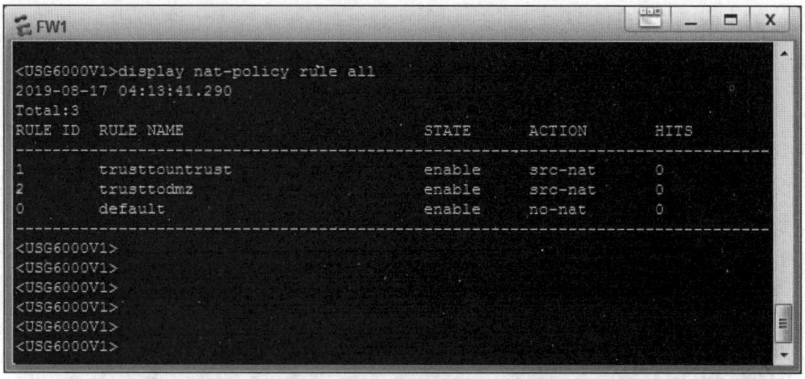

图 9.7　NAT 策略中定义的规则

图 9.8　规则 trusttountrust 中的匹配条件和动作

图 9.9　Web Server1 的基础配置界面

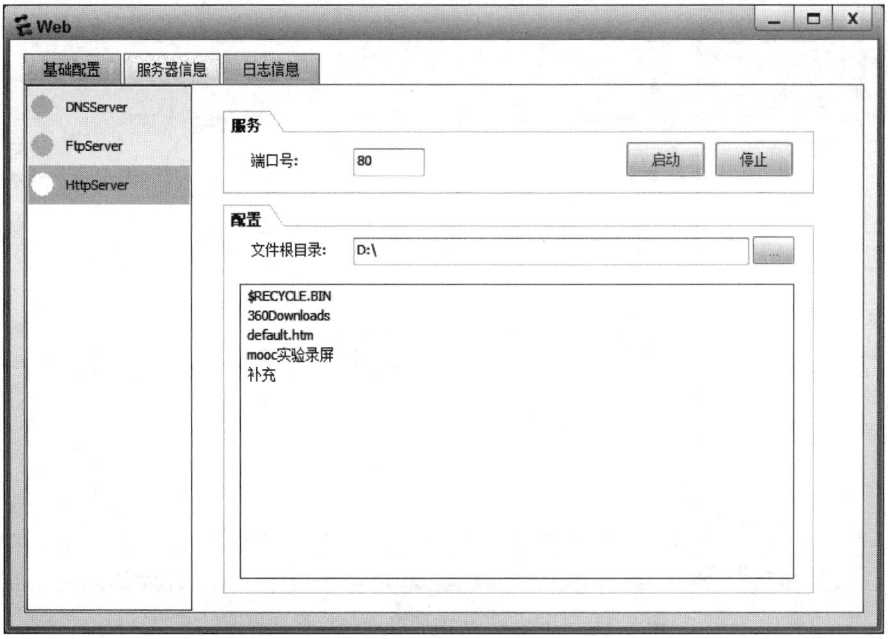

图 9.10　Web Server1 的服务器功能配置界面

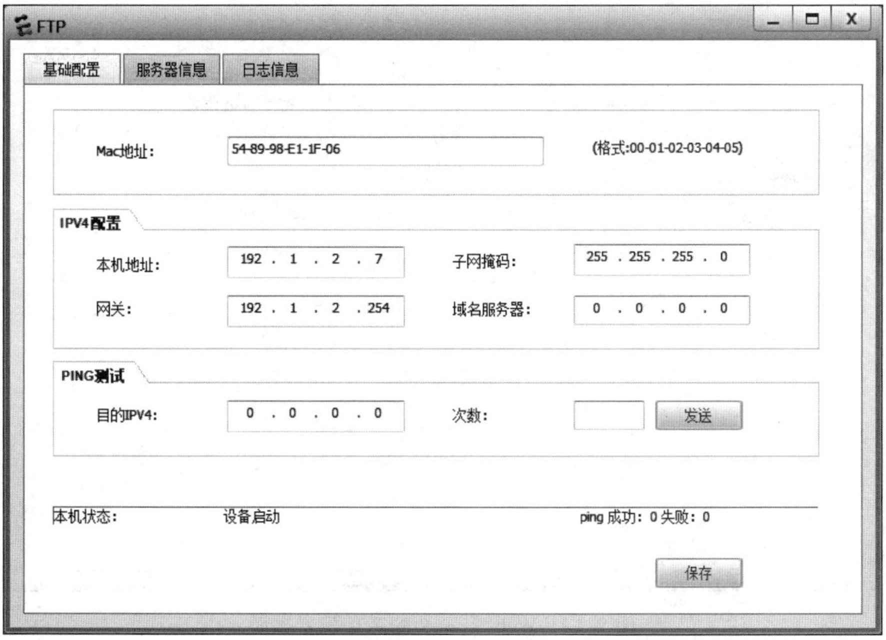

图 9.11　FTP Server 的基础配置界面

图 9.12　FTP Server 的服务器功能配置界面

图 9.13　Web Server2 的基础配置界面

（7）验证内部网络中的终端只能通过 HTTP 访问 Internet 中的 Web 服务器和 DMZ 中的 Web 服务器，只能通过 FTP 访问 DMZ 中的 FTP 服务器。如图 9.14 所示是 Client1 通过浏览器成功访问 Internet 中 Web Server2 的过程。如图 9.15 所示是 Client1

通过 FTP 客户端成功访问 DMZ 中 FTP Server 的过程。如图 9.16 所示是 Client1 无法 ping 通 Internet 中 Web Server2 的过程。如图 9.17 所示是 Client1 无法 ping 通 DMZ 中 FTP Server 的过程。

图 9.14　Client1 通过浏览器成功访问 Internet 中 Web Server2 的过程

图 9.15　Client1 通过 FTP 客户端成功访问 DMZ 中 FTP Server 的过程

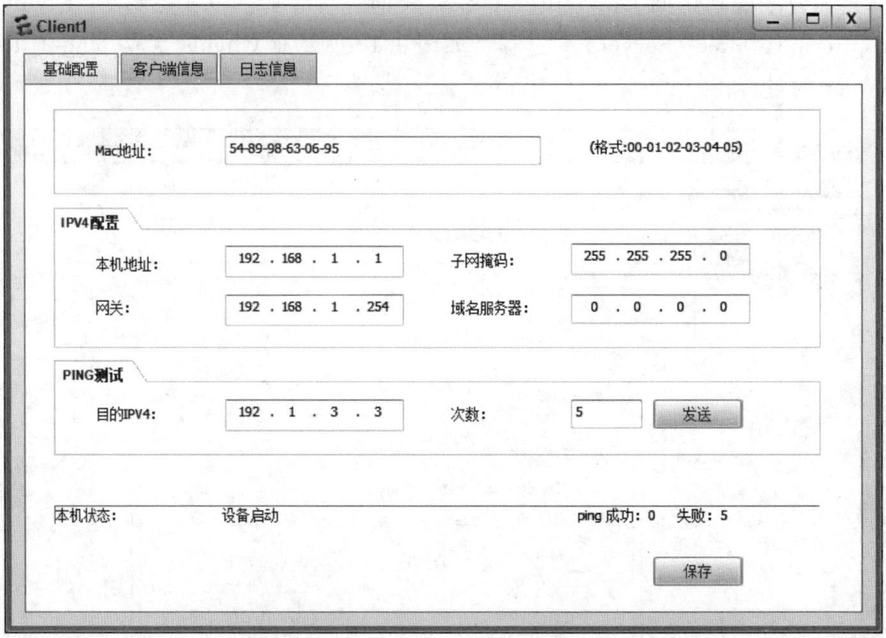

图 9.16 Client1 无法 ping 通 Internet 中 Web Server2 的过程

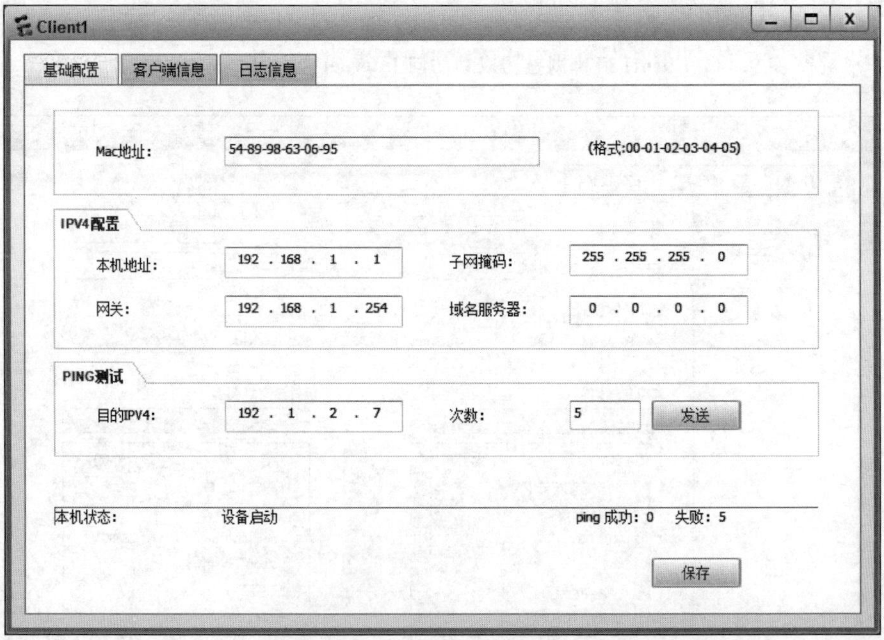

图 9.17 Client1 无法 ping 通 DMZ 中 FTP Server 的过程

（8）验证 Internet 中的终端只能通过 HTTP 访问 DMZ 中的 Web 服务器，只能通过 FTP 访问 DMZ 中的 FTP 服务器。如图 9.18 所示是 Client3 通过浏览器成功访问 DMZ 中 Web Server1 的过程。如图 9.19 所示是 Client3 通过 FTP 客户端成功访问 DMZ 中

FTP Server 的过程。如图 9.20 所示是 Client3 无法 ping 通 DMZ 中 Web Server1 的过程。

图 9.18 Client3 通过浏览器成功访问 DMZ 中 Web Server1 的过程

图 9.19 Client3 通过 FTP 客户端成功访问 DMZ 中 FTP Server 的过程

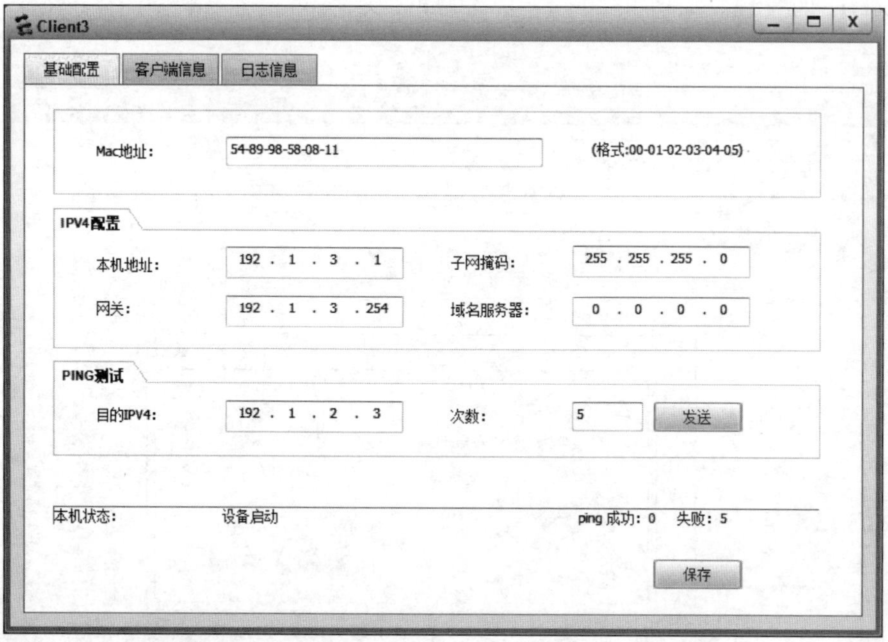

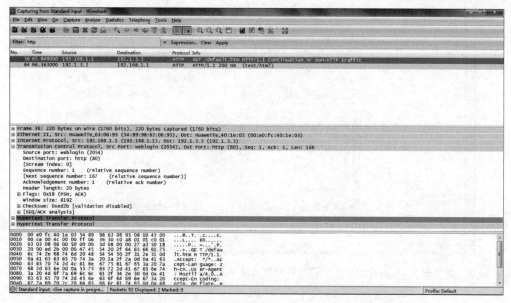

图 9.20　Client3 无法 ping 通 DMZ 中 Web Server1 的过程

（9）为了验证 NAT 过程，分别在防火墙连接内部网络的接口、连接 DMZ 的接口和连接 Internet 的接口启动捕获报文功能。Client1 至 Web Server2 的 IP 分组，在内部网络中传输的格式如图 9.21 所示，源 IP 地址是 Client1 内部网络中分配的私有 IP 地址 192.168.1.1。在 Internet 中传输的格式如图 9.22 所示，源 IP 地址转换为防火墙连接 Internet 的接口的全球 IP 地址 192.1.3.254，同时用全局端口号 2050 取代 TCP 报文中

图 9.21　Client1 至 Web Server2 的 IP 分组在内部网络中的格式

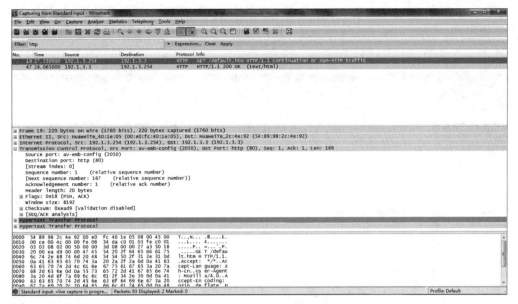

图 9.22　Client1 至 Web Server2 的 IP 分组在 Internet 中的格式

的源端口号 2054。TCP 报文的源端口号是 Client1 分配的，只具有本地意义。全局端口号是防火墙分配的，用于唯一标识 Client1。Client1 至 Web Server1 的 IP 分组，在内部网络中传输时的格式如图 9.23 所示，源 IP 地址是 Client1 内部网络中分配的私有 IP 地址 192.168.1.1。在 DMZ 中传输时的格式如图 9.24 所示，源 IP 地址转换为防火墙连接 DMZ 接口的全球 IP 地址 192.1.2.254，同时用全局端口号 2049 取代 TCP 报文中的源端口号 2055。Client3 至 Web Server1 的 IP 分组，在 Internet 中传输时的格式如图 9.25 所

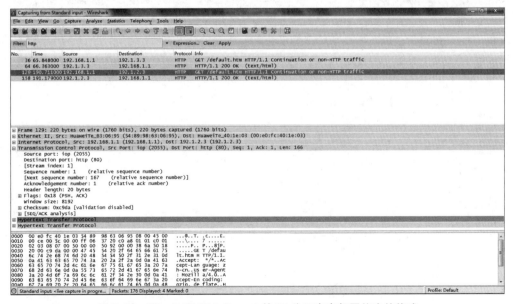

图 9.23　Client1 至 Web Server1 的 IP 分组在内部网络中的格式

示,源 IP 地址是 Client3 Internet 中分配的全球 IP 地址 192.1.3.1。在 DMZ 中传输时的格式如图 9.26 所示,源 IP 地址依然是 Client3 Internet 中分配的全球 IP 地址 192.1.3.1,TCP 报文中的源端口号维持不变。

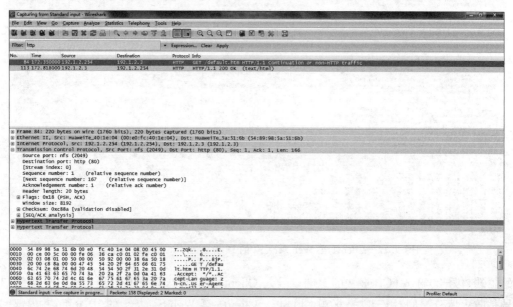

图 9.24　Client1 至 Web Server1 的 IP 分组在 DMZ 中的格式

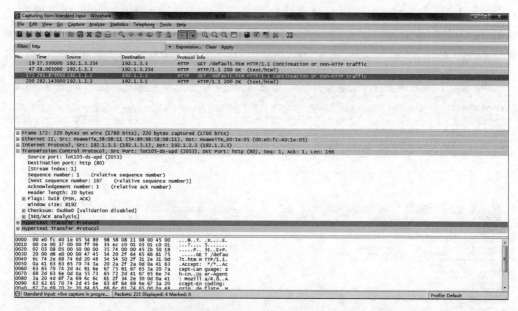

图 9.25　Client3 至 Web Server1 的 IP 分组在 Internet 中的格式

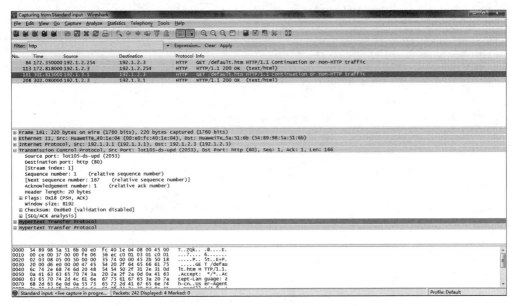

图 9.26 Client3 至 Web Server1 的 IP 分组在 DMZ 中的格式

9.1.6 命令行接口配置过程

1. 防火墙 USG6000V 命令行接口配置过程

Username:admin

Password:**Admin@ 123**(粗体是不可见的)

The password needs to be changed. Change now? [Y/N]: y

Please enter old password:**Admin@ 123**(粗体是不可见的)

Please enter new password:**1234- a5678**(粗体是不可见的)

Please confirm new password:**1234- a5678**(粗体是不可见的)

\<USG6000V1\>system- view

[USG6000V1]undo info- center enable

[USG6000V1]interface GigabitEthernet1/0/0

[USG6000V1-GigabitEthernet1/0/0]ip address 192.168.1.254 24

[USG6000V1-GigabitEthernet1/0/0]quit

[USG6000V1]interface GigabitEthernet1/0/1

[USG6000V1-GigabitEthernet1/0/1]ip address 192.1.2.254 24

[USG6000V1-GigabitEthernet1/0/1]quit

[USG6000V1]interface GigabitEthernet1/0/2

[USG6000V1-GigabitEthernet1/0/2]ip address 192.1.3.254 24

[USG6000V1-GigabitEthernet1/0/2]quit

[USG6000V1]firewall zone trust

[USG6000V1-zone-trust]add interface GigabitEthernet1/0/0

[USG6000V1-zone-trust]quit

[USG6000V1]firewall zone dmz

```
[USG6000V1-zone-dmz]add interface GigabitEthernet1/0/1
[USG6000V1-zone-dmz]quit
[USG6000V1]firewall zone untrust
[USG6000V1-zone-untrust]add interface GigabitEthernet1/0/2
[USG6000V1-zone-untrust]quit
[USG6000V1]security-policy
[USG6000V1-policy-security]rule name trusttountrust
[USG6000V1-policy-security-rule-trusttountrust]source-zone trust
[USG6000V1-policy-security-rule-trusttountrust]destination-zone untrust
[USG6000V1-policy-security-rule-trusttountrust]source-address 192.168.1.
0 24
[USG6000V1-policy-security-rule-trusttountrust]service protocol tcp
destination-port 80
[USG6000V1-policy-security-rule-trusttountrust]action permit
[USG6000V1-policy-security-rule-trusttountrust]quit
[USG6000V1-policy-security]rule name trusttodmz1
[USG6000V1-policy-security-rule-trusttodmz1]source-zone trust
[USG6000V1-policy-security-rule-trusttodmz1]destination-zone dmz
[USG6000V1-policy-security-rule-trusttodmz1]source-address 192.168.1.0 24
[USG6000V1-policy-security-rule-trusttodmz1]destination-address 192.1.2.
3 32
[USG6000V1-policy-security-rule-trusttodmz1]service protocol tcp
destination-port 80
[USG6000V1-policy-security-rule-trusttodmz1]action permit
[USG6000V1-policy-security-rule-trusttodmz1]quit
[USG6000V1-policy-security]rule name trusttodmz2
[USG6000V1-policy-security-rule-trusttodmz2]source-zone trust
[USG6000V1-policy-security-rule-trusttodmz2]destination-zone dmz
[USG6000V1-policy-security-rule-trusttodmz2]source-address 192.168.1.0 24
[USG6000V1-policy-security-rule-trusttodmz2]destination-address 192.1.2.
7 32
[USG6000V1-policy-security-rule-trusttodmz2]service protocol tcp destination-
port 21
[USG6000V1-policy-security-rule-trusttodmz2]action permit
[USG6000V1-policy-security-rule-trusttodmz2]quit
[USG6000V1-policy-security]rule name untrusttodmz1
[USG6000V1-policy-security-rule-untrusttodmz1]source-zone untrust
[USG6000V1-policy-security-rule-untrusttodmz1]destination-zone dmz
[USG6000V1-policy-security-rule-untrusttodmz1]destination-address 192.1.2.
3 32
[USG6000V1-policy-security-rule-untrusttodmz1]service protocol tcp
destination-port 80
[USG6000V1-policy-security-rule-untrusttodmz1]action permit
[USG6000V1-policy-security-rule-untrusttodmz1]quit
```

```
[USG6000V1-policy-security]rule name untrusttodmz2
[USG6000V1-policy-security-rule-untrusttodmz2]source-zone untrust
[USG6000V1-policy-security-rule-untrusttodmz2]destination-zone dmz
[USG6000V1-policy-security-rule-untrusttodmz2]destination-address 192.1.2.
7 32
[USG6000V1-policy-security-rule-untrusttodmz2]service protocol tcp
destination-port 21
[USG6000V1-policy-security-rule-untrusttodmz2]action permit
[USG6000V1-policy-security-rule-untrusttodmz2]quit
[USG6000V1-policy-security]quit
[USG6000V1]nat-policy
[USG6000V1-policy-nat]rule name trusttountrust
[USG6000V1-policy-nat-rule-trusttountrust]source-zone trust
[USG6000V1-policy-nat-rule-trusttountrust]destination-zone untrust
[USG6000V1-policy-nat-rule-trusttountrust]source-address 192.168.1.0 24
[USG6000V1-policy-nat-rule-trusttountrust]action source-nat easy-ip
[USG6000V1-policy-nat-rule-trusttountrust]quit
[USG6000V1-policy-nat]rule name trusttodmz
[USG6000V1-policy-nat-rule-trusttodmz]source-zone trust
[USG6000V1-policy-nat-rule-trusttodmz]destination-zone dmz
[USG6000V1-policy-nat-rule-trusttodmz]source-address 192.168.1.0 24
[USG6000V1-policy-nat-rule-trusttodmz]action source-nat easy-ip
[USG6000V1-policy-nat-rule-trusttodmz]quit
[USG6000V1-policy-nat]quit
```

2. 命令列表

防火墙命令行接口配置过程中使用的命令及功能和参数说明如表 9.1 所示。

表 9.1　命令列表

命 令 格 式	功能和参数说明
nat-policy	进入 NAT 策略视图
rule name *rule-name*	创建 NAT 策略规则,并进入 NAT 策略规则视图。参数 *rule-name* 是 NAT 策略规则名称
action source-nat easy-ip	指定动作为源 IP 地址转换,且以输出接口的全球 IP 地址作为转换后的源 IP 地址
display nat-policyrule⟨all〔name *rule-name*〕⟩	显示 NAT 策略规则的配置信息。参数 *rule-name* 是 NAT 策略规则名称,如果指定 NAT 策略规则,则只显示指定 NAT 策略规则的配置信息,all 表明显示所有 NAT 策略规则

9.2 IPS 实验

9.2.1 实验内容

该实验在 9.1 节完成的应用环境上进行。为了防止内部网络终端访问 Internet 中的

Web 服务器、DMZ 中的 Web 服务器和 FTP 服务器时受到攻击,需要对访问过程中相互传输的信息流实施入侵检测,一旦发现信息流中包含攻击特征,需要及时阻断该信息流。为了防止 Internet 中的黑客发起对 DMZ 中的 Web 服务器和 FTP 服务器的攻击过程,也需要对访问过程中相互传输的信息流实施入侵检测,及时阻断包含攻击特征的信息流。

9.2.2　实验目的

(1) 验证入侵防护系统(IPS)配置过程。

(2) 验证入侵防护系统(IPS)控制信息流传输过程的机制。

(3) 验证基于特征库的入侵检测机制的工作过程。

(4) 验证特征过滤器定义过程。

9.2.3　实验原理

对于内部网络终端访问 Internet 和 DMZ 中的 Web 服务器的过程,由于需要保护内部网络终端免遭来自 Web 服务器的攻击,因此,需要检测基于 HTTP、针对客户端的攻击特征。同样,对于内部网络终端访问 DMZ 中的 FTP 服务器的过程,需要检测基于 FTP、针对客户端的攻击特征。

对于 Internet 中的终端访问 DMZ 中的 Web 服务器的过程,由于需要保护 Web 服务器免遭来自 Internet 中的终端的攻击,因此,需要检测基于 HTTP、针对服务器端的攻击特征。同样,对于 Internet 中的终端访问 DMZ 中的 FTP 服务器的过程,需要检测基于 FTP、针对服务器端的攻击特征。

因此,需要定义四个特征过滤器,分别过滤出基于 HTTP、针对客户端的攻击特征;基于 HTTP、针对服务器端的攻击特征;基于 FTP、针对客户端的攻击特征;基于 FTP、针对服务器端的攻击特征。在允许 trust 中的终端发起访问 untrust 中的 Web 服务器和允许 trust 中的终端发起访问 dmz 中的 Web 服务器的安全策略规则中引用过滤出基于 HTTP、针对客户端的攻击特征的特征过滤器。在允许 trust 中的终端发起访问 dmz 中的 FTP 服务器的安全策略规则中引用过滤出基于 FTP、针对客户端的攻击特征的特征过滤器。在允许 untrust 中的终端发起访问 dmz 中的 Web 服务器的安全策略规则中引用过滤出基于 HTTP、针对服务器端的攻击特征的特征过滤器。在允许 untrust 中的终端发起访问 dmz 中的 FTP 服务器的安全策略规则中引用过滤出基于 FTP、针对服务器端的攻击特征的特征过滤器。

9.2.4　关键命令说明

1. 创建 IPS 配置文件

IPS 配置文件主要用于在 IPS 特征库中指定用于实施检测的特征。以下配置文件将同时满足以下条件的特征指定为用于实施检测的特征。

- 检测目标是客户端的特征
- 威胁等级为高的特征
- 与协议 http 有关的特征

```
[USG6000V1]profile type ips name http_client
[USG6000V1-profile-ips-http_client]signature-set name http_client
[USG6000V1-profile-ips-http_client-sigset-http_client]target client
[USG6000V1-profile-ips-http_client-sigset-http_client]severity high
[USG6000V1-profile-ips-http_client-sigset-http_client]protocol http
[USG6000V1-profile-ips-http_client-sigset-http_client]quit
[USG6000V1-profile-ips-http_client]quit
```

profile type ips name http_client 是系统视图下使用的命令,该命令的作用是创建一个名为 http_client 的 IPS 配置文件,并进入 IPS 配置文件视图。

signature-set name http_client 是 IPS 配置文件视图下使用的命令,该命令的作用是创建一个名为 http_client 的 IPS 特征过滤器(也称为签名过滤器)并进入 IPS 特征过滤器视图。

target client 是 IPS 特征过滤器视图下使用的命令,该命令的作用是将检测目标为客户端的特征加入到 IPS 特征过滤器中。

severity high 是 IPS 特征过滤器视图下使用的命令,该命令的作用是将威胁等级为高的特征加入到 IPS 特征过滤器中。

protocol http 是 IPS 特征过滤器视图下使用的命令,该命令的作用是将与协议 http 有关的特征加入到 IPS 特征过滤器中。

2. 启用特征

```
[USG6000V1]ips signature-state enable
[USG6000V1]engine configuration commit
```

ips signature-state enable 是系统视图下使用的命令,该命令的作用是启用所有预定义特征。

engine configuration commit 是系统视图下使用的命令,该命令在这里的作用是激活启用所有预定义特征的命令,即提交最新的有关特征库的配置。

9.2.5 实验步骤

(1) 该实验在 9.1 节已经完成的配置上进行。

(2) 完成 IPS 配置文件配置过程,分别创建 4 个 IPS 配置文件,分别对应 HTTP 客户端、HTTP 服务器端、FTP 客户端和 FTP 服务器端。对应 HTTP 客户端的 IPS 配置文件在内部网络终端发起访问 Internet 和 DMZ 中的 Web 服务器的过程中用于实施入侵检测。对应 FTP 客户端的 IPS 配置文件在内部网络终端发起访问 DMZ 中的 FTP 服务器的过程中用于实施入侵检测。对应 HTTP 服务器端的 IPS 配置文件在 Internet 中的终端发起访问 DMZ 中的 Web 服务器的过程中用于实施入侵检测。对应 FTP 服务器端的 IPS 配置文件在 Internet 中的终端发起访问 DMZ 中的 FTP 服务器的过程中用于实施入侵检测。对应 HTTP 客户端的 IPS 配置文件如图 9.27 所示。

```
FW1                                                                    _  □  X
<USG6000V1>display profile type ips name http_client
2019-08-22 03:39:15.950
IPS Profile Configurations:
------------------------------------------------------------------------
Name                                : http_client
Description                         :
Referenced                          : 2
State                               : committed
AttackEvidenceCollection            : disable
AssocCheck:                         : enable

SignatureSet                        : http_client
  Target                            : client
  Severity                          : high
  OS                                : N/A
  Protocol                          : HTTP
  Category                          : N/A
  Action                            : default
  Application                       : N/A

Exception:
ID      Action                                              Name
------------------------------------------------------------------------

DNS Protocol Check:

HTTP Protocol Check:
------------------------------------------------------------------------
<USG6000V1>
```

图 9.27　对应 HTTP 客户端的 IPS 配置文件

（3）允许内部网络终端发起访问 Internet 和 DMZ 中的 Web 服务器的过程的安全策略规则中引用对应 HTTP 客户端的 IPS 配置文件。允许内部网络终端发起访问 DMZ 中的 FTP 服务器的过程的安全策略规则中引用对应 FTP 客户端的 IPS 配置文件。允许 Internet 中的终端发起访问 DMZ 中的 Web 服务器的过程的安全策略规则中引用对应 HTTP 服务器端的 IPS 配置文件。允许 Internet 中的终端发起访问 DMZ 中的 FTP 服务器的过程的安全策略规则中引用对应 FTP 服务器端的 IPS 配置文件。引用对应 HTTP 客户端的 IPS 配置文件后的允许内部网络终端发起访问 Internet 中的 Web 服务器的过程的安全策略规则如图 9.28 所示。

```
FW1                                                                    _  □  X
<USG6000V1>
<USG6000V1>display security-policy rule name trusttountrust
2019-08-22 03:43:02.420
 (0 times matched)
 rule name trusttountrust
  source-zone trust
  destination-zone untrust
  source-address 192.168.1.0 mask 255.255.255.0
  service protocol tcp destination-port 80
  profile ips http_client
  action permit
<USG6000V1>
<USG6000V1>
<USG6000V1>
<USG6000V1>
```

图 9.28　引用对应 HTTP 客户端的 IPS 配置文件的安全策略规则

（4）启用所有预定义特征，提交配置文件。

9.2.6　命令行接口配置过程

1. 防火墙 USG6000V 在 9.1 节基础上增加的命令行接口配置过程

```
[USG6000V1]profile type ips name http_client
[USG6000V1-profile-ips-http_client]signature-set name http_client
[USG6000V1-profile-ips-http_client-sigset-http_client]target client
[USG6000V1-profile-ips-http_client-sigset-http_client]severity high
[USG6000V1-profile-ips-http_client-sigset-http_client]protocol http
[USG6000V1-profile-ips-http_client-sigset-http_client]quit
[USG6000V1-profile-ips-http_client]quit
[USG6000V1]profile type ips name http_server
[USG6000V1-profile-ips-http_server]signature-set name http_server
[USG6000V1-profile-ips-http_server-sigset-http_server]target server
[USG6000V1-profile-ips-http_server-sigset-http_server]severity high
[USG6000V1-profile-ips-http_server-sigset-http_server]protocol http
[USG6000V1-profile-ips-http_server-sigset-http_server]quit
[USG6000V1-profile-ips-http_server]quit
[USG6000V1]profile type ips name ftp_client
[USG6000V1-profile-ips-ftp_client]signature-set name ftp_client
[USG6000V1-profile-ips-ftp_client-sigset-ftp_client]target client
[USG6000V1-profile-ips-ftp_client-sigset-ftp_client]severity high
[USG6000V1-profile-ips-ftp_client-sigset-ftp_client]protocol ftp
[USG6000V1-profile-ips-ftp_client-sigset-ftp_client]quit
[USG6000V1-profile-ips-ftp_client]quit
[USG6000V1]profile type ips name ftp_server
[USG6000V1-profile-ips-ftp_server]signature-set name ftp_server
[USG6000V1-profile-ips-ftp_server-sigset-ftp_server]target server
[USG6000V1-profile-ips-ftp_server-sigset-ftp_server]severity high
[USG6000V1-profile-ips-ftp_server-sigset-ftp_server]protocol ftp
[USG6000V1-profile-ips-ftp_server-sigset-ftp_server]quit
[USG6000V1-profile-ips-ftp_server]quit
[USG6000V1]ips signature-state enable
Warning: All predefined signatures will be enabled. Continue? [Y/N]:y
[USG6000V1]engine configuration commit
[USG6000V1]security-policy
[USG6000V1-policy-security]rule name trusttountrust
[USG6000V1-policy-security-rule-trusttountrust]profile ips http_client
[USG6000V1-policy-security-rule-trusttountrust]quit
[USG6000V1-policy-security]rule name trusttodmz1
[USG6000V1-policy-security-rule-trusttodmz1]profile ips http_client
[USG6000V1-policy-security-rule-trusttodmz1]quit
[USG6000V1-policy-security]rule name trusttodmz2
[USG6000V1-policy-security-rule-trusttodmz2]profile ips ftp_client
[USG6000V1-policy-security-rule-trusttodmz2]quit
```

```
[USG6000V1-policy-security]rule name untrusttodmz1
[USG6000V1-policy-security-rule-untrusttodmz1]profile ips http_server
[USG6000V1-policy-security-rule-untrusttodmz1]quit
[USG6000V1-policy-security]rule name untrusttodmz2
[USG6000V1-policy-security-rule-untrusttodmz2]profile ips ftp_server
[USG6000V1-policy-security-rule-untrusttodmz2]quit
[USG6000V1-policy-security]quit
```

2. 命令列表

防火墙命令行接口配置过程中使用的命令及功能和参数说明如表 9.2 所示。

表 9.2   命令列表

命 令 格 式	功能和参数说明
profile type ips name *name*	创建 IPS 配置文件,并进入 IPS 配置文件视图。参数 *name* 是 IPS 配置文件名称
signature-set name *name*	创建 IPS 特征过滤器(也称为 IPS 签名过滤器),并进入 IPS 特征过滤器视图。参数 *name* 是特征过滤器名称
target ⟨**both**|**client**|**server**⟩	将指定检测目标的特征加入到 IPS 特征过滤器中。client 表明是检测目标为客户端的特征,server 表明是检测目标为服务器端的特征,both 表明是检测目标是客户端和服务器端的特征
severity ⟨**high**|**medium**|**low**|**information**⟩	将指定严重性的特征加入到 IPS 特征过滤器中。high 表明是威胁等级为高的特征,medium 表明是威胁等级为中的特征,low 表明是威胁等级为低的特征,information 表明是威胁等级为提示的特征
protocol ⟨*protocol-name*|**all**⟩	将指定协议的特征加入到 IPS 特征过滤器。参数 *protocol-name* 是协议名称。all 表明是所有协议
ips signature-state [**signature-id signature-id**] ⟨**enabl**|**disabl**⟩	配置预定义特征的状态,参数 *signature-id* 是特征编号。如果没有指定特征编号,表明是所有预定义特征。enable 表明启用指定特征,disable 表明禁用指定特征
engine configuration commit	提交配置,用于激活完成修改的配置
display profile type ips [**name** *name* [**signature-set-name** *signature-set-name*]]	显示 IPS 配置文件的配置信息。参数 *name* 是 IPS 配置文件名称。参数 *signature-set-name* 是 IPS 特征过滤器名称。如果指定 IPS 配置文件,则只显示指定 IPS 配置文件的配置信息。如果同时指定 IPS 配置文件和 IPS 特征过滤器,则只显示指定 IPS 特征过滤器的配置信息

第 10 章

网络设备配置实验

华为 eNSP 通过双击某个网络设备进入该网络设备的命令行界面(command-line interface,CLI),通过命令行接口开始该网络设备的配置过程,但实际网络设备的配置过程与此不同。目前存在多种配置真实网络设备的方式,主要有控制台端口配置方式、Telnet 配置方式、Web 界面配置方式、SNMP 配置方式和配置文件加载方式等。本章给出用控制台端口和 Telnet 配置方式完成对交换机和路由器实施配置的过程。

10.1　网络设备控制台端口配置实验

10.1.1　实验内容

交换机和路由器出厂时,只有默认配置,如果需要对刚购买的交换机和路由器进行配置,最直接的配置方式是采用如图 10.1 所示的控制台端口配置方式。用串行口连接线互连 PC 的 RS-232 串行口和网络设备的控制台(Console)端口,启动 PC 的超级终端程序,完成超级终端程序相关参数的配置过程,按回车键进入网络设备的命令行接口配置界面。

(a) 路由器配置方式　　　　　　　　　　　　　(b) 交换机配置方式

图 10.1　控制台端口配置方式

10.1.2　实验目的

(1) 验证真实网络设备的初始配置过程。
(2) 验证超级终端程序相关参数的配置过程。
(3) 掌握通过超级终端程序进入网络设备的命令行接口界面的步骤。

10.1.3　实验原理

完成如图 10.1 所示的连接过程后,一旦启动 PC 的超级终端程序,PC 成为路由器或交换机的终端,用于输入命令、显示命令执行结果等。

10.1.4　实验步骤

(1) 启动 eNSP,按照如图 10.1 所示的网络拓扑结构放置和连接设备,完成设备放置

和连接后的 eNSP 界面如图 10.2 所示。启动所有设备。需要说明的是,用串行口连接线
(CTL)互连 PC 的 RS-232 端口和网络设备的控制台端口(Console)。

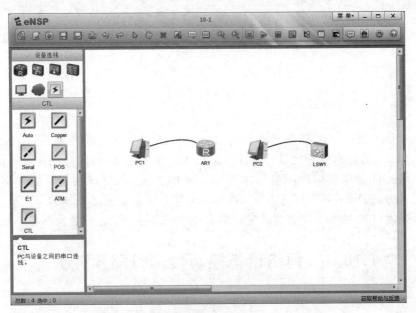

图 10.2 完成设备放置和连接后的 eNSP 界面

（2）进入 PC"串口"选项卡配置界面,确认串口参数设置无误后,单击"连接"按钮,进
入 PC 所连接设备的命令行接口界面。如图 10.3 所示是 PC1"串口"选项卡配置界面。
如图 10.4 所示是 PC1 所连接设备的命令行界面。可以通过 PC1 的命令行完成对 PC1
连接的路由器 AR1 的配置过程。PC2 可以以同样的方式进入 PC2 所连接的交换机
LSW1 的命令行界面。

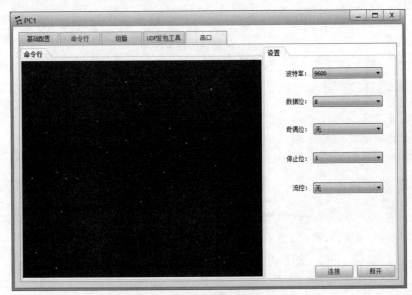

图 10.3 PC1"串口"选项卡配置界面

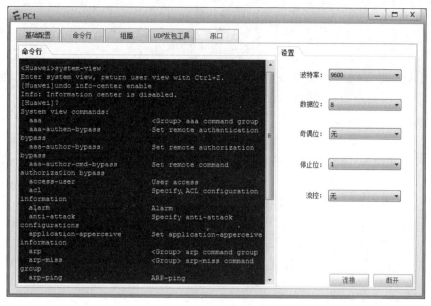

图 10.4　PC1 所连接设备的命令行界面

10.2　远程配置网络设备实验

10.2.1　实验内容

构建如图 10.5 所示的网络结构,使得终端 A 和终端 B 能够通过 Telnet 对路由器 R1、R2 和交换机 S1 实施远程配置。实际应用环境下,一般先通过控制台端口配置方式完成网络设备基本信息配置过程,如交换机管理接口地址以及与建立各个终端与交换机管理接口之间传输通路相关的信息。然后,由各个终端统一对网络设备实施远程配置。

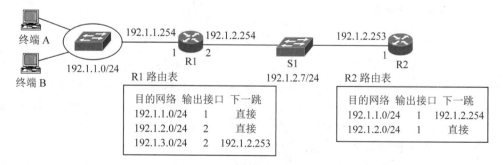

图 10.5　实施远程配置的网络结构

10.2.2　实验目的

(1) 掌握终端实施远程配置的前提条件。

(2) 验证通过 Telnet 实施远程配置的过程。

（3）掌握终端与网络设备之间传输路径的建立过程。

10.2.3　实验原理

终端通过 Telnet 对网络设备实施远程配置的前提有两个：一是需要建立终端与网络设备之间的传输路径；二是网络设备需要完成 Telnet 相关参数的配置过程。

路由器每一个接口的 IP 地址都可作为路由器的管理地址。当然，也可为路由器定义单独的管理地址，如图 10.5 所示的网络结构中，为路由器 R2 配置单独的管理地址 192.1.3.1。对于交换机，需要为交换机配置管理地址，如图 10.5 所示的交换机 S1 的管理地址 192.1.2.7。

网络设备可以配置多种鉴别远程用户身份的机制，常见的有口令和本地授权用户这两种鉴别方式。

需要说明的是，华为 eNSP 中的 PC 没有 Telnet 实用程序，因此，需要通过在另一个网络设备中启动 Telnet 实用程序实施对路由器 R1、R2 和交换机 S1 的远程配置过程。

10.2.4　关键命令说明

1. 配置交换机管理地址和子网掩码

```
[Huawei]interface vlanif 1
[Huawei-Vlanif1]ip address 192.1.2.7 24
[Huawei-Vlanif1]quit
```

interface vlanif 1 是系统视图下使用的命令，该命令的作用是定义 VLAN 1 对应的 IP 接口，并进入 VLAN 1 对应的 IP 接口的接口视图。

ip address 192.1.2.7 24 是接口视图下使用的命令，该命令的作用是为指定接口（这里是 VLAN 1 对应的 IP 接口）分配 IP 地址和子网掩码，其中 192.1.2.7 是 IP 地址，24 是网络前缀长度。

2. 配置默认网关地址

```
[Huawei]ip route-static 0.0.0.0 0 192.1.2.254
```

ip route-static 0.0.0.0 0 192.1.2.254 是系统视图下使用的命令，该命令的作用是配置静态路由项。0.0.0.0 是目的网络的网络地址，0 是目的网络的网络前缀长度，任何 IP 地址都与 0.0.0.0/0 匹配，因此，这是一项默认路由项。192.1.2.254 是下一跳 IP 地址。三层交换机通过配置默认路由项给出默认网关地址。

3. 启动 VTY 终端服务

虚拟终端（Virtual Teletype Terminal，VTY）是指这样一种远程终端，该远程终端通过建立与设备之间的 Telnet 会话，可以仿真与该设备直接连接的终端，对该设备进行管理和配置。

```
[Huawei]user-interface vty 0 4
[Huawei-ui-vty0-4]protocol inbound telnet
[Huawei-ui-vty0-4]shell
```

［Huawei-ui-vty0-4］quit

　　user-interface vty 0 4 是系统视图下使用的命令,该命令的作用有两个:一是定义允许同时建立的 Telnet 会话数量,0 和 4 将允许同时建立的 Telnet 会话的编号范围指定为 0～4;二是从系统视图进入用户界面视图,而且在该用户界面视图下完成的配置同时对编号范围为 0～4 的 Telnet 会话作用。

　　protocol inbound telnet 是用户界面视图下使用的命令,该命令的作用是指定 Telnet 为 VTY 所使用的协议。

　　shell 是用户界面视图下使用的命令,该命令的作用是启动终端服务。

4. 配置口令鉴别方式

　　远程用户通过远程终端建立与设备之间的 Telnet 会话时,设备需要鉴别远程用户身份,口令鉴别方式需要在设备中配置口令,只有能够提供与设备中配置的口令相同的口令的远程用户,才能通过设备的身份鉴别过程。

　　［Huawei］user-interface vty 0 4
　　［Huawei-ui-vty0-4］authentication-mode password
　　［Huawei-ui-vty0-4］set authentication password cipher 123456
　　［Huawei-ui-vty0-4］quit

　　authentication-mode password 是用户界面视图下使用的命令,该命令的作用是指定用口令鉴别方式鉴别远程用户身份。

　　set authentication password cipher 123456 是用户界面视图下使用的命令,该命令的作用是指定字符串"123456"为口令,关键词 cipher 表明用密文方式存储口令。

5. 配置 AAA 鉴别方式

　　AAA 是 Authentication(鉴别)、Authorization(授权)和 Accounting(计费)的简称,是网络安全的一种管理机制。AAA 鉴别方式指定用 AAA 提供的与鉴别有关的安全服务完成对远程用户的身份鉴别过程。

　　［Huawei］user-interface vty 0 4
　　［Huawei-ui-vty0-4］authentication-mode aaa
　　［Huawei-ui-vty0-4］quit
　　［Huawei］aaa
　　［Huawei-aaa］local-user aaa1 password cipher bbb1
　　［Huawei-aaa］local-user aaa1 service-type telnet
　　［Huawei-aaa］quit

　　authentication-mode aaa 是用户界面视图下使用的命令,该命令的作用是指定用 AAA 鉴别方式鉴别远程用户身份。

　　aaa 是系统视图下使用的命令,该命令的作用是从系统视图进入 AAA 视图。在 AAA 视图下,可以完成与 AAA 鉴别方式相关的配置过程。

　　local-user aaa1 password cipher bbb1 是 AAA 视图下使用的命令,该命令的作用是创建一个用户名为 aaa1、密码为 bbb1 的授权用户。关键词 cipher 表明用密文方式存储密码。

　　local-user aaa1 service-type telnet 是 AAA 视图下使用的命令,该命令的作用是指定

用户名为 aaa1 的授权用户是 Telnet 用户类型，Telnet 用户类型是指通过建立与设备之间的 Telnet 会话，对设备实施远程管理的授权用户。

6. 配置远程用户权限

```
[Huawei]user-interface vty 0 4
[Huawei-ui-vty0-4]user privilege level 15
[Huawei-ui-vty0-4]quit
```

user privilege level 15 是用户界面视图下使用的命令，该命令的作用是将远程用户的权限等级设置为 15 级。权限等级分为 0~15 级，权限等级越大，权限越高。

7. 定义环回接口

```
[Huawei]interface loopback 1
[Huawei-LoopBack1]ip address 192.1.3.1 24
[Huawei-LoopBack1]quit
```

interface loopback 1 是系统视图下使用的命令，该命令的作用是定义一个环回接口，1 是环回接口编号，每一个环回接口用唯一编号标识。环回接口是虚拟接口，需要分配 IP 地址和子网掩码，只要存在终端与该环回接口之间的传输路径，终端就可以像访问物理接口一样访问该环回接口。环回接口的 IP 地址与物理接口的 IP 地址一样，可以作为路由器的管理地址，终端可以通过建立与环回接口之间的 Telnet 会话，对路由器实施远程配置。

10.2.5　实验步骤

（1）启动 eNSP，按照如图 10.5 所示的网络拓扑结构放置和连接设备，完成设备放置和连接后的 eNSP 界面如图 10.6 所示。启动所有设备。

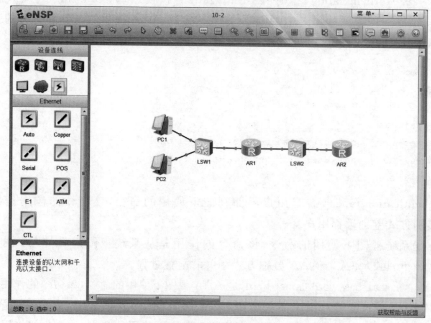

图 10.6　完成设备放置和连接后的 eNSP 界面

（2）完成路由器 AR1 和 AR2 各个接口的 IP 地址和子网掩码配置过程，在路由器 AR2 中定义一个用于管理的环回接口，并为该接口配置 IP 地址和子网掩码。为了能够远程管理交换机 LSW2，需要在交换机 LSW2 中定义管理接口，并配置 IP 地址和子网掩码。为了能够通过在交换机 LSW1 中启动 Telnet 客户端对网络设备实施远程配置，需要在交换机 LSW1 中定义管理接口，并配置 IP 地址和子网掩码。交换机 LSW1 和 LSW2 中定义的管理接口、路由器 AR1 和 AR2 各个接口的状态分别如图 10.7～图 10.10 所示。

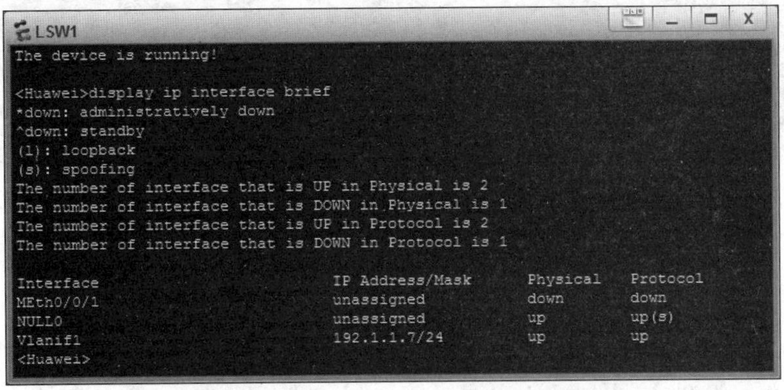

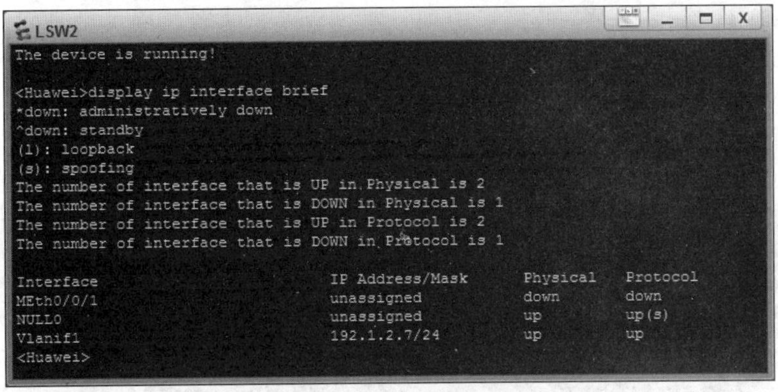

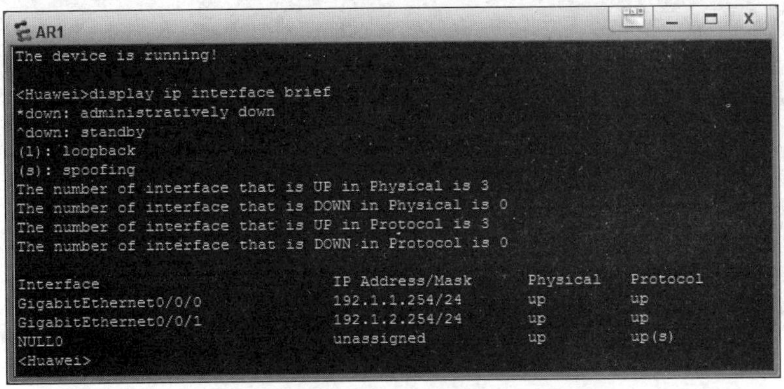

图 10.7　交换机 LSW1 中定义的管理接口的状态

图 10.8　交换机 LSW2 中定义的管理接口的状态

图 10.9　路由器 AR1 各个接口的状态

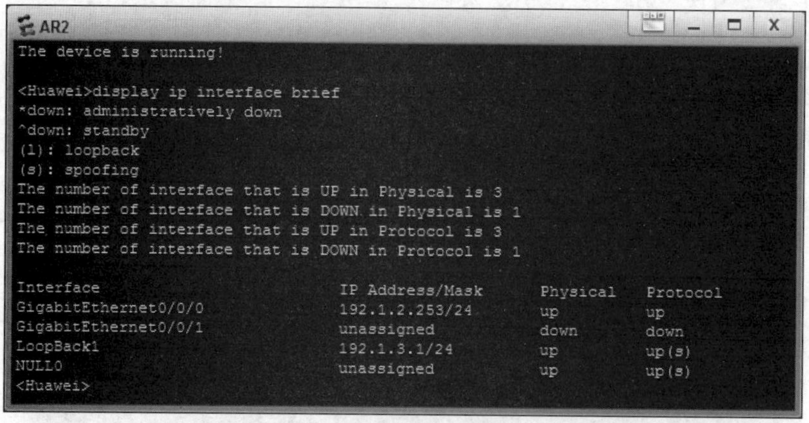

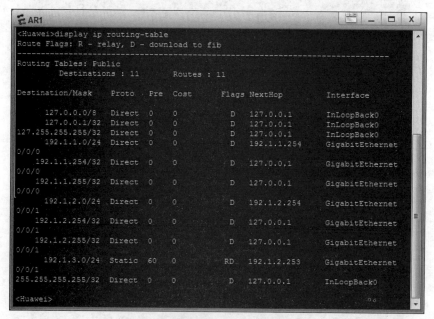

图 10.10　路由器 AR2 各个接口的状态

（3）由于路由器 AR2 环回接口的 IP 地址 192.1.3.1 属于网络地址 192.1.3.0/24，因此路由器 AR1 中需要配置用于指明通往网络 192.1.3.0/24 的传输路径的静态路由项。路由器 AR2 中需要配置用于指明通往网络 192.1.1.0/24 的传输路径的静态路由项。为了保证交换机 LSW1 和 LSW2 能够通过管理接口的 IP 地址与路由器 AR1 和 AR2 相互通信，需要为交换机 LSW1 和 LSW2 配置默认网关地址，LSW1 的默认网关地址是路由器 AR1 连接 LSW1 的接口的 IP 地址，LSW2 的默认网关地址可以在路由器 AR1 连接 LSW2 的接口的 IP 地址和路由器 AR2 连接 LSW2 的接口的 IP 地址中任选一个。路由器 AR1 和 AR2 的完整路由表、交换机 LSW1 和 LSW2 的默认路由项分别如图 10.11～图 10.14 所示。

图 10.11　路由器 AR1 的完整路由表

```
= AR2                                                    _  □  X
<Huawei>display ip routing-table
Route Flags: R - relay, D - download to fib
------------------------------------------------------------------
Routing Tables: Public
        Destinations : 11      Routes : 11

Destination/Mask    Proto   Pre  Cost        Flags NextHop         Interface

      127.0.0.0/8   Direct  0    0             D   127.0.0.1       InLoopBack0
      127.0.0.1/32  Direct  0    0             D   127.0.0.1       InLoopBack0
127.255.255.255/32  Direct  0    0             D   127.0.0.1       InLoopBack0
      192.1.1.0/24  Static  60   0             RD  192.1.2.254     GigabitEthernet
0/0/0
      192.1.2.0/24  Direct  0    0             D   192.1.2.253     GigabitEthernet
0/0/0
      192.1.2.253/32 Direct 0    0             D   127.0.0.1       GigabitEthernet
0/0/0
      192.1.2.255/32 Direct 0    0             D   127.0.0.1       GigabitEthernet
0/0/0
      192.1.3.0/24  Direct  0    0             D   192.1.3.1       LoopBack1
      192.1.3.1/32  Direct  0    0             D   127.0.0.1       LoopBack1
      192.1.3.255/32 Direct 0    0             D   127.0.0.1       LoopBack1
255.255.255.255/32  Direct  0    0             D   127.0.0.1       InLoopBack0

<Huawei>
```

图 10.12　路由器 AR2 的完整路由表

```
= LSW1                                                   _  □  X
<Huawei>display ip routing-table
Route Flags: R - relay, D - download to fib
------------------------------------------------------------------
Routing Tables: Public
        Destinations : 5       Routes : 5

Destination/Mask    Proto   Pre  Cost        Flags NextHop         Interface

      0.0.0.0/0     Static  60   0             RD  192.1.1.254     Vlanif1
      127.0.0.0/8   Direct  0    0             D   127.0.0.1       InLoopBack0
      127.0.0.1/32  Direct  0    0             D   127.0.0.1       InLoopBack0
      192.1.1.0/24  Direct  0    0             D   192.1.1.7       Vlanif1
      192.1.1.7/32  Direct  0    0             D   127.0.0.1       Vlanif1

<Huawei>
<Huawei>
<Huawei>
```

图 10.13　交换机 LSW1 的默认路由项

```
= LSW2                                                   _  □  X
The device is running!

<Huawei>display ip routing-table
Route Flags: R - relay, D - download to fib
------------------------------------------------------------------
Routing Tables: Public
        Destinations : 5       Routes : 5

Destination/Mask    Proto   Pre  Cost        Flags NextHop         Interface

      0.0.0.0/0     Static  60   0             RD  192.1.2.254     Vlanif1
      127.0.0.0/8   Direct  0    0             D   127.0.0.1       InLoopBack0
      127.0.0.1/32  Direct  0    0             D   127.0.0.1       InLoopBack0
      192.1.2.0/24  Direct  0    0             D   192.1.2.7       Vlanif1
      192.1.2.7/32  Direct  0    0             D   127.0.0.1       Vlanif1

<Huawei>
```

图 10.14　交换机 LSW2 的默认路由项

（4）完成各个 PC 的 IP 地址、子网掩码和默认网关地址的配置过程，PC1 配置的网络信息如图 10.15 所示。PC1 执行 ping 操作的界面如图 10.16 所示，PC1 与路由器 AR2 环回接口之间可以相互通信。

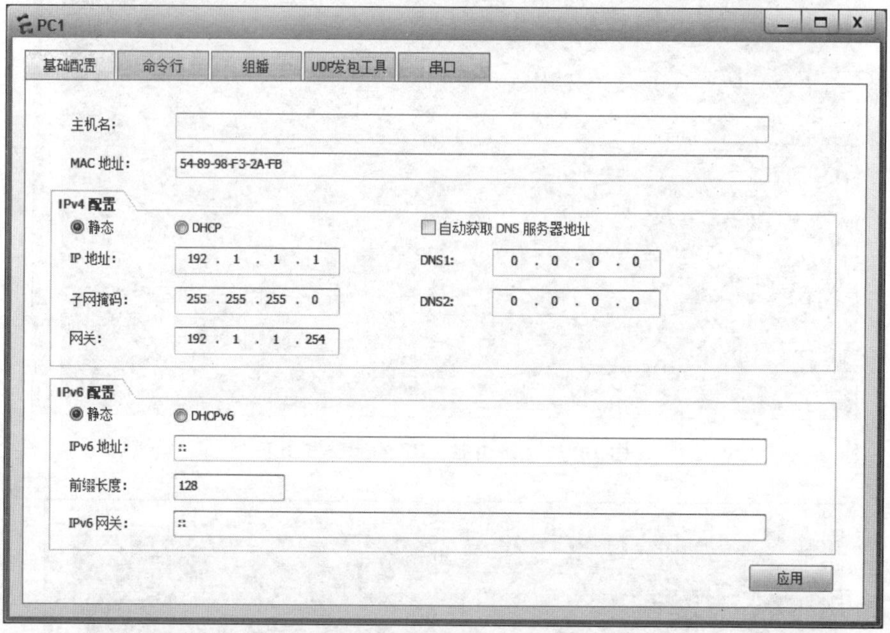

图 10.15　PC1 配置的网络信息

图 10.16　PC1 执行 ping 操作的界面

（5）在交换机 LSW1 中启动 Telnet 客户端，远程登录路由器 AR1，显示路由器 AR1 各个接口的状态。整个远程登录过程如图 10.17 所示，其中 IP 地址 192.1.2.254 是路由器 AR1 其中一个接口的 IP 地址，这里作为管理地址。交换机 LSW1 通过 Telnet 远程登录交换机 LSW2，显示交换机 LSW2 管理接口的状态的过程如图 10.18 所示，其中 IP 地址 192.1.2.7 是交换机 LSW2 管理接口的 IP 地址。交换机 LSW1 通过 Telnet 远程登录路由器 AR2,显示路由器 AR2 各个接口的状态的过程如图 10.19 所示,其中 IP 地址 192.1.3.1 是路由器 AR2 环回接口的 IP 地址。

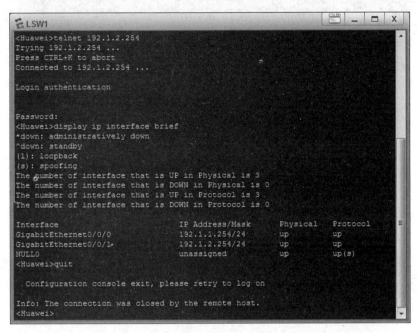

图 10.17　交换机 LSW1 通过 Telnet 远程登录路由器 AR1 的过程

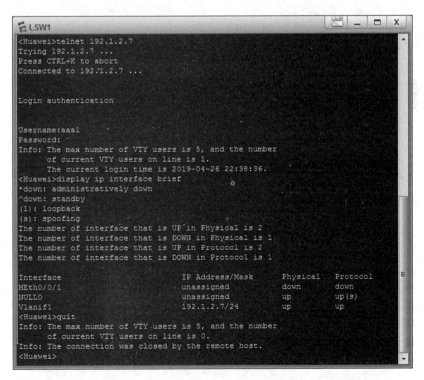

图 10.18　交换机 LSW1 通过 Telnet 远程登录交换机 LSW2 的过程

```
<Huawei>telnet 192.1.3.1
Trying 192.1.3.1 ...
Press CTRL+K to abort
Connected to 192.1.3.1 ...

Login authentication


Username:aaa2
Password:
<Huawei>display ip interface brief
*down: administratively down
^down: standby
(l): loopback
(s): spoofing
The number of interface that is UP in Physical is 3
The number of interface that is DOWN in Physical is 1
The number of interface that is UP in Protocol is 3
The number of interface that is DOWN in Protocol is 1

Interface                    IP Address/Mask       Physical    Protocol
GigabitEthernet0/0/0         192.1.2.253/24        up          up
GigabitEthernet0/0/1         unassigned            down        down
LoopBack1                    192.1.3.1/24          up          up(s)
NULL0                        unassigned            up          up(s)
<Huawei>quit

  Configuration console exit, please retry to log on

Info: The connection was closed by the remote host.
<Huawei>
```

图 10.19　交换机 LSW1 通过 Telnet 远程登录路由器 AR2 的过程

10.2.6　命令行接口配置过程

1. 路由器 AR1 命令行接口配置过程

```
<Huawei>system-view
[Huawei]undo info-center enable
[Huawei]interface GigabitEthernet0/0/0
[Huawei-GigabitEthernet0/0/0]ip address 192.1.1.254 24
[Huawei-GigabitEthernet0/0/0]quit
[Huawei]interface GigabitEthernet0/0/1
[Huawei-GigabitEthernet0/0/1]ip address 192.1.2.254 24
[Huawei-GigabitEthernet0/0/1]quit
[Huawei]ip route-static 192.1.3.0 24 192.1.2.253
[Huawei]user-interface vty 0 4
[Huawei-ui-vty0-4]shell
[Huawei-ui-vty0-4]protocol inbound telnet
[Huawei-ui-vty0-4]user privilege level 15
[Huawei-ui-vty0-4]authentication-mode password
Please configure the login password (maximum length 16):123456
[Huawei-ui-vty0-4]set authentication password cipher 123456
[Huawei-ui-vty0-4]quit
```

2. 路由器 AR2 命令行接口配置过程

```
<Huawei>system-view
[Huawei]undo info-center enable
[Huawei]interface GigabitEthernet0/0/0
[Huawei-GigabitEthernet0/0/0]ip address 192.1.2.253 24
[Huawei-GigabitEthernet0/0/0]quit
[Huawei]ip route-static 192.1.1.0 24 192.1.2.254
[Huawei]interface loopback 1
[Huawei-LoopBack1]ip address 192.1.3.1 24
[Huawei-LoopBack1]quit
[Huawei]user-interface vty 0 4
[Huawei-ui-vty0-4]shell
[Huawei-ui-vty0-4]protocol inbound telnet
[Huawei-ui-vty0-4]authentication-mode aaa
[Huawei-ui-vty0-4]user privilege level 15
[Huawei-ui-vty0-4]quit
[Huawei]aaa
[Huawei-aaa]local-user aaa2 password cipher bbb2
[Huawei-aaa]local-user aaa2 service-type telnet
[Huawei-aaa]quit
```

3. 交换机 LSW1 命令行接口配置过程

```
<Huawei>system-view
[Huawei]undo info-center enable
[Huawei]interface vlanif 1
[Huawei-Vlanif1]ip address 192.1.1.7 24
[Huawei-Vlanif1]quit
[Huawei]ip route-static 0.0.0.0 0 192.1.1.254
```

4. 交换机 LSW2 命令行接口配置过程

```
<Huawei>system-view
[Huawei]undo info-center enable
[Huawei]interface vlanif 1
[Huawei-Vlanif1]ip address 192.1.2.7 24
[Huawei-Vlanif1]quit
[Huawei]ip route-static 0.0.0.0 0 192.1.2.254
[Huawei]user-interface vty 0 4
[Huawei-ui-vty0-4]shell
[Huawei-ui-vty0-4]protocol inbound telnet
[Huawei-ui-vty0-4]authentication-mode aaa
[Huawei-ui-vty0-4]user privilege level 15
[Huawei-ui-vty0-4]quit
[Huawei]aaa
```

```
[Huawei-aaa]local-user aaa1 password cipher bbb1
[Huawei-aaa]local-user aaa1 service-type telnet
[Huawei-aaa]quit
```

5. 命令列表

交换机和路由器命令行接口配置过程中使用的命令及功能和参数说明如表 10.1 所示。

表 10.1 命令列表

命令格式	功能和参数说明
user-interface *ui-type* *first-ui-number* 〔*last-ui-number*〕	进入一个或一组用户界面视图。参数 *ui-type* 用于指定用户界面类型,用户界面类型可以是 console 或 vty,参数 *first-ui-number* 用于指定第一个用户界面编号,如果需要指定一组用户界面,用参数 *last-ui-number* 指定最后一个用户界面编号
shell	启动终端服务
protocol inbound ﹛**all**｜**ssh**｜**telnet**﹜	指定 vty 用户界面所支持的协议
authentication-mode ﹛**aaa**｜**password**｜**none**﹜	指定用于鉴别远程登录用户身份的鉴别方式
set authentication password 〔**cipher** *password*〕	在指定鉴别方式为口令鉴别方式的情况下,用于指定口令。参数 *password* 用于指定口令,关键词 cipher 表明用密文方式存储口令
user privilege level *level*	指定远程登录用户的权限等级。参数 *level* 用于指定权限等级
aaa	进入 AAA 视图
local-user *user-name* ﹛**password**﹛**cipher**｜**irreversible-cipher**﹜ *password*	创建授权用户。参数 *user-name* 用于指定用户名,参数 *password* 用于指定密码,关键词 cipher 表明用密文方式存储密码,关键词 irreversible-cipher 表明用不可逆密文方式存储密码
local-user *user-name* **service-type** ﹛**8021x**｜**ppp**｜**ssh**｜**telnet**﹜	指定授权用户的用户类型。参数 *user-name* 用于指定授权用户的用户名

10.3 控制远程配置网络设备过程实验

10.3.1 实验内容

构建如图 10.20 所示的网络结构,交换机 S1 和 S2 用于仿真启动 Telnet 实用程序的终端。为了控制远程配置网络设备过程,要求只允许交换机 S1 远程配置交换机 S3 和 S4,只允许交换机 S2 远程配置路由器 R1 和 R2。

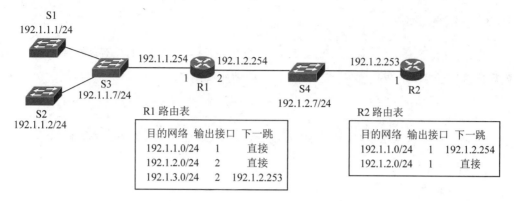

图 10.20 实施远程配置的网络结构

10.3.2 实验目的

(1) 掌握终端实施远程配置的前提条件。

(2) 掌握通过 Telnet 实施远程配置的过程。

(3) 掌握终端与网络设备之间传输路径的建立过程。

(4) 掌握控制远程配置网络设备过程的方法。

(5) 验证控制方法的实现过程。

10.3.3 实验原理

控制远程配置网络设备过程的关键是限制允许远程登录的终端(这里用交换机仿真),通过在交换机 S3 和 S4 中配置过滤规则,将允许登录的终端限制为 IP 地址为 192.1.1.1 的终端(这里是交换机 S1)。通过在路由器 R1 和 R2 中配置过滤规则,将允许登录的终端限制为 IP 地址为 192.1.1.2 的终端(这里是交换机 S2)。使得只有交换机 S1 才能远程登录交换机 S3 和 S4,对交换机 S3 和 S4 实施远程配置。只有交换机 S2 才能远程登录路由器 AR1 和 AR2,对路由器 AR1 和 AR2 实施远程配置。

10.3.4 关键命令说明

```
[Huawei]acl 2001
[Huawei-acl-basic-2001]rule 10 permit source 192.1.1.1 0
[Huawei-acl-basic-2001]quit
[Huawei]user-interface vty 0 4
[Huawei-ui-vty0-4]acl 2001 inbound
[Huawei-ui-vty0-4]quit
```

acl 2001 inbound 是用户界面视图下使用的命令,该命令的作用是限制允许远程登录的设备。这里将允许远程登录的设备的 IP 地址范围限制在编号为 2001 的 acl 规定的 IP 地址范围内。编号为 2001 的 acl 规定的 IP 地址范围是 192.1.1.1/32,即唯一 IP 地址 192.1.1.1。

10.3.5 实验步骤

(1) 启动 eNSP，按照如图 10.20 所示的网络拓扑结构放置和连接设备，完成设备放置和连接后的 eNSP 界面如图 10.21 所示。启动所有设备。

eNSP
10-3
菜单
设备连线
Ethernet
Auto
Copper
Serial
POS
E1
ATM
CTL
Ethernet
连接设备的以太网和千兆以太接口。
LSW1
LSW3
AR1
LSW4
AR2
LSW2
总数：6 选中：0
获取帮助与反馈

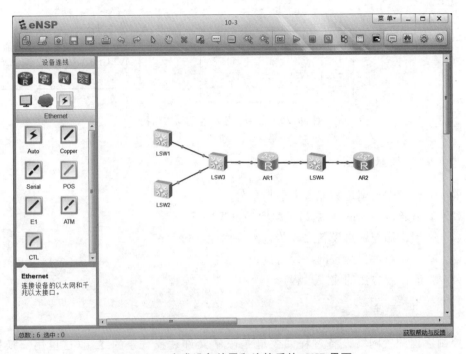

图 10.21 完成设备放置和连接后的 eNSP 界面

(2) 为了使得交换机 LSW1 和 LSW2 能够远程登录其他网络设备，需要为交换机 LSW1 和 LSW2 配置管理地址和默认路由项。交换机 LSW1 和 LSW2 的管理地址分别如图 10.22 和图 10.23 所示。

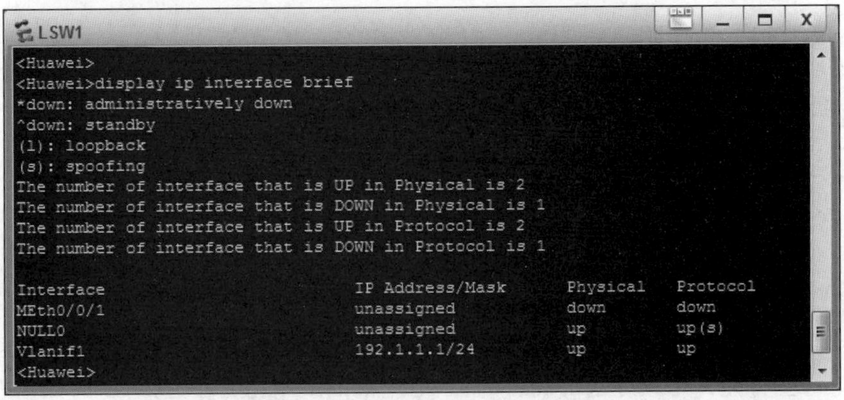

LSW1
<Huawei>
<Huawei>display ip interface brief
*down: administratively down
^down: standby
(l): loopback
(s): spoofing
The number of interface that is UP in Physical is 2
The number of interface that is DOWN in Physical is 1
The number of interface that is UP in Protocol is 2
The number of interface that is DOWN in Protocol is 1
Interface IP Address/Mask Physical Protocol
MEth0/0/1 unassigned down down
NULL0 unassigned up up(s)
Vlanif1 192.1.1.1/24 up up
<Huawei>

图 10.22 交换机 LSW1 的管理地址

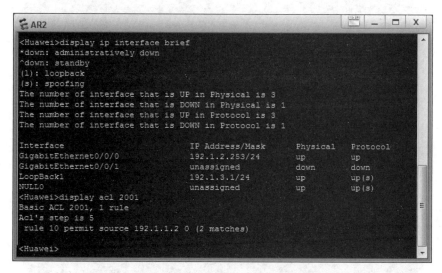

图 10.23　交换机 LSW2 的管理地址

（3）完成路由器 AR1 和 AR2 各个接口的 IP 地址和子网掩码配置过程，完成路由器 AR1 和 AR2 静态路由项配置过程，完成路由器 AR1 和 AR2 有关用户接口 VTY 的配置过程，将允许远程登录的设备限制为 IP 地址为 192.1.1.2 的设备。路由器 AR2 配置的各个接口的 IP 地址和 acl 如图 10.24 所示。

图 10.24　路由器 AR2 配置的各个接口的 IP 地址和 acl

（4）完成交换机 LSW3 和 LSW4 管理地址和默认路由项配置过程，完成交换机 LSW3 和 LSW4 有关用户接口 VTY 的配置过程，将允许远程登录的设备限制为 IP 地址为 192.1.1.1 的设备。交换机 LSW3 配置的管理地址和 acl 如图 10.25 所示。

（5）交换机 LSW1 通过启动 Telnet 客户端程序远程登录路由器 AR2 时失败，远程登录交换机 LSW3 时成功，表明交换机 LSW1 无法远程登录路由器 AR2，但可以远程登录交换机 LSW3。交换机 LSW1 远程登录路由器 AR2 和交换机 LSW3 的过程如图 10.26 所示。

图 10.25 交换机 LSW3 配置的管理地址和 acl

图 10.26 交换机 LSW1 远程登录路由器 AR2 和交换机 LSW3 的过程

（6）交换机 LSW2 通过启动 Telnet 客户端程序远程登录交换机 LSW3 时失败，远程登录路由器 AR2 时成功，表明交换机 LSW2 无法远程登录交换机 LSW3，但可以远程登录路由器 AR2。交换机 LSW2 远程登录交换机 LSW3 和路由器 AR2 的过程如图 10.27 所示。

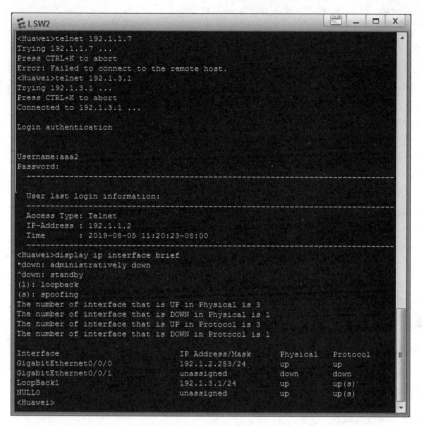

图 10.27　交换机 LSW2 远程登录交换机 LSW3 和路由器 AR2 的过程

10.3.6　命令行接口配置过程

1. 交换机 LSW1 命令行接口配置过程

```
<Huawei>system-view
[Huawei]undo info-center enable
[Huawei]interface vlanif 1
[Huawei-Vlanif1]ip address 192.1.1.1 24
[Huawei-Vlanif1]quit
[Huawei]ip route-static 0.0.0.0 0 192.1.1.254
```

交换机 LSW2 命令行接口配置过程与交换机 LSW1 相似，这里不再赘述。

2. 交换机 LSW3 命令行接口配置过程

```
<Huawei>system-view
[Huawei]undo info-center enable
[Huawei]interface vlanif 1
[Huawei-Vlanif1]ip address 192.1.1.7 24
[Huawei-Vlanif1]quit
```

```
[Huawei]ip route-static 0.0.0.0 0 192.1.1.254
[Huawei]user-interface vty 0 4
[Huawei-ui-vty0-4]shell
[Huawei-ui-vty0-4]protocol inbound telnet
[Huawei-ui-vty0-4]authentication-mode aaa
[Huawei-ui-vty0-4]user privilege level 15
[Huawei-ui-vty0-4]quit
[Huawei]aaa
[Huawei-aaa]local-user aaa3 password cipher bbb3
[Huawei-aaa]local-user aaa3 service-type telnet
[Huawei-aaa]quit
[Huawei]acl 2001
[Huawei-acl-basic-2001]rule 10 permit source 192.1.1.1 0
[Huawei-acl-basic-2001]quit
[Huawei]user-interface vty 0 4
[Huawei-ui-vty0-4]acl 2001 inbound
[Huawei-ui-vty0-4]quit
```

交换机 LSW4 命令行接口配置过程与交换机 LSW3 相似,这里不再赘述。

3. 路由器 AR1 和路由器 AR2 与限制远程登录设备有关的配置过程

路由器 AR1 和路由器 AR2 命令行接口配置过程在 10.2.6 的基础上,增加以下与限制远程登录设备有关的配置过程。

```
[Huawei]acl 2001
[Huawei-acl-basic-2001]rule 10 permit source 192.1.1.2 0
[Huawei-acl-basic-2001]quit
[Huawei]user-interface vty 0 4
[Huawei-ui-vty0-4]acl 2001 inbound
[Huawei-ui-vty0-4]quit
```

4. 命令列表

交换机和路由器命令行接口配置过程中使用的命令及功能和参数说明如表 10.2 所示。

表 10.2　命令列表

命 令 格 式	功能和参数说明
acl *acl-number* **inbound**	限制允许远程登录的设备,将允许远程登录的设备的 IP 地址范围限制在 acl 规定的 IP 地址范围内。参数 *acl-number* 是 acl 编号。inbound 表明是用于限制远程登录到本设备的设备

第 11 章

计算机安全实验

终端提供一些用于监控网络状态的命令,这些命令的执行过程与终端连接的网络环境有关,为了更好地理解终端提供的网络监控命令的功能和执行过程,基于华为 eNSP 构建一个用于测试网络监控命令执行过程的环境,并在该网络环境下深入讨论网络监控命令的功能和执行过程。

11.1 网络监控命令测试环境实验

11.1.1 实验内容

为了完成网络监控命令测试实验,需要构建一个如图 11.1 所示的便于终端测试网络监控命令执行过程的网络环境,该网络环境中包含以太网、动态主机配置协议(Dynamic Host Configuration Protocol,DHCP)服务器、域名系统(Domain Name System,DNS)服务器、Web 服务器和由若干路由器组成的 IP 传输路径等。

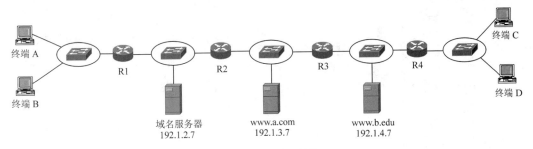

图 11.1 互联网结构

路由器 R1 同时作为 DHCP 服务器,为各个终端自动分配网络信息。两个 Web 服务器分别分配完全合格域名 www.a.com 和 www.b.edu,要求网络中的域名服务器能够完成对完全合格域名 www.a.com 和 www.b.edu 的解析过程。使得终端可以通过完全合格域名 www.a.com 和 www.b.edu 访问这两个 Web 服务器。

11.1.2 实验目的

(1) 建立由若干路由器组成的 IP 传输路径。

(2) 建立域名系统,可以用完全合格域名访问 Web 服务器。

（3）建立地址解析协议（Address Resolution Protocol，ARP）的工作环境。

（4）构建一个便于终端测试网络监控命令执行过程的网络环境。

11.1.3　实验原理

路由器通过配置接口的 IP 地址和子网掩码自动生成直连路由项，通过配置 RIP 相关信息，在直连路由项的基础上自动生成用于指明没有与其直接连接的网络的传输路径的动态路由项，以此完成 IP 传输路径的构建过程。终端与 DHCP 服务器构成通过 DHCP 自动完成终端网络信息配置过程的工作环境。终端与域名服务器构成通过 DNS 完成完全合格域名解析过程的工作环境。终端与 Web 服务器构成通过交换 HTTP 消息完成 Web 服务器访问过程的工作环境。以太网构成实现 ARP 解析过程的工作环境。

11.1.4　实验步骤

（1）启动 eNSP，按照如图 11.1 所示的网络拓扑结构放置和连接设备，完成设备放置和连接后的 eNSP 界面如图 11.2 所示。启动所有设备。

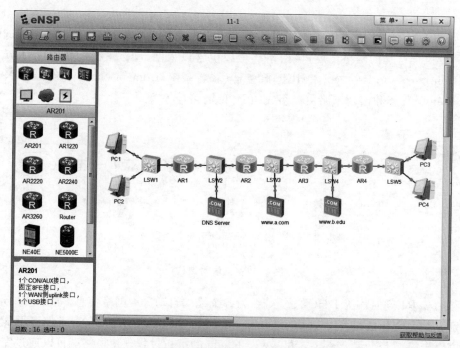

图 11.2　完成设备放置和连接后的 eNSP 界面

（2）完成路由器 AR1～AR4 各个接口的 IP 地址和子网掩码配置过程，路由器 AR1～AR4 的接口状态分别如图 11.3～图 11.6 所示。

（3）完成路由器 AR1～AR4 RIP 配置过程，路由器 AR1～AR4 的完整路由表分别如图 11.7～图 11.10 所示。

图 11.3 路由器 AR1 的接口状态

图 11.4 路由器 AR2 的接口状态

图 11.5 路由器 AR3 的接口状态

图 11.6 路由器 AR4 的接口状态

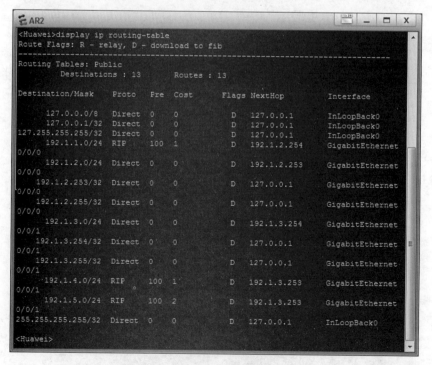

图 11.7　路由器 AR1 的完整路由表

图 11.8　路由器 AR2 的完整路由表

```
AR3
<Huawei>display ip routing-table
Route Flags: R - relay, D - download to fib
------------------------------------------------------------------------
Routing Tables: Public
        Destinations : 13        Routes : 13

Destination/Mask      Proto   Pre   Cost      Flags NextHop         Interface

      127.0.0.0/8     Direct  0     0           D   127.0.0.1       InLoopBack0
      127.0.0.1/32    Direct  0     0           D   127.0.0.1       InLoopBack0
127.255.255.255/32    Direct  0     0           D   127.0.0.1       InLoopBack0
      192.1.1.0/24    RIP     100   2           D   192.1.3.254     GigabitEthernet
0/0/0
      192.1.2.0/24    RIP     100   1           D   192.1.3.254     GigabitEthernet
0/0/0
      192.1.3.0/24    Direct  0     0           D   192.1.3.253     GigabitEthernet
0/0/0
    192.1.3.253/32    Direct  0     0           D   127.0.0.1       GigabitEthernet
0/0/0
    192.1.3.255/32    Direct  0     0           D   127.0.0.1       GigabitEthernet
0/0/0
      192.1.4.0/24    Direct  0     0           D   192.1.4.254     GigabitEthernet
0/0/1
    192.1.4.254/32    Direct  0     0           D   127.0.0.1       GigabitEthernet
0/0/1
    192.1.4.255/32    Direct  0     0           D   127.0.0.1       GigabitEthernet
0/0/1
      192.1.5.0/24    RIP     100   1           D   192.1.4.253     GigabitEthernet
0/0/1
255.255.255.255/32    Direct  0     0           D   127.0.0.1       InLoopBack0

<Huawei>
```

图 11.9 路由器 AR3 的完整路由表

```
AR4
<Huawei>display ip routing-table
Route Flags: R - relay, D - download to fib
------------------------------------------------------------------------
Routing Tables: Public
        Destinations : 13        Routes : 13

Destination/Mask      Proto   Pre   Cost      Flags NextHop         Interface

      127.0.0.0/8     Direct  0     0           D   127.0.0.1       InLoopBack0
      127.0.0.1/32    Direct  0     0           D   127.0.0.1       InLoopBack0
127.255.255.255/32    Direct  0     0           D   127.0.0.1       InLoopBack0
      192.1.1.0/24    RIP     100   3           D   192.1.4.254     GigabitEthernet
0/0/0
      192.1.2.0/24    RIP     100   2           D   192.1.4.254     GigabitEthernet
0/0/0
      192.1.3.0/24    RIP     100   1           D   192.1.4.254     GigabitEthernet
0/0/0
      192.1.4.0/24    Direct  0     0           D   192.1.4.253     GigabitEthernet
0/0/0
    192.1.4.253/32    Direct  0     0           D   127.0.0.1       GigabitEthernet
0/0/0
    192.1.4.255/32    Direct  0     0           D   127.0.0.1       GigabitEthernet
0/0/0
      192.1.5.0/24    Direct  0     0           D   192.1.5.254     GigabitEthernet
0/0/1
    192.1.5.254/32    Direct  0     0           D   127.0.0.1       GigabitEthernet
0/0/1
    192.1.5.255/32    Direct  0     0           D   127.0.0.1       GigabitEthernet
0/0/1
255.255.255.255/32    Direct  0     0           D   127.0.0.1       InLoopBack0

<Huawei>
```

图 11.10 路由器 AR4 的完整路由表

(4) 完成路由器 AR1 IP 地址池配置过程，分别配置基于接口的 IP 地址池和名为 aa 的全局 IP 地址池。完成路由器 AR4 有关中继代理配置过程，将路由器 AR1 连接交换机 LSW2 的接口的 IP 地址作为中继代理地址。路由器 AR1 配置的 IP 地址池如图 11.11 所示，路由器 AR4 配置的有关中继代理的信息如图 11.12 所示。

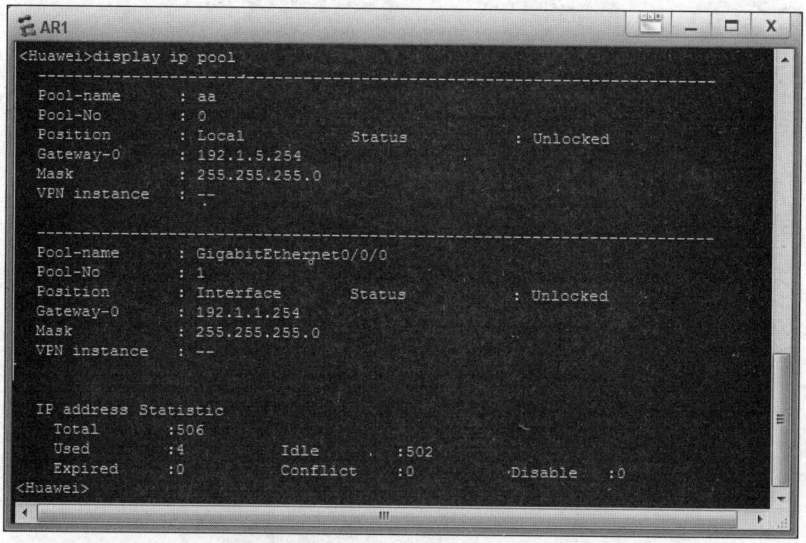

```
<Huawei>display ip pool
  -----------------------------------------------------------------------
  Pool-name      : aa
  Pool-No        : 0
  Position       : Local           Status           : Unlocked
  Gateway-0      : 192.1.5.254
  Mask           : 255.255.255.0
  VPN instance   : --

  -----------------------------------------------------------------------
  Pool-name      : GigabitEthernet0/0/0
  Pool-No        : 1
  Position       : Interface       Status           : Unlocked
  Gateway-0      : 192.1.1.254
  Mask           : 255.255.255.0
  VPN instance   : --


  IP address Statistic
    Total       :506
    Used        :4          Idle        :502
    Expired     :0          Conflict    :0          Disable   :0
<Huawei>
```

图 11.11　路由器 AR1 配置的 IP 地址池

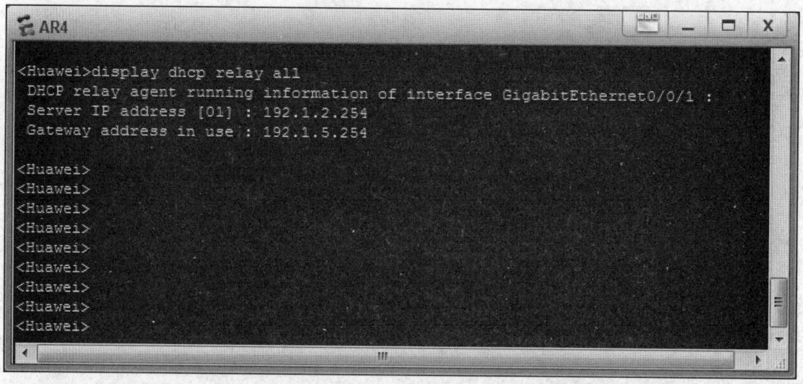

```
<Huawei>display dhcp relay all
 DHCP relay agent running information of interface GigabitEthernet0/0/1 :
 Server IP address [01] : 192.1.2.254
 Gateway address in use : 192.1.5.254

<Huawei>
<Huawei>
<Huawei>
<Huawei>
<Huawei>
<Huawei>
<Huawei>
<Huawei>
<Huawei>
```

图 11.12　路由器 AR4 配置的有关中继代理的信息

(5) 各个 PC 通过 DHCP 自动获取网络信息，PC1 的基础配置界面如图 11.13 所示，自动获取的网络信息如图 11.14 所示。PC3 自动获取的网络信息如图 11.15 所示。

(6) 完成 DNS 服务器配置过程，DNS 服务器的基础配置界面如图 11.16 所示，资源记录配置界面如图 11.17 所示。PC 获取的网络信息中包含 DNS 服务器的 IP 地址，资源记录分别建立完全合格域名 www.a.com 和 www.b.edu 与对应的 Web 服务器的 IP 地址之间的关系。

图 11.13　PC1 的基础配置界面

图 11.14　PC1 自动获取的网络信息

图 11.15　PC3 自动获取的网络信息

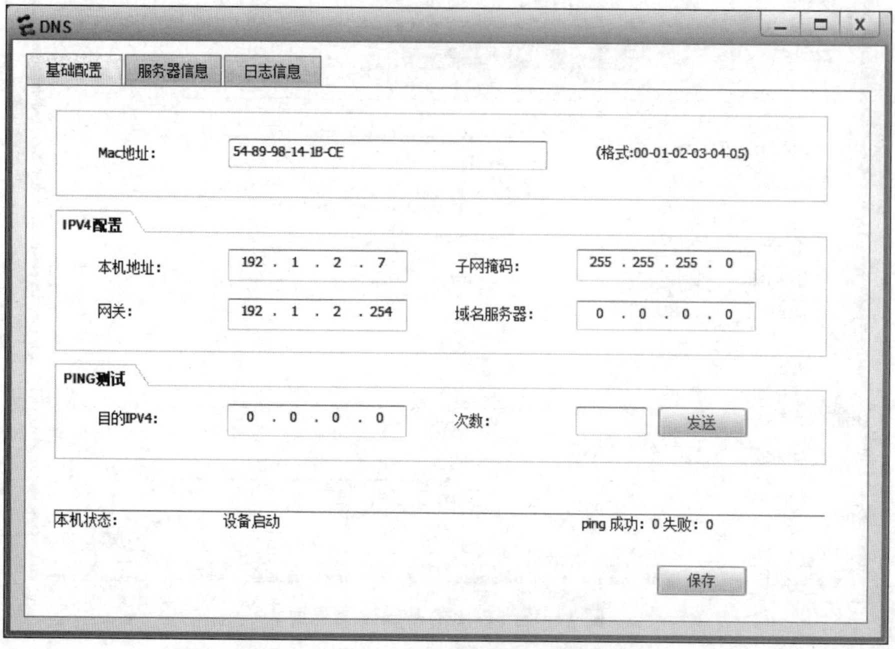

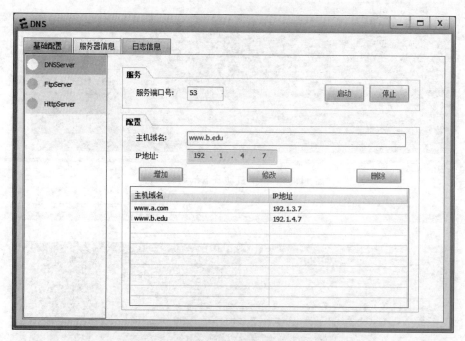

图 11.16　DNS 服务器的基础配置界面

图 11.17　DNS 服务器资源记录配置界面

（7）验证 PC 之间通信过程，验证 PC 与服务器之间通信过程。PC1 用完全合格域名 www.a.com ping 通完全合格域名为 www.a.com 的 Web 服务器的过程如图 11.18 所示。PC1 ping 通 PC3 的过程如图 11.19 所示。

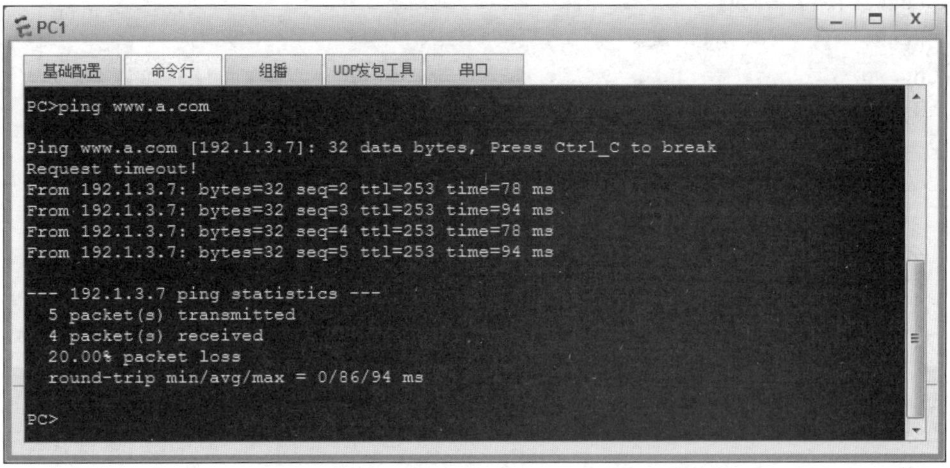

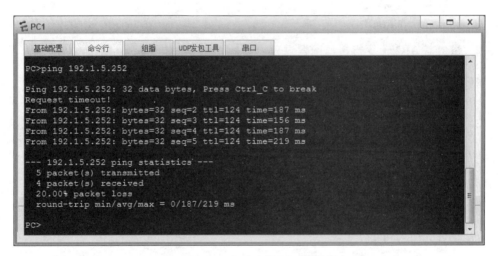

图 11.18 PC1 ping 通 Web 服务器的过程

图 11.19 PC1 ping 通 PC3 的过程

11.1.5 命令行接口配置过程

1. 路由器 AR1 命令行接口配置过程

```
<Huawei>system-view
[Huawei]undo info-center enable
[Huawei]interface GigabitEthernet0/0/0
[Huawei-GigabitEthernet0/0/0]ip address 192.1.1.254 24
[Huawei-GigabitEthernet0/0/0]quit
[Huawei]interface GigabitEthernet0/0/1
[Huawei-GigabitEthernet0/0/1]ip address 192.1.2.254 24
[Huawei-GigabitEthernet0/0/1]quit
[Huawei]dhcp enable
```

```
[Huawei]ip pool aa
[Huawei-ip-pool-aa]network 192.1.5.0 mask 24
[Huawei-ip-pool-aa]gateway-list 192.1.5.254
[Huawei-ip-pool-aa]dns-list 192.1.2.7
[Huawei-ip-pool-aa]quit
[Huawei]interface GigabitEthernet0/0/0
[Huawei-GigabitEthernet0/0/0]dhcp select interface
[Huawei-GigabitEthernet0/0/0]dhcp server dns-list 192.1.2.7
[Huawei-GigabitEthernet0/0/0]quit
[Huawei]interface GigabitEthernet0/0/1
[Huawei-GigabitEthernet0/0/1]dhcp select global
[Huawei-GigabitEthernet0/0/1]quit
[Huawei]rip 1
[Huawei-rip-1]version 2
[Huawei-rip-1]network 192.1.1.0
[Huawei-rip-1]network 192.1.2.0
[Huawei-rip-1]quit
```

2. 路由器 AR2 命令行接口配置过程

```
<Huawei>system-view
[Huawei]undo info-center enable
[Huawei]interface GigabitEthernet0/0/0
[Huawei-GigabitEthernet0/0/0]ip address 192.1.2.253 24
[Huawei-GigabitEthernet0/0/0]quit
[Huawei]interface GigabitEthernet0/0/1
[Huawei-GigabitEthernet0/0/1]ip address 192.1.3.254 24
[Huawei-GigabitEthernet0/0/1]quit
[Huawei]rip 2
[Huawei-rip-2]version 2
[Huawei-rip-2]network 192.1.2.0
[Huawei-rip-2]network 192.1.3.0
[Huawei-rip-2]quit
```

3. 路由器 AR3 命令行接口配置过程

```
<Huawei>system-view
[Huawei]undo info-center enable
[Huawei]interface GigabitEthernet0/0/0
[Huawei-GigabitEthernet0/0/0]ip address 192.1.3.253 24
[Huawei-GigabitEthernet0/0/0]quit
[Huawei]interface GigabitEthernet0/0/1
[Huawei-GigabitEthernet0/0/1]ip address 192.1.4.254 24
[Huawei-GigabitEthernet0/0/1]quit
[Huawei]rip 3
[Huawei-rip-3]version 2
```

```
[Huawei-rip-3]network 192.1.3.0
[Huawei-rip-3]network 192.1.4.0
[Huawei-rip-3]quit
```

4. 路由器 AR4 命令行接口配置过程

```
<Huawei>system-view
[Huawei]undo info-center enable
[Huawei]interface GigabitEthernet0/0/0
[Huawei-GigabitEthernet0/0/0]ip address 192.1.4.253 24
[Huawei-GigabitEthernet0/0/0]quit
[Huawei]interface GigabitEthernet0/0/1
[Huawei-GigabitEthernet0/0/1]ip address 192.1.5.254 24
[Huawei-GigabitEthernet0/0/1]quit
[Huawei]dhcp enable
[Huawei]interface GigabitEthernet0/0/1
[Huawei-GigabitEthernet0/0/1]dhcp select relay
[Huawei-GigabitEthernet0/0/1]dhcp relay server-ip 192.1.2.254
[Huawei-GigabitEthernet0/0/1]quit
[Huawei]rip 4
[Huawei-rip-4]version 2
[Huawei-rip-4]network 192.1.4.0
[Huawei-rip-4]network 192.1.5.0
[Huawei-rip-4]quit
```

11.2 网络监控命令测试实验

11.2.1 实验内容

基于 11.1 节的网络环境,完成命令 arp、ping、tracert 和 ipconfig 的测试过程。

11.2.2 实验目的

(1) 掌握网络监控命令的功能。
(2) 查看实际网络环境下各种命令的执行过程和执行结果。
(3) 掌握网络监控命令在网络管理和控制方面的应用。
(4) 查看监控命令执行过程中涉及的报文传输过程。

11.2.3 arp 命令测试实验

1. arp 命令执行过程

当连接在同一以太网上的两个结点之间相互通信时,一个结点必须获取另一个结点的 MAC 地址。每一个结点将其他结点的 IP 地址和 MAC 地址对存储在 ARP 缓冲区中,arp 命令用于处理 ARP 缓冲区中的内容。为了查看 arp 命令执行过程,启动 PC1 以太网接口的捕获报文功能。

　　初始状态下,PC1 没有与连接在同一以太网上的其他结点相互通信,因此,ARP 缓冲区是空的,如图 11.20 所示。路由器 AR1 的缓冲区中同样也没有 PC1 的 IP 地址和MAC 地址对,如图 11.21 所示。当 PC1 发起访问路由器 AR1 连接交换机 LSW1 的接口的过程时,PC1 将根据路由器 AR1 连接交换机 LSW1 的接口的 IP 地址(PC1 的默认网关地址)解析出该接口的 MAC 地址。PC1 发送 ARP 请求报文,请求报文中给出 PC1 的 IP地址和 MAC 地址对以及路由器 AR1 连接交换机 LSW1 的接口的 IP 地址,如图 11.22所示。路由器 AR1 的 ARP 缓冲区中将存储 PC1 的 IP 地址和 MAC 地址对,如图 11.23所示。同时,向 PC1 发送 ARP 响应报文,响应报文中给出路由器 AR1 连接交换机LSW1 的接口的 IP 地址和 MAC 地址对,如图 11.24 所示。PC1 同样将路由器 AR1 连接交换机 LSW1 的接口的 IP 地址和 MAC 地址对存储在 ARP 缓冲区中,如图 11.25 所示。

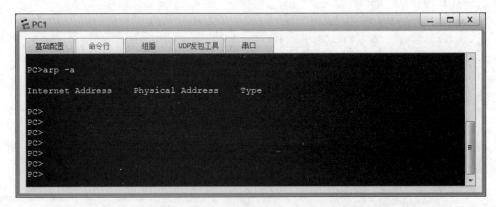

图 11.20　PC1 ARP 缓冲区初始状态

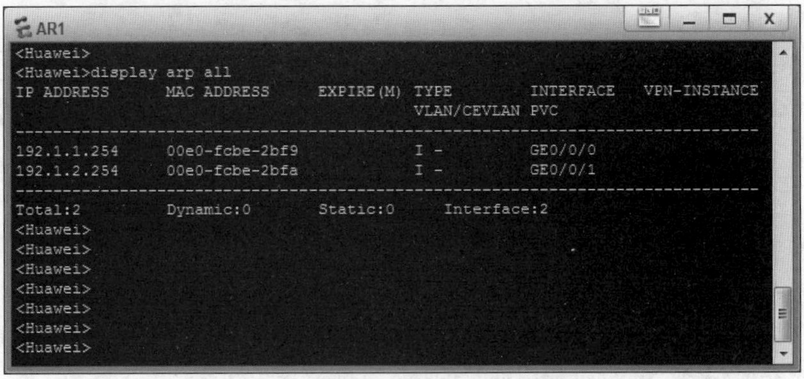

图 11.21　路由器 AR1 ARP 缓冲区状态一

2. arp 命令的安全作用

　　ARP 缓冲区用于存储地址解析结果,因此,必须保证 ARP 缓冲区中 IP 地址和 MAC地址对是正确的。可以通过以下方法防止 ARP 缓冲区中出现错误的 IP 地址和 MAC 地址对:一是可以通过 arp 命令定期检查 ARP 缓冲区中内容,及时删除可能存在问题的 IP

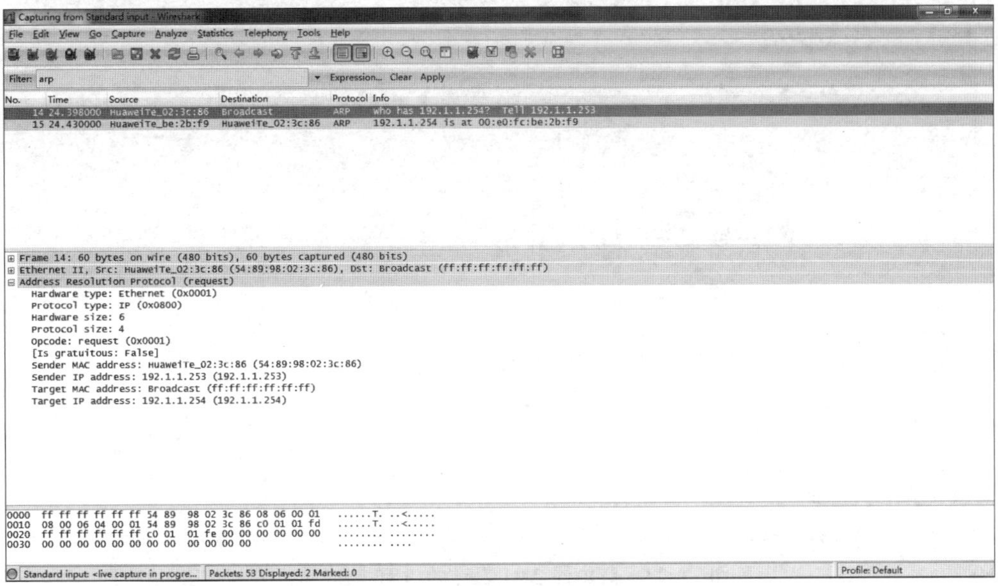

图 11.22 PC1 发送的 ARP 请求报文

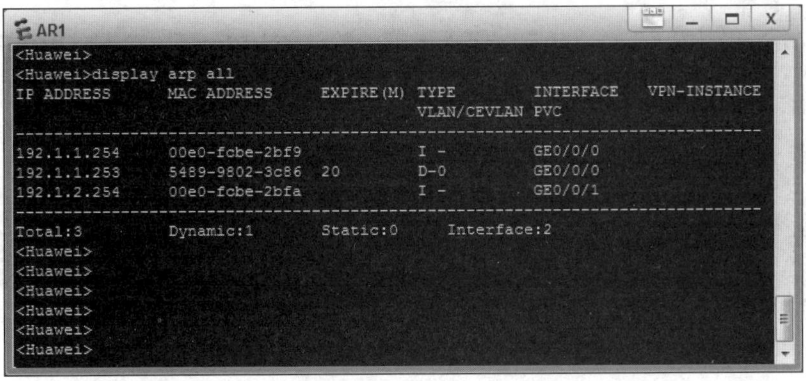

图 11.23 路由器 AR1 ARP 缓冲区状态二

地址和 MAC 地址对;二是对于重要的,且 IP 地址和 MAC 地址之间关系较长时间维持不变的,可以采用配置静态 IP 地址和 MAC 地址对的方法。以下是 arp 命令的几种选项。

显示 ARP 缓冲区命令:arp -a;

删除 ARP 缓冲区命令:arp -d;

配置静态 IP 地址和 MAC 地址对的命令:arp -s IP 地址 MAC 地址。

11.2.4 ping 命令测试实验

1. ping 命令执行过程

为了查看 PC1 与 PC3 之间 ICMP 报文交换过程,分别启动 PC1 和 PC3 以太网接口的捕获报文功能。执行 ping 命令的界面如图 11.26 所示,ping 命令执行过程中,PC1 发送一个 ICMP ECHO 请求报文给 PC3,该 ICMP ECHO 请求报文被封装成以 PC1 的 IP

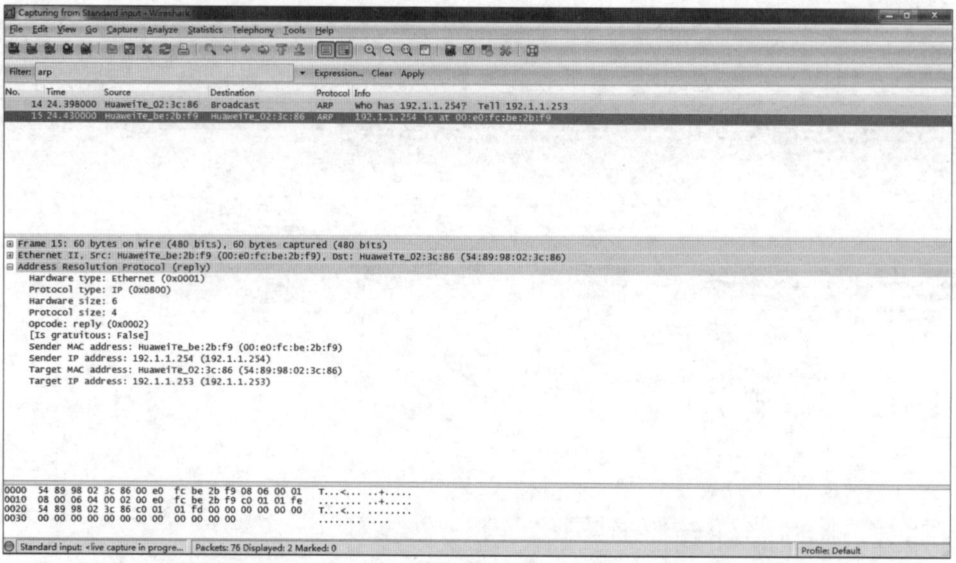

图 11.24　路由器 AR1 发送的 ARP 响应报文

图 11.25　PC1 ARP 缓冲区状态

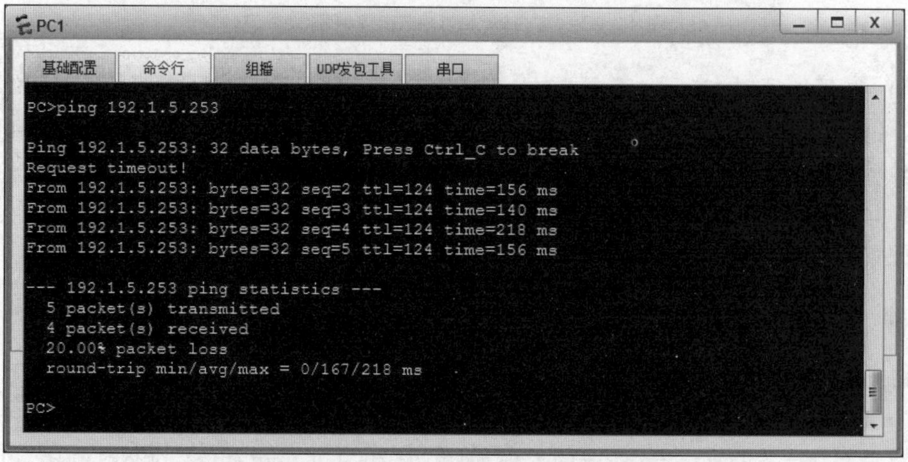

图 11.26　PC1 执行 ping 命令的界面

地址为源 IP 地址、以 PC3 的 IP 地址为目的 IP 地址的 IP 分组,该 IP 分组的格式如图 11.27 所示,TTL 字段值为 128。PC3 接收到的 IP 分组的格式如图 11.28 所示,TTL 字段值为 124,表明该 IP 分组经过 4 跳路由器。PC3 接收到 ICMP ECHO 请求报文后,向 PC1 发送 ICMP ECHO 响应报文。PC1 接收到 PC3 发送的 ICMP ECHO 响应报文后,完成一次 ICMP ECHO 请求和响应过程,即一次 ICMP 会话。

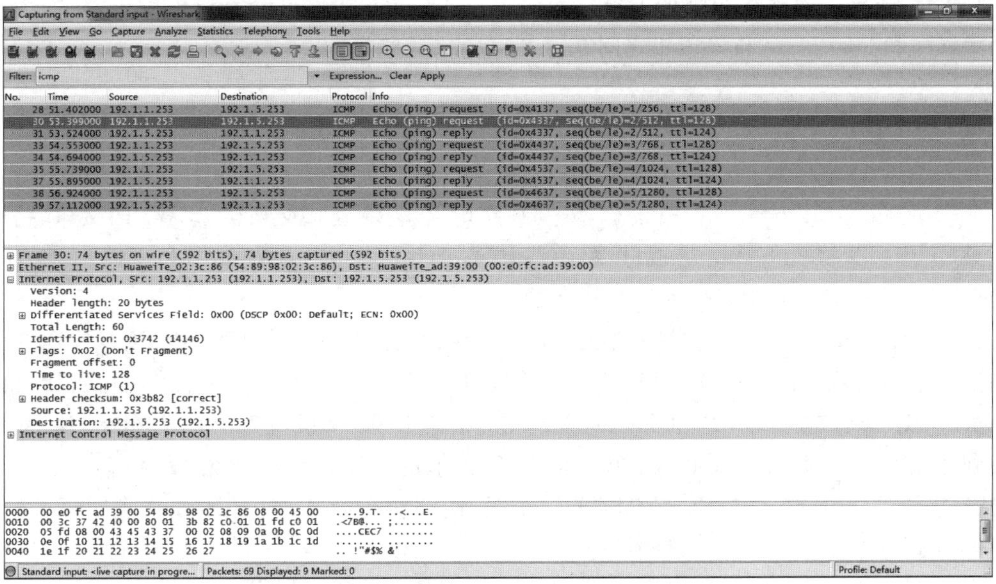

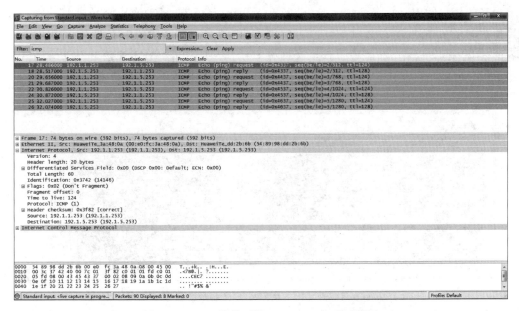

图 11.27 PC1 发送的 ICMP ECHO 请求报文

图 11.28 PC3 接收到的 ICMP ECHO/请求报文

2. ping 命令的安全作用

ping 命令一是可以测试目的主机是否在线,二是可以测试源主机和目的主机之间是否存在传输通路,三是可以得出源主机与目的主机之间传输通路经过的路由器跳数。因此,ping 命令既是非常有用的网络监测命令,也是黑客用于寻找、测试攻击目标的工具。

可以通过主机防火墙关闭某个主机响应 ICMP ECHO 请求报文的功能。某个主机一旦关闭响应 ICMP ECHO 请求报文的功能,其他主机将无法 ping 通该主机,从而无法获悉该主机是否在线,与该主机之间是否存在传输通路等。

11.2.5　tracert 命令测试实验

1. tracert 命令执行过程

为了查看 tracert 命令执行过程,分别在路由器 AR1 连接交换机 LSW1 的接口、路由器 AR2 连接交换机 LSW2 的接口、路由器 AR3 连接交换机 LSW3 的接口和路由器 AR4 连接交换机 LSW4 的接口启动捕获报文功能。

PC1 执行 tracert 命令的界面如图 11.29 所示,执行结果给出 IP 分组 PC1 至 PC3 传输过程中所有经过路由器输入该 IP 分组的接口的 IP 地址。为了获取这些路由器接口的 IP 地址,PC1 首先将 ICMP ECHO 请求报文封装成 TTL 字段值为 1 的 IP 分组,该 IP 分组到达路由器 AR1 后,路由器 AR1 将该 IP 分组的 TTL 字段值减 1。由于减 1 后的 TTL 字段值为 0,该 IP 分组被路由器 AR1 丢弃,路由器 AR1 向 PC1 发送表明 TTL 字段值溢出的差错报告报文。该差错报告报文封装成以路由器 AR1 接收该 ICMP ECHO 请求报文的接口的 IP 地址为源 IP 地址、以 PC1 的 IP 地址为目的 IP 地址的 IP 分组。PC1 接收到封装该差错报告报文的 IP 分组后,获取路由器 AR1 接收该 ICMP ECHO 请求报文的接口的 IP 地址。因此,如图 11.30 所示的路由器 AR1 连接交换机 LSW1 的接口捕获的报文序列中,封装 ICMP ECHO 请求报文且 TTL 字段值为 1 的 IP 分组与封装表明 TTL 字段值溢出的差错报告报文且源 IP 地址为路由器 AR1 连接交换机 LSW1 的接口(也是接收该 ICMP ECHO 请求报文的接口)的 IP 地址的 IP 分组是相互对应的。

图 11.29　PC1 执行 tracert 命令的界面

路由器 AR2 连接交换机 LSW2 的接口捕获的报文序列如图 11.31 所示,所有封装 ICMP ECHO 请求报文且 TTL 字段值为 1 的 IP 分组对应如图 11.30 所示的路由器 AR1

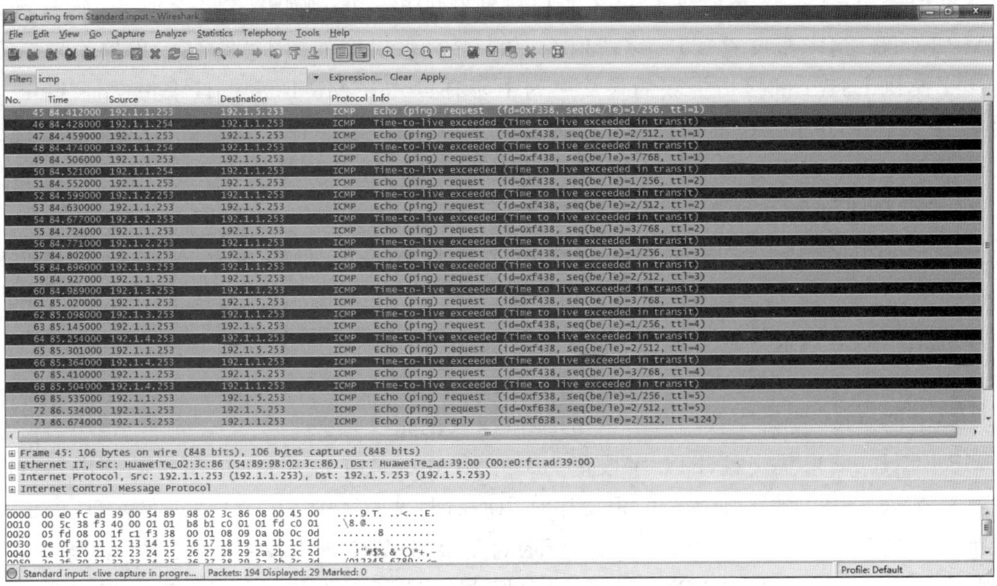

图 11.30　路由器 AR1 连接交换机 LSW1 的接口捕获的报文序列

连接交换机 LSW1 的接口捕获的报文序列中所有封装 ICMP ECHO 请求报文且 TTL 字段值为 2 的 IP 分组。如图 11.31 所示的报文序列中,封装 ICMP ECHO 请求报文且 TTL 字段值为 1 的 IP 分组与封装表明 TTL 字段值溢出的差错报告报文且源 IP 地址为路由器 AR2 连接交换机 LSW2 的接口的 IP 地址的 IP 分组是相互对应的。PC1 根据 AR2 发送的封装表明 TTL 字段值溢出的差错报告报文的 IP 分组获取路由器 AR2 连接交换机 LSW2 的接口的 IP 地址。

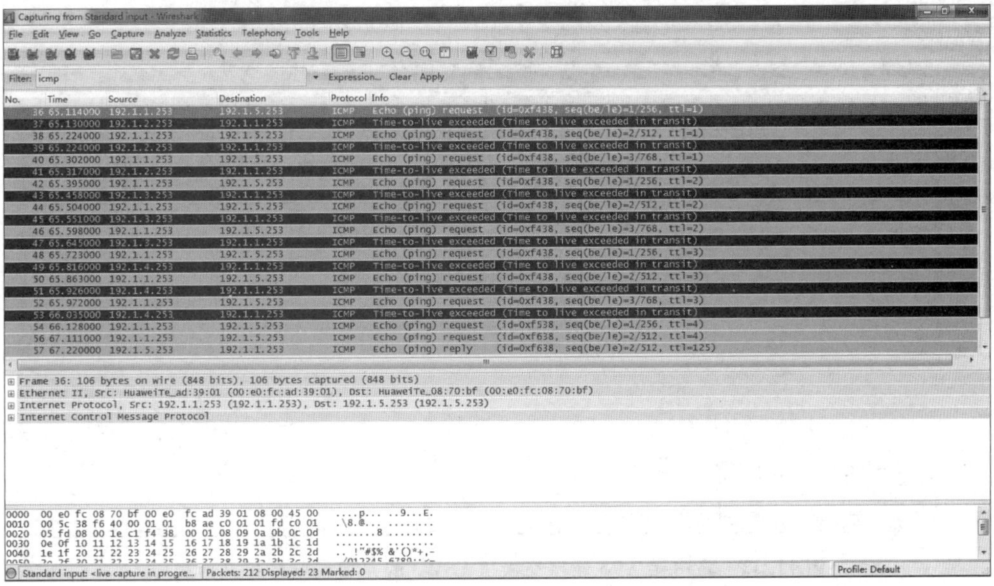

图 11.31　路由器 AR2 连接交换机 LSW2 的接口捕获的报文序列

路由器 AR3 连接交换机 LSW3 的接口捕获的报文序列如图 11.32 所示,所有封装 ICMP ECHO 请求报文且 TTL 字段值为 1 的 IP 分组对应如图 11.30 所示的路由器 AR1 连接交换机 LSW1 的接口捕获的报文序列中所有封装 ICMP ECHO 请求报文且 TTL 字段值为 3 的 IP 分组。也对应如图 11.31 所示的路由器 AR2 连接交换机 LSW2 的接口捕获的报文序列中所有封装 ICMP ECHO 请求报文且 TTL 字段值为 2 的 IP 分组。如图 11.32 所示的报文序列中,封装 ICMP ECHO 请求报文且 TTL 字段值为 1 的 IP 分组与封装表明 TTL 字段值溢出的差错报告报文且源 IP 地址为路由器 AR3 连接交换机 LSW3 的接口的 IP 地址的 IP 分组是相互对应的。PC1 根据 AR3 发送的封装表明 TTL 字段值溢出的差错报告报文的 IP 分组获取路由器 AR3 连接交换机 LSW3 的接口的 IP 地址。

路由器 AR4 连接交换机 LSW4 的接口捕获的报文序列如图 11.33 所示,所有封装 ICMP ECHO 请求报文且 TTL 字段值为 1 的 IP 分组对应如图 11.30 所示的路由器 AR1 连接交换机 LSW1 的接口捕获的报文序列中所有封装 ICMP ECHO 请求报文且 TTL 字段值为 4 的 IP 分组。对应如图 11.31 所示的路由器 AR2 连接交换机 LSW2 的接口捕获的报文序列中所有封装 ICMP ECHO 请求报文且 TTL 字段值为 3 的 IP 分组。对应如图 11.32 所示的路由器 AR3 连接交换机 LSW3 的接口捕获的报文序列中所有封装 ICMP ECHO 请求报文且 TTL 字段值为 2 的 IP 分组。如图 11.33 所示的报文序列中,封装 ICMP ECHO 请求报文且 TTL 字段值为 1 的 IP 分组与封装表明 TTL 字段值溢出的差错报告报文且源 IP 地址为路由器 AR4 连接交换机 LSW4 的接口的 IP 地址的 IP 分组是相互对应的。PC1 根据 AR4 发送的封装表明 TTL 字段值溢出的差错报告报文的 IP 分组获取路由器 AR4 连接交换机 LSW4 的接口的 IP 地址。

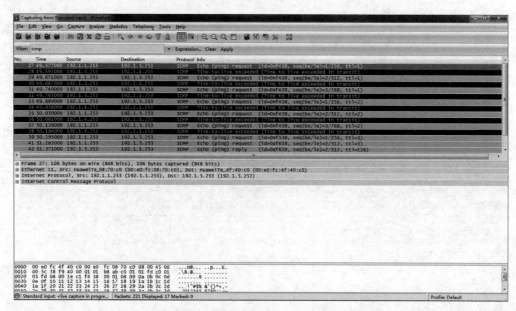

图 11.32　路由器 AR3 连接交换机 LSW3 的接口捕获的报文序列

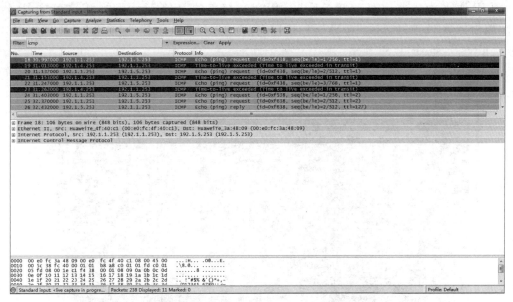

图 11.33　路由器 AR4 连接交换机 LSW4 的接口捕获的报文序列

2. tracert 命令的安全作用

tracert 命令不仅可以监测源主机与目的主机之间的传输通路,还可以获取源主机与目的主机之间传输通路经过的所有路由器用于输入源主机至目的主机 IP 分组的接口的 IP 地址。获取路由器接口的 IP 地址是远程登录该路由器的前提。黑客获取某个路由器接口的 IP 地址后,通过暴力破解该路由器的登录密码,远程登录该路由器。

黑客可以通过获取不同源主机与目的主机之间传输通路经过的所有路由器用于输入源主机至目的主机 IP 分组的接口的 IP 地址,分析出网络的拓扑结构,以此制定攻击方案。

因此,tracert 命令既是监控网络通路,了解网络拓扑结构的有效工具,同时,也是黑客实施攻击的有效工具。可以通过关闭路由器发送 ICMP 差错报告报文的功能,防止黑客获取源主机与目的主机之间传输通路经过的所有路由器用于输入源主机至目的主机 IP 分组的接口的 IP 地址。

11.2.6　ipconfig 命令测试实验

1. ipconfig 命令执行过程

PC3 执行 ipconfig 命令的界面如图 11.34 所示,该命令用于显示 PC3 的网络信息,包括 PC3 的 IP 地址、子网掩码、默认网关地址和域名服务器地址等。如果 PC3 通过 DHCP 自动从 DHCP 服务器获取网络信息,可以通过命令 ipconfig /release 释放已经获得的网络信息,如图 11.34 所示。PC3 也可以通过命令 ipconfig /renew 再次通过 DHCP 自动从 DHCP 服务器获取网络信息,如图 11.35 所示。11.1 节讨论的网络环境中,路由器 AR1 作为 DHCP 服务器,路由器 AR4 作为中继代理,因此,PC3 发送的 DHCP 发现或请求消息,经过路由器 AR4 中继后,封装成以路由器 AR4 连接交换机 LSW5 的接口的 IP 地址为源 IP 地址、路由器 AR1 连接交换机 LSW2 的接口的 IP 地址为目的 IP 地址的 IP 分组,路由器 AR4 连接交换机 LSW5 的接口的 IP 地址成为中继代理 IP 地址(Relay agent IP address),如图 11.36 所示。

图 11.34　PC3 执行命令 ipconfig 和 ipconfig/release 的界面

图 11.35　PC3 执行命令 ipconfig/renew 的界面

2. ipconfig 命令的安全作用

配置正确的网络信息是保证终端正确访问网络的前提。许多黑客也是通过篡改终端配置的网络信息实施攻击过程,如通过篡改默认网关地址实施截获攻击,通过篡改域名服务器地址实施钓鱼网站攻击等。因此,可以通过不定时检查终端当前的网络信息,发现已经被黑客篡改的配置信息。

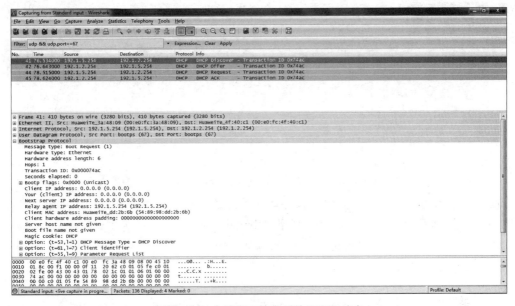

图 11.36　中继代理转发后的 DHCP 消息

终端通过 DHCP 自动从 DHCP 服务器获取网络信息的方法极大地提高了终端上网的方便性，但也为黑客实施 DHCP 欺骗攻击提供了有利条件。除了网络需要提供防御 DHCP 欺骗攻击的机制外，终端也需要通过不时检测获取的网络信息的变化情况，及时发现黑客实施的 DHCP 欺骗攻击。

第 12 章

网络安全综合应用实验

有些企业除了需要访问 Internet,还需要访问行业专用网,对于这种企业,存在用相同的私有 IP 地址随时访问 Internet 和行业专用网的需求。对于需要提供信息服务的企业,存在允许远程用户通过虚拟专用网络(Virtual Private Network,VPN)接入企业网,并对企业网中的信息资源进行访问的需求。本章的两个综合应用实验给出满足这些需求的企业网的设计和配置过程。

12.1 PAT 应用实验

12.1.1 系统需求

假定某个企业网由两个内部网络组成,一个内部网络连接管理员终端,另一个内部网络连接员工终端。企业网同时连接两个外部网络,一个是 Internet,一个行业服务网。Internet 和行业服务网都对该企业网分配了全球 IP 地址,但无论是 Internet,还是行业服务网都只负责路由目的 IP 地址为分配给该企业网的全球 IP 地址的 IP 分组。

允许所有人员访问 Internet,但只允许管理员访问行业服务网。要求完成企业网的设计和配置过程。

12.1.2 分配的信息

Internet 分配给企业网的网络信息如下,IP 地址为 192.1.1.1,子网掩码为 255.255.255.0,默认网关地址为 192.1.1.2,域名服务器地址为 192.1.2.253。

行业服务网分配给企业网的网络信息如下,IP 地址为 200.1.1.1,子网掩码为 255.255.255.0,默认网关地址为 200.1.1.2,域名服务器地址为 200.1.2.253。

Internet 的全球 IP 地址范围是任意的。行业服务网的全球 IP 地址范围是 200.1.2.0/24。

12.1.3 网络设计

1. 网络结构

网络结构如图 12.1 所示,路由器 R1 是企业网的核心路由器,接口 1 和接口 2 分别连接内部网络 1 和内部网络 2,接口 3 和接口 4 分别连接边缘路由器 R2 和 R3。边缘路由器 R2 用于实现企业网和 Internet 互连,连接 Internet 的接口配置 Internet 分配给企业网的全球 IP 地址 192.1.1.1。边缘路由器 R3 用于实现企业网和行业服务网互连,连接行业服务网的接口配置行业服务网分配给企业网的全球 IP 地址 200.1.1.1。内部网络 1 连接管理员终端,内部网络 2 连接员工终端。

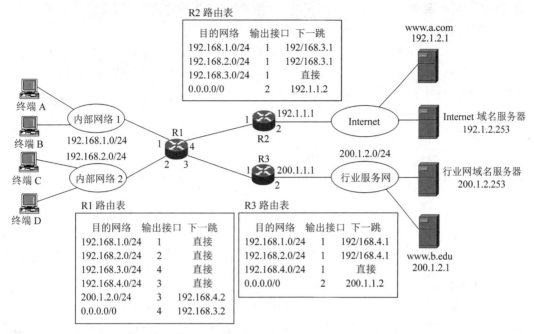

图 12.1　网络结构

2. 路由表

如图 12.1 所示,路由器 R1 的路由表中存在三类路由项。第一类是直连路由项,用于指明通往直接连接的企业网中各个子网的传输路径。第二类是静态路由项,用于指明通往行业服务网的传输路径。能够给出用于指明通往行业服务网的传输路径的静态路由项的前提是,行业服务网的网络地址是确定的,为 200.1.2.0/24。第三类是默认路由项,用于指明通往 Internet 的传输路径。所有目的 IP 地址没有与路由表中其他路由项匹配的 IP 分组,根据默认路由项转发。

路由器 R2 和 R3 路由表中存在两类路由项:一类是用于指明通往企业网中各个子网的传输路径的路由项;另一类是用于指明通往 Internet(路由器 R2)或行业服务网(路由器 R3)的传输路径的默认路由项。默认路由项的下一跳 IP 地址是 Internet 或行业服务网分配给企业网的默认网关地址。

3. DNS

域名系统(Domain Name System,DNS)实现完全合格域名的解析过程。分别在 Internet 和行业服务网中设置域名服务器,用于解析 Internet 和行业服务网的完全合格域名。连接内部网络 1 的终端设置 Internet 和行业服务网中域名服务器的 IP 地址。连接内部网络 2 的终端只设置 Internet 中域名服务器的 IP 地址。

4. PAT

企业网中的终端访问 Internet 或行业服务网时,需要使用 Internet 或行业服务网分配给企业网的全球 IP 地址。由于允许内部网络 1 和内部网络 2 中的终端访问 Internet，因此，路由器 R2 需要进行端口地址转换（Port Address Translation，PAT）的源 IP 地址范围包括 192.168.1.0/24 和 192.168.2.0/24。由于只允许内部网络 1 中的终端访问行业服务网，因此，路由器 R3 需要进行 PAT 的源 IP 地址范围只包括 192.168.1.0/24。

5. 访问控制

企业网中的终端可以通过路由器 R1 自动获取网络信息，为了防御动态主机配置协议（Dynamic Host Configuration Protocol，DHCP）欺骗攻击，禁止企业网连接其他 DHCP 服务器，因此，需要启动企业网中相关交换机的防 DHCP 欺骗功能。

为了防止内部网络 2 中的终端访问行业服务网，需要在路由器 R1 接口 2 的输入方向设置分组过滤器，过滤掉内部网络 2 中终端发送的、目的网络是行业服务网的 IP 分组。分组过滤器的过滤规则如下。

① 协议类型＝∗，源 IP 地址＝192.168.2.0/24，目的 IP 地址＝200.1.2.0/24；丢弃。

② 协议类型＝∗，源 IP 地址＝any，目的 IP 地址＝any；正常转发。

12.1.4　华为 eNSP 实现过程

1. 实验步骤

（1）启动 eNSP，按照如图 12.1 所示的网络拓扑结构放置和连接设备，完成设备放置和连接后的 eNSP 界面如图 12.2 所示。启动所有设备。需要说明的是，用路由器 AR4 和交换机 LSW3 仿真如图 12.1 所示的 Internet，用路由器 AR5 和交换机 LSW4 仿真如

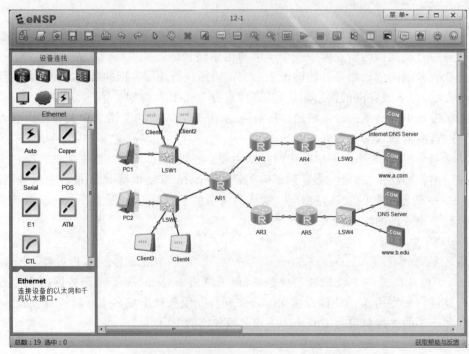

图 12.2　完成设备放置和连接后的 eNSP 界面

图 12.1 所示的行业服务网。路由器 AR4 成为路由器 AR2 通往 Internet 传输路径上的下一跳路由器,路由器 AR5 成为路由器 AR3 通往行业服务网传输路径上的下一跳路由器。

（2）完成所有路由器各个接口的 IP 地址和子网掩码配置过程,路由器 AR1～AR5 的接口状态分别如图 12.3～图 12.7 所示。

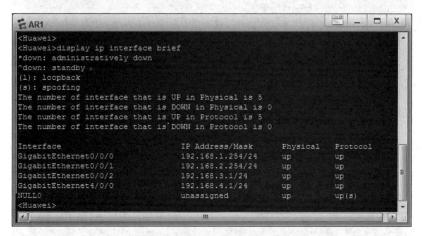

图 12.3 路由器 AR1 的接口状态

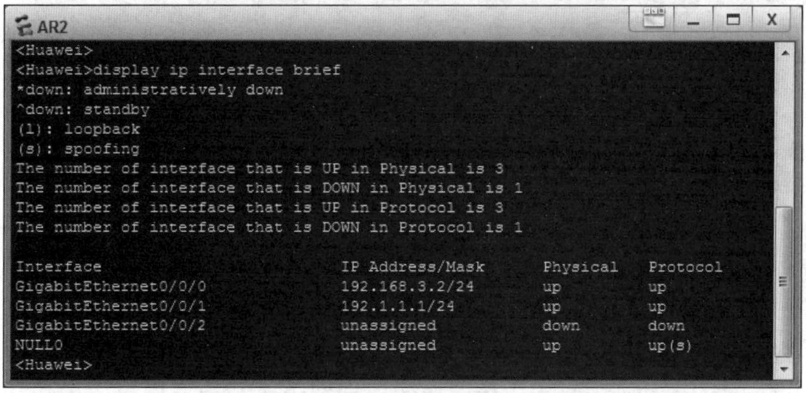

图 12.4 路由器 AR2 的接口状态

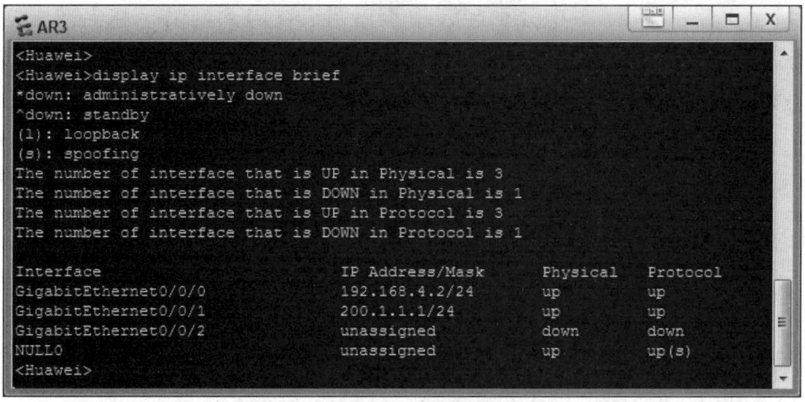

图 12.5 路由器 AR3 的接口状态

图 12.6　路由器 AR4 的接口状态

图 12.7　路由器 AR5 的接口状态

（3）路由器 AR1 中分别配置用于指明通往行业服务网的传输路径的静态路由项和用于指明通往 Internet 的传输路径的默认路由项。路由器 AR1 的完整路由表如图 12.8所示。路由器 AR2 中分别配置用于指明通往内部网络 1 和内部网络 2 的传输路径的静态路由项，用于指明通往 Internet 的传输路径的默认路由项。路由器 AR2 的完整路由表如图 12.9 所示。路由器 AR3 中分别配置用于指明通往内部网络 1 和内部网络 2 的传输路径的静态路由项，用于指明通往行业服务网的传输路径的默认路由项。路由器 AR3 的完整路由表如图 12.10 所示。

（4）将路由器 AR1 作为 DHCP 服务器，用于为连接在内部网络 1 和内部网络 2 上的PC 自动分配网络信息。启动基于接口定义作用域的功能，分别在路由器 AR1 连接内部网络 1 和内部网络 2 的接口上定义针对内部网络 1 和内部网络 2 的作用域。路由器 AR1基于接口定义的作用域如图 12.11 所示。

（5）分别在内部网络 1 中的 PC1 和内部网络 2 中的 PC2 上启动通过 DHCP 自动获取网络信息的功能，PC1 的基础配置界面如图 12.12 所示，PC1 自动获取的网络信息如图12.13 所示。PC2 自动获取的网络信息如图 12.14 所示。

```
AR1                                                        _ □ X
<Huawei>display ip routing-table
Route Flags: R - relay, D - download to fib
------------------------------------------------------------------------
Routing Tables: Public
         Destinations : 18      Routes : 18

Destination/Mask     Proto   Pre  Cost    Flags NextHop        Interface

        0.0.0.0/0    Static  60   0        RD   192.168.3.2    GigabitEthernet
0/0/2
      127.0.0.0/8    Direct  0    0         D   127.0.0.1      InLoopBack0
      127.0.0.1/32   Direct  0    0         D   127.0.0.1      InLoopBack0
127.255.255.255/32   Direct  0    0         D   127.0.0.1      InLoopBack0
    192.168.1.0/24   Direct  0    0         D   192.168.1.254  GigabitEthernet
0/0/0
  192.168.1.254/32   Direct  0    0         D   127.0.0.1      GigabitEthernet
0/0/0
  192.168.1.255/32   Direct  0    0         D   127.0.0.1      GigabitEthernet
0/0/0
    192.168.2.0/24   Direct  0    0         D   192.168.2.254  GigabitEthernet
0/0/1
  192.168.2.254/32   Direct  0    0         D   127.0.0.1      GigabitEthernet
0/0/1
  192.168.2.255/32   Direct  0    0         D   127.0.0.1      GigabitEthernet
0/0/1
    192.168.3.0/24   Direct  0    0         D   192.168.3.1    GigabitEthernet
0/0/2
  192.168.3.1/32     Direct  0    0         D   127.0.0.1      GigabitEthernet
0/0/2
192.168.3.255/32     Direct  0    0         D   127.0.0.1      GigabitEthernet
0/0/2
  192.168.4.0/24     Direct  0    0         D   192.168.4.1    GigabitEthernet
4/0/0
  192.168.4.1/32     Direct  0    0         D   127.0.0.1      GigabitEthernet
4/0/0
 192.168.4.255/32    Direct  0    0         D   127.0.0.1      GigabitEthernet
4/0/0
      200.1.2.0/24   Static  60   0        RD   192.168.4.2    GigabitEthernet
4/0/0
255.255.255.255/32   Direct  0    0         D   127.0.0.1      InLoopBack0

<Huawei>
```

图 12.8　路由器 AR1 的完整路由表

```
AR2                                                        _ □ X
<Huawei>display ip routing-table
Route Flags: R - relay, D - download to fib
------------------------------------------------------------------------
Routing Tables: Public
         Destinations : 13      Routes : 13

Destination/Mask     Proto   Pre  Cost    Flags NextHop        Interface

        0.0.0.0/0    Static  60   0        RD   192.1.1.2      GigabitEthernet
0/0/1
      127.0.0.0/8    Direct  0    0         D   127.0.0.1      InLoopBack0
      127.0.0.1/32   Direct  0    0         D   127.0.0.1      InLoopBack0
127.255.255.255/32   Direct  0    0         D   127.0.0.1      InLoopBack0
      192.1.1.0/24   Direct  0    0         D   192.1.1.1      GigabitEthernet
0/0/1
      192.1.1.1/32   Direct  0    0         D   127.0.0.1      GigabitEthernet
0/0/1
    192.1.1.255/32   Direct  0    0         D   127.0.0.1      GigabitEthernet
0/0/1
    192.168.1.0/24   Static  60   0        RD   192.168.3.1    GigabitEthernet
0/0/0
    192.168.2.0/24   Static  60   0        RD   192.168.3.1    GigabitEthernet
0/0/0
    192.168.3.0/24   Direct  0    0         D   192.168.3.2    GigabitEthernet
0/0/0
  192.168.3.2/32     Direct  0    0         D   127.0.0.1      GigabitEthernet
0/0/0
 192.168.3.255/32    Direct  0    0         D   127.0.0.1      GigabitEthernet
255.255.255.255/32   Direct  0    0         D   127.0.0.1      InLoopBack0

<Huawei>
```

图 12.9　路由器 AR2 的完整路由表

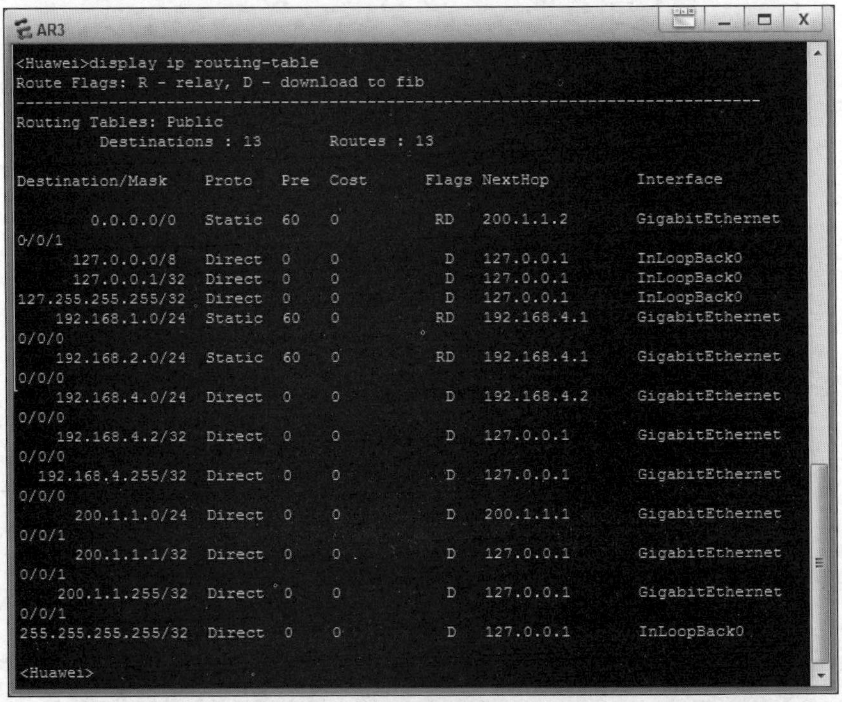

图 12.10　路由器 AR3 的完整路由表

图 12.11　路由器 AR1 基于接口定义的作用域

（6）分别在路由器 AR2 和 AR3 中完成 PAT 配置过程，启动路由器 AR2 和 AR3 的 PAT 功能，路由器 AR2 对内部网络 1 和内部网络 2 中终端发送的 IP 分组实施 PAT 过程。路由器 AR3 只对内部网络 1 中终端发送的 IP 分组实施 PAT 过程。

图 12.12　PC1 的基础配置界面

图 12.13　PC1 自动获取的网络信息

图 12.14　PC2 自动获取的网络信息

（7）完成 Internet 域名服务器和行业服务网域名服务器的配置过程，Internet 域名服务器的基础配置界面如图 12.15 所示，配置的资源记录如图 12.16 所示。行业服务网域名服务器的基础配置界面如图 12.17 所示，配置的资源记录如图 12.18 所示。值得说明的是，内部网络 1 中的 PC1 同时获取 Internet 域名服务器和行业服务网域名服务器的 IP 地址，表明可以同时解析 Internet 和行业服务网的完全合格域名。内部网络 2 中的 PC2 只获取 Internet 域名服务器的 IP 地址，表明只能解析 Internet 的完全合格域名。

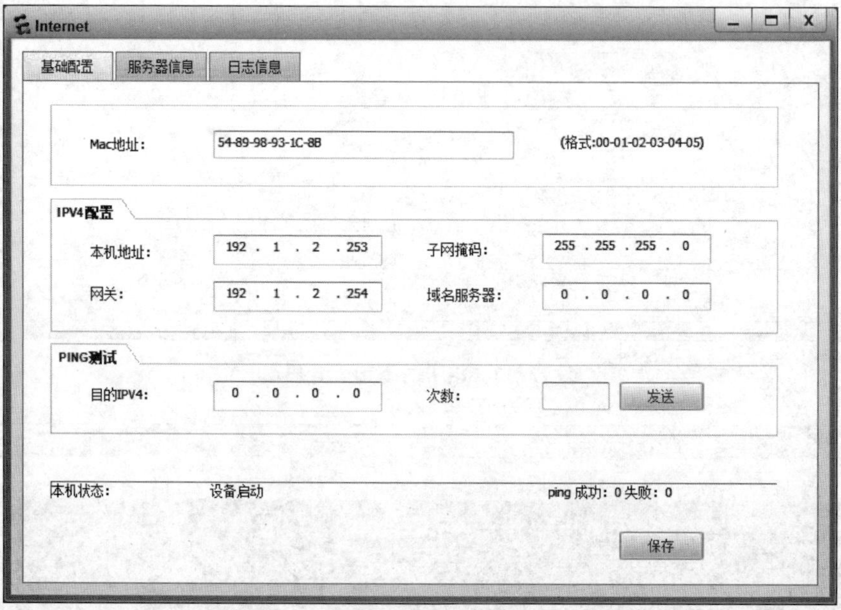

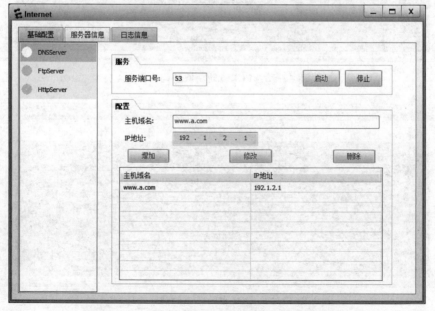

图 12.15　Internet 域名服务器的基础配置界面

图 12.16　Internet 域名服务器的资源记录配置界面

图 12.17　行业服务网域名服务器的基础配置界面

图 12.18　行业服务网域名服务器的资源记录配置界面

(8) 完成 Internet Web 服务器(www.a.com)和行业服务网 Web 服务器(www.b.edu)的配置过程,Internet Web 服务器(www.a.com)的基础配置界面如图 12.19 所示,Web 服务器功能配置界面如图 12.20 所示。行业服务网 Web 服务器(www.b.edu)的基

图 12.19   Internet Web 服务器(www.a.com)的基础配置界面

图 12.20   www.a.com 的 Web 服务器功能配置界面

础配置界面如图 12.21 所示,Web 服务器功能配置界面如图 12.22 所示。

(9) PC1 可以成功解析 Internet 和行业服务网的完全合格域名,因而可以通过完全合格域名 ping 通 Internet Web 服务器和行业服务网 Web 服务器,如图 12.23 所示。PC2

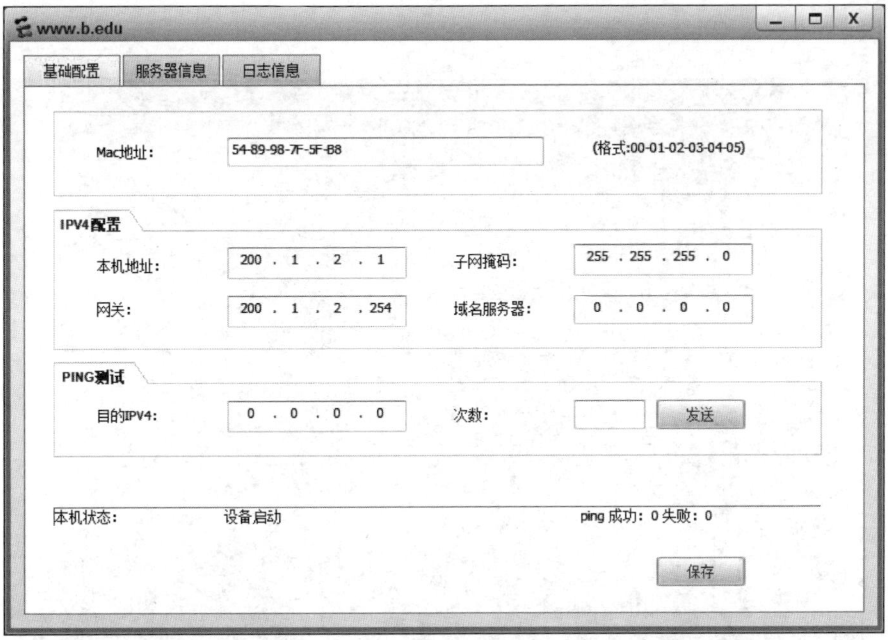

图 12.21　行业服务网 Web 服务器（www.b.edu）的基础配置界面

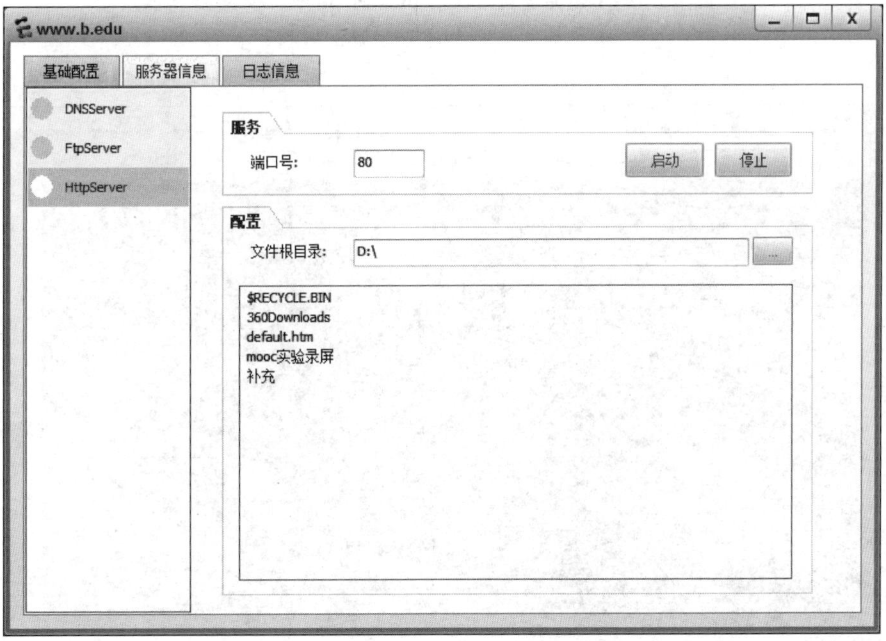

图 12.22　www.b.edu 的 Web 服务器功能配置界面

只能成功解析 Internet 的完全合格域名，因而只能通过完全合格域名 ping 通 Internet Web 服务器，如图 12.24 所示。

（10）为了验证路由器 AR2 PAT 过程，分别在路由器 AR2 连接路由器 AR1 的接口

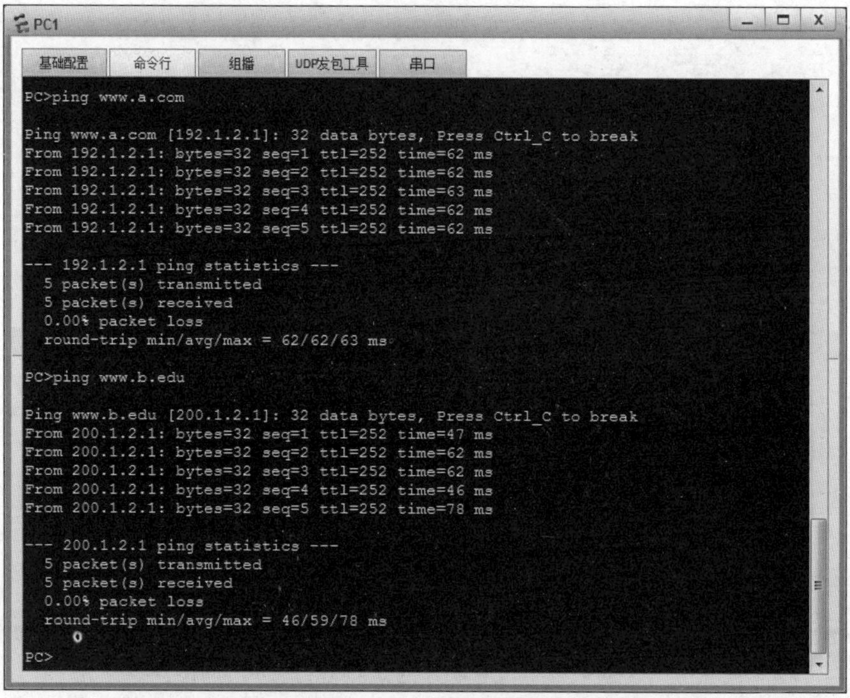

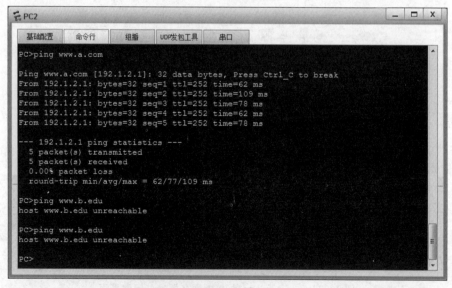

图 12.23　PC1 用完全合格域名 ping 通 Internet Web 服务器
和行业服务网 Web 服务器的过程

图 12.24　PC2 用完全合格域名 ping 通 Internet Web 服务器的过程

和连接路由器 AR4 的接口启动捕获报文功能。启动 PC1 至 Internet Web 服务器的 IP
分组传输过程,路由器 AR2 连接路由器 AR1 的接口捕获的报文序列如图 12.25 所示,
PC1 至 Internet Web 服务器的 IP 分组的源 IP 地址是 PC1 的私有 IP 地址 129.168.1.

253。路由器 AR2 连接路由器 AR4 的接口捕获的报文序列如图 12.26 所示，PC1 至 Internet Web 服务器的 IP 分组的源 IP 地址转换成路由器 AR2 连接路由器 AR4 的接口的全球 IP 地址 192.1.1.1。

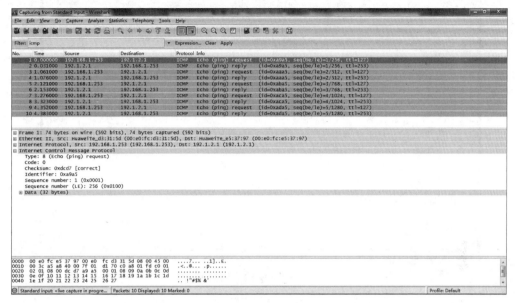

图 12.25　路由器 AR2 连接路由器 AR1 的接口捕获的报文序列

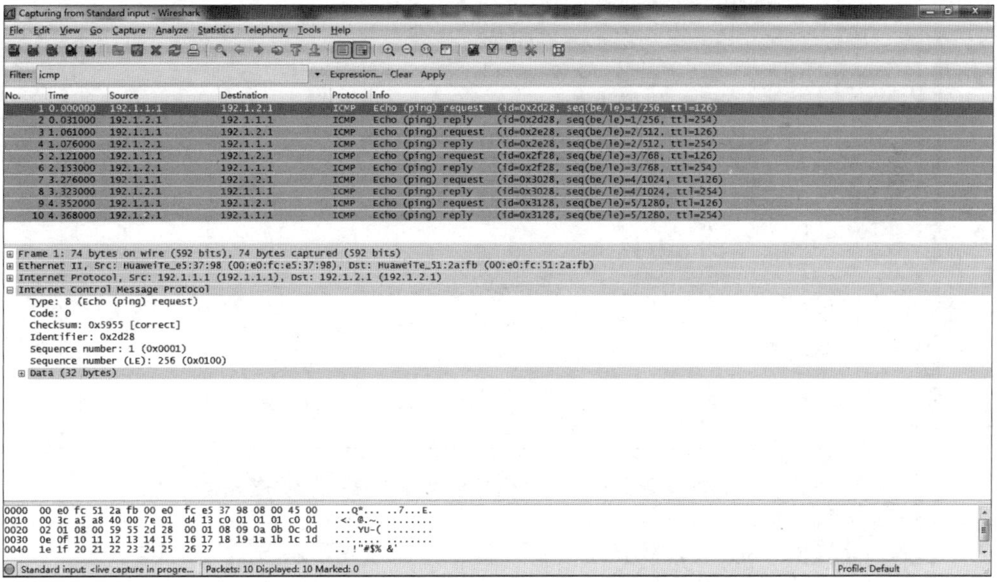

图 12.26　路由器 AR2 连接路由器 AR4 的接口捕获的报文序列

（11）完成内部网络 1 中的 Client1 通过浏览器访问 Internet Web 服务器的过程，Client1 的基础配置界面如图 12.27 所示，通过完全合格域名访问 Internet Web 服务器的过程如图 12.28 所示。

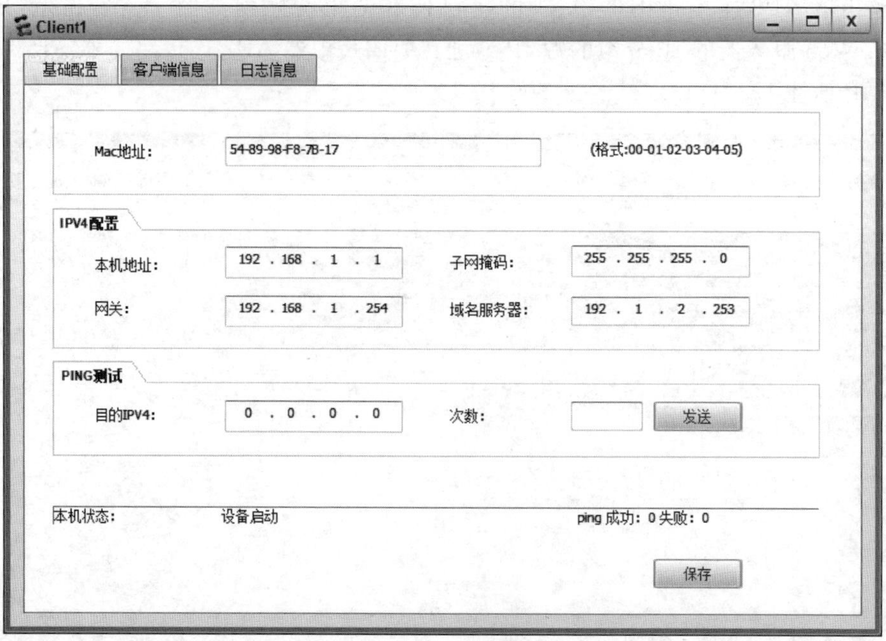

图 12.27 Client1 的基础配置界面

图 12.28 Client1 通过浏览器访问 Internet Web 服务器的过程

（12）分别在交换机 LSW1 和 LSW2 中启动 DHCP 侦听功能，将这两个交换机连接路由器 AR1 的端口设置为信任端口。在路由器 AR1 连接交换机 LSW2 的接口上设置无状态分组过滤器，该无状态分组过滤器将丢弃内部网络 2 中终端发送的、目的网络是行业服务网的 IP 分组。

2. 命令行接口配置过程

（1）交换机 LSW1 命令行接口配置过程

```
<Huawei>system-view
[Huawei]undo info-center enable
[Huawei]dhcp enable
[Huawei]dhcp snooping enable
[Huawei]dhcp snooping enable vlan 1
[Huawei]interface GigabitEthernet0/0/3
[Huawei-GigabitEthernet0/0/3]dhcp snooping trust
[Huawei-GigabitEthernet0/0/3]quit
[Huawei]quit
```

交换机 LSW2 的命令行接口配置过程与交换机 LSW1 相同，这里不再赘述。

（2）路由器 AR1 命令行接口配置过程

```
<Huawei>system-view
[Huawei]undo info-center enable
[Huawei]dhcp enable
[Huawei]interface GigabitEthernet0/0/0
[Huawei-GigabitEthernet0/0/0]ip address 192.168.1.254 24
[Huawei-GigabitEthernet0/0/0]dhcp select interface
[Huawei-GigabitEthernet0/0/0]dhcp server dns-list 192.1.2.253 200.1.2.253
[Huawei-GigabitEthernet0/0/0]dhcp server excluded-ip-address 192.168.1.1 192.
168.1.2
[Huawei-GigabitEthernet0/0/0]quit
[Huawei]interface GigabitEthernet0/0/1
[Huawei-GigabitEthernet0/0/1]ip address 192.168.2.254 24
[Huawei-GigabitEthernet0/0/1]dhcp select interface
[Huawei-GigabitEthernet0/0/1]dhcp server dns-list 192.1.2.253
[Huawei-GigabitEthernet0/0/1]dhcp server excluded-ip-address 192.168.2.1 192.
168.2.2
[Huawei-GigabitEthernet0/0/1]quit
[Huawei]interface GigabitEthernet0/0/2
[Huawei-GigabitEthernet0/0/2]ip address 192.168.3.1 24
[Huawei-GigabitEthernet0/0/2]quit
[Huawei]interface GigabitEthernet4/0/0
[Huawei-GigabitEthernet4/0/0]ip address 192.168.4.1 24
[Huawei-GigabitEthernet4/0/0]quit
[Huawei]ip route-static 200.1.2.0 24 192.168.4.2
[Huawei]ip route-static 0.0.0.0 0 192.168.3.2
[Huawei]quit
[Huawei]acl 3001
[Huawei-acl-adv-3001]rule 10 deny ip source 192.168.2.0 0.0.0.255 destination
```

```
200.1.2.0 0.0.0.255
[Huawei-acl-adv-3001]rule 20 permit ip
[Huawei-acl-adv-3001]quit
[Huawei]interface GigabitEthernet0/0/1
[Huawei-GigabitEthernet0/0/1]traffic-filter inbound acl 3001
[Huawei-GigabitEthernet0/0/1]quit
```

(3) 路由器 AR2 命令行接口配置过程

```
<Huawei>system-view
[Huawei]undo info-center enable
[Huawei]interface GigabitEthernet0/0/0
[Huawei-GigabitEthernet0/0/0]ip address 192.168.3.2 24
[Huawei-GigabitEthernet0/0/0]quit
[Huawei]interface GigabitEthernet0/0/1
[Huawei-GigabitEthernet0/0/1]ip address 192.1.1.1 24
[Huawei-GigabitEthernet0/0/1]quit
[Huawei]ip route-static 0.0.0.0 0 192.1.1.2
[Huawei]ip route-static 192.168.1.0 24 192.168.3.1
[Huawei]ip route-static 192.168.2.0 24 192.168.3.1
[Huawei]acl 2001
[Huawei-acl-basic-2001]rule 10 permit source 192.168.1.0 0.0.0.255
[Huawei-acl-basic-2001]rule 20 permit source 192.168.2.0 0.0.0.255
[Huawei-acl-basic-2001]quit
[Huawei]interface GigabitEthernet0/0/1
[Huawei-GigabitEthernet0/0/1]nat outbound 2001
[Huawei-GigabitEthernet0/0/1]quit
```

(4) 路由器 AR3 命令行接口配置过程

```
<Huawei>system-view
[Huawei]undo info-center enable
[Huawei]interface GigabitEthernet0/0/0
[Huawei-GigabitEthernet0/0/0]ip address 192.168.4.2 24
[Huawei-GigabitEthernet0/0/0]quit
[Huawei]interface GigabitEthernet0/0/1
[Huawei-GigabitEthernet0/0/1]ip address 200.1.1.1 24
[Huawei-GigabitEthernet0/0/1]quit
[Huawei]ip route-static 0.0.0.0 0 200.1.1.2
[Huawei]ip route-static 192.168.1.0 24 192.168.4.1
[Huawei]ip route-static 192.168.2.0 24 192.168.4.1
[Huawei]acl 2001
[Huawei-acl-basic-2001]rule 10 permit source 192.168.1.0 0.0.0.255
[Huawei-acl-basic-2001]quit
[Huawei]interface GigabitEthernet0/0/1
[Huawei-GigabitEthernet0/0/1]nat outbound 2001
```

```
[Huawei-GigabitEthernet0/0/1]quit
```

（5）路由器 AR4 命令行接口配置过程

```
<Huawei>system-view
[Huawei]undo info-center enable
[Huawei]interface GigabitEthernet0/0/0
[Huawei-GigabitEthernet0/0/0]ip address 192.1.1.2 24
[Huawei-GigabitEthernet0/0/0]quit
[Huawei]interface GigabitEthernet0/0/1
[Huawei-GigabitEthernet0/0/1]ip address 192.1.2.254 24
[Huawei-GigabitEthernet0/0/1]quit
```

（6）路由器 AR5 命令行接口配置过程

```
<Huawei>system-view
[Huawei]undo info-center enable
[Huawei]interface GigabitEthernet0/0/0
[Huawei-GigabitEthernet0/0/0]ip address 200.1.1.2 24
[Huawei-GigabitEthernet0/0/0]quit
[Huawei]interface GigabitEthernet0/0/1
[Huawei-GigabitEthernet0/0/1]ip address 200.1.2.254 24
[Huawei-GigabitEthernet0/0/1]quit
```

12.2　VPN 应用实验

12.2.1　系统需求

将某个企业网划分为 4 个 LAN,分别是 LAN 1～LAN 4,其中 LAN 1 属于生产管理部门,LAN 2 属于销售部门,LAN 3 属于财务部门,LAN 4 属于信息服务部门。企业网和 Internet 互连,连接在 Internet 上的终端可以通过 VPN 访问 LAN 4 中的信息资源。为了安全,要求企业网实施以下安全策略。

- 属于财务部门的终端不允许访问 Internet。
- 属于财务部门的 LAN 3 与属于信息服务部门的 LAN 4 之间不能相互通信。
- 允许 LAN 1 和 LAN 2 中的终端发起访问 Internet 的过程。
- 连接在 Internet 上的终端如果需要发起访问企业网的过程,必须先通过 VPN 技术接入企业网,且只能访问 LAN 4 中的信息资源,不能与其他 LAN 中的终端相互通信。

12.2.2　分配的信息

Internet 分配给企业的网络信息如下：IP 地址为 192.1.1.1,子网掩码为 255.255.255.0,默认网关地址为 192.1.1.2。

12.2.3 网络设计

1. 网络结构

网络结构如图 12.29 所示,企业网划分为 4 个 LAN,由防火墙实现 LAN 之间的通信过程。同时,通过在防火墙配置安全策略,控制 LAN 之间的信息交换过程。防火墙与边缘路由器 R 相连,由边缘路由器 R 实现企业网与 Internet 之间的互连。边缘路由器 R 连接 Internet 的接口配置全球 IP 地址 192.1.1.1。

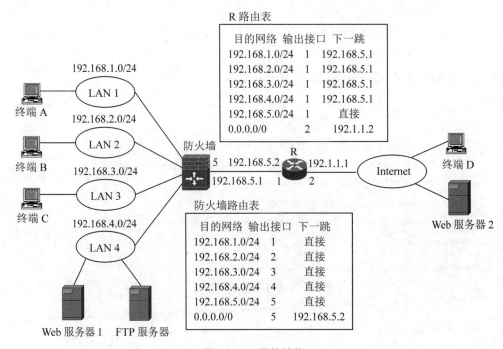

图 12.29 网络结构

2. 路由表

防火墙中的路由项有两类,一类是用于指明通往直接连接的各个 LAN 的传输路径的直连路由项,另一类是下一跳为边缘路由器 R 的默认路由项。边缘路由器 R 中的路由项有两类,一类是下一跳为防火墙、用于指明通往企业网中各个 LAN 的传输路径的路由项,另一类是下一跳 IP 地址为 Internet 给出的默认网关地址的默认路由项。

3. PAT

由于允许 LAN 1 和 LAN 2 中的终端发起访问 Internet 的过程,需要在边缘路由器 R 启动 PAT 功能,允许进行 PAT 的源 IP 地址范围包括 192.168.1.0/24 和 192.168.2.0/24。

4. VPN

边缘路由器 R 作为 VPN 接入服务器,完成以下功能:对远程接入用户进行身份鉴别;为远程终端分配属于网络地址 192.168.6.0/24 的私有 IP 地址,同时在路由表中创建一项将该远程终端和边缘路由器 R 之间的 IP 隧道与分配给该远程终端的私有 IP 地址绑定在一起的动态路由项;建立远程终端与边缘路由器 R 之间的双向安全关联,实现远程终端与边缘路由器 R 之间的安全传输过程。

5．访问控制

在防火墙中划分四个安全区域,分别是安全区域 1、安全区域 2、安全区域 3 和安全区域 4,将连接 LAN 1 和 LAN 2 的接口分配给安全区域 1,将连接 LAN 3 的接口分配给安全区域 2,将连接 LAN 4 的接口分配给安全区域 3,将连接边缘路由器 R 的接口分配给安全区域 4。设置以下安全策略。

(1)禁止安全区域 1 发起访问安全区域 4 中网络 192.168.6.0/24。

(2)允许安全区域 1 与安全区域 2 之间相互通信。

(3)允许安全区域 1 发起访问安全区域 3。

(4)允许安全区域 1 发起访问安全区域 4。

(5)允许安全区域 4 发起访问安全区域 1。

(6)允许安全区域 4 中源 IP 地址属于网络地址 192.168.6.0/24 的终端发起访问安全区域 3。

12.2.4　华为 eNSP 实现过程

1．实验步骤

(1)启动 eNSP,按照如图 12.29 所示的网络拓扑结构放置和连接设备,完成设备放置和连接后的 eNSP 界面如图 12.30 所示。启动所有设备。需要说明的是,分别用交换机 LSW1、LSW2、LSW3 和 LSW4 仿真 LAN 1、LAN 2、LAN 3 和 LAN 4。用路由器 AR2 和交换机 LSW5 仿真如图 12.29 所示的 Internet,路由器 AR2 成为路由器 AR1 通往 Internet 的传输路径上的下一跳路由器。

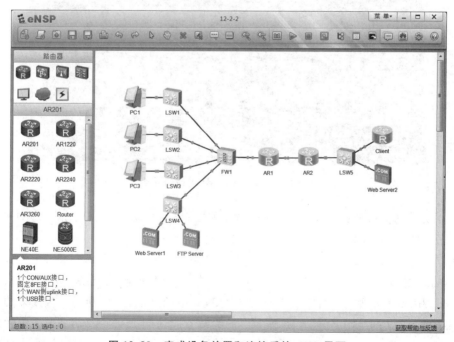

图 12.30　完成设备放置和连接后的 eNSP 界面

(2) 完成防火墙各个接口的 IP 地址和子网掩码配置过程,完成路由器 AR1 和 AR2 各个接口的 IP 地址和子网掩码配置过程,防火墙各个接口的状态如图 12.31 所示,路由器 AR1 和 AR2 各个接口的状态分别如图 12.32 和图 12.33 所示。

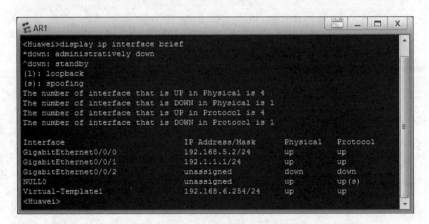

```
FW1
<USG6000V1>display ip interface brief
2019-08-09 09:37:46.390
*down: administratively down
^down: standby
(l): loopback
(s): spoofing
(d): Dampening Suppressed
(E): E-Trunk down
The number of interface that is UP in Physical is 7
The number of interface that is DOWN in Physical is 3
The number of interface that is UP in Protocol is 7
The number of interface that is DOWN in Protocol is 3

Interface                         IP Address/Mask      Physical   Protocol
GigabitEthernet0/0/0              192.168.0.1/24       down       down
GigabitEthernet1/0/0              192.168.1.254/24     up         up
GigabitEthernet1/0/1              192.168.2.254/24     up         up
GigabitEthernet1/0/2              192.168.3.254/24     up         up
GigabitEthernet1/0/3              192.168.4.254/24     up         up
GigabitEthernet1/0/4              192.168.5.1/24       up         up
GigabitEthernet1/0/5              unassigned           down       down
GigabitEthernet1/0/6              unassigned           down       down
NULL0                             unassigned           up         up(s)
Virtual-if0                       unassigned           up         up(s)

<USG6000V1>
```

图 12.31 防火墙的接口状态

```
AR1
<Huawei>display ip interface brief
*down: administratively down
^down: standby
(l): loopback
(s): spoofing
The number of interface that is UP in Physical is 4
The number of interface that is DOWN in Physical is 1
The number of interface that is UP in Protocol is 4
The number of interface that is DOWN in Protocol is 1

Interface                         IP Address/Mask      Physical   Protocol
GigabitEthernet0/0/0              192.168.5.2/24       up         up
GigabitEthernet0/0/1              192.1.1.1/24         up         up
GigabitEthernet0/0/2              unassigned           down       down
NULL0                             unassigned           up         up(s)
Virtual-Template1                 192.168.6.254/24     up         up
<Huawei>
```

图 12.32 路由器 AR1 的接口状态

(3) 完成防火墙和路由器 AR1 静态路由项配置过程,防火墙和路由器 AR1 的完整路由表分别如图 12.34 和图 12.35 所示。

(4) 完成防火墙安全策略配置过程,安全策略中配置的规则如图 12.36 所示,名为 lan12tolan5 的规则是禁止 LAN 1 和 LAN 2 中的终端发起访问网络 192.168.6.0/24。名为 lan12tolan3 的规则是允许 LAN 1 和 LAN 2 中的终端发起访问 LAN 3 中的终端。名为 lan3tolan12 的规则是允许 LAN 3 中的终端发起访问 LAN 1 和 LAN 2 中的终端。名为 lan12tolan4 的规则是允许 LAN 1 和 LAN 2 中的终端发起访问 LAN 4 中的终端。

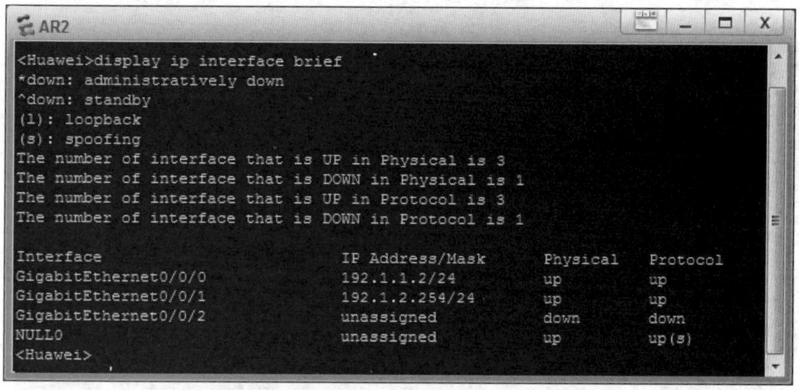

图 12.33　路由器 AR2 的接口状态

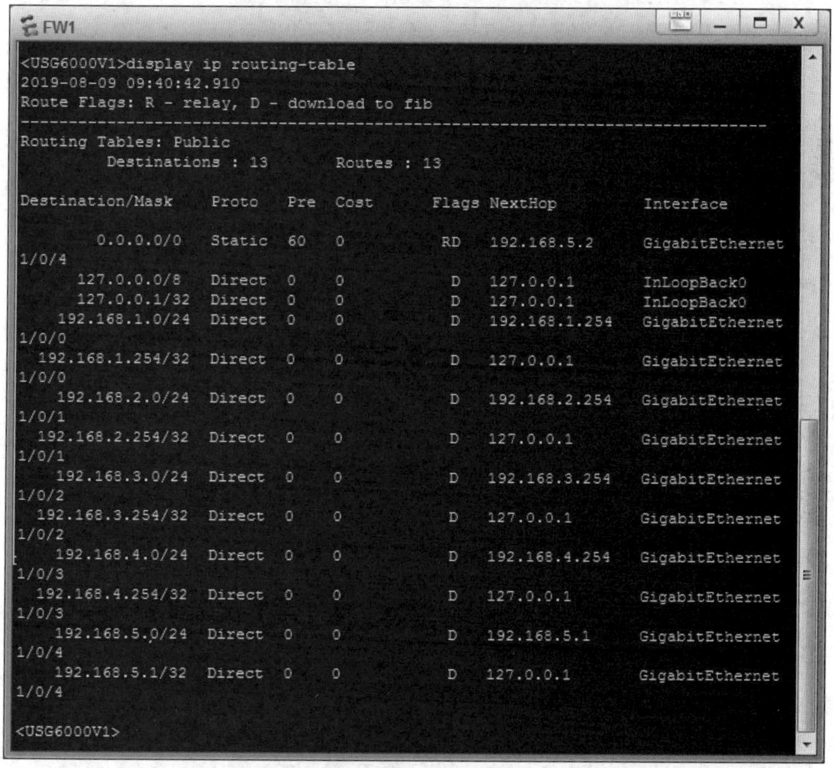

图 12.34　防火墙的完整路由表

名为 lan5tolan4 的规则是允许属于网络 192.168.6.0/24 的终端发起访问 LAN 4 中的终端。名为 lan12tolan5-1 的规则是允许 LAN 1 和 LAN 2 中的终端发起访问 Internet。名为 lan12tolan5 的规则和名为 lan12tolan5-1 的规则如图 12.37 所示。这两条规则一起决定允许 LAN 1 和 LAN 2 中的终端发起访问 Internet 中除已经通过 VPN 接入企业网的终端以外的其他所有终端。

（5）路由器 AR1 作为 L2TP 网络服务器（L2TP Network Server，LNS），路由器

```
ℇ AR1                                                      ⊡⊟  _  □  X
<Huawei>display ip routing-table
Route Flags: R - relay, D - download to fib
------------------------------------------------------------------------
Routing Tables: Public
         Destinations : 19      Routes : 19

Destination/Mask     Proto   Pre  Cost      Flags NextHop       Interface

        0.0.0.0/0    Static  60   0         RD    192.1.1.2     GigabitEthernet
0/0/1
     127.0.0.0/8     Direct  0    0         D     127.0.0.1     InLoopBack0
     127.0.0.1/32    Direct  0    0         D     127.0.0.1     InLoopBack0
127.255.255.255/32   Direct  0    0         D     127.0.0.1     InLoopBack0
     192.1.1.0/24    Direct  0    0         D     192.1.1.1     GigabitEthernet
0/0/1
     192.1.1.1/32    Direct  0    0         D     127.0.0.1     GigabitEthernet
0/0/1
   192.1.1.255/32    Direct  0    0         D     127.0.0.1     GigabitEthernet
0/0/1
   192.168.1.0/24    Static  60   0         RD    192.168.5.1   GigabitEthernet
0/0/0
   192.168.2.0/24    Static  60   0         RD    192.168.5.1   GigabitEthernet
0/0/0
   192.168.3.0/24    Static  60   0         RD    192.168.5.1   GigabitEthernet
0/0/0
   192.168.4.0/24    Static  60   0         RD    192.168.5.1   GigabitEthernet
0/0/0
   192.168.5.0/24    Direct  0    0         D     192.168.5.2   GigabitEthernet
0/0/0
   192.168.5.2/32    Direct  0    0         D     127.0.0.1     GigabitEthernet
0/0/0
 192.168.5.255/32    Direct  0    0         D     127.0.0.1     GigabitEthernet
0/0/0
   192.168.6.0/24    Direct  0    0         D     192.168.6.254 Virtual-Templat
e1
 192.168.6.253/32    Direct  0    0         D     192.168.6.253 Virtual-Templat
e1
 192.168.6.254/32    Direct  0    0         D     127.0.0.1     Virtual-Templat
e1
 192.168.6.255/32    Direct  0    0         D     127.0.0.1     Virtual-Templat
e1
255.255.255.255/32   Direct  0    0         D     127.0.0.1     InLoopBack0

<Huawei>
```

图 12.35　路由器 AR1 的完整路由表

```
ℇ FW1                                                      ⊡⊟  _  □  X
<USG6000V1>
<USG6000V1>display security-policy rule all
2019-08-10 04:11:38.330
Total:7
RULE ID  RULE NAME                    STATE    ACTION    HITS
------------------------------------------------------------------------
1        lan12tolan5                  enable   deny      0
2        lan12tolan3                  enable   permit    0
3        lan3tolan12                  enable   permit    0
4        lan12tolan4                  enable   permit    0
5        lan5tolan4                   enable   permit    0
7        lan12tolan5-1                enable   permit    0
0        default                      enable   deny      0
------------------------------------------------------------------------
<USG6000V1>
<USG6000V1>
```

图 12.36　安全策略中配置的规则

Client 仿真 L2TP 接入集中器(L2TP Access Concentrator,LAC),完成 LNS 和 LAC
VPN 配置过程,LNS 与 LAC 之间建立的 L2TP 隧道 LNS 一端的信息如图 12.38 所示,

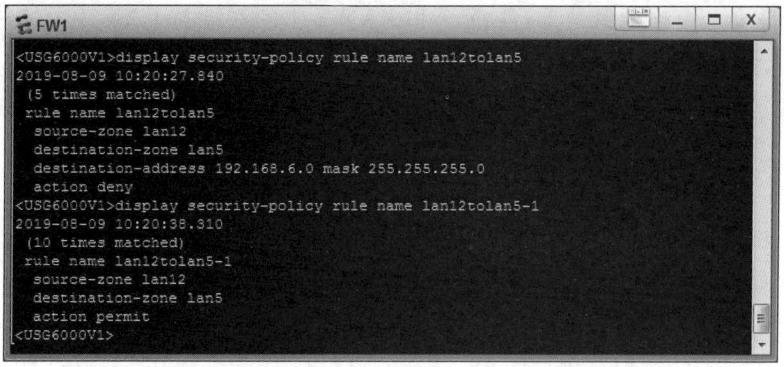

```
<USG6000V1>display security-policy rule name lan12tolan5
2019-08-09 10:20:27.840
 (5 times matched)
 rule name lan12tolan5
  source-zone lan12
  destination-zone lan5
  destination-address 192.168.6.0 mask 255.255.255.0
  action deny
<USG6000V1>display security-policy rule name lan12tolan5-1
2019-08-09 10:20:38.310
 (10 times matched)
 rule name lan12tolan5-1
  source-zone lan12
  destination-zone lan5
  action permit
<USG6000V1>
```

图 12.37　名为 lan12tolan5 的规则和名为 lan12tolan5-1 的规则

LAC 一端的信息如图 12.39 所示。LNS 配置的企业网私有 IP 地址池如图 12.38 所示，LAC 获取的企业网私有 IP 地址如图 12.39 所示。

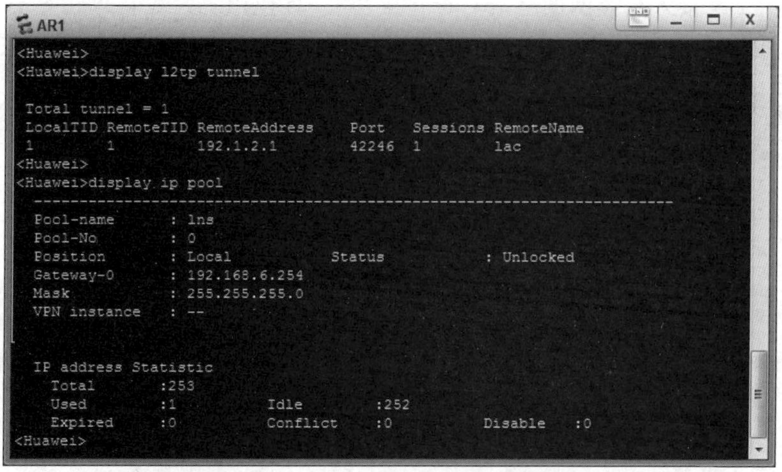

```
<Huawei>
<Huawei>display l2tp tunnel

 Total tunnel = 1
 LocalTID RemoteTID RemoteAddress     Port   Sessions RemoteName
 1        1         192.1.2.1         42246  1        lac
<Huawei>
<Huawei>display ip pool
  ----------------------------------------------------------------------
  Pool-name      : lns
  Pool-No        : 0
  Position       : Local           Status           : Unlocked
  Gateway-0      : 192.168.6.254
  Mask           : 255.255.255.0
  VPN instance   : --


  IP address Statistic
    Total       :253
    Used        :1          Idle        :252
    Expired     :0          Conflict    :0          Disable    :0
<Huawei>
```

图 12.38　VPN LNS 一端相关信息

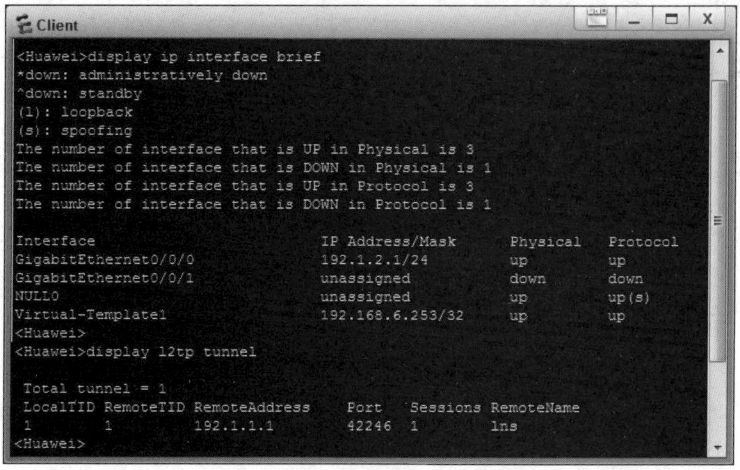

```
<Huawei>display ip interface brief
*down: administratively down
^down: standby
(l): loopback
(s): spoofing
The number of interface that is UP in Physical is 3
The number of interface that is DOWN in Physical is 1
The number of interface that is UP in Protocol is 3
The number of interface that is DOWN in Protocol is 1

Interface                         IP Address/Mask      Physical   Protocol
GigabitEthernet0/0/0              192.1.2.1/24         up         up
GigabitEthernet0/0/1              unassigned           down       down
NULL0                             unassigned           up         up(s)
Virtual-Template1                 192.168.6.253/32     up         up
<Huawei>
<Huawei>display l2tp tunnel

 Total tunnel = 1
 LocalTID RemoteTID RemoteAddress     Port   Sessions RemoteName
 1        1         192.1.1.1         42246  1        lns
<Huawei>
```

图 12.39　VPN LAC 一端相关信息

（6）验证安全策略配置结果，LAN 1 和 LAN 2 中的终端与 LAN 3 中的终端之间可以相互通信。允许 LAN 1 和 LAN 2 中的终端发起访问 LAN 4，允许 LAN 1 和 LAN 2 中的终端发起访问 Internet。允许 Internet 中已经通过 VPN 接入企业网的终端发起访问 LAN 4。禁止其他通信过程。LAN 1 中 PC1 的基础配置界面如图 12.40 所示，PC1 成功发起访问 LAN 2 中 PC2、LAN 3 中 PC3 和 LAN 4 中 Web Server1 的过程分别如图 12.41～图 12.43 所示。PC1 不能发起访问 Internet 中已经通过 VPN 接入企业网的终端的过程如图 12.44 所示。LAN 3 中 PC3 成功发起访问 LAN 1 中 PC1 的过程如图 12.45 所示。PC3 不能发起访问 LAN 4 中 Web Server1 和 Internet 中已经通过 VPN 接入企业网的终端的过程分别如图 12.46 和图 12.47 所示。Web Server2 的基础配置界面如图 12.48 所示，PC1 成功发起访问 Internet 的过程如图 12.49 所示。PC3 不能发起访问 Internet 的过程如图 12.50 所示。Web Server1 不能发起访问 Internet 和 Internet 中已经通过 VPN 接入企业网的终端的过程分别如图 12.51 和图 12.52 所示。Internet 中已经通过 VPN 接入企业网的终端 Client 成功发起访问 LAN 4 中 Web Server1 的过程如图 12.53 所示。Client 不能发起访问 LAN 3 中 PC3 的过程如图 12.54 所示。

图 12.40　PC1 的基础配置界面

（7）IP 分组 LAN 1 中的 PC1 至 Internet 中的 Web Server2 的传输过程中，IP 分组企业网内部中的格式如图 12.55 路由器 AR1 连接企业网的接口捕获的报文序列所示，IP 分组的源 IP 地址是 PC1 的私有 IP 地址 192.168.1.1。IP 分组 Internet 中的格式如图 12.56 路由器 AR2 连接路由器 AR1 的接口捕获的报文序列所示，IP 分组的源 IP 地址是路由器 AR1 连接路由器 AR2 的接口配置的全球 IP 地址 192.1.1.1。

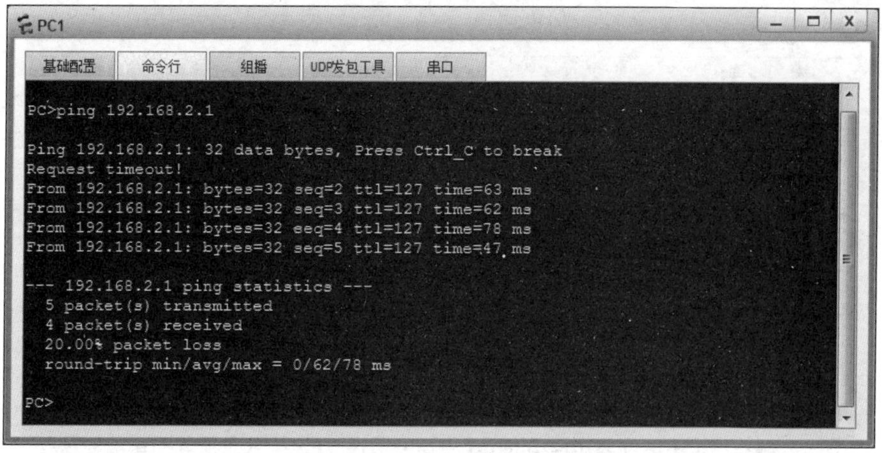

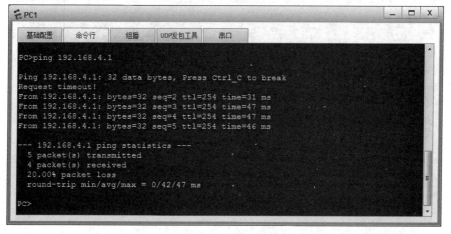

图 12.41　PC1 成功发起访问 LAN 2 中 PC2 的过程

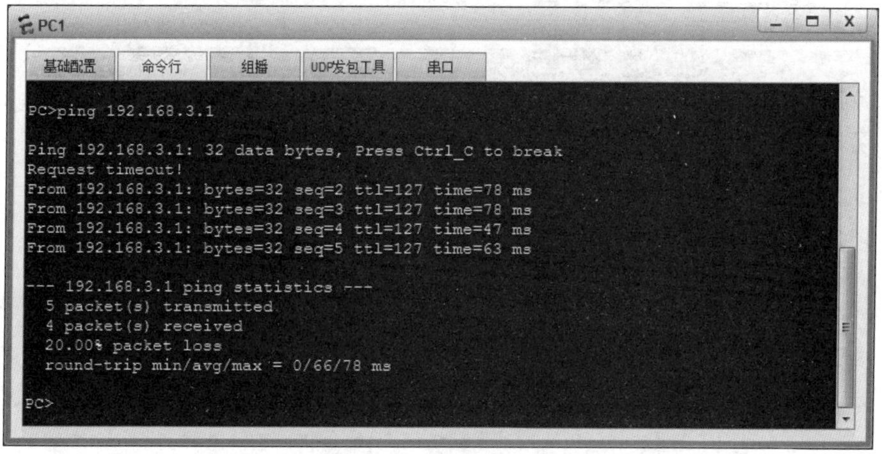

图 12.42　PC1 成功发起访问 LAN 3 中 PC3 的过程

图 12.43　PC1 成功发起访问 LAN 4 中 Web Server1 的过程

```
PC1                                                    _ □ X

  基础配置    命令行    组播    UDP发包工具    串口

  PC>ping 192.168.6.253

  Ping 192.168.6.253: 32 data bytes, Press Ctrl_C to break
  Request timeout!
  Request timeout!
  Request timeout!
  Request timeout!
  Request timeout!

  --- 192.168.6.253 ping statistics ---
    5 packet(s) transmitted
    0 packet(s) received
    100.00% packet loss

  PC>
```

图 12.44   PC1 不能发起访问 Internet 中已经通过 VPN 接入企业网的终端的过程

```
PC3                                                    _ □ X

  基础配置    命令行    组播    UDP发包工具    串口

  PC>ping 192.168.1.1

  Ping 192.168.1.1: 32 data bytes, Press Ctrl_C to break
  Request timeout!
  From 192.168.1.1: bytes=32 seq=2 ttl=127 time=78 ms
  From 192.168.1.1: bytes=32 seq=3 ttl=127 time=78 ms
  From 192.168.1.1: bytes=32 seq=4 ttl=127 time=63 ms
  From 192.168.1.1: bytes=32 seq=5 ttl=127 time=47 ms

  --- 192.168.1.1 ping statistics ---
    5 packet(s) transmitted
    4 packet(s) received
    20.00% packet loss
    round-trip min/avg/max = 0/66/78 ms

  PC>
```

图 12.45   PC3 成功发起访问 LAN 1 中 PC1 的过程

```
PC3                                                    _ □ X

  基础配置    命令行    组播    UDP发包工具    串口

  PC>ping 192.168.4.1

  Ping 192.168.4.1: 32 data bytes, Press Ctrl_C to break
  Request timeout!
  Request timeout!
  Request timeout!
  Request timeout!
  Request timeout!

  --- 192.168.4.1 ping statistics ---
    5 packet(s) transmitted
    0 packet(s) received
    100.00% packet loss

  PC>
```

图 12.46   PC3 不能发起访问 LAN 4 中 Web Server1 的过程

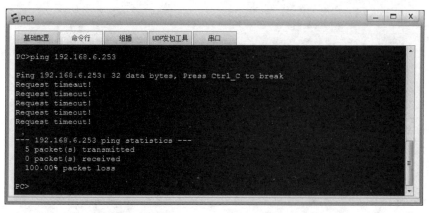

图 12.47 PC3 不能发起访问 Internet 中已经通过 VPN 接入企业网的终端的过程

图 12.48 Web Server2 的基础配置界面

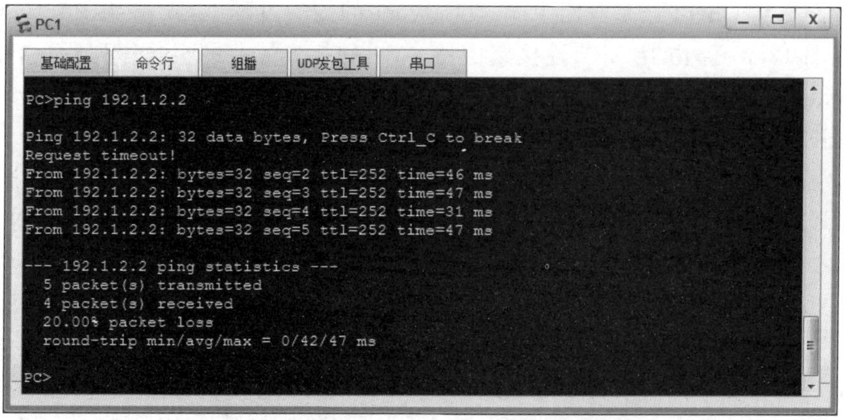

图 12.49 PC1 成功发起访问 Internet 的过程

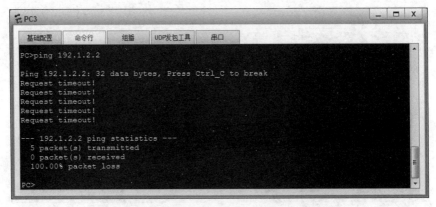

图 12.50　PC3 不能发起访问 Internet 的过程

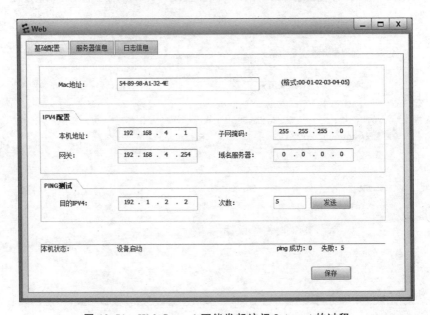

图 12.51　Web Server1 不能发起访问 Internet 的过程

（8）IP 分组 Client 至企业网中 Web Server1 的传输过程中，IP 分组 Internet 中的封装格式如图 12.57 路由器 AR2 连接路由器 AR1 的接口捕获的报文序列所示。源 IP 地址为 Client 获取的企业网私有 IP 地址 192.168.6.253、目的 IP 地址为 Web Server1 的私有 IP 地址 192.168.4.1 的内层 IP 分组被封装成 PPP 帧，PPP 帧被封装成 L2TP 报文格式，L2TP 报文被封装成 UDP 报文，UDP 报文被封装成源 IP 地址为 Client 的全球 IP 地址 192.1.2.1、目的 IP 地址为路由器 AR1 连接路由器 AR2 的接口配置的全球 IP 地址 192.1.1.1 的外层 IP 分组。即经过 Internet 传输的是源 IP 地址为 Client 的全球 IP 地址 192.1.2.1、目的 IP 地址为路由器 AR1 连接路由器 AR2 的接口配置的全球 IP 地址 192. 1.1.1 的外层 IP 分组。IP 分组企业网中的封装格式如图 12.58 路由器 AR1 连接企业网的接口捕获的报文序列所示，是源 IP 地址为 Client 获取的企业网私有 IP 地址 192.168. 6.253、目的 IP 地址为 Web Server1 的私有 IP 地址 192.168.4.1 的内层 IP 分组。

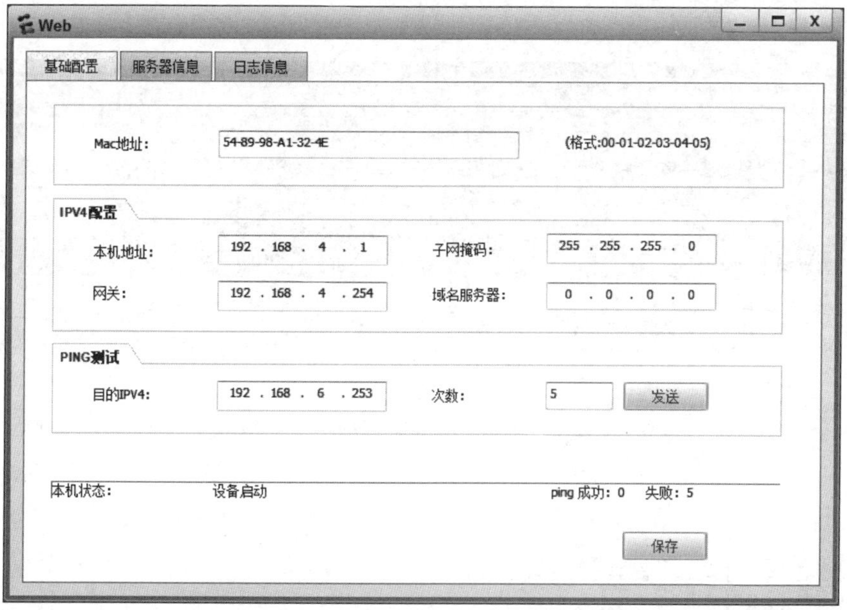

图 12.52　Web Server1 不能发起访问 Internet 中已经通过 VPN 接入企业网的终端的过程

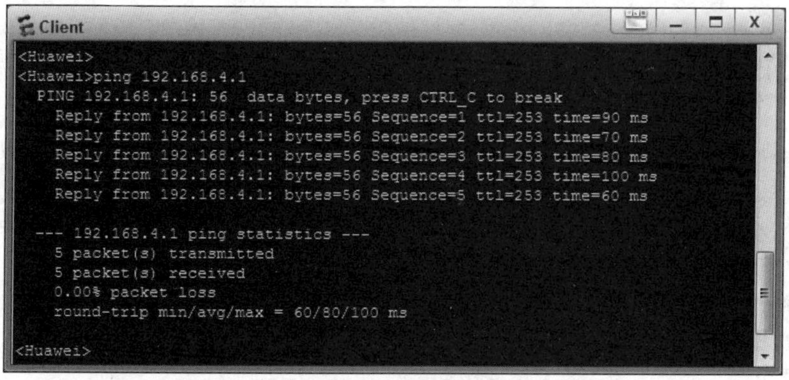

图 12.53　Internet 中已经通过 VPN 接入企业网的终端成功发起访问 Web Server1 的过程

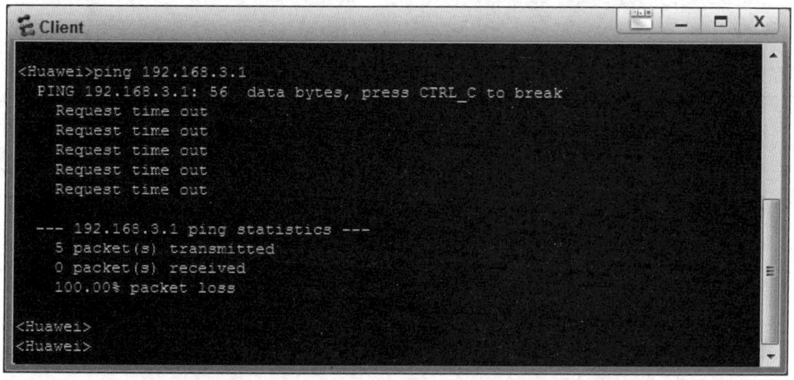

图 12.54　Internet 中已经通过 VPN 接入企业网的终端不能发起访问 PC3 的过程

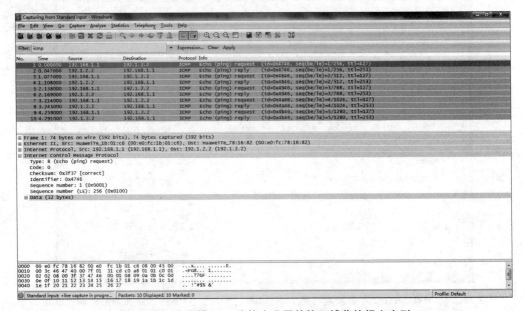

图 12.55　路由器 AR1 连接企业网的接口捕获的报文序列

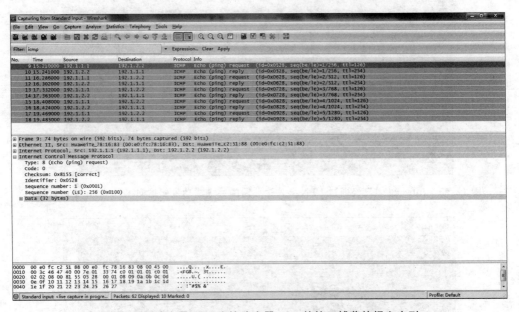

图 12.56　路由器 AR2 连接路由器 AR1 的接口捕获的报文序列

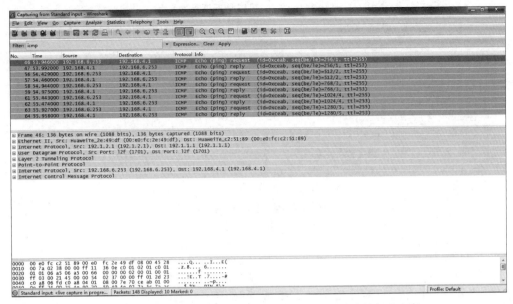

图 12.57 路由器 AR2 连接路由器 AR1 的接口捕获的报文序列

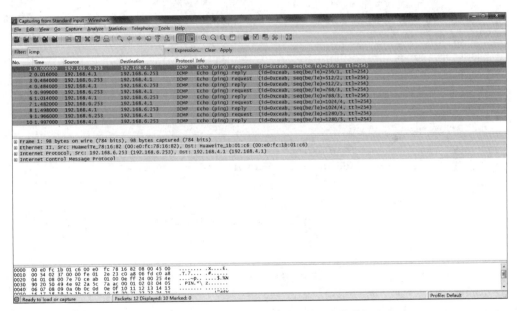

图 12.58 路由器 AR1 连接企业网的接口捕获的报文序列

2. 命令行接口配置过程

(1) 防火墙 USG6000V 命令行接口配置过程

Username:admin

Password:**Admin@ 123**(粗体是不可见的)

The password needs to be changed. Change now? [Y/N]: y

Please enter old password:**Admin@ 123**(粗体是不可见的)

```
Please enter new password:1234-a5678(粗体是不可见的)
Please confirm new password:1234-a5678(粗体是不可见的)
<USG6000V1>system-view
[USG6000V1]undo info-center enable
[USG6000V1]interface GigabitEthernet1/0/0
[USG6000V1-GigabitEthernet1/0/0]ip address 192.168.1.254 24
[USG6000V1-GigabitEthernet1/0/0]quit
[USG6000V1]interface GigabitEthernet1/0/1
[USG6000V1-GigabitEthernet1/0/1]ip address 192.168.2.254 24
[USG6000V1-GigabitEthernet1/0/1]quit
[USG6000V1]interface GigabitEthernet1/0/2
[USG6000V1-GigabitEthernet1/0/2]ip address 192.168.3.254 24
[USG6000V1-GigabitEthernet1/0/2]quit
[USG6000V1]interface GigabitEthernet1/0/3
[USG6000V1-GigabitEthernet1/0/3]ip address 192.168.4.254 24
[USG6000V1-GigabitEthernet1/0/3]quit
[USG6000V1]interface GigabitEthernet1/0/4
[USG6000V1-GigabitEthernet1/0/4]ip address 192.168.5.1 24
[USG6000V1-GigabitEthernet1/0/4]quit
[USG6000V1]firewall zone name lan12
[USG6000V1-zone-lan12]add interface GigabitEthernet1/0/0
[USG6000V1-zone-lan12]add interface GigabitEthernet1/0/1
[USG6000V1-zone-lan12]quit
[USG6000V1]firewall zone name lan3
[USG6000V1-zone-lan3]add interface GigabitEthernet1/0/2
[USG6000V1-zone-lan3]quit
[USG6000V1]firewall zone name lan4
[USG6000V1-zone-lan4]add interface GigabitEthernet1/0/3
[USG6000V1-zone-lan4]quit
[USG6000V1]firewall zone name lan5
[USG6000V1-zone-lan5]add interface GigabitEthernet1/0/4
[USG6000V1-zone-lan5]quit
[USG6000V1]security-policy
[USG6000V1-policy-security]rule name lan12tolan5
[USG6000V1-policy-security-rule-lan12tolan5]source-zone lan12
[USG6000V1-policy-security-rule-lan12tolan5]destination-zone lan5
[USG6000V1-policy-security-rule-lan12tolan5]destination-address 192.168.6.
0 24
[USG6000V1-policy-security-rule-lan12tolan5]action deny
[USG6000V1-policy-security-rule-lan12tolan5]quit
[USG6000V1-policy-security]rule name lan12tolan3
[USG6000V1-policy-security-rule-lan12tolan3]source-zone lan12
[USG6000V1-policy-security-rule-lan12tolan3]destination-zone lan3
[USG6000V1-policy-security-rule-lan12tolan3]action permit
```

```
[USG6000V1-policy-security-rule-lan12tolan3]quit
[USG6000V1-policy-security]rule name lan3tolan12
[USG6000V1-policy-security-rule-lan3tolan12]source-zone lan3
[USG6000V1-policy-security-rule-lan3tolan12]destination-zone lan12
[USG6000V1-policy-security-rule-lan3tolan12]action permit
[USG6000V1-policy-security-rule-lan3tolan12]quit
[USG6000V1-policy-security]rule name lan12tolan4
[USG6000V1-policy-security-rule-lan12tolan4]source-zone lan12
[USG6000V1-policy-security-rule-lan12tolan4]destination-zone lan4
[USG6000V1-policy-security-rule-lan12tolan4]action permit
[USG6000V1-policy-security-rule-lan12tolan4]quit
[USG6000V1-policy-security]rule name lan5tolan4
[USG6000V1-policy-security-rule-lan5tolan4]source-zone lan5
[USG6000V1-policy-security-rule-lan5tolan4]destination-zone lan4
[USG6000V1-policy-security-rule-lan5tolan4]source-address 192.168.6.0 24
[USG6000V1-policy-security-rule-lan5tolan4]action permit
[USG6000V1-policy-security-rule-lan5tolan4]quit
[USG6000V1-policy-security]rule name lan12tolan5-1
[USG6000V1-policy-security-rule-lan12tolan5-1]source-zone lan12
[USG6000V1-policy-security-rule-lan12tolan5-1]destination-zone lan5
[USG6000V1-policy-security-rule-lan12tolan5-1]action permit
[USG6000V1-policy-security-rule-lan12tolan5-1]quit
[USG6000V1-policy-security]quit
[USG6000V1]ip route-static 0.0.0.0 0 192.168.5.2
```

(2) 路由器 AR1 命令行接口配置过程

```
<Huawei>system-view
[Huawei]undo info-center enable
[Huawei]interface GigabitEthernet0/0/0
[Huawei-GigabitEthernet0/0/0]ip address 192.168.5.2 24
[Huawei-GigabitEthernet0/0/0]quit
[Huawei]interface GigabitEthernet0/0/1
[Huawei-GigabitEthernet0/0/1]ip address 192.1.1.1 24
[Huawei-GigabitEthernet0/0/1]quit
[Huawei]ip route-static 192.168.1.0 24 192.168.5.1
[Huawei]ip route-static 192.168.2.0 24 192.168.5.1
[Huawei]ip route-static 192.168.3.0 24 192.168.5.1
[Huawei]ip route-static 192.168.4.0 24 192.168.5.1
[Huawei]ip route-static 0.0.0.0 0 192.1.1.2
[Huawei]acl 2001
[Huawei-acl-basic-2001]rule 10 permit source 192.168.1.0 0.0.0.255
[Huawei-acl-basic-2001]rule 20 permit source 192.168.2.0 0.0.0.255
[Huawei-acl-basic-2001]quit
[Huawei]interface GigabitEthernet0/0/1
```

```
[Huawei-GigabitEthernet0/0/1]nat outbound 2001
[Huawei-GigabitEthernet0/0/1]quit
[Huawei]aaa
[Huawei-aaa]local-user huawei password cipher huawei
[Huawei-aaa]local-user huawei service-type ppp
[Huawei-aaa]quit
[Huawei]ip pool lns
[Huawei-ip-pool-lns]network 192.168.6.0 mask 24
[Huawei-ip-pool-lns]gateway-list 192.168.6.254
[Huawei-ip-pool-lns]quit
[Huawei]interface virtual-template 1
[Huawei-Virtual-Template1]ppp authentication-mode chap
[Huawei-Virtual-Template1]remote address pool lns
[Huawei-Virtual-Template1]ip address 192.168.6.254 255.255.255.0
[Huawei-Virtual-Template1]quit
[Huawei]l2tp enable
[Huawei]l2tp-group 1
[Huawei-l2tp1]tunnel name lns
[Huawei-l2tp1]allow l2tp virtual-template 1 remote lac
[Huawei-l2tp1]tunnel authentication
[Huawei-l2tp1]tunnel password cipher huawei
[Huawei-l2tp1]quit
```

（3）路由器 AR2 命令行接口配置过程

```
<Huawei>system-view
[Huawei]undo info-center enable
[Huawei]interface GigabitEthernet0/0/0
[Huawei-GigabitEthernet0/0/0]ip address 192.1.1.2 24
[Huawei-GigabitEthernet0/0/0]quit
[Huawei]interface GigabitEthernet0/0/1
[Huawei-GigabitEthernet0/0/1]ip address 192.1.2.254 24
[Huawei-GigabitEthernet0/0/1]quit
```

（4）仿真终端的路由器 Client 命令行接口配置过程

```
<Huawei>system-view
[Huawei]undo info-center enable
[Huawei]interface GigabitEthernet0/0/0
[Huawei-GigabitEthernet0/0/0]ip address 192.1.2.1 24
[Huawei-GigabitEthernet0/0/0]quit
[Huawei]ip route-static 0.0.0.0 0 192.1.2.254
[Huawei]l2tp enable
[Huawei]l2tp-group 1
[Huawei-l2tp1]tunnel name lac
[Huawei-l2tp1]start l2tp ip 192.1.1.1 fullusername huawei
```

```
[Huawei-l2tp1]tunnel authentication
[Huawei-l2tp1]tunnel password cipher huawei
[Huawei-l2tp1]quit
[Huawei]interface virtual-template 1
[Huawei-Virtual-Template1]ppp chap user huawei
[Huawei-Virtual-Template1]ppp chap password cipher huawei
[Huawei-Virtual-Template1]ip address ppp-negotiate
[Huawei-Virtual-Template1]quit
[Huawei]interface virtual-template 1
[Huawei-Virtual-Template1]l2tp-auto-client enable
[Huawei-Virtual-Template1]quit
[Huawei]ip route-static 192.168.4.0 24 virtual-template 1
```

参 考 文 献

[1] 沈鑫剡,俞海英,伍红兵等. 计算机网络技术及应用[M]. 北京：清华大学出版社,2007.

[2] 沈鑫剡,俞海英,伍红兵. 计算机网络[M]. 北京：清华大学出版社,2008.

[3] 沈鑫剡,俞海英,伍红兵. 计算机网络安全[M]. 北京：清华大学出版社,2009.

[4] 沈鑫剡,俞海英,伍红兵等. 计算机网络技术及应用[M]. 2 版. 北京：清华大学出版社,2010.

[5] 沈鑫剡. 计算机网络[M]. 2 版. 北京：清华大学出版社,2010.

[6] 沈鑫剡,叶寒锋,谭明金等. 计算机网络技术及应用学习辅导和实验指南[M]. 北京：清华大学出版社,2011.

[7] 沈鑫剡,叶寒锋. 计算机网络学习辅导与实验指南[M]. 北京：清华大学出版社,2011.

[8] 沈鑫剡,叶寒锋,刘鹏等. 计算机网络安全学习辅导与实验指南[M]. 北京：清华大学出版社,2012.

[9] 沈鑫剡. 路由和交换技术[M]. 北京：清华大学出版社,2013.

[10] 沈鑫剡. 路由和交换技术实验及实训[M]. 北京：清华大学出版社,2013.

[11] 沈鑫剡. 计算机网络工程[M]. 北京：清华大学出版社,2013.

[12] 沈鑫剡,俞海英,伍红兵等. 计算机网络工程实验教程[M]. 北京：清华大学出版社,2013.

[13] 沈鑫剡,俞海英,伍红兵等. 网络技术基础与计算思维[M]. 北京：清华大学出版社,2016.

[14] 沈鑫剡,俞海英,许继恒等. 网络技术基础与计算思维实验教程[M]. 北京：清华大学出版社,2016.

[15] 沈鑫剡,李兴德,俞海英等. 网络技术基础与计算思维习题详解[M]. 北京：清华大学出版社,2016.

[16] 沈鑫剡,俞海英,伍红兵等. 网络安全[M]. 北京：清华大学出版社,2017.

[17] 沈鑫剡,俞海英,胡勇强等. 网络安全实验教程[M]. 北京：清华大学出版社,2017.

[18] 沈鑫剡,李兴德,俞海英. 网络安全习题详解[M]. 北京：清华大学出版社,2017.

[19] 沈鑫剡,沈梦梅,俞海英等. 信息安全实用教程[M]. 北京：清华大学出版社,2018.

[20] 沈鑫剡,魏涛,邵发明等. 路由和交换技术[M]. 2 版. 北京：清华大学出版社,2018.

[21] 沈鑫剡,俞海英,许继恒等. 路由和交换技术实验及实训——基于 Cisco Packet Tracer[M]. 2 版. 北京：清华大学出版社,2018.

图书资源支持

感谢您一直以来对清华版图书的支持和爱护。为了配合本书的使用，本书提供配套的资源，有需求的读者请扫描下方的"书圈"微信公众号二维码，在图书专区下载，也可以拨打电话或发送电子邮件咨询。

如果您在使用本书的过程中遇到了什么问题，或者有相关图书出版计划，也请您发邮件告诉我们，以便我们更好地为您服务。

我们的联系方式：

地　　址：北京市海淀区双清路学研大厦 A 座 701

邮　　编：100084

电　　话：010-83470236　010-83470237

资源下载：http://www.tup.com.cn

客服邮箱：2301891038@qq.com

QQ：2301891038（请写明您的单位和姓名）

资源下载、样书申请

书圈

扫一扫，获取最新目录

课程直播

用微信扫一扫右边的二维码，即可关注清华大学出版社公众号"书圈"。